电气控制技术入门与提高

高安邦　胡乃文　薛　易　编著

化学工业出版社

·北京·

内 容 简 介

　　《电气控制技术入门与提高》全面系统地介绍了电气控制的基础知识和技术。全书共分为 10 章，内容包括电气控制识图基础、电气控制工程中的传动电动机、常用的低压电器、继电器-接触器控制技术、PLC 技术、单片机技术、变频器交流调速技术、晶闸管直流调速系统、现代智能控制技术以及 CAD 技术。

　　本书内容翔实，图文并茂，实用性强，能帮助电气工程技术人员熟练掌握电气控制领域的相关知识和技术，完成理论培养学习和工程实践训练。

　　本书既可供电气工程技术人员参考，也可供大中专院校相关专业师生学习使用。

图书在版编目（CIP）数据

　　电气控制技术入门与提高/高安邦，胡乃文，薛易编著. —北京：化学工业出版社，2022.10
　　ISBN 978-7-122-41794-7

　　Ⅰ.①电… Ⅱ.①高… ②胡… ③薛… Ⅲ.①电气控制 Ⅳ.①TM921.5

　　中国版本图书馆 CIP 数据核字（2022）第 115208 号

责任编辑：万忻欣　李军亮	文字编辑：袁玉玉　袁　宁
责任校对：宋　夏	装帧设计：李子姮

出版发行：化学工业出版社（北京市东城区青年湖南街 13 号　邮政编码 100011）
印　　装：三河市延风印装有限公司
787mm×1092mm　1/16　印张 23½　字数 628 千字　　2023 年 1 月北京第 1 版第 1 次印刷

购书咨询：010-64518888　　　　　　　售后服务：010-64518899
网　　址：http://www.cip.com.cn
凡购买本书，如有缺损质量问题，本社销售中心负责调换。

定　　价：98.00 元　　　　　　　　　　　　　　　　　　版权所有　违者必究

序

要启动和实施国家"卓越工程师教育培养计划"战略决策和目标，就要打造出一批学以所用、学以致用、学以能用、学以好用的高水平专业教材、工具手册和自学手册等实用的科技丛书。

为了满足广大电气控制工程技术人员对"电气控制""PLC""单片机""工控机""变频器""LonWorks（控制网络）""机电一体化"等高新技术的需要，便于读者全面、系统、深入地掌握现代电气控制工程领域新近出现的一些高新技术，我院高安邦教授、胡乃文教授级高级工程师联合黑龙江科技大学薛易副教授/博士等人真抓实干，已经分门别类地组织编写出版了 40 余部有关这些科技领域高新技术工程应用的图书。由于这些图书紧密结合工程应用设计实践，深受广大读者欢迎。本次他们又精心组织编写了《电气控制技术入门与提高》一书。该书内容涵盖电气控制工程领域的相关知识、技术及资料，供电气控制工程人员学习、应用。

本书内容具有下列特点：①内容全面系统，取材先进、新颖，着重从工程实际应用出发，突出理实一体化，面向广大工程技术人员，具有很强的工程性、实用性。②理论联系工程实际，引入学科交叉内容，介绍一些新思想、新方法和新技术；③较系统完整地介绍现代电气控制工程的应用技术，符合现代高新科技发展的需求。

我们衷心祝贺这部新作的出版，相信它对提高我国电气控制工程的技术人员的应用能力和设计水平，大力培养卓越工程师实用人才，提升学校的学术水平和学术地位，提高学校的知名度和影响力，都具有重要作用。

刘献礼

哈尔滨理工大学机械动力工程学院院长/二级教授/博士/博士生导师

邵俊鹏

哈尔滨理工大学机械动力工程学院二级教授/博士/博士生导师

前言

我国的电气控制及其自动化专业已从传统的"电力工程"发展成为包括"强电"和"弱电"(甚至包括计算机专业)在内的庞大的"电"类专业群,成为工科专业中学生人数最多,也最受学生欢迎和喜爱的热门专业。我国的电气控制已经历了从传统的继电器-接触器控制、直/交流调速系统,到 PLC 控制、单片机控制、工控机控制、现代智能网络控制等发展阶段,目前正在向着"弱电"控制"强电",机(机械)、电(电气)、液(液压)、仪(仪器仪表)、光(激光)、信(信息)、计(计算机)等多学科交叉融合的方向快速发展。其技术内涵越来越深奥,电气控制越来越复杂,早已超出传统电气控制的范畴,其技术要求也越来越高超,作用也越来越重要。

早在"十二五"时期,教育部就提出并深入贯彻落实了"卓越工程师教育培养计划",即在工科的本科生、硕士研究生、博士研究生三个层次上,大力培养现场工程师、设计开发工程师和研究型工程师等多种类型的工程师后备人才,我们一直在为此而不断努力,不仅在教学方式上努力钻研,在实用技术图书的编写上也不断精进。

本书旨在帮助电气工程技术人员在短时间内熟练掌握电气控制的基本知识和应用技能。全书共分为 10 章,由浅入深地介绍了电气控制识图基础、电气控制工程中的传动电动机、常用的低压电器、继电器-接触器控制技术、PLC 技术、单片机技术、变频器交流调速技术、晶闸管直流调速系统、现代智能控制技术以及CAD 技术。本书将理论与实践相结合,便于读者边学习边应用。

参加该书编写工作的有哈尔滨理工大学三级教授/硕士生导师高安邦(负责本书策划,确定大纲,编写前言,整理参考文献等)、哈尔滨理工大学教授级高级工程师胡乃文(第 1~6 章)、黑龙江科技大学副教授/博士薛易(第 7~10 章)。本书聘请了哈尔滨理工大学机械动力工程学院院长/二级教授/博士/博士生导师刘献礼、二级教授/博士/博士生导师邵俊鹏担任主审并作序,他们对本书的编写提供了大力支持并提出了宝贵的编写意见。马欣、罗泽艳、高云、梁雪凤、王爱民、康哲、颜金平、孙丹、段曙彬、杨帅、薛岚、陈银燕、姜姗、刘磊、张志军、卫国峰、吕宝增、岳满林、罗梦、陈玉华、刘晓艳、姚薇、王玲、关士岩、毕洁廷、赵冉冉、张纺、王启名、高家宏、高鸿升、佟星、郜普贤、孙佩芳、黄志欣等也为本书的编写做了大量的辅助性工作,在此表示最衷心的感谢!该书的编写得到了哈尔滨理工大学、黑龙江科技大学的大力支持,在此也表示最真诚的感谢!

鉴于编著者的水平和经验有限,书中难免存在疏漏,恳请读者和专家们不吝批评和指正。

编著者

目录

第 1 章
电气控制识图基础

第 2 章
电气控制工程中的传动电动机

第3章
电气控制工程中常用的低压电器

第4章
电气控制工程中的"继电器-接触器"控制技术

第5章
电气控制工程中的 PLC 技术

第 6 章
电气控制工程中的单片机技术

第 7 章
电气控制工程中的变频器交流调速技术

第 8 章
电气控制工程的晶闸管直流调速系统

第 9 章
电气控制工程中的现代智能控制技术

第 10 章
电气控制工程中的 CAD 技术

参考文献

第1章 电气控制识图基础

1.1 电气识图基础知识

要做到会识图和读懂图，必须掌握识图的基本知识，且应该了解电路图的构成、种类、特点以及其在工程中的作用，了解各种电气图形符号，还应该了解识图的基本方法和步骤以及绘制电路图的一些规定等。

1.1.1 电路图的概述

图样是工程技术的通用语言。本节介绍电路识图的基本知识。掌握了这些基本知识，也就掌握了识图的一般原则和规律，为识图打下基础。

（1）电路

用导线将电源和负载以及有关控制元器件连接起来，构成闭合回路，以实现电气设备的预定功能，这种回路的总体就叫作电路。

电路通常分为两部分：主电路和辅助电路。主电路又称一次回路，是电源向负载输送电能的电路。一般包括发电机、变压器、开关、接触器、熔断器和负载等。辅助电路又称二次回路，是对主电路进行控制、保护、监测、指示的电路。一般包括继电器、仪表、指示灯、控制开关等。通常主电路通过的电流较大，而辅助电路中的电流较小。

（2）电路图的组成

电路图一般由电路原理图、技术说明和标题栏组成。

① 电路原理图　电路原理图是采用图形、文字符号按照一定规则表示的所有元器件的展开图形，确切表明了各元器件间的组成、相互关系和工作原理，也是设计、生产、编制接线图和研究产品时的原始资料。在安装、接线、检查、试验、调整和维修产品时，和接线图一起使用，也是绘制安装接线图的基本依据。

电路原理图只表示电流从电源到负载间的传送情况和元器件的动作原理，不表示元器件的结构尺寸、安装位置和实际配线方法。在电路原理图上详细标注各元器件的位置符号、规格、型号和参数等。一些辅助元件，如紧固件、接线柱、焊片、支架等组成部分在原理图中都不画出来。

② 技术说明　电路图中的文字说明和元器件明细栏（表）等总称为技术说明。文字说明注明电路的某些要点及安装要求等，通常写在电路图的右上方。元件明细栏一般以表格的形式写在标题栏的上方。

a. 元器件明细栏（表）的组成。明细栏一般由序号、代号、名称、数量、材料、重量（单件、总计）、分区、备注等组成，也可按实际需要增加或减少。元器件明细栏中的序号一般自下而上编排。明细栏的尺寸与格式如图1-1所示。

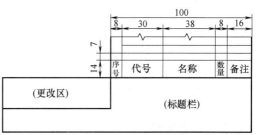

图 1-1　明细栏的尺寸与格式

元器件明细表填写内容见表 1-1。

表 1-1　元器件明细表

序号	代号	名称	规格	数量	备注
9	FU	熔断器	RL1-100	4	
8	KM	交流接触器	CJ10-20	2	
7	SB	按钮开关	LA2	3	
6	M	交流电动机	Y180M-2	2	
5	TA	电流互感器	LMZJ-0.5	3	
4	KR	热继电器	JR16-60/3	3	
3	V	晶体管	3DG6	3	
2	R	电阻	RJ710.125	5	
1	C	电容器	CCG1-63-0.01	4	

当装配图中不能在标题栏的上方配置明细栏时，可作为装配图的续页按 A4 幅面单独给出。其顺序应是由上而下延伸，还可连续加页，应在明细栏的下方配置标题栏，并在标题栏中填写与装配图相一致的名称和代号。

b. 文字说明。当在图中无法表示时，则采用文字形式进行说明，如：ⅰ. 供电电源交流220V 架空线引至元器件加工车间；ⅱ. 照明配电箱外壳应采取保护接地。

③ 标题栏　标题栏画在电路图的右下角，其中注有工程名称，图号，设计人，制图人，审核人，批准人的签名和日期。标题栏是电路图的重要技术档案，栏目中的签名者应对图中的内容各负其责。

标题栏一般由更改区、签字区、其他区、名称及代号区组成，如图 1-2 所示，也可按实际需要增加或减少。

更改区：一般由更改标记、处数、分区、更改文件号、签名和年月日等组成。

签字区：一般由设计、审核、工艺、标准化、批准、签名和年月日等组成。

其他区：一般由材料标记、阶段标记、重量、比例、共　张第　张等组成。

名称及代号区：一般由单位名称、图样名称和图样代号等组成。

标题栏各部分尺寸与格式见图 1-2。

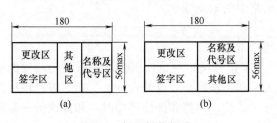

图 1-2　标题栏的组成

（3）电路的分布规律

按照一般规律，电路原理图上元器件的输入端在左边，输出端在右边；整机的输入端也在左边，输出端在右边；信号的流向从左到右；一些重要的电路画在上部，辅助线路画在下部。

1.1.2　电路图的分类

（1）框图

框图体现了电子产品各个组成部分以及它们在电性能方面所起的基本作用、原理、顺序。每一个能独立作用的分机、整机或元器件组合以及在结构上独立的元器件，在图样上应以矩形、正方形或图形符号表示。

分机、整机或机构依其所起的作用和互相联系的先后顺序，在图上一般是从左至右、自上而下地排列。在矩形、正方形框内或图形符号上应按其主要作用标出它们的名称、代号、主要特性参数或主要元件的规格型号等。各框图之间连接用实线表示；机械连接以虚线或双实线表示，并在连接线上用箭头表示其作用过程和作用方向。在连接线上方可标注该处的基本特性参数，如信号电平、阻抗、频率、传送脉冲的形状和数值、各种波形等。

如图 1-3 所示为 MCS-51 系列单片机 CPU 板的框图。框图直观、明了，表示整个电路的组成部分及每个环节的作用。

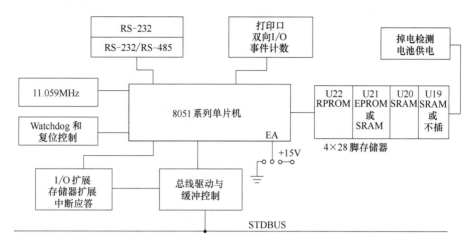

图 1-3　MCS-5I 系列单片机 CPU 板的框图

（2）程序流程图

程序流程图是根据硬件电路的工作原理，用软件编程的方法编写的执行指令组，按照顺序执行。如正常则以"是"表示，继续执行下一条指令；否则，以"否"表示，程序不能继续执行，返回前边某一环节，检查修改后，再次执行；直至程序结束，以"END"表示。如图 1-4 所示为 PLC 运行程序部分流程图。

（3）电路原理图

电路原理图的介绍见 1.1.1 节，在此不做赘述。如图 1-5 所示为某车床电气控制的电路原理图。

（4）电路接线图

电路接线图是电路原理图具体实现的表现形式，它表示电气设备、电气元件和线路的安装位置、配线方式、接线方法、配线场所的特征。它也包括印制电路板的装配图和整机接线图。在产品装配、调试、故障查找、检修时需要接线图，而不用明确表示电路的原理和元器件间的作用关系。

接线图一般用于批量生产，比较复杂的电工电子产品的用户资料中含有接线图，便于指导用户的安装、接线和故障查找。图 1-6 为图 1-5 某车床电气控制原理图的电路接线图。

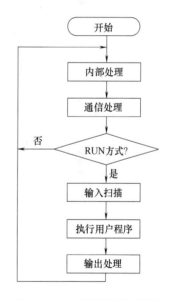

图 1-4　PLC 运行程序流程图

1.1.3　图形符号

图形符号通常用于图样和技术文件中，用来表示设备或概念的图形、标记或字符，分为基本符号、一般符号和明细符号。国家标准对图形符号做了规定，常用的电气图形符号和文字符号见表 1-2。

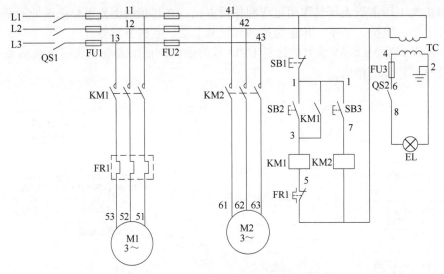

图 1-5　某车床电气控制的电路原理图

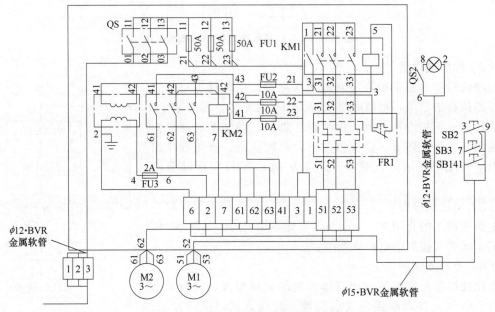

图 1-6　某车床电气控制的电路接线图

表 1-2　常用电气图形符号和文字符号

名称	图形符号	文字符号
一般三极电源开关		QS
组合开关		SA
断路器	$I>$	QF

名称		图形符号	文字符号
限位开关	动合（常开）触点		SQ
	动断（常闭）触点		
	复合触点		
熔断器			FU
旋转开关			SA
按钮	启动		SB
	停止		
	急停		
	复合		
接触器	线圈		KM
	主触点		
	常开触点		
	常闭触点		
速度继电器	常开触点		KS
	常闭触点		
压力继电器			KA
时间继电器	线圈		KT
	断电延时线圈		
	通电延时线圈		
	常开延时闭合触点		
	常闭延时断开触点		
热继电器	热元件		FR
	常闭触点		

名称		图形符号	文字符号
继电器	中间继电器线圈		KA
	欠电压继电器线圈	$U<$	KV
	过电流继电器线圈	$I>$	KI
	欠电流继电器线圈	$I<$	
	常开触点		相应继电器符号
	常闭触点		
电磁制动器			YB
电磁离合器			YC
电位器			RP
桥式整流器			VC
照明灯			EL
信号灯			HL
直流发电机		G	G
三相笼型异步电动机		M	M
三相绕线转子异步电动机			M
单相变压器			T
整流变压器			
照明变压器			
控制电路电源变压器			TC
三相自耦变压器			T
半导体二极管			VD
稳压二极管			VS
PNP 型三极管			VT
NPN 型三极管			

（1）基本符号

基本符号只说明其在电路中的特征，不表示具体的电气元件，如"～"表示交流，"－"表示直流，等。

（2）一般符号

一般符号是一种表示一类产品和这类产品特征的通用的符号，没有确切的型号和具体参数。

（3）明细符号

明细符号表示某一种具体的电气元件，是由一般符号、限定符号（用来提供附加信息、功能的加在其他图形符号上的符号，限定符号不能单独使用）、物理量符号、文字符号等符号相结合派生出来的。如"▢"表示继电器或接触器线圈的一般符号，当要表明电流种类及特点时，增加相应的符号，即成为明细符号。"▢"表示交流继电器线圈。

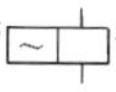

1.1.4 文字符号

文字符号是用来表示电气设备、装置和元器件的名称、功能、状态和特征的字母代码和功能字母代码。可在电气设备、装置和元器件上或其近旁使用。文字符号由基本文字符号和辅助文字符号组成。电气符号包括图形符号、文字符号和回路标号，是制图中不可缺少的要素。电路图正是利用这些符号构成的。必须了解电气符号的含义、标注原则和使用方法，才能看懂电路图的工作原理，设计出标准化的电路来。

（1）常用基本文字符号

基本文字符号分为单字母和双字母符号，单字母符号是按拉丁字母将各种电气设备、装置和元器件划分为 23 大类，每个大类用一个专用字母符号表示，如"R"表示电阻类，"C"表示电容器类，见表 1-3。

表 1-3 常用基本文字符号

文字符号	说明	文字符号	说明
A	组件、部件	L	电感器、电抗器
AB	电桥	M	电动机
AD	晶体管放大器	N	模拟元件
AJ	集成电路放大器	PA	电流表
AP	印制电路板	PJ	电能表
B	非电量与电量互换器	PV	电压表
C	电容器	QF	断路器
D	数字集成电路和器件	QS	隔离开关
EL	照明灯	R	电阻器
RP	电位器	SB	按钮开关
RS	测量分路表	T	变压器
RT	热敏电阻器	TA	电流互感器
RV	压敏电阻器	TM	电力变压器
SA	控制开关，选择开关	TV	电压互感器
F	保护器件	V	电子管、晶体管
FU	熔断器	W	导线
FV	限压保护器件	X	端子、插头、插座
G	发电机	XB	连接片
GB	蓄电池	XJ	测试插孔
HL	光指示器（指示灯）	XP	插头
KA	交流继电器	XS	插座
KD	直流继电器	XT	接线端子板
KM	接触器	YA	电磁铁

双字母符号是由一个表示种类的单字母符号与另一字母组成，以单字母符号在前，另一字母在后的顺序标出。如"RT"表示热敏电阻器，而"R"表示电阻。单字母符号不能满足要求，需进一步划分时，方采用双字母符号，以示区别。常用基本文字符号见表1-3。

（2）辅助文字符号

辅助文字符号是用来表示电气设备、装置和元器件以及线路的功能、状态和特征的。如"E"表示接地，"GN"表示绿色，等。辅助文字符号可放在表示种类的单字母后边组成双字母符号，如"SP"表示压力传感器，"YB"表示电磁制动器，等。为了简化文字符号，若辅助文字符号由两个以上字母组成时，只采用其中第一位字母进行组合，如"MS"表示同步电动机。辅助文字符号可单独使用，如"ON"表示接通，"M"表示中间线，"PE"表示保护接地，等。常用的辅助文字符号见表1-4。

表1-4　常用辅助文字符号

文字符号	说明	文字符号	说明	文字符号	说明
A	电流	H	高	R	反
AC	交流	IN	输入	R RST	复位
A AUT	自动	L	低	RUN	运转
ACC	加速	M	主、中	S	信号
ADJ	可调	M MAN	手动	ST	启动
B BRK	制动	N	中性线	S SET	置位、定位
C	控制	OFF	断开	STP	停止
D	数字	ON	接通、闭合	T	时间、温度
DC	直流	OUT	输出	TE	无噪声（防干扰）接地
E	接地	PE	保护接地	V	电压

1.1.5　电路的布局与编号

（1）电路布局

电路图中元器件图形符号的布局或单元电路的布局，应从电路图的整体出发，在绘制元器件图形符号或单元电路在图上的位置时，应力求做到布局合理，排列均匀，图面清晰、紧凑，便于识图。

电路图应尽可能按其工作原理的顺序从左至右、自上而下地排列。对个别不符合上述规定的信号流向，应在信息线上画开口箭头表示流向，反馈信号与规定方向相反，如图1-7所示。如果图中有引出线或引入线，最好画在图样的边框附近，一般信号的输入应在左边，输出应在右边。

电路图中，不论是主电路还是控制电路或信号电路以及连接线等，都应符合一般规则中有关图线的规定。图线应是交叉和折弯最少的直线，其相交处与折弯处应成直角。图线的连接应采用图1-8所示的画法。

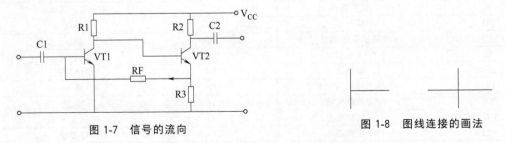

图1-7　信号的流向　　　　　　　　　　　图1-8　图线连接的画法

电路图中的图线可水平地布置，如图1-9（a）所示；交叉布置，如图1-9（b）所示；也可以垂直布置，如图1-9（c）所示。电路垂直绘制时，类似项目宜横向对齐；电路水平绘制时，类似项目宜纵向对齐，但同一简图中必须采用同一格式。

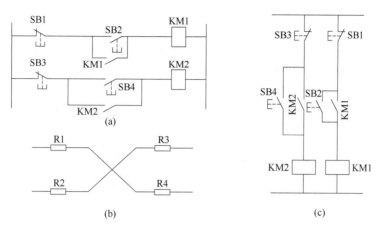

图 1-9　电路的几种布局方法

（2）电路的编号法

电路编号法是对电路或分支用数字编号来表示其位置的方法。编号的原则应是自左至右或自上而下地排列，如图1-10所示。

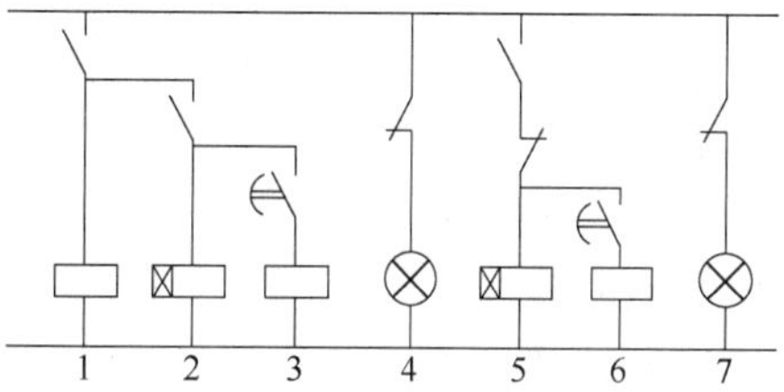

1.1.6　项目代号

要在较复杂的电气工程图上标注项目代号，就必须了解项目代号的含义和组成。项目是指电气技术文件中出现的各种电气设备、器件、部件、功能单元、系统等，在图样上通常用一个相对应的图形符号表示。项目可大可小，灯、开关、电动机、某个系统都可以称为项目。

图 1-10　电路的编号法

用以识别图、表图、表格中和设备上的项目种类，并提供项目的层次关系、实际位置等信息的一种特定的代码，称为项目代号。通过项目代号可以将不同的图样或其他技术文件上的项目（软件）与实际设备中的该项目（硬件）一一对应和联系在一起。如某照明灯的代码为"＝6＋203－H3"，则表示可在"6"号楼、"203"号房间找到照明灯"H3"。

项目代号是由拉丁字母、阿拉伯数字、特定的前缀符号等按照一定的规律组成。一个完整的项目代号由4个代号段组成，即高层代号、位置代号、种类代号、端子代号。在每个代号段之前还有一个前缀符号，作为代号段的特征标记。表1-5是项目代号的形式及符号。

表 1-5　项目代号的形式和符号

段别	名称	前缀符号	示例
第 1 段	高层代号	＝	＝S2
第 2 段	位置代号	＋	＋12B
第 3 段	种类代号	－	－A1
第 4 段	端子代号	：	：5

（1）种类代号

用以识别项目种类的代号称为种类代号。种类代号段是项目代号的核心部分。种类代号由字母和数字组成。其中字母代号必须是规定的文字符号，其格式为：

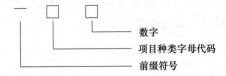

如"－KM1"表示第一个交流接触器，"－SB2"表示第二个按钮开关。

（2）高层代号

系统或设备中任何较高层次的项目代号，称为高层代号。例如在某电力系统的一个变电所的项目代号中，其中的电力系统的代号可称为高层代号；若为此变电所中的一个电气装置的项目代号，则变电所的代号叫作高层代号。其格式为：

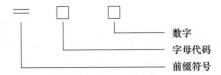

高层代号的字母代码，国家标准没有统一规定，可选用任意的字符、数字，如"＝S"等。

高层代号与种类代号同时标注时，通常高层代号在前，种类代号在后。如"＝2－Q1"，表示2号变电所中的Q1。

高层代号可以叠加或简化，如"＝S1＝P1"可简化为"＝S1P1"。

如果整个图面均属于同一高层代号，则可将高层代号写在图框的左上方，以简化图面。

（3）位置代号

项目在组件、设备、系统或建筑物中的实际位置的代号叫位置代号。位置代号一般由自行选定的字符或数字来表示，其格式为：

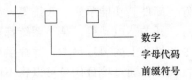

如电动机M2在某位置4中，可表示为"＋4－M2"；202室B列第4号低压柜的位置代号可表示为"＋202＋B＋4"。

（4）端子代号

端子代号是用以同外电路进行电气连接的电气导电件的代号。采用数字或大写字母表示，其格式如下：

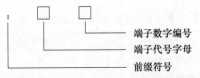

如端子板X的5号端子，可标注为"－X：5"；继电器K2的C号端子，可标注为"－K2：C"。一般端子代号只与种类代号组合即可。

项目代号是用来识别项目的特定代码，一个项目可由一个代号段组成，也可由几个代号段组成，这主要看图样的复杂程度。如S系统的开关Q2在H10位置，其中的B号端子可标注为"＝S＋H10－Q2：B"。

1.2　电气控制识图基础

1.2.1　元器件的标注方法

电路是由元器件组成的，每种元器件都有不同的标注方法，即使是同一种元器件，也有不同的标注方式。哪些要标注，哪些可省略，根据大家的使用习惯，常用的标注方法如下。

（1）电路图中电阻阻值单位按标注规则识读

① 带有小数点的，加单位"Ω"，以便与 MΩ 区别，如 $R_1 = 1.5\Omega$。

② 阻值在 $1k\Omega$ 以下的可不标注单位。例如，100Ω 可标注为 100，又例如，910Ω 可标注为 910。

③ 阻值在 $1 \sim 100k\Omega$ 之间的，标注单位为 k，如 $5.1k\Omega$ 可标注为 5.1k，阻值在 $100k\Omega \sim 1M\Omega$ 之间的，标注单位为 M。如 $510k\Omega$，可标注为 0.510M。

④ 阻值在 $1M\Omega$ 以上的，标注单位为 M。如 $5.1M\Omega$，可标注为 5.1M。单位可以省略，但要加小数点和 0，如"R_1 为 6.0"，则表示电阻 R_1 为 $6M\Omega$。

⑤ $5.1k\Omega$ 也可用 5k1 表示。

（2）电路图中电容容量单位按标注规则识读

① 带有小数点的，加单位"pF"，以便与"μF"区别，如 $C_1 = 3.5pF$。

② 当电容器大于 100pF，而又小于 $1\mu F$ 时，一般不标注单位，没有小数点的其单位是 pF，有小数点的其单位是 μF。如 5100 就是 5100pF，0.33 就是 $0.33\mu F$。当电容量大于 10000pF 时，可以 μF 为单位。当电容量小于 10000pF 时，可以 pF 为单位。

③ 用国际单位制表示。用数字表示有效值，字母表示数值的量级，即 m 表示毫法（$10^{-3}F$），μ 表示微法（$10^{-6}F$），n 表示纳法（$10^{-9}F$），p 表示皮法（$10^{-12}F$）。字母有时也表示小数点的位置。如 1m5 表示 1.5mF，即 $1500\mu F$，4μ7 表示 $4.7\mu F$，3n9 表示 $3.9nF = 3900pF$，47n 表示 $47nF = 0.047\mu F$，2p2 表示 2.2pF。

④ 数码表示法。电容器的数码表示法，一般用三位数来表示容量的大小，其单位为 pF（皮法），从左起第一、二位数字为有效数字位，第三位数字表示有效数字后边加零的个数。若第三位数为数字"9"，表示前两位数要乘 10^{-1}。如 102 表示 1000pF，223 表示 22000pF 即 $0.022\mu F$，229 表示 $22 \times 10^{-1} = 2.2\ pF$。

1.2.2　识图的基本方法

（1）识图的基本方法

① 结合基础知识识图　无论看电力系统图，还是看电子电路图，都需要具备一定的电工、电子技术的基础理论知识，只有掌握了和电气图有关的基本理论知识，才能更好、更准确地识读电路图。如三相笼型异步电动机的正反转控制，就是基于电动机的旋转方向是由三相电源的相序来决定的原理，用倒顺开关或交流接触器进行换相，从而改变电动机的旋转方向。又如单相整流电路，是基于二极管的单向导电性的特点，将正弦交流电变换为脉动直流电的。

② 结合电路元器件的结构、原理、特性识图　电路图是由各种元器件组成的，要学会看懂电路图，首先要了解图中各种元器件的结构、作用，才能正确理解电路图的工作原理。如在高压供电电路中常用高压隔离开关、熔断器、电压互感器、避雷器等；在低压电路中常用各种继电器、接触器和控制开关等；在电子电路中常用到各种二极管、晶体管、电容器、晶闸管以及各种集成电路等。因此，了解这些元器件的功能、结构、工作原理、相互控制关系以及在整

个电路中的地位和作用是至关重要的，否则要看懂电路图就会有一定困难。

③ 结合典型电路识图　典型电路就是常见的基本电路，如串并联电路、电动机的各种控制电路、二极管整流电路、各种滤波电路、晶体管放大电路、各种门电路等，不管多么复杂的电路，总是由若干个典型电路组成的，先搞清每个典型电路的原理和作用，再将典型电路串联组合起来，就能大体上把一个复杂电路看懂了。

④ 结合有关资料识图　在看各种电气图之前，首先要看清电气图的技术资料、使用说明。了解电路的大体情况，便于抓住看图重点，有利于识图。

⑤ 根据制图规则识图　电气图的绘制有一些基本规则，这些规则是为了加强图样的规范性、通用性和示意性而规定的。这些基本规则已在前两节作了较详细说明，可以利用这些制图知识准确看图。制图基本知识包括：

a. 在绘制电路图时，各种电气元件都应使用国家统一规定的图形符号和文字符号。

b. 一般情况下，同一电气元件的各部分不画在一起。根据要求，需分散绘制时，必须在多处用同一文字符号标注，这样便于识别。

c. 对完成具有相同性质任务的几个元器件，在文字符号后面加上数码以示区别。

（2）识图的步骤

① 明确用途　开始看图之前首先弄清楚该产品的用途、作用和特点，及其有关的技术指标。

② 化整为零，逐步分解，各个击破　将总电路原理图化整为零，分解成若干部分，弄清各部分的功能以及图中元器件的图形符号、参数、规格型号等。对于不了解的新器件，如集成块等，借助资料搞清其功能和引脚。对每一部分进行逐个分析，明确由哪些基本单元组成，各单元电路的作用、特点是什么，为什么要采用这样的单元电路，以达到"各个击破"的目的。

③ 指出通路　对每个基本单元电路，找出直流通路、交流通路和反馈通路等，以判断电路的静态偏置是否合适，交流信号能否正常放大和逐级传递，引入的反馈属于什么状态，等。

④ 由粗到细　将电路各部分相互关系、信号流向组合在一起，构成整机框图，从电路图的输入到输出端联系起来。借助示波器观察信号在电路中如何逐级放大和传递，从而对总图有一个完整的认识。

⑤ 指标估算　如果对电路图有更加深入的了解，可对某些主要技术指标进行一定的估算，以便对电路的技术性能获得定量的概念。

1.2.3　电气控制电路识图

在工农业生产中，广泛采用继电器-接触器控制系统，这种控制系统主要由交流接触器、按钮、热继电器、熔断器等电器组成，对中、小功率异步电动机、机床进行控制。因此，在掌握常用电气符号的基础上，学会识读电气图的基本方法，才能在实际工作中迅速、正确地进行安装、接线和调试。

（1）识图要点

电气控制是借助各种电磁元件的结构、特性对机械设备进行自动或远距离控制的一种方法。电气元件根据外界的信号和要求，手动或自动断开电路，断续或连续改变电量参数，以实现电路或非电路对象的切换、控制、保护、检测和调节。识图重点是掌握元器件的结构特点。例如接触器、继电器的线圈得电，带动衔铁的吸合，使它们的主、辅触点做相反（原来断开的接通，原来接通的断开）的变化，去接通或断开主电路及其他电路，以实现控制。又如时间继电器，线圈得电后，其常开、常闭触点不是马上接通或断开，而是延长一段时间，才接通或断开电路，延长时间的长短是可以调整改变的。只要掌握这些元器件的结构特点，其控制电路就很容易看懂了。

电气控制电路分为主电路（一次电路）和辅助电路（二次电路、控制电路）。主电路一般画在图样的上方或左方，它与三相电源相连，连接负载，允许通过大电流，受辅助电路的直接控制；辅助电路是通过较弱电流的控制电路，画在图样的下方或右方，控制主电路动作。

（2）识图步骤

① 阅读产品使用说明书　在看图之前应首先了解设备的机械结构、电气传动方式、对电气控制的要求、电动机和电气元件的大体布置情况以及设备的使用和操作方法，各种按钮、开关、指示器等的作用。此外还应了解使用要求、安全注意事项等，对设备有一个全面完整的认识。

② 读图样说明　图样说明包括图样目录、文字说明、元器件明细表和施工说明书等。识图时，首先要看清楚图样说明书中的各项内容，搞清设计内容和施工要求，这样就可以了解图样的大体情况，抓住识图重点。

③ 读标题栏　图样中标题栏也是重要的组成部分，它告诉人们电气图的名称及图号等有关内容，因此可对电气图的类型、性质、作用等有明确认识，同时可大致了解电气图的内容。

④ 方框图识图　读图样说明后，就要看框图，从而了解整个系统的组成概况、相互关系及其主要特征，为进一步理解系统的工作原理打下基础。

⑤ 主电路图识图　按照先从主电路开始，再到控制电路的顺序识读。看主电路时，通常从下往上看，即从用电设备开始，经控制元器件、保护元器件依次看到电源。通过看主电路，要搞清楚用电设备是怎样取得电源的，电源是经过哪些元器件到达负载的，这些元器件的规格、型号和作用是什么。

⑥ 控制电路识图　识读控制电路应自上而下、从左向右看，即先看电源，再依次看各条支路，分析各条支路元器件的工作情况及其对主电路的控制关系。看控制电路时，要搞清电路的构成，各元器件间的联系（如顺序、互锁等）及控制关系和在什么条件下电路构成通路或断路，控制电路是如何控制主电路的，从而搞清楚整个系统的工作原理。

⑦ 接线图识图　接线图是根据电路原理图绘制的，识读接线图时，要对照电路原理图。

先看主电路，再看控制电路。看接线图要根据端子标志、支路标号，从电源端顺次查下去，搞清楚线路的走向和电路的连接方法，即搞清楚每个元器件是如何通过连线构成闭合回路的。识读主电路时，从电源输入端开始，顺次经过控制元器件、保护元器件到用电设备，与看电路原理图时有所不同。

识读控制电路时，要从电源的引入端，经控制元器件到构成回路回到电源的另一端，按元器件的顺序对每条支路进行分析。接线图中的支路标号（线号）是电气元件间导线连接的标记，标号相同的导线原则上都可以接在一起。由于接线图多采用单线表示，因此对导线走向应加以辨别。此外，还要搞清端子排内外电路的连线，内外电路的相同标号导线要接在端子排的同号接点上。

总之，电路原理图是电气图的核心，对一些小型设备，电路比较简单，识读图相对容易；但对一些大型设备，由于电路比较复杂，识读图难度较大。不论怎样，都应按照由简到繁、由易到难、由粗到细的步骤分步读图，直到完全搞清楚为止。

第2章 电气控制工程中的传动电动机

所谓电气传动控制，就是以电动机作为动力驱动生产机械的系统的总称。它包括传动用的电动机、控制用的电气设备、各种检测仪表以及实现高度自动化所必需的计算装置。无疑，电气控制设备是整个生产设备中的一个重要组成部分。它的性能和质量，在很大程度上影响着生产机械的性能、产品的产量和质量、生产成本、工人的劳动条件以及能量利用效率。电气传动控制结构组成框图如图2-1所示。

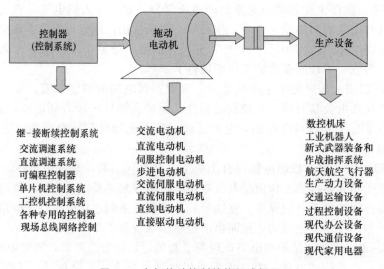

图 2-1　电气传动控制结构组成框图

2.1　交流异步电动机

2.1.1　交流异步电动机的结构组成

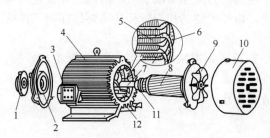

图 2-2　三相异步电动机的结构图

1—轴承盖；2—端盖；3—接线盒；4—散热筋；
5—定子铁芯；6—定子绕组；7—转轴；8—转子；
9—风扇；10—罩壳；11—轴承；12—机座

它主要由定子、转子两大部分构成，定子与转子之间有一定的气隙。定子是静止不动的部分，由定子铁芯、定子绕组和机座组成。转子是旋转部分，由转子铁芯、转子绕组和转轴组成。三相异步电动机的结构图如图2-2所示。

铭牌是电动机的身份证，认识和了解电动机铭牌中有关技术参数的作用和意义，有利于正确地选择、使用和维护它。图2-3是我国使用最多的 Y 系列三相感应电动机铭牌的一个实例。

商标：×××	三相异步电动机	
型号：Y-112M-4	出厂编号：××××	接线方式：△
功率：4.0kW	电压：380V	电流：8.7A
频率：50Hz	转速：1440r/min	噪声值：74dB(A)
工作制：S1	绝缘等级：B	防护等级：IP44
质量：49kg	标准编号：ZBK22007-88	出厂日期：___年___月___日
	中华人民共和国××××电机厂制造	

图 2-3　Y 系列三相感应电动机铭牌

（1）型号

如 Y-112M-4。

（2）额定值

① 额定功率 P_N　指电动机在额定运行时，电机轴上输出的机械功率，单位为 kW。

② 额定电压 U_N　指额定运行状态下加在电机定子绕组上的线电压，单位为 V。

③ 额定电流 I_N　指电动机在定子绕组上施加额定电压，电机轴上输出额定功率时的线电流，单位为 A。

可以根据电动机的额定电压、电流及功率，利用三相交流电路功率计算公式计算出电动机在额定负载下运行时定子边的功率因数 $\cos\phi$。例如图 2-3 所示铭牌的电动机在额定负载下运行时的功率因数 $\cos\phi = 4000/(3^{1/2} \times 380 \times 8.7) = 0.699$。

④ 额定频率 f_N　我国规定工业用电的频率是 50Hz，国外有些国家采用 60Hz。

⑤ 额定转速 n_N　指电动机定子加额定频率的额定电压、轴端输出额定功率时电动机的转速，单位为 r/min。可以根据额定转速与额定频率计算出电动机的极数 p 和额定转差率 s_N。

（3）噪声值（LW）

指电动机在运行时的最大噪声。一般电动机功率越大，磁极数越少，额定转速越高，噪声越大。

（4）工作制式

指电动机允许工作的方式，共有 S1～S10 十种工作制。其中，S1 为连续工作制，S2 为短时工作制，其他为不同周期或者非周期工作制。

（5）绝缘等级

绝缘等级与电动机内部的绝缘材料有关，与电动机允许工作的最高温度有关，共分 A、E、B、F、H 五种等级。其中 A 级最低，H 级最高。在环境温度为 40℃ 时，A 级允许的最高温升为 65℃（最高温度为 105℃），H 级允许的最高温升为 140℃（最高温度为 180℃）。

（6）连接方法

有如图 2-4 所示的 Y/△ 两种方式。请注意有些电动机只能固定一种接法，有些电动机可以两种切换工作。但是要注意工作电压，防止错误接线烧坏电动机。高压大、中型容量的异步电动机定子绕组常采用 Y 接线，只有三根引出线。对中、小容量低压异步电动机，通常把定子三相绕组的六根出线头都引出来。根据需要可接成 Y 型或△型，如图 2-4 所示。另外，有一点需要说明的是，在电动机直接启动过程中，为了减小启动冲击电流 $[I_Q = (5～7)I_N]$ 对于电网的影响，一种简单实用低成本的 n_1 方法就是采用如图 2-4 所示的 Y/△ 启动。

（7）防护等级

IP 为防护代号，第一位数字（0～6）规定了电动机防护体的等级标准。第二位数字（0～8）规定了电动机防水的等级标准。如 IP00 为无防护，数字越大，防护等级越高。

（8）其他

对于绕线转子电动机还必须标明转子绕组接法、转子额定电动势及转子额定电流，有些还

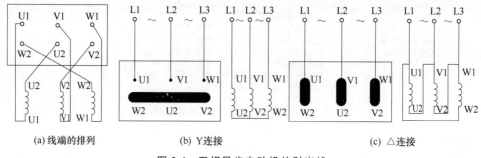

(a) 线端的排列　　　　　　　　(b) Y连接　　　　　　　　(c) △连接

图 2-4　三相异步电动机的引出线

标明了电动机的转子电阻，有些特殊电动机还标明了冷却方式等。

2.1.2　三相异步电动机的机械特性

在异步电动机中，电动机电磁转矩 T 与转差率 s 的关系 $T=f(s)$ 通常叫作 $T\text{-}s$ 曲线。为了符合习惯画法，可将 $T\text{-}s$ 曲线转换成转速 n 与转矩 T 之间的关系曲线 $n=f(T)$，称为异步电动机的机械特性，分为固有机械特性和人为机械特性。

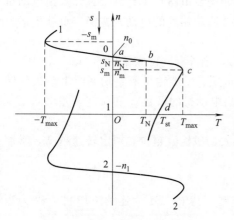

图 2-5　电动机的固有机械特性

（1）固有机械特性

异步电动机在额定电压和额定频率下，用规定的接线方式，定子和转子电路中不串联任何电阻或电抗时的机械特性称为固有（自然）机械特性，如图 2-5 所示。曲线 1 为电源正相序时的固有机械特性，曲线 2 为负相序时的曲线。其特点如下：

① 在 $0<s\leqslant1$，即 $0<n<n_0$ 的范围内，特性在第一象限，电磁转矩 T 与转速 n 都为正，电动机工作在电动状态，电动机轴输出机械功率。

② 在 $s<0$ 范围内，$n>n_0$，特性在第二象限，电磁转矩 $T<0$ 为负值，工作在发电状态，电动机的轴机械能转化为电能。

③ 在 $s>1$ 范围内，$n<0$，特性在第四象限。$T>0$，电动机处于一种制动状态。

从特性曲线上可以看出，其中有四个特殊点可以决定特性曲线的基本形状和异步电动机的运行性能，这四个特殊点是：

① $T=0$，$n=n_0$，$s=0$，电动机处于理想空载转速（同步转速）n_0。实际上由于摩擦力矩的存在，电动机的理想空载转速只是一个理论值，对应图 2-5 中的 a 点。

② $T=T_N$（电动机输出额定转矩），$n=n_N$，$s=s_N$，为电动机额定工作点，对应图 2-5 中的 b 点。此时，$T_N=9550P_N/n_N$。

③ $T=T_{max}$（电动机最大转矩），$n=n_m$（临界速度），$s=s_m$（临界转差率），为电动机的临界工作点。当电动机的负载转矩超过此点时，电动机的输出转矩将会急剧下降，转速也会随之下降，甚至造成堵转，对应图 2-5 中的 c 点。

④ $T=T_{st}$（电动机启动转矩），$n=0$，$s=1$，为电动机的启动工作点，对应图 2-5 中的 d 点。通常把在固有机械特性上启动转矩与额定转矩之比 $\lambda_{st}=T_{st}/T_N$ 作为衡量异步电动机启动能力的一个重要数据；把 $\lambda_m=T_{max}/T_N$ 称为电动机的过载系数，它表征了电动机能够承受

过负载的能力大小。绕线型转子电动机的 λ_m 往往大于笼型异步电动机，这就是绕线转子电动机多用于起重、冶金等冲击性负载的机械设备的原因。

（2）人为机械特性

异步电动机的机械特性除与电动机的参数有关外，还与外加定子电压 U_1、定子电源频率 f_1、定子或者转子电路中串入的电阻或电抗等有关，将这些参数人为地加以改变而获得的机械特性称为异步电动机的人为机械特性。

① 降低电源电压时的人为机械特性　降低电动机电源电压时的人为机械特性如图 2-6 所示。从图中可以看出，电压的改变并不影响理想空载转速 n_0 和临界转差率 s_m，只是影响 T_{max}，即电压愈低，人为机械特性曲线愈往左移。理论可以证明，最大转矩 T_{max} 与 U_1^2 成正比。因此，如果电压降低太多，会大大降低电动机的过载能力与启动转矩，甚至使电动机发生堵转或者根本不能启动的现象。此外，电网电压下降，在负载不变的条件下，将使电动机转速下降，转差率增大，电流增加，引起电动机发热甚至烧坏。实际应用中常采用的软启动器就是采用晶闸管（SCR）调压调速的原理而设计的启动装置。

② 定子电路接入电阻或电抗时的人为机械特性　在电动机定子电路中外串电阻或电抗后，电动机端电压为电源电压减去定子外串电阻或电抗上的压降，致使定子绕组相电压降低，这种情况下的人为特性与降低电源电压时相似。如图 2-7 所示，图中实线 1 为降低电源电压的人为特性，虚线 2 为定子电路串入电阻或电抗时的人为特性。从图中可以看出，串入电阻或电抗后的最大转矩 T_{max} 要比直接降低电源电压时的最大转矩 T_{max} 大一些。因此，在一些要求低成本的电动机启动的场合，启动过程中，通常采用串接电阻或电抗器启动的方法，以减小对电网的冲击。常用的手动启动补偿器就属于采用串接电抗器降压启动的实例。

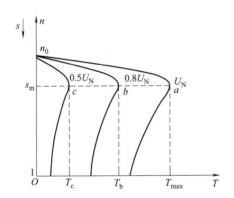

图 2-6　改变电源电压时的人为机械特性

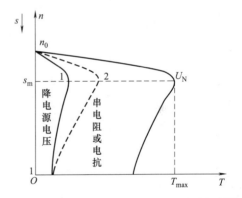

图 2-7　定子电路外接电阻或电抗时的人为机械特性

③ 改变定子电源频率时的人为机械特性　改变定子电源频率 f_1 对三相异步电动机机械特性的影响是比较复杂的，一般变频调速采用恒转矩调速，即希望最大转矩 T_{max} 保持为恒值。电动机气隙磁通保持不变，为此在改变频率 f_1 的同时，电源电压也要作相应的变化，使 $U_1/f_1 =$ 常数。在上述条件下，存在有 $n_0 \propto f_1$、$T_{st} \propto 1/f_1$ 和 T_{max} 不变的关系，即随着 f_1 频率的降低，理想空载转速 n_0 要减小，临界转差率 s_m 要增大，启动转矩 T_{st} 要增大，而最大转矩 T_{max} 维持不变。如图 2-8 所示。

④ 转子电路串入电阻时的人为机械特性　在三相绕线转子异步电动机的转子电路中串入电阻后的机械特性如图 2-9 所示。电阻的串入对理想空载转速 n_0、最大转矩 T_{max} 没有影响，但临界转差率 s_m 则随着电阻的增加而增大，此时的人为特性将是一根比固有机械特性软的曲线。

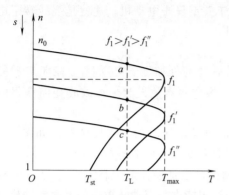

图 2-8　改变定子电源频率时的人为机械特性

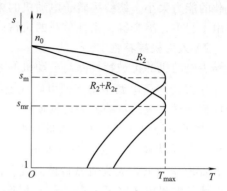

图 2-9　转子电路串入电阻的人为机械特性

2.1.3　交流异步电动机调速方法

异步电动机实际转速 n 与电动机输入定子电源频率 f_1、转差率 s 和电动机磁极对数 p 的关系式为：$n=60\times(f_1/p)\times(1-s)$。可以看出，异步电动机可通过改变磁极对数 p、调节转差率 s 及改变定子频率 f_1 三种方式调速。常用的异步电动机调速方法及其比较如表 2-1 所示，由表中的对比可以看出，PWM 变频调速是最理想的调速方式，这在变频调速技术中有专门论述。

表 2-1　常用的异步电动机调速方法及其比较表

项目	改变磁极对数 p	改变定子频率	调节转差率 s		
调速根据	改变电动机极对数 p	PWM 变频（变 f、U）	改变定子输入交流电压	改变转子串接电阻	改变逆变器逆变角 β，调节转差电压
调速类别	有级	无级	无级	有级，调速平滑性差	调速范围小时可做到无级平滑调速
调速范围/% 额定	25/50/100	0～100	80～100	50～100	50～100
调速精度	高	最高	一般	一般	高
节能效果	高效	最高效	低效	低效	高效
功率因数	良	优	良	良	差
动态响应	快	最快	快	差	较快
控制装置	简单	复杂	较简单	简单	较复杂
初投资	低	最高	较低	低	中
电网干扰	无	有	大	无	较大
维护保养	最易	较易	易	易	较难
装置故障处理方法	停车处理	不停车，投工频	不停车，投工频	停车处理	停车处理
适用范围	在几挡速度下恒速运行的场合	长期低速运行，启停频繁或调速范围较大的场合	长期在高调速范围内调速运行的小容量异步电动机	调速范围不大，硬度要求不高的绕线转子电动机	调速范围不大，单象限运行，对动态性能要求不高的绕线转子电动机

2.1.4　传动电动机的选择

传动电动机的选择包括电动机的额定功率（容量）、额定转速、种类、结构形式。电动机的额定功率根据所控制设备的功率负载和转矩负载选择，使电动机容量得到充分利用；传动电动机的转速和种类根据所控制设备的调速要求选择，一般都应采用感应电动机，仅在启动、制动和调速不满足所控制设备要求时才选用直流电动机；电动机的结构形式应适应所控制设备结构和现场环境，可选用开启式、防护式、封闭式、防腐式，甚至是防爆式电动机。

这里将以机床设备为例，介绍传动电动机的选择。

（1）传动电动机容量的选择

根据所控制设备的负载功率（例如切削功率）就可选择电动机的容量。例如机床设备的载荷是经常变化的，而每个负载的工作时间也不尽相同，这就产生了如何使电动机功率最经济地满足机床负载功率的问题。

机床电气传动系统一般分为主拖动及进给拖动。

① 机床主拖动电动机容量选择　多数机床负载情况比较复杂，切削用量变化很大，尤其是通用机床负载种类更多，不易准确地确定其负载情况。一般情况下为了避免复杂的计算过程，机床电动机容量的选择往往采用统计类比或根据经验采用工程估算方法，但这通常具有较大的宽裕度。因此通常采用调查统计类比或采用分析与计算相结合的方法来确定电动机的功率。

a. 调查统计类比法　确定电动机功率前，首先进行广泛调查研究，分析确定所需要的切削用量，然后用已确定的较常用的切削用量的最大值，在同类同规格的机床上进行切削实验并测出电动机的输出功率，以此测出的功率为依据，再考虑到机床最大负载情况以及采用先进切削方法及新工艺等，类比国内外同类机床电动机的功率，最后确定所设计机床电动机功率来选择电动机。这种方法有实用价值，以切削实验为基础进行分析类比，符合实际情况。

目前我国机床设计制造部门往往都采用这种方法来选择电动机容量。这种方法就是对机床主拖动电动机进行实测、分析，找出电动机容量与机床主要数据的关系，以这种关系作为选择电动机容量的依据。

卧式车床主电动机的功率：

$$P = 36.5D^{1.54} \tag{2-1}$$

式中，P 为主拖动电机功率，kW；D 为工件最大直径，m。

立式车床主电动机的功率：

$$P = 20.0D^{0.88} \tag{2-2}$$

式中，P 为主拖动电机功率，kW；D 为工件最大直径，m。

摇臂钻床主电动机的功率：

$$P = 0.0646D^{1.19} \tag{2-3}$$

式中，P 为主拖动电机功率，kW；D 为工件最大钻孔直径，mm。

卧式镗床主电动机的功率：

$$P = 0.04D^{1.7} \tag{2-4}$$

式中，P 为主拖动电机功率，kW；D 为镗杆直径，mm。

龙门铣床主电动机的功率：

$$P = \frac{1}{166}B^{1.75} \tag{2-5}$$

式中，P 为主拖动电机功率，kW；B 为工作台宽度，mm。

b. 分析计算法　可根据机床总体设计中对机械传动功率的要求，确定机床拖动用电动机功率。即知道机械传动的功率，可计算出所需电动机功率：

$$P = P_1/\eta_1\eta_2 \tag{2-6}$$

式中，P 为电动机功率；P_1 为机械传动轴上的功率；η_1 为生产机械效率；η_2 为电动机与生产机械之间的传动效率。

$$P = P_1/\eta_\text{总}, \eta_\text{总} = \eta_1\eta_2$$

式中，$\eta_\text{总}$ 为机床总效率，一般主运动为回转运动的机床，$\eta_\text{总} = 0.7 \sim 0.855$；主运动为往复运动的机床，$\eta_\text{总} = 0.6 \sim 0.7$（结构简单的取大值，复杂的取小值）。

计算出的电动机的功率，仅仅是初步确定的数据，还要根据实际情况进行分析，对电动机进行校验，最后确定其容量。

② 机床进给运动电动机容量选择　机床进给运动的功率由有效功率和功率损失两部分组成。一般进给运动的有效功率都是比较小的，如通用车床进给有效功率仅为主运动功率的 $0.0015 \sim 0.0025$，铣床为 $0.015 \sim 0.025$。但由于进给机构传动效率很低，车床、钻床实际需要的进给有效功率约为主运动功率的 $0.03 \sim 0.05$，而铣床则为 $0.2 \sim 0.25$。一般地，机床进给运动传动效率为 $0.15 \sim 0.2$，甚至还低。

对于车床和钻床，当主运动和进给运动采用同一电动机时，只计算主运动的电动机功率即可。对主运动和进给运动没有严格内在联系的机床，如铣床，为了使用方便和减少电能的消耗，进给运动一般采用单独电动机传动，该电动机除传动进给外还传动工作台的快速移动。由于快速移动所需的功率比进给大得多，因此电动机功率常常是由快速移动所需要的功率决定的。快速移动所需要的功率，一般由经验数据来选择，现列于表 2-2 中。

表 2-2　机床快速移动所需要的功率值

机床类型		运动部件	移动速度/（m/min）	所需电动机功率/kW
卧式车床	$D = 400\text{mm}$	溜板	$6.00 \sim 9.00$	$0.6 \sim 1.0$
	$D = 600\text{mm}$	溜板	$4.00 \sim 6.00$	$0.8 \sim 1.2$
	$D = 1000\text{mm}$	溜板	$3.00 \sim 4.00$	3.2
摇臂钻床 $D = 35 \sim 75\text{mm}$		摇臂	$0.50 \sim 1.50$	$1.0 \sim 2.8$
升降台铣床		工作台	$4.00 \sim 6.00$	$0.8 \sim 1.2$
		升降台	$1.50 \sim 2.00$	$1.2 \sim 1.5$
龙门铣床		横梁	$0.25 \sim 0.50$	$2.0 \sim 4.0$
		横梁上的铣头	$1.00 \sim 1.50$	$1.5 \sim 2.0$
		立柱上的铣头	$0.60 \sim 1.00$	$1.5 \sim 2.0$

（2）电动机转速和结构形式的选择

电动机功率的确定是选择电动机的关键，但也要对转速、使用电压等级及结构形式等项目进行选择。

① 确定机床调速方案　不同的机床对象有不同的调速要求，为了达到一定的调速范围，可分别采用齿轮变速箱、液压调速装置、双速或多速电动机以及电气的无级调速等传动方案。在选择机床调速方案时，可参考以下几点内容。

a. 重型或大型机床设备主运动及进给运动，应尽可能采用无级调速。这有利于简化机械结构，缩小体积，降低制造成本。

b. 精密机床如坐标镗床、精密磨床、数控机床以及某些精密机械手，为了保证加工精度和动作的准确性，便于自动控制，也应采用电气无级调速方案。

c. 一般中小型机床设备如普通机床没有特殊要求时，可选用经济、简单、可靠的三相笼型异步电动机，配以适当级数的齿轮变速箱。为了简化结构，扩大调速范围，也可采用双速或多速的笼型异步电动机。在选用三相笼型异步电动机的额定转速时，应满足工艺条件要求。

在选择电动机调速方案时，要保证电动机的调速特性与负载特性相适应，否则将会引起拖动工作的不正常，电动机不能充分合理地使用。例如，双速笼型异步电动机，当定子绕组由△连接改接成 YY 连接时，转速增加一倍，功率却增加很少，因此适用于恒功率传动。低速为 Y

连接的双速电动机改接成 YY 后，转速和功率都增加 1 倍，而电动机所输出的转矩却保持不变，适用于恒转矩传动。分析调速性质和负载特性，找出电动机在整个调速范围内的转矩、功率与转速的关系，以确定负载是需要恒功率调速还是恒转矩调速，为合理确定拖动方案和控制方案以及选择电机和电机容量提供必要的依据。

② 结构形式的选择　异步电动机由于结构简单坚固、维修方便、造价低廉，因此在机床中使用最为广泛。

电动机的转速愈低，则体积愈大，价格也愈高，功率因数和效率也就愈低，因此电动机的转速要根据机床机械的要求和传动装置的具体情况选定。异步电动机的同步转速有 3000r/min、1500r/min、1000r/min、750r/min、600r/min 等几种，这是由电动机的磁极对数的不同而定的。电动机转子转速由于存在着转差率，一般比同步转速约低 2%～5%。一般情况下，可选用同步转速为 1500r/min 的电动机，因为这个转速下的电动机适应性较强，而且功率因数和效率也高。若电动机的转速与该机床机械的转速不一致，可选取转速稍高的电动机通过机械变速装置使其一致。

异步电动机的电压等级为 380V。但要求宽范围而平滑的无级调速时，可采用交流变频调速或直流调速。

一般来说，金属切削机床都采用通用系列的普通电动机。电动机的结构形式按其安装位置的不同可分为卧式（轴为水平）、立式（轴为垂直）等。为了使拖动系统更加紧凑，使电动机尽可能地靠近机床的相应工作部位，如立铣、龙门铣、立式钻床等机床的主轴都是垂直于机床工作台的，这时选用垂直安装的立式电动机，可不需要锥齿轮等机构来改变转动轴线的方向；又如装入式电动机，电动机的机座就是床身的一部分，它安装在床身的内部。

在选择电动机时，也应考虑机床的转动条件。对易产生悬浮飞扬的铁屑或废料，或冷却液、工业用水等有损于绝缘的介质能侵入电动机的场合，选用封闭式结构为宜。煤油冷却切削刀具的机床或加工易燃合金材料的机床应选用防爆式电动机。按机床电气设备通用技术条件中规定，机床应采用全封闭扇冷式电动机。机床上推荐使用防护等级最低为 IP44 的交流电动机。在某些场合下，还必须采用强迫通风。

机床上常选用 Y 系列封闭自扇冷式笼型三相异步电动机，是全国统一设计的新的基本系列，它是我国取代 JO_2 系列的产品。其安装尺寸和功率等级完全符合 IEC 标准和 DIN 42673 标准。该系列采用 B 级绝缘，外壳防护等级为 IP44，冷却方式为 IC0141。

YD 系列三相异步电动机的功率等级和安装尺寸与国外同类型先进产品相当，因而具有互换性，便于机床配套出口。

2.1.5　电气控制工程常用 Y 系列三相异步电动机技术数据

Y 系列电动机是封闭自扇冷式笼型转子三相异步电动机。其效率高、节能大、堵转转矩高、噪声低、振动小、运行安全可靠，适用于驱动无特殊性能要求的各种机床设备。其额定电压为 380V，频率为 50Hz。3kW 及以下为星形接法，4kW 及以上为三角形接法。Y 系列小型三相异步电动机的技术数据见表 2-3。

表 2-3　Y 系列(IP23)小型三相异步电动机技术数据(380V,50Hz)

电动机型号	额定功率/kW	满载时				堵转电流额定电流/A	堵转转矩额定转矩/(N·m)	最大转矩额定转矩/(N·m)
		定子电流/A	转速/(r·min⁻¹)	效率/%	功率因数			
Y160M-2	15	29	2910	88	0.88	7.0	1.7	2.2
160L1-2	18.5	36	2910	89	0.89	7.0	1.8	2.2

| 电动机
型号 | 额定
功率
/kW | 满载时 | | | | 堵转电流
额定电流
/A | 堵转转矩
额定转矩
/（N·m） | 最大转矩
额定转矩
/（N·m） |
		定子电流 /A	转速 /（r·min⁻¹）	效率 /%	功率因数			
160L2-2	22	42	2910	89.5	0.89	7.0	2.0	2.2
Y160M-4	11	23	1460	87.5	0.85	7.0	1.9	2.2
160L1-4	15	30	1460	88	0.86	7.0	2.0	2.2
160L2-4	18.5	37	1460	89	0.86	7.0	2.0	2.2
Y160M-6	7.5	17	960	85	0.79	6.5	2.0	2.0
Y160L-6	11	25	960	86.5	0.78	6.5	2.0	2.0
Y160M-8	5.5	14	720	83.5	0.73	6.0	2.0	2.0
Y160L-8	7.5	18	720	85	0.73	6.0	2.0	2.0
Y180M-2	30	57	2940	89.5	0.89	7.0	1.7	2.2
Y180L-2	37	70	2940	90.5	0.89	7.0	1.9	2.2
Y180M-4	22	43	1460	89.5	0.86	7.0	1.9	2.2
Y180L-4	30	58	1460	90.5	0.87	7.0	1.9	2.2
Y180M-6	15	32	970	88	0.81	6.5	1.8	2.0
Y180L-6	18.5	38	970	88.5	0.83	6.45	1.8	2.0
Y180M-8	11	26	720	86.5	0.74	6.0	1.8	2.0
Y180L-8	15	34	720	87.5	0.76	6.0	1.8	2.0
Y200M-2	45	84	2940	91	0.89	7.0	1.9	2.2
Y200L-2	55	103	2950	91.5	0.89	7.0	1.9	2.2
Y200M-4	37	71	1470	90.5	0.87	7.0	2.0	2.2
Y200L-4	45	86	1470	91.5	0.87	7.0	2.0	2.2
Y200M-6	22	44	970	89	0.85	6.5	1.7	2.0
Y200L-6	30	59	980	89.5	0.87	6.5	1.7	2.0
Y200M-8	18.5	41	730	88.5	0.78	6.0	1.7	2.0
Y200L-8	22	48	740	89	0.78	6.0	1.8	2.0
Y225M-6	37	71	980	90.5	0.87	6.5	1.8	2.0
Y225M-8	30	63	740	89.5	0.81	6.0	1.7	2.0
Y250S-6	45	87	980	91	0.86	6.5	1.8	2.0
Y250S-8	37	78	740	90	0.80	6.0	1.6	2.0
Y250M-8	45	94	740	90.5	0.80	6.0	1.8	2.0

2.2 直流电动机

　　直流电动机的构造较复杂，价格也比交流电动机昂贵，维护维修也较困难。近年来，由于变频调速技术的发展和应用，在中小功率的电动机调速领域中，交流电动机正在逐步取代直流电动机。尽管如此，由于直流电动机具有转速稳定、便于大范围平滑调速、启动转矩较大等优点，因此，广泛用于要求进行平滑、稳定、大范围的调速或需灵活控制启动、制动的生产机械。特别是对调速要求较高的工作装置（尤其是大功率的生产设备，如龙门刨床）仍然采用直流电动机来驱动。事实上，直流电动机调速技术也随着电力电子技术的发展而不断地发展和完善着。这里主要介绍直流电动机的基本构造、工作原理、调速方法和选用方法。

2.2.1 直流电动机的基本构造及基本工作原理

　　直流电动机的基本工作原理是建立在电磁感应和电磁力的基础上的。直流电动机结构组成及工作原理图如图 2-10 所示。

　　它主要由磁极、电枢、电刷及换向器（又称整流子或转换器）等构成。N、S 两个磁极在

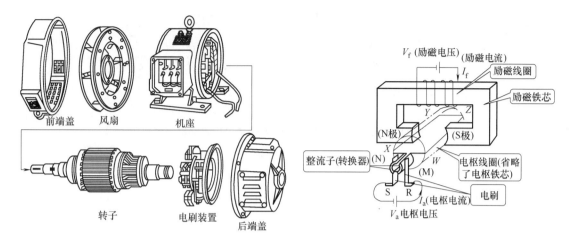

图 2-10　直流电动机结构组成及工作原理图

工作时固定不动，故又称定子。定子磁极用于产生主磁场。在永磁式直流电动机中（一般为小功率的直流电动机），磁极采用永磁材料制成。定子磁极励磁后即可产生恒定磁场。在他励式直流电动机中，磁极由冲压的硅钢片叠加而成；外绕励磁线圈，有外加励磁电流才能产生磁场。在磁极的内侧有一个安装在轴承上可以转动的铁芯（电枢铁芯，为便于看清结构，图中用点画线表示铁芯）。

电枢是直流电动机中的转动部分，故又称转子。它由硅钢片叠成，并在表面嵌有绕组（电枢绕组，为直观，图中只画出了一匝）。绕组的起头和终端接在与电枢铁芯同轴转动的一个换向器上，同固定在机座上的电刷连接，与外加的电枢电源相连。

当电枢绕组中通过直流电时，在定子磁场的作用下就会产生带动负载转动的电磁力和电磁转矩，驱动转子旋转。直流电动机产生的电磁转矩由下式表示：

$$T = K_m \Phi I_d \tag{2-7}$$

式中，T 为电磁转矩，$N \cdot m$；Φ 为对磁极的磁通，Wb；I_d 为电枢电流，A；K_m 为与电动机结构有关的常数（称转矩常数），$K_m = pN/2\pi a$（其中，p 为磁极对数，a 为电枢绕组并联支路数，N 为切割磁通的电枢总导体数）。

2.2.2　直流自动调速系统的分类

按照直流自动调速系统中使用的直流电动机种类的不同，可分为普通直流电动机的调速系统和控制用直流伺服电动机的调速系统。

按照电动机调速控制系统有无反馈环节，可分为开环（手动）调速系统和闭环（自动）调速系统。在闭环调速系统中，又可分为单闭环调速系统和双闭环调速系统。

按照调速系统中采用的电力电子器件的不同，可分为晶闸管-电动机直流自动调速系统、晶体管-电动机直流自动调速系统和集成电路-电动机直流自动调速系统。

2.2.3　直流电动机的机械特性和调速方法

在直流电动机中，根据励磁绕组连接方式的不同，可分为他励、并励、串励和复励四类电动机，而在调速系统中用得最多的是他励电动机。图 2-11 为直流他励电动机与直流并励电动机的原理图。

电枢回路中的电压平衡方程式为：

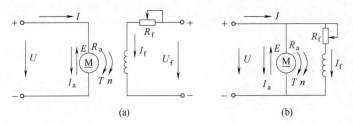

图 2-11　直流他励电动机的原理图（a）与直流并励电动机的原理图（b）

$$U = E + I_a R_a \tag{2-8}$$

式中，U 为电动机的端电压，V；I_a 为流经电枢的电流，A；R_a 为电枢绕组的电阻，Ω；E 为直流电动机电刷间的电动势，它是由于电枢绕组在磁场中旋转而产生的感应电动势。

$$E = K_e \Phi n \tag{2-9}$$

式中，Φ 为主磁极的磁通，Wb；n 为电枢的转速，r/min；K_e 为与电动机结构有关的常数。

将式（2-9）代入式（2-8），整理可得：

$$n = U/(K_e \Phi) - I_a R_a/(K_e \Phi) \tag{2-10}$$

为改善直流电动机的启动特性，限制电枢电流，在电枢回路中应串接外加电阻 R_{ad}，式（2-8）则为：

$$U = E + I_a (R_a + R_{ad}) \tag{2-11}$$

式（2-10）则变为：

$$n = U/(K_e \Phi) - I_a (R_a + R_{ad})/(K_e \Phi) \tag{2-12}$$

由式（2-7）可得：$I_d = T/(K_m \Phi)$。代入式（2-12），则可得到在电枢回路中串接了外加电阻 R_{ad} 的直流电动机机械特性方程式：

$$n = U/(K_e \Phi) - T(R_a + R_{ad})/(K_e K_m \Phi^2) \tag{2-13}$$

其机械特性曲线如图 2-12（a）所示。

改变电枢的供电电压 U 的方向，或电枢绕组中的电流 I_a 的方向，就可以改变电动机的旋转方向。而调节串入电枢回路的外加电阻 R_{ad}，电枢的供电电压 U 或磁极间的磁通（主磁通）Φ，都可以在负载转矩不变的情况下，改变直流电动机的机械特性，调节电动机的转速。即直流电动机的一般调速方法有三种。

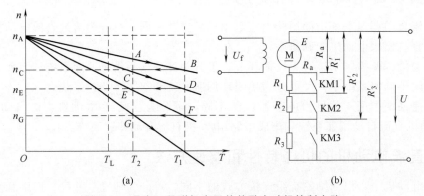

图 2-12　具有三段附加电阻的他励电动机控制电路

（1）调节串入电枢回路的外加电阻 R_{ad}（调阻调速法或电阻控制法）

保持电动机的供电电压 U 和磁极的磁通不变，调节电枢回路的电阻，就可得到不同的转速。如图 2-12（b）所示，在电枢回路中，串入 R_1、R_2、R_3 不同的电阻，依靠控制接触器 KM1、KM2 和 KM3，依次将外接的外加电阻 R_{ad}（如 R_1、R_2、R_3）接入，从而使 R_a+R_{ad} 的阻值由 R_a 变为 $R_1'(=R_a+R_1)$、$R_2'(=R_a+R_1+R_2)$ 和 $R_3'(=R_a+R_1+R_2+R_3)$。这样，就可以得到对应于 A、C、E、G 点的不同转速 n_A、n_C、n_E、n_G。

当负载转矩 T_L 相同时，转速随外加电阻 R_{ad} 的增大而降低。

若不考虑电枢电路的电感，电动机调速时（降低转速）的机电过程将如图 2-12（a）所示，沿 A→B→C→D→E→F→G 变化。电动机从稳定的转速 n_A 降低到新的稳定转速 n_C，再降低至 n_E、n_G。

这种调速方法具有以下一些特点：

① 当 $R_{ad}=0$ 时，电动机运行于固有机械特性的"基速"上，随着串入的外加电阻 R_{ad} 的增大，转速降低，即从基速下调。若减小串入电阻，也可使转速上升，但永远不会超过基速。

② 电动机工作于一组机械特性上，各条特性均经过相同的理想空载点 n_A，而斜率不同。机械特性较软，平滑性较差，R_{ad} 越大，斜率越小，即特性越软。电动机在低速运行时稳定度变差。

③ 这种调速方法虽然能够调节转速，但它一般只在需要降低转速时使用且多采用分级调速（一般最大为六级），而不能实现无级调速。

④ 在空载或轻载时，调速范围不大；在重载时会产生堵转现象。

⑤ 由于电枢电流流过调速电阻，因而消耗电能较大，转速越低，损耗越大。

因此，这种调速方法只适用于对调速性能要求不高的中、小容量电动机，大容量电动机不宜采用。

（2）调节电动机的电枢供电电压 U（调压调速法或电压控制法）

保持直流电动机励磁磁通和电枢回路的电阻不变，调节电动机的电枢供电电压 U，由式（2-13）可见，转速 n 即随之发生变化。如图 2-13 所示，在负载转矩 T_L 一定的情况下，加上不同的电枢电压 U_N、U_1、U_2、U_3……（$U_N>U_1>U_2>U_3>$……），可以得到不同的转速 n_a、n_b、n_c、n_d……（$n_a>n_b>n_c>n_d>$……），并随着电压的降低，转速相应地降低。这种调速方法具有以下一些特点：

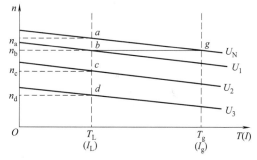

图 2-13　改变电枢电压调速的特性

① 当供电电压连续变化时，转速也可以连续平滑地变化。即可实现无级调速，且调速范围较大。但供电电压不能超过电动机的额定电压。因此，调节的速度均低于额定转速。

② 降低电压时，电动机的机械特性与固有特性相平行，斜率不变，即硬度不变，调速的稳定度较高。

③ 调速时，因电枢电流与电压 U 无关，且磁通未变化，故电磁转矩 $T=K_m\Phi I_d$ 不变，即为恒转矩调速。

④ 可以用调节电枢电压的办法来启动电动机，而不用其他启动设备。

由于这些特点，调压调速法在大型设备或精密设备上得到广泛的应用。对于电压的调节，过去是用直流发电机组、电动机放大机组、水银整流器、闸流管等，目前用得较多的是可调直流电源、晶闸管整流装置、晶体管脉宽调制放大器供电系统等。

（3）调节电动机的主磁通 Φ（调磁调速法或励磁控制法）

保持电动机的电枢电压和电枢回路的电阻不变，调节励磁磁通，即改变了电动机的主磁通

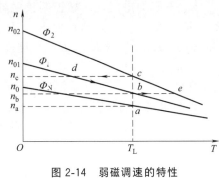

图 2-14　弱磁调速的特性

Φ，由式（2-13）可见，转速 n 随着磁通 Φ 的降低而升高。

图 2-14 所示为在负载转矩 T_L 一定的情况下，不同的主磁通 Φ_N、Φ_1、Φ_2……，可得到的不同转速 n_a、n_b、n_c……。图中，$\Phi_N > \Phi_1 > \Phi_2$，因而得到 $n_a < n_b < n_c$。这种调速方法具有以下一些特点：

① 可以平滑无级调速，但由于设计时一般总是使磁通工作在饱和区域，再增加主磁通 Φ 的可能性不大，所以，调磁调速一般只能以削弱磁通来实现，即弱磁调速，而调节的速度将超过额定转速。

② 调速特性较软，且受电动机换向条件等的限制。普通他励电动机的最高转速不得超过额定转速的 1.2～1.5 倍，所以，弱磁调速的调速范围不大。

③ 调速时维持电枢电压 U 和电枢电流 I_d 不变，即功率 $P = UI_d$ 不变。所以，弱磁调速适合于恒功率负载，实现恒功率调速。但电动机的转矩 $T = K_m \Phi I_d$ 将随着主磁通 Φ 的减小而减小。

④ 由于削弱主磁通后，转速增长较快，过分地弱磁，甚至可能造成"飞车"恶性事故。因此，不得过分地弱磁，速度也不能调得过高，使用中还必须具有弱磁保护安全措施。基于弱磁的调速范围很小，一般不单独使用，需和调压调速配合使用。即在额定转速（基速）以下用降压调速；而在额定转速以上时，则用弱磁调速。这样，可得到很宽的调速范围，而且调速损耗小，运行效率高，并可获得较好的调速方式与负载的配合关系。

目前，对调速性能要求较高的电气传动系统，以闭环控制的调压调速方法为主。

2.2.4　电气控制工程常用的 ZD 系列直流电动机技术数据

电气控制用直流电动机具有线性的机械特性和较好的调节特性，调速平滑、方便，调速范围广，便于控制；过载能力大，能承受频繁的冲击负载；可实现无级调速和频繁的启动、制动和反转，能满足生产过程中自动化系统各种不同的特殊运行要求和场合使用需要。

ZD 系列是一般用途的中型直流电动机，适用于大、中型机床及造纸机等。转速范围为 320～500r/min。电压有 220V、380V、440V、660V。ZD 系列的技术数据见表 2-4。

表 2-4　ZD 系列直流电动机部分产品技术数据

型号	额定功率 /kW	额定电压 /V	额定电流 /A	额定转速 /（r·min⁻¹）	最高转速 /（r·min⁻¹）
ZD131-1B	55	220	292	320	1200
	75	220	390	400	1200
	100	220	514	500	1200
	100	440	254	500	1200
ZD133-1B	100	220	520	320	1200
ZD141-1B	125	220	326	320	1200
	160	440	405	400	1200

2.3　步进电动机

伺服控制电动机包括步进电动机、交/直流伺服控制电动机等，广泛应用于现代机床和数控机床的改造和设计中。

2.3.1 步进电动机的工作原理和运行特性

步进电动机的输入电源是一种脉冲电压，有一个输入脉冲，电动机就转过一个固定角度。它是一种"一步一步"地转动的电动机，其转过的角度与输入的电脉冲个数严格地成比例，故因此而得名。改变其输入脉冲的频率，就可以在很广的范围内平滑连续地调整输出转速。步进电动机广泛用于简易经济性数控装置的改造和设计中。

（1）步进电动机的分类

步进电动机有很多分类方法。按产生力矩原理不同分为反应式、永磁式、混合式（永磁感应式）等，按电动机结构不同分为径向式、轴向式、印刷绕组式等，按照励磁相数分为三相、四相、五相、六相等，按输出力矩大小分为伺服式和功率式。步进电动机与一般旋转电动机一样，由定子和转子两大部分构成。定子由硅钢片叠制而成。

① 反应式 转子用高导磁率的材料制造，做成齿型，无线圈，靠定子和转子之间的感应电磁力产生力矩并维持相互间的位置。当磁极绕组不通电时，不能产生转矩。每步转角可以做得很小。

② 永磁式 转子用永久磁钢制成，产生转矩时兼有吸引力和排斥力。在无励磁情况下能保持转矩，每步转角不能做得很小。

③ 混合式 转子由永久磁钢制成，同时也做成齿状；定子也与反应式定子相似。它具有反应式和永磁式两种方式的优点，但结构复杂。

数控机床中常用反应式和混合式两种步进电动机。不同类型的步进电动机，其结构和工作原理也不完全相同。

（2）步进电动机的工作原理

① 步进电动机的有关术语

a. 相数。电动机定子上有磁极，磁极对数为相数，如图 2-15 所示的步进电动机有六个磁极，称为三相步进电动机。五相步进电动机则有十个磁极。

b. 拍数。电动机定子绕组每改变一次通电方式，称为一拍。

c. 步距角。转子经过一拍转过的空间角度，用符号 a 表示。

d. 齿距角。转子上齿距在空间的角度，如转子上有 N 个齿，齿距角＝$360°/N$。

② 反应式步进电动机的工作原理 反应式步进电动机由定子和转子组成，定子上的磁极和转子都有齿，定子磁极上的磁宽和磁槽必须和转子上的磁宽和磁槽相等。图 2-15 为径向反应式步进电动机结构原理示意图，它的定子上

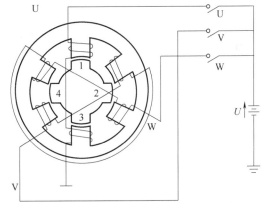

图 2-15 径向反应式步进电动机结构原理示意图

有 6 个磁极，极距角为 $60°$。每个磁极都看作是一个齿。每个磁极上都装有控制绕组，形成 U、V、W 三相绕组。转子上均匀地分布着四个齿，每个齿宽与定子磁极极靴的宽度完全一样，齿距角为 $360°/4=90°$。

反应式步进电动机的工作原理就是电磁铁的动作原理，即磁通总是要沿着磁阻最小的路径闭合，所以当某相的绕组，例如 U 相绕组第一个通电时，使转子齿 1、3 和定子 U 相磁极对齐，这时电动机的其他两相（V 相、W 相）的磁极分别和转子上的齿产生一个角度，把它叫

作错齿，错齿角是转子齿距角的三分之一，即 30°。当 U 相绕组断电，V 相绕组通电时，同样磁通沿着最小磁阻路径闭合，转子逆时针旋转 30°，使转子齿 2、4 与 V 相磁极对齐。此时转子 1、3 齿和 U 相、W 相产生 30°的错齿。若再使 V 相断电，W 相通电，则转子再逆时针旋转 30°，使转子齿 1、3 和 W 相对齐。若再使 W 相断电，U 相通电，由于仍有错齿，则使 2、4 齿和 U 相磁极对齐，转子转了一个齿距角 90°，回到了刚开始的状态。

如果按这种通电顺序通电，电动机便会按一定的方向转动，这就是反应式步进电动机的基本工作原理。其转速取决于电源通断的变化频率，运转方向取决于电源通断顺序。

从上述工作原理可看出，步进电动机能够步进旋转的根本原因就在于转子齿和每相定子磁极齿错开 $1/m$（m 为相数）齿距。对三相步进电机，当转子齿和某相（如 U 相）对齐时，则和另外两相（V 相、W 相）分别向前和向后产生 1/3 的错齿。错齿，实际上就是定子相邻磁极的磁极距所占的齿距数不是整数，如上述转子上有四个齿，齿距角为 90°，而相邻磁极的极距角为 60°，60°所占的齿距角为 2/3，不是整数，结构上的这种错齿才能使步进电动机在电脉冲作用下产生转动。

错齿角的大小决定着步距角的大小，步距角小才能提高加工精度。实际中采用的步进电动机转子齿数基本上由步距角的要求决定，齿数多，步距角小。但为了实现错齿，转子齿数不能为任意值。某一极下若定子和转子齿对齐，则要求应错开转子齿距的 $1/m$，转子齿应符合的条件为：

$$z = 2m(k \pm 1/m)$$

式中，k 为 1，2，3…（正整数）。例如三相步进电动机，若取转子齿数为 40 个，上式中 k 取 7，等式成立，说明转子齿数取 40 个满足错齿的要求，步进电动机的结构是合理的。

步进电动机的步距角 a 由下式决定：

$$a = 360°/mzc \tag{2-14}$$

式中，z 为转子齿数；c 为系数，$c=1$ 或 2。系数 c 与步进电动机的通电方式有关。当相邻两拍接通的定子极数相同时，$c=1$；不同时，$c=2$。而 $360°/mz$ 则为定子相对转子错开的齿距角。

步进电动机的转速 n（r/min）与通电频率 f 成正比。即

$$n = 60af/360° = 60f/mzc \text{（r/min）} \tag{2-15}$$

当步进电动机经过传动比为 i（$i = z_1/z_2$）、驱动丝杠螺距为 t 的传动系统时，脉冲当量 δ（mm/脉冲）为：

$$\delta = tai/360° = ti/mzc \tag{2-16}$$

步进电动机相数和齿数越多，步距角越小，脉冲当量也越小。加工精度可以提高，但电源也复杂。目前比较小的步距角常为 0.75°，脉冲当量常为 0.01mm。常用相数为 3 相或 5 相，最多为 6 相。

步进电动机有单拍、双拍、单双拍几种不同的通电方式，以三相步进电动机为例：

a. 三相单三拍通电方式。每次只有一相通电，按 U→V→W→U 顺序循环通电。由于每次只有一相通电，在绕组通电切换的瞬间，电动机将失去自锁转矩，因而稳定性较差。步距角系数 $c=1$。

b. 三相双三拍通电方式。每次都是同时两相通电，按 UV→VW→WU→UV 顺序循环通电。由于每次有两相通电，切换时不失去自锁转矩，稳定性较好。步距角系数 $c=1$。

c. 三相单双三拍（六拍）通电方式。按 U→UV→V→VW→W→WU→U 顺序通电，仍具有较好的稳定性。同时因转一个齿距是六拍，故步距角是其他两种方式的一半，即步进角系数 $c=2$。

③ 混合式步进电动机工作原理　混合式步进电动机由定子和转子组成。定子铁芯与反应式步进电动机相同，每个极上有小齿和控制绕组。转子的结构与永久磁钢的电磁减速式同步电动机相同。以两相混合式步进电动机为例，其结构原理如图 2-16 所示。

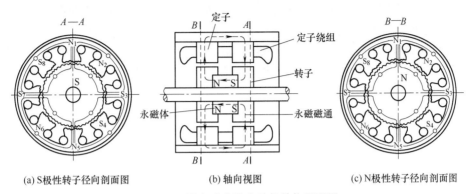

(a) S极性转子径向剖面图　　　(b) 轴向视图　　　(c) N极性转子径向剖面图

图 2-16　混合式步进电动机结构原理图

转子为对称的两段磁钢，轴向充电后，一段是 N 极，另一段是 S 极。定子对应转子也分两段，但实际上按一段处理，两段定子铁芯上装有同一个两相对称控制绕组，如图 2-16（b）所示，转子上均匀分布着小齿，定子上均匀分布着 8 个磁极，每个磁极上也有小齿，定子和转子上的齿宽和齿距严格相等，两段定子磁极轴向中心线应严格对齐，不允许产生任何错位。两段转子轴向中心线彼此错开半个齿距，定子上每个磁极安装一个线圈，每个线圈贯通前后两段定子。8 个线圈按一定方式连接，如图 2-17 所示，图中" ＊"表示同名端连接。1→3→5→7 磁极上的绕组组成 U 相控制绕组，2→4→6→8 磁极上的绕组组成 V 相控制绕组。当开关 S1 和 S3 闭合时，定子上的磁极 1→3→

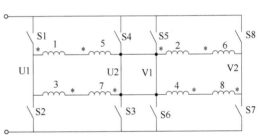

图 2-17　两相绕组接线图

5→7 的极性为 N→S→N→S，称为 U 相通正电。当 S2 和 S4 闭合时，4 个线圈中的电流反向，磁极 1→3→5→7 上的极性为 S→N→S→N，称为 U 相通负电。当相绕组中的开关 S5 和 S7 闭合时，2→4→6→8 磁极的极性也为 N→S→N→S，称为 V 相通正电。S6 和 S8 闭合时，其极性也为 S→N→S→N，称为 V 相通负电，如图 2-16（a）和（c）所示。设 U 相通正电时，转子位置为平衡位置。此时定子磁极 1 和 5 上的齿在 U1 端与转子齿对齐，在 V1 端与转子槽对齐，磁极 3 和 7 上的齿与 V1 端上的转子齿及 U1 端上的转子槽对齐，而 V 相 4 个极（2、4、6、8）上的齿与转子都错开 1/4 齿距，由于定子同一个极的两端极性相同，转子两端极性相反，但错开半个齿距，所以当转子偏离平衡位置时，两端作用转矩的方向是一致的。在同一端，定子第一个与第三个极的极性相反，转子同一端极性相同，但第一极和第三极下定、转子小齿的相对位置错开了半个齿距，所以作用转矩的方向也是一致的。

当电动机定子各相绕组以 U 正→V 正→U 负→V 负→U 正的顺序轮流循环加直流电脉冲时，由于电动机的上述错齿结构和线圈连接方式，迫使转子以 1/4 齿距的齿距角沿某一方向运转。

（3）步进电动机的主要特性

① 步距角及步距误差　步距角是步进电动机的一项重要性能指标，它直接关系到进给伺服系统的定位精度，因此选择电动机也要选择步距角。步进电动机的实际步距角与理论步距角

之间有误差，步距误差指步进电动机转一圈内误差的最大值。影响步距误差的因素主要是齿和磁极的机械加工及装配精度。

步进电动机通、断电一次，转过一个步距角。累积误差是指转子从任意位置开始，经任意步后，转子的实际转角与理论转角之差的最大值。步进电动机转一周的累积误差为零。其步距误差通常为理论步距角的5%。

② 静态矩角特性和最大静转矩　当步进电动机某一相通电时，转子上受到的电磁转矩 T 称为静态转矩，转子处于不动状态，这时转子上无转矩输出。如果在电动机轴上加一个负载转

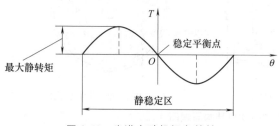

图 2-18　步进电动机矩角特性

矩，转子按一定方向转过一个偏转角度 θ，重新处于不动（稳定）状态，这时的转子转矩与负载转矩相等，转过的角度 θ 又称为失调角，静态时 T 与 θ 的关系称为静态矩角特性，它反映了电磁转矩 T 与偏转角的关系，近似于一条正弦曲线。图 2-18 给出了单相矩角特性。

特性曲线上的电磁转矩最大值称为最大静转矩。在静态稳定区域内，当外转矩除去后，转子在电磁转矩的作用下，仍能回到稳定平衡点位置。最大静转矩表示步进电动机承受负载的能力。它越大，步进电动机带负载的能力越强，运行的快速性和稳定性越好。

③ 最大启动转矩　电动机相邻两相的静态转矩角特征曲线交点所对应的转矩即为最大启动转矩。当外界负载超过最大启动转矩时，步进电动机就不能启动，如图 2-19 所示。

④ 最大启动频率　空载时，步进电动机由静止状态启动，达到不丢步正常运行的最高频率称为最大启动频率。它是衡量步进电动机快速性能的重要指标。一般来说，随着负载转矩和转动惯量的增加，启动频率下降。

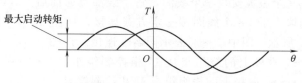

图 2-19　步进电动机最大启动转矩

⑤ 连续运行频率　步进电动机在最大启动频率以下启动后，当输入脉冲信号频率连续上升时，能不失步运行的最大输入信号频率，称为连续运行频率，该频率远大于最大启动频率。

2.3.2　步进电动机的选择

选择步进电动机，必须根据负载的特性，例如，最大负载力矩、最大启动力矩、最大速度、最大加速度等，根据步进电动机的特性，综合考虑，进行选择。在现代控制中，步进电动机驱动器的选择总是与步进电动机的选择同时进行，选择配套的产品比较合适。

2.3.3　电气控制工程常用的 SB、XB、GB 系列步进电动机技术数据

步进电动机是一种多相同步电动机，转速与控制脉冲频率成正比，能方便地实现调速以及定位，改变各相绕组的接通次序即可实现正、反转。它是一种将数字脉冲信号转换成机械角位移或线位移的执行元件。步进电动机每走一步，步距角是有一定误差的，但连续旋转一周后，其累积误差为零。

步进电动机大多数用于开环控制系统，也是唯一能用于开环控制系统的电动机，如经济型数控机床、线切割机等。当对精度和速度控制有特殊要求时，也可通过细分驱动或闭环控制技术来实现。

步进电动机按运动形式分为旋转式和直线式，根据转子不同又可分为反应式、永磁式和永磁感应式三种。步进电动机的特点及应用范围见表 2-5。

表 2-5　步进电动机的特点及应用范围

种类	特点	应用范围
反应式	在定、转子铁芯的内外表面上设有按一定规律分布的相近齿槽，利用这两种齿槽相对位置变化引起磁路磁阻的变化而产生转矩。其特点是：步距角小、精度高、启动频率和运行频率高，但是，功耗较大、效率较低	多用于小功率自动控制系统
永磁式	由四相绕组组成。A 相绕组通电时，转子将转向该绕组所确定的磁场方向，当 A 相断电、B 相通电时，就产生一个新的磁场方向，转子将转动一定角度而位于新的磁场方向上。其优点是消耗功率小，步距角较大，缺点是启动频率和运行频率较低	
永磁感应式	是反应式和永磁式两者的结合，兼有两者的优点	

SB、XB、GB 系列步进电动机的技术数据见表 2-6。

表 2-6　SB、XB、GB 系列步进电动机技术数据

型号	电压/V	电流/A	相数	步距角度 /(°)	负载力矩 /(N·m)	负载启动频率 /(步/s)	使用条件		
							相对湿度 /%	环境温度 /℃	海拔 /m
SB3C-3B-500	−28	3	3	1.5/3[①]	0.049	800	98	−30~+40	<1000
SB3-3B-1000	−28	5	3	1.5/3	0.098	1000	98	−30~+40	<1000
SB3-3D-2000	−28	5	3	1.5/3	0.196	400	98	−30~+40	<1000
SB3-6D-2000	−28	2.5	6	0.75/1.5	0.196	2000	98	−30~+40	<1000
SB5A-3D-150	−28	0.8	3	15	0.0147	160	98	−30~+40	<1000
XB1-6B-500	110	5	6	1.5/3	0.49	1500	90±5	−30~+40	<1000
XB1-6D-1000	110	5	6	1.5/3	0.98	850	90±5	−30~+40	<1000
XB1G-6D-20000	110	5	6	1.5/3	1.96	650	90±5	−30~+40	<1000
GB1-6D-1	110	6	6	0.75/1.5	9.8	11300	90±5	−30~+40	<1000
GB2-6D-5	110	8	6	0.375/0.75	49	160	90±5	−30~+40	<1000

① 分子、分母表示有两种步距角。

第3章 电气控制工程中常用的低压电器

3.1 概述

　　生产设备电气控制系统不仅需要电动机来驱动,还需要一套电气控制装置来控制,包括各类低压电器,用以实现生产设备在生产过程中的各种工艺要求。所谓电器就是指能控制电的器具,即对电能的生产、输送、分配和使用起控制、调节、检测、转换及保护作用的电工器械。所谓低压电器,指工作在交流电压1200V或直流电压1500V及以下的电路中,起通断、检测、保护、控制或调节作用的电器。电气控制常见的部分低压电器,如图3-1所示。

　　电器的种类很多,分类的方法也不同。图3-2为电器的不同分类,图3-3为常用的各种低压电器,表3-1为电气控制中常用低压电器的种类及用途说明。

(a) HZ10/3型组合开关　(b) HZ3型转换开关　(c) DZ5-20型自动开关　(d) RL螺旋式熔断器

(e) CJ10-10
型交流接触器　(f) CJ10-20
型交流接触器　(g) JDB型交流接触器　(h) JZ7型中间继电器　(i) JDS型中间
继电器

(j) JR0 型热继电器　(k) UA型热继电器　(l) JT4 型过电流继电器　(m) JFZ0
型速度继电器　(n) JY1型速度继电器

(o) JS7型空气
阻尼式时间继电器　(p) JS11型电动式
时间继电器　(q) TBR型电动式时间
继电器　(r) JS14 型晶体管式
时间继电器　(s) LA19型按钮

(t) LA18型按钮　(u) LA10型按钮　(v) JLXK1-111 型行程开关　(w) JLXK1-211 型行程开关　(x) JLXK1-311 型行程开关　(y) JLXK1-411 型行程开关　(z) X2-N 型行程开关

图 3-1　电气控制常见的部分低压电器

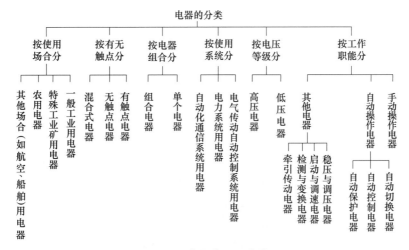

图 3-2　电器的不同分类

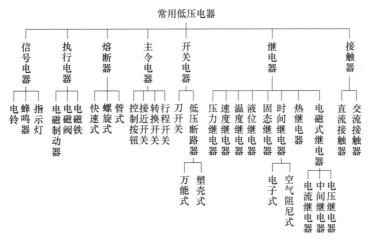

图 3-3　常用的各种低压电器

表 3-1　电气控制中常用低压电器的种类及用途说明

序号	类别	主要品种	用途
1	断路器	塑料外壳式断路器	主要用于电路的过负荷保护、短路、欠电压、漏电压保护，也可用于不频繁接通和断开的电路
		框架式断路器	
		限流式断路器	
		漏电保护式断路器	
		直流快速断路器	

序号	类别	主要品种	用途
2	刀开关	开关板用刀开关	主要用于电路的隔离，有时也能分断负荷
		负荷开关	
		熔断器式刀开关	
3	转换开关	组合开关	主要用于电源切换，也可用于负荷通断或电路的切换
		换向开关	
4	主令电器	按钮	主要用于发布命令或程序控制
		限位开关	
		微动开关	
		接近开关	
		万能转换开关	
5	接触器	交流接触器	主要用于远距离频繁控制负荷，切断带负荷电路
		直流接触器	
6	启动器	电磁启动器	主要用于电动机的启动
		星形-三角形启动器	
		自耦减压启动器	
7	控制器	凸轮控制器	主要用于控制回路的切换
		平面控制器	
8	继电器	电流继电器	主要用于控制电路中，将被控量转换成控制电路所需电量或开关信号
		电压继电器	
		时间继电器	
		中间继电器	
		温度继电器	
		热继电器	
9	电磁铁	制动电磁铁	主要用于起重、牵引、制动等场合
		起重电磁铁	
		牵引电磁铁	
10	熔断器	有填料熔断器	主要用于电路短路保护，也用于电路的过载保护
		无填料熔断器	
		半封闭插入式熔断器	
		快速熔断器	
		自复熔断器	

若按在电气控制中的用途不同可分为以下三大类：

① 信号及控制电器　用于发送控制指令及实现电气控制电路中逻辑运算、延时等功能的电器。如：按钮开关、行程开关、刀开关、中间继电器、时间继电器、速度继电器等。

② 执行电器　用于完成传动或实现生产设备某种动作的电器。如：接触器、电磁阀、电磁铁、电磁离合器等。

③ 保护电器　用于保护生产设备控制电路及其用电设备安全的电器。如：熔断器、热继电器、过欠电流（压）继电器等。

本章从使用的角度出发，按其在生产设备电气控制中的用途来分类介绍它们的结构、动作原理和图形及文字符号。

3.2 信号及控制电器

3.2.1 非自动切换信号及控制电器

（1）按钮（SB）

按钮又称控制按钮或按钮开关，是一种手动控制电器。它只能短时接通或分断5A以下的小电流电路，向其他自动电器发出指令性的电信号，控制其他自动电器动作。由于按钮载流量小，不能直接用于控制主电路的通断。按钮的作用是发布命令，在控制电路中可用于远距离频繁地操纵接触器、继电器，从而控制电动机的启动、运转、停止。按钮的结构和图形及文字符号，如图3-4所示。常态时，动断（常闭）触点闭合，动合（常开）触点断开。按下按钮，动断（常闭）触点断开，动合（常开）触点闭合，松开按钮，在复位弹簧作用下触点复位。为避免误操作，常将钮帽做成不同的颜色来区别，如以红色作为停止和急停、绿色作为启动和运行、黄色表示干预、黑色表示点动、蓝色表示复位；另外还有白色等和一些形象化符号供不同场合使用。其形象化符号如图3-5所示。

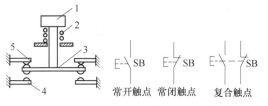

(a) 按钮的结构　　　　(b) 按钮的图形及文字符号

图3-4　按钮的结构和图形及文字符号

1—按钮帽；2—复位弹簧；3—桥式动触点；
4—常开静触点；5—常闭静触点

启动：闭合　停止：断开　点动：仅在　启动、停止共用　直线运动　自动循环：自动
　　　　　　　　　　　按下时动作

泵　　　冷却泵　　液压泵　　　润滑泵　　　转动　半自动循环：自动

图3-5　按钮的形象化符号

LA系列部分按钮的外形图和触点系统如图3-6所示。

(a) 按钮的外形图　　　　　　　　　(b) 按钮的触点系统

图3-6　LA系列部分按钮的外形图和触点系统

按钮的选择使用应从使用场合、所需触点数、触点形式及按钮帽的颜色等因素考虑。

（2）刀开关（QS）

刀开关俗称闸刀开关，是一种结构最简单且应用最广泛的手控低压电器，主要用于接通和切断长期工作设备的电源，广泛用在照明电路和小容量（5.5kW以下）、不频繁启动的动力电

路的控制电路中。刀开关的种类很多，根据通路的数量可分为单极、双极和三极。一般刀开关的额定电压不超过 500V。额定电流有 10A 到上千安培多种等级，有的刀开关附有熔断器。三极刀开关的结构图如图 3-7 所示。

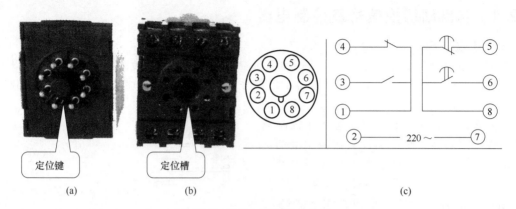

图 3-7　三极刀开关的结构图

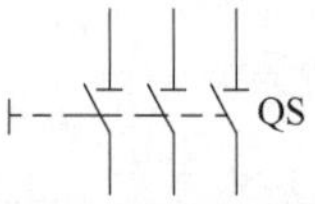

三极刀开关的图形及文字符号如图 3-8 所示。

主要根据电源种类、电压等级、工作电流、所需极数选择刀开关。

（3）行程开关［SQ（T）］

图 3-8　三极刀开关的图形及文字符号

行程开关又称为限位开关，是一种根据运动部件的行程位置切换电路的电器，用于反映机构的运动方向或所在位置，可实现行程控制及极限位置的保护。行程开关分为有触点式和无触点式两种。有触点行程开关动作原理与按钮类似，动作时碰撞行程开关的顶杆。按结构可分为直动式、微动式和滚轮式三种。直动式结构简单，因其触点的分合速度取决于挡块的移动速度，当挡块的移动速度低于 0.4m/min 时，触点切断太慢，使电弧在触点上停留太久，易于烧蚀触点。此时可以选用有盘形弹簧机构能瞬时动作的滚轮式行程开关，其优点是通断时间不受挡块移动速度的影响，动作快；缺点是结构复杂，价格高。为克服直动式结构的问题，可以选用有弯片状弹簧的微动式行程开关，这

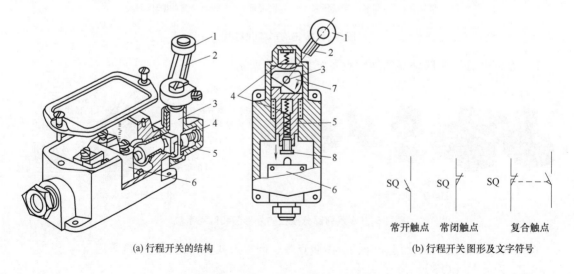

(a) 行程开关的结构　　　　　　　　　　(b) 行程开关图形及文字符号

图 3-9　行程开关的结构与行程开关图形及文字符号

1—滚轮；2—杠杆；3—转轴；4—复位弹簧；5—挡块；6—微动开关；7—凸轮；8—调节螺钉

种行程开关更为灵巧、敏捷，缺点是不耐用。行程开关的结构与图形及文字符号，如图 3-9 所示。三种行程开关的结构特点示于图 3-10 中。

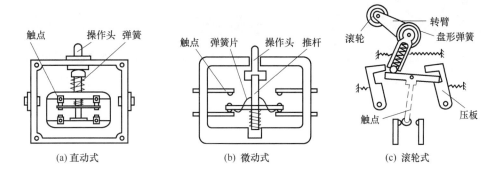

(a) 直动式 (b) 微动式 (c) 滚轮式

图 3-10　三种行程开关的结构特点

LX 系列部分行程开关的外形图和触点系统，如图 3-11 所示。

(a) 行程开关的外形图 (b) 行程开关的触点系统

图 3-11　LX 系列部分行程开关的外形图和触点系统

行程开关的选择主要应根据电源种类、电压等级、工作电流、现场使用环境条件等进行。

（4）接近开关（SQ）

接近开关分为电感式和电容式两种，电感式的感应头是一个具有铁氧体磁芯的电感线圈，故只能检测金属物体的接近。电感式接近开关的工作原理如图 3-12 所示。它主要由一个高频振荡器和一个整形放大器组成，振荡器振荡后，在开关的检测面产生交变磁场。当金属体接近检测面时，金属体产生涡流，吸取了振荡器的能量，使振荡器振荡减弱以致停振。"振荡"和"停振"这两种状态由整形放大器转换成"高"和"低"两种不同的电平，从而起到"开"和"关"的控制作用。目前常用的型号有 LJ1、LJ2 等系列。

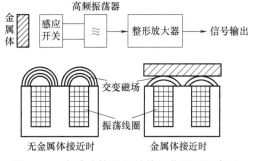

图 3-12　电感式接近开关的工作原理示意图

电感式接近开关的外形图如图 3-13 所示。其分类较多，有双线、三线及四线等，有 PNP 型和 NPN 型等。NPN 型的接线方式如图 3-14 所示。

图 3-13 电感式接近开关的外形图　　　　图 3-14 NPN 型三线电感式接近开关的接线图

接近开关采用非接触型感应输入线路，具有可靠性高、寿命长、操作频率高、定位精度好、反应迅速等优点。目前还广泛使用电子式接近开关作为行程或位置控制。接近开关的电路图和图形及文字符号，如图 3-15 所示。

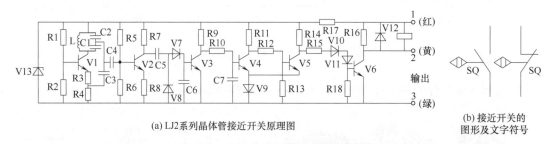

(a) LJ2 系列晶体管接近开关原理图　　　　(b) 接近开关的图形及文字符号

图 3-15 接近开关的电路原理图及符号

由图 3-15 可知，电路由三极管 V1、振荡线圈 L 及电容器 C1、C2、C3 组成电容两点式高频振荡器，其输出经由 V2 级放大，V7、V8 整流成直流信号，加到三极管 V3 的基极，晶体管 V4、V5 构成施密特电路，V6 级为接近开关的输出电路。

当开关附近没有金属物体时，高频振荡器谐振，其输出经由 V2 放大并经 V7、V8 整流成直流，使 V3 导通，施密特电路截止，V7 饱和导通，输出级 V8 截止，接近开关无输出。

当金属物体接近振荡线圈 L 时，振荡减弱，直至停止，这时 V3 截止，施密特电路翻转，V7 截止，V8 饱和导通，即有输出。其输出端可带继电器或其他负载。

电容式接近开关的感应头只是一个圆形平板电极，这个电极与振荡电路的地线形成一个分布电容。当有导体或介质接近感应头时，电容量增大而使振荡器停振，输出电路发出电信号。由于电容式接近开关既能检测金属，又能检测非金属及液体，因而在国外应用得十分广泛，国内也有 LXJ15 系列和 TC 系列等产品。

（5）组合开关

它实质上也是一种特殊刀开关，只不过一般刀开关的操作手柄是在垂直于安装面的平面内向上或向下转动，而组合开关的操作手柄则是在平行于安装面的平面内向左或向右转动。多用在机床电气控制电路中，可作为电源的引入开关，也可以用作不频繁地接通和断开电路、换接电源和负载及控制 5kW 以下的小容量电动机的正反转和 Y/△ 启动等。

组合开关的结构图如图 3-16 所示。组合开关的图形及文字符号如图 3-17 所示。

组合开关的选择主要应根据电源种类、电压等级、工作电流、使用场合的具体环境条件等进行。

（6）万能转换开关

万能转换开关是具有更多操作位置和触点，能够连接多个电路的一种手动控制电器。由于它的挡位多、触点多，可控制多个电路，能适应复杂线路的要求。

万能转换开关的结构图如图 3-18 所示。其实物图、图形及文字符号及开关表如图 3-19 所示。

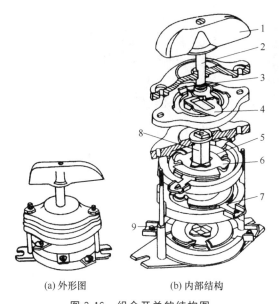

(a) 外形图 　　　(b) 内部结构

图 3-16　组合开关的结构图

1—手柄；2—转轴；3—弹簧；4—凸轮；5—绝缘垫板；
6—动触点；7—静触点；8—绝缘方轴；9—接线柱

图 3-17　组合开关的图形及文字符号

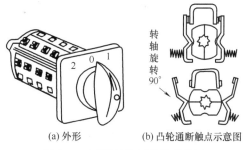

(a) 外形 　　　(b) 凸轮通断触点示意图

图 3-18　万能转换开关的结构图

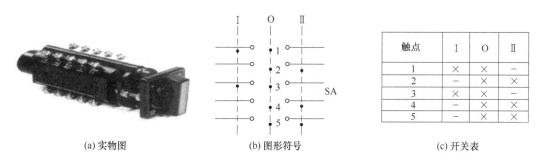

(a) 实物图 　　　(b) 图形符号 　　　(c) 开关表

图 3-19　万能转换开关的实物图、图形及文字符号和开关表

　　万能转换开关的选择应该根据电源种类、电压等级、工作电流、使用场合的具体环境条件等进行。

　　（7）主令控制器

　　主令控制器是用来发出信号指令的电器。触点的额定电流较小，不能直接控制主电路，而是通过接通、断开接触器或继电器的线圈电路，间接控制主电路。

　　图 3-20 为主令控制器外形及结构原理图，手柄通过带动凸轮的转动来操作触点的断开与闭合。目前常用的有 LK14、LK15 等系列主令控制器。机床上常用的"十"字形转换开关也属于主令控制器，这类开关一般用于多电动机拖动或需多重联锁的控制系统中。

　　（8）低压断路器（QF）

　　低压断路器又名自动开关，是一种集操作控制和多种保护功能于一身的电器。它除能完成接通和分断电路外，还能对电路或电气设备发生的短路、过载、失压等故障进行保护。常用作低压配电的总电源开关和电动机主电路的短路、过载、失压保护开关。其结构及工作原理图，如图 3-21、图 3-22 所示。低压断路器主要由触点系统、操作机构、各种脱扣器和灭弧装置等组成。

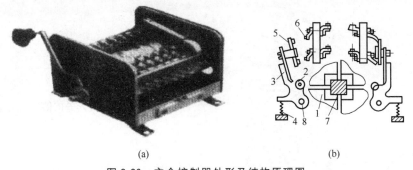

(a)   (b)

图 3-20   主令控制器外形及结构原理图

1—凸轮；2—滚子；3—杠杆；4—弹簧；5—动触点；6—静触点；7—转轴；8—轴

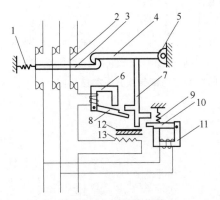

图 3-21   自动开关的原理图

1,9—弹簧；2—触点；3—闭锁键；4—锁钩；
5—轴；6—过电流脱扣器；7—杠杆；8,10—衔铁；
11—欠电压脱扣器；12—双金属片；13—电阻丝

图 3-22   低压断路器的结构和工作原理图

① 触点系统、操作机构主要完成合、分闸操作，实现开关的作用。

② 脱扣器是自动开关的主要保护装置，包括电磁脱扣器（作短路保护）、热脱扣器（作过载保护）、失压脱扣器以及由电磁和热脱扣器组合而成的复式脱扣器等种类。电磁脱扣器的线圈串联在主电路中，若电路或设备短路，主电路电流增大，线圈磁场增强，吸动衔铁，使操作机构动作，断开主触点，分断主电路而起到短路保护作用。电磁脱扣器有调节螺钉，可以根据用电设备容量和使用条件手动调节脱扣器动作电流的大小。

③ 热脱扣器是一个双金属片热继电器。它的发热元件串联在主电路中。当电路过载时，过载电流使发热元件温度升高，双金属片受热弯曲，顶动自动操作机构动作，断开主触点，切断主电路而起过载保护作用。

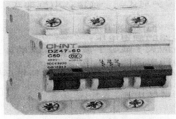

低压断路器以结构形式分类有开启式和装置式两种。

开启式又称为框架式或万能式，装置式又称为塑料壳式。框架式 DZ47-60 型低压断路器的外形图及低压断路器图形及文字符号，如图 3-23 所示。

(a) DZ47-60型低压断路器外形图   (b) 低压断路器图形及文字符号

图 3-23   低压断路器外形图与图形及文字符号

低压断路器的选择应考虑额定电压、额定电流和允许切断的极限电流以及脱扣器的整定值等和所控制的主电路相匹配。

（9）负荷开关

为保障机床供电主电路大电流的安全可靠，常采用封闭式的电源开关，如铁壳开关或带有熔断器的三相低压断路器。它们均为负荷开关，即可在带负荷大电流状态下直接分断大负荷主电路。

铁壳开关的结构图如图 3-24 所示。DW10 和 DW16 系列三相低压断路器的结构图如图 3-25 所示。其图形及文字符号同图 3-23（b）所示的低压断路器的图形及文字符号。

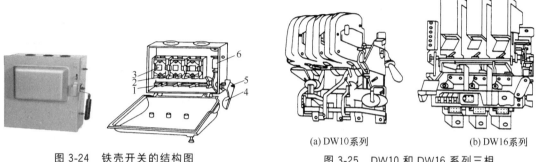

图 3-24　铁壳开关的结构图
1—闸刀；2—夹座；3—熔断器；4—手柄；
5—转轴；6—速断弹簧

(a) DW10系列　　　　(b) DW16系列
图 3-25　DW10 和 DW16 系列三相低压断路器的结构图

（10）智能化断路器

传统断路器的保护功能是利用热效应或电磁效应原理，通过机械系统的动作来实现的。智能化断路器的特征是采用以微处理器或单片机为核心的智能控制器（智能脱扣器）。它不仅具备普通断路器的各种保护功能，同时还具备实时显示电路中的各种电气参数（电流、电压、功率因数等），对电路进行在线监视、测量、试验、自诊断和通信等功能；还能够对各种保护功能的工作参数进行显示、设定和修改。将电路动作时的故障参数存储在非易失存储器中以便查询。智能化断路器原理框图如图 3-26 所示。

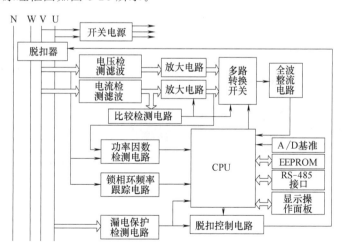

图 3-26　智能化断路器原理框图

智能化断路器有框架式和塑料外壳式两种。框架式主要用作智能化自动配电系统中的主断路器。塑料外壳式主要用在配电网络中分配电能和作为线路及电源设备的控制与保护，也可用做三相笼型异步电动机的控制。智能化控制器一直是创新型国家的重点开发项目。

3.2.2 自动切换信号及控制电器

自动切换信号及控制电器是指主要借助电磁力或某个物理量的电磁继电器。继电器主要用于传递控制信号，其触点通常接在控制电路中。继电器种类很多，机床电气控制系统中常用的主要有电磁式中间继电器、速度继电器、时间继电器等。继电器的工作特点是具有阶跃式的输入输出特性，见图 3-27。在继电器输入量由零增加到 x_2 以前，继电器输出为零；当输入量 x 增加到 x_2 时，继电器吸合，通过其触点的输出量突变为 y_1 并保持不变。若 x 再增加，输出 y_1 不变。当 x 减少到 x_1 时，继电器释放。输出 y 从 y_1 降到零。x 再减少，输出仍为零。

（1）中间继电器（KA）

中间继电器也是一种电压继电器，其主要用途是进行电路的逻辑控制或实现触点的转换和扩展（增加触点的数量和容量），故触点的数量多（可多达六对或更多），触点通断电流大（额定电流 5～10A），动作灵敏（动作时间小于 0.5s）。JZC1-44 型中间继电器的结构与图形及文字符号如图 3-28 所示。它由电磁系统、触点系统和动作结构组成。当中间继电器的线圈得电时，其衔铁和铁芯吸合，从而带动常开触点闭合，常闭触点分断；一旦线圈失电，其衔铁和铁芯释放，触点复位为原始状态。

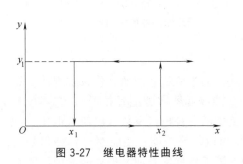

图 3-27 继电器特性曲线

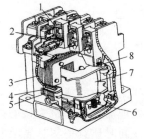

(a) JZC1-44 型中间继电器的结构

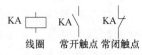

(b) 图形及文字符号

图 3-28 JZC1-44 型中间继电器的结构与图形及文字符号

1—常闭触点；2—常开触点；3—动铁芯；4—短路环；
5—静铁芯；6—反作用弹簧；7—线圈；8—复位弹簧

部分 JZ 中间继电器的外形图和 JZC1-44 型中间继电器触点系统，如图 3-29 所示。

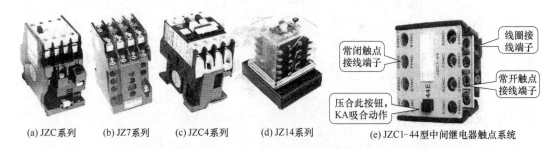

(a) JZC系列　(b) JZ7系列　(c) JZC4系列　(d) JZ14系列　(e) JZC1-44型中间继电器触点系统

图 3-29 部分 JZ 中间继电器的外形图和 JZC1-44 型中间继电器触点系统

（2）速度继电器（KS）

速度继电器是测量设备转速的元件。它能反映设备转动的方向以及是否停转，因此广泛用于异步电动机的反接制动中。其结构和工作原理与笼型电动机类似，主要有转子、定子和触点三部分。其中转子是圆柱形永磁铁，与被控旋转机构的轴连接，同步旋转。定子是笼型空心圆环，内装有笼型绕组，它套在转子上，可以转动一定的角度。当转子转动时（转速大于 120 r/

min)，在绕组内感应出电动势和电流，此电流和磁场作用产生转矩使定子柄向旋转方向转动，拨动簧片使触点闭合或断开。当转速接近零（约 100r/min）时，转矩不足以克服定子柄重力，触点系统恢复原态。JY1 型速度继电器的结构原理图与图形及文字符号，如图 3-30 所示。

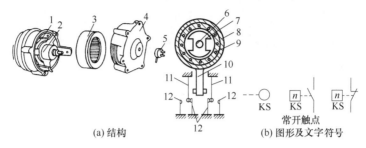

(a) 结构　　　　　(b) 图形及文字符号

图 3-30　JY1 型速度继电器的结构原理图与图形及文字符号

1—可动支架；2—转子；3,8—定子 4—端盖；5—连接头；6—转轴；
7—转子；9—定子绕组；10—胶木摆杆；11—动触点；12—静触点

JY1 型速度继电器的外形和触点系统及与电动机的连接，如图 3-31 所示。

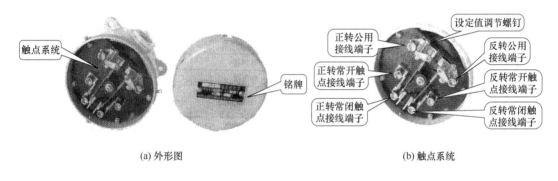

(a) 外形图　　　　　(b) 触点系统

(c) 与电动机的连接

图 3-31　JY1 型速度继电器的外形和触点系统及与电动机的连接

（3）时间继电器（KT）

时间继电器是用来定时的电器件，是一种按照时间原则进行控制的电器。时间继电器的外形图和结构图，如图 3-32 所示。

时间继电器按工作方式可分为通电延时动作型和断电延时动作型两类，按动作原理分为空气阻尼型、电磁式、电动机式、电子式。

① 空气阻尼型时间继电器　常见空气阻尼型时间继电器有 JS7-A 型，其延时范围为 0.4～180s。JS7-A 型时间继电器的结构图如图 3-33 所示。

JS7-A 由电磁机构、工作触点及气室三部分组成，它的延时是靠空气的阻尼作用来实现的，按其控制原理分类，有通电延时和断电延时两种类型。

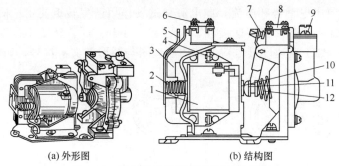

(a) 外形图　　　　　　　　　(b) 结构图

图 3-32　时间继电器的外形图和结构图

1—线圈；2—反力弹簧；3—衔铁；4—静铁芯；5—弹簧片；6,8—微动开关；
7—杠杆；9—调节螺钉；10—推杆；11—活塞杆；12—宝塔簧片

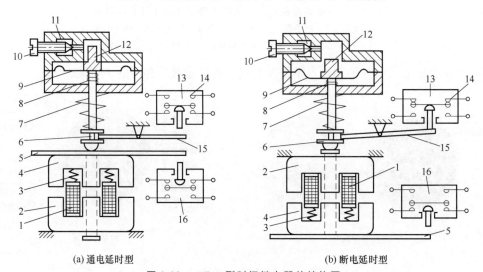

(a) 通电延时型　　　　　　　　　　　　(b) 断电延时型

图 3-33　JS7-A 型时间继电器的结构图

1—线圈；2—静铁芯；3,7,8—弹簧；4—衔铁；5—推板；6—顶杆；9—橡胶膜；
10—螺钉；11—进气孔；12—活塞；13,16—微动开关；14—延时触点；15—杠杆

通电延时型时间继电器电磁铁线圈 1 通电后，将衔铁 4 吸下，于是顶杆 6 与衔铁 4 间出现一个空隙，当与顶杆 6 相连的活塞 12 在弹簧 7 作用下由上向下移动时，在橡胶膜 9 上面形成空气稀薄的空间（气室），空气由进气孔 11 逐渐进入气室，活塞 12 因受到空气的阻力，不能迅速下降，在降到一定位置时，杠杆 15 使触点 14 动作（常开触点闭合，常闭触点断开）。线圈断电时，弹簧使衔铁和活塞等复位，空气经橡胶膜 9 与顶杆 6 之间推开的气隙迅速排出，触点瞬时复位。

断电延时型时间继电器与通电延时型时间继电器的原理与结构均相同，将其电磁机构翻转 180°安装，即为断电延时型。

空气阻尼式时间继电器延时时间有 0.4～180s 和 0.4～60s 两种规格，具有延时范围较宽、结构简单、工作可靠、价格低廉、寿命长等优点，是机床交流控制电路中常用的时间继电器。

时间继电器的图形及文字符号见图 3-34。应特别注意，在分析和记忆时间继电器的图形符号时首先要看其触点是常开触点还是常闭触点，然后再将是闭合时延时还是开启时延时加上就可以了，这样不容易混淆。常用的有（记忆时宜选择每组中的"右开右闭"触点为标准）：

a. 延时闭合的常开触点（开启时不延时）；

b. 延时开启的常闭触点（闭合时不延时）；

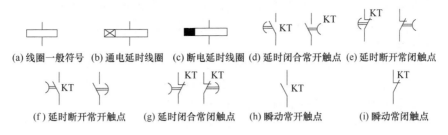

(a)线圈一般符号 (b)通电延时线圈 (c)断电延时线圈 (d)延时闭合常开触点 (e)延时断开常闭触点

(f)延时断开常开触点 (g)延时闭合常闭触点 (h)瞬动常开触点 (i)瞬动常闭触点

图 3-34　时间继电器的图形及文字符号

c. 延时开启的常开触点（闭合时不延时）；

d. 延时闭合的常闭触点（开启时不延时）。

② 电磁阻尼式时间继电器　电磁式阻尼时间继电器只能直流断电延时动作，一般在直流电气控制电路中应用较广。它的结构与电磁阻尼式继电器结构相同，主要是靠铁芯柱上的金属阻尼套筒来实现延时。即当线圈断电后，通过铁芯的磁通要迅速减少，由于电磁感应，在阻尼套筒内产生感应电流。根据电磁感应定律，感应电流产生的磁场总是阻碍原来磁场的减弱，使铁芯继续吸引衔铁一小段时间，从而达到了延时的目的。

这种时间继电器延时时间长短是靠改变铁芯与衔铁间非磁性垫片的厚度或改变反力弹簧的松紧来调节的。垫片厚则延时短，薄则延时长；弹簧紧则延时短，松则延时长。

电磁阻尼式时间继电器结构简单、价格低廉，但延时较短，一般只有 0.2～10s，只能用于直流断电延时。常用的型号有 JT18 系列等。

③ 电动机式时间继电器　电动机式时间继电器主要由同步电动机、电磁离合器、减速齿轮、触点与延时调整机构等组成，其结构外形如图 3-35 所示。

电动机式时间继电器具有如下特点。

a. 因同步电动机的转速只与电源频率有关，不受电源电压波动和环境温度变化的影响，所以延时精度很高。

b. 延时范围宽，可从几秒到几十小时。

c. 缺点是结构复杂、价格高、寿命短。

常用电动机式时间继电器有 JS11、JS17 系列和 7PR 系列等。

④ 电子式时间继电器　电子式时间继电器体积小、机械结构简单、寿命长、精度高、可靠性好，其随着电子技术的飞速发展，正在获得越来越广泛的应用。

例如 JS20 系列时间继电器采用的是插座式结构，所有元件均装在印刷电路板上，用螺钉使之与插座紧固，再装上塑料壳组成本体部分，在罩壳顶面装有铭牌和整定电位器旋钮，并有动作指示灯。其结构外形如图 3-36 所示。

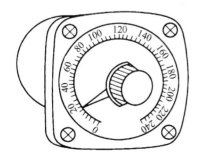

图 3-35　电动机式时间继电器外形图

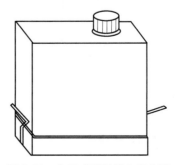

图 3-36　电子式时间继电器外形

其典型产品如晶体管式时间继电器也称半导体式时间继电器，具有延时范围广（最长可达3600s）、精度高（一般为5%左右）、体积小、耐冲击振动、调节方便和寿命长等优。它的发展很快，使用也日益广泛。

晶体管式时间继电器是利用RC电路中电容电压不能跃变，只能按指数规律逐渐变化的原理——电阻尼特性获得延时的。所以，只要改变充电回路的时间常数即可改变延时时间。由于调节电容比调节电阻困难，所以多用调节电阻的方式来改变延时时间。

常用的产品有JSJ、JS13、JS14、JS15、JS20型等。现以JSJ型为例说明晶体管式时间继电器的工作原理。图3-37为JSJ型晶体管式时间继电器的原理图。

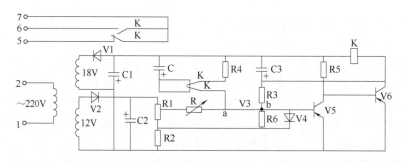

图3-37　JSJ型晶体管式时间继电器的原理图

其工作原理为当接通电源后，变压器二次侧18V负电源通过继电器K的线圈、R5使V3获得偏流而导通，从而V6截止。此时K的线圈中只有较小的电流，不足以使常开触点K吸合，所以继电器K不动作。同时，变压器二次侧12V的正电源经V2半波整流后，经过可调电阻R1、R，继电器常闭触点K向电容C充电，使a点电位逐渐升高。当a点电位高于b点电位并使V3导通时，在12V正电源作用下V5截止，V6通过R3获得偏流而导通。V6导通后继电器线圈K中的电流大幅度上升，达到继电器的动作值时使K动作，其常闭触点打开，断开充电回路，常开触点闭合，使C通过R4放电，为下次充电作准备。继电器K的其他触点则分别接通或分断其他电路。当电源断电后，继电器K释放。所以，这种时间继电器是通电延时型的，断电延时只有几秒。电位器R1用来调节延时范围。

机床中常用的JSZ3系列部分时间继电器外形图和引脚及其功能，如图3-38所示。

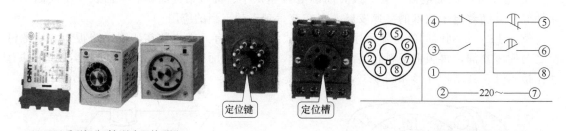

(a) JSZ3系列部分时间继电器外形图　　　　　　　　　(b) 引脚、插座及引脚功能

图3-38　机床中常用的JSZ3系列部分时间继电器外形图和引脚及其功能

3.3　执行电器

执行电器以电磁式为主，常用的有接触器、固态继电器和电磁执行电器等。

3.3.1　接触器

接触器是一种接通或切断电动机或其他负载主电路的自动切换电器。它是利用电磁力来使开关打开或断开的电器，适用于频繁操作、远距离控制强电电路，并具有低压释放的零压保护性能。接触器通常分为交流接触器和直流接触器，其主要结构包括触点系统、电磁机构、灭弧机构以及反作用弹簧等。其工作原理是当线圈得电后，衔铁被吸合，带动三对主触点闭合，接通电路，辅助触点也闭合或断开；当线圈失电后，衔铁被释放，三对主触点复位，电路断开，辅助触点也断开或闭合。大容量的接触器都具有快速灭弧装置，使用安全可靠。

交流接触器外形和结构图如图 3-39 所示。交流接触器的图形符号如图 3-40 所示。

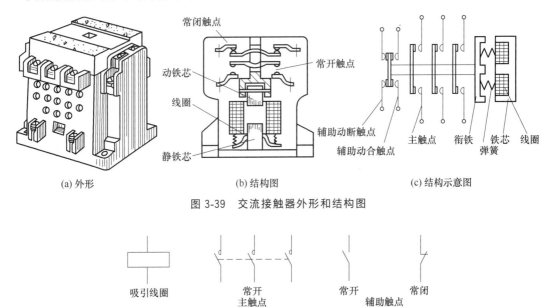

(a) 外形　　　　　　　(b) 结构图　　　　　　(c) 结构示意图

图 3-39　交流接触器外形和结构图

图 3-40　交流接触器的图形符号

选择接触器主要考虑以下参数：①触点通断电源种类：交流或直流；②主触点额定电压和电流；③辅助触点种类、数量及触点额定电流；④电磁线圈的电源、种类及频率。

机床中常用的 CJX 系列部分交流接触器外形图和触点系统，如图 3-41 所示。

(a) CJX系统部分交流接触器外形图　　　(b) CJX1-9/22型交流接触器触点系统

图 3-41　机床中常用的 CJX 系列部分交流接触器外形图和触点系统

3.3.2　固态继电器

（1）概述

固态继电器（SSR，solid state relay）是采用固态半导体元件组装而成的一种无触点开关。它利用电子元器件的电、磁和光特性来完成输入与输出的可靠隔离，利用大功率二极管、功率场效应管、单向晶闸管和双向晶闸管等器件的开关特性（P-N 结的单向导电性），来达到无触点、无火花地接通和断开被控电路。固态继电器与电磁式继电器相比，是一种没有机械运动，不含运动零件的继电器，但它具有与机电继电器本质上相同的功能。由于固态继电器的接通和断开无机械触点，因而具有控制功率小、开关速度快、工作频率高、使用寿命长、抗干扰能力强和动作可靠等一系列特点，使其在机床的新技术改造中得到了广泛应用。

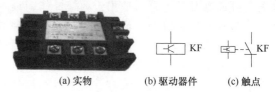

(a) 实物 　　(b) 驱动器件 　　(c) 触点

图 3-42　固态继电器外形图和驱动器件以及其触点的图形和文字符号

图 3-42（a）所示为一款典型的固态继电器实物外形图。其驱动器件以及其触点的图形符号和文字符号，如图 3-42（b）和图 3-42（c）所示。

（2）固态继电器的工作原理

光电耦合式固态继电器（SSR）作为一种无触点通断电子开关的四端有源器件，其中两个端子为输入控制端，另外两端为输出受控端，中间采用光电隔离，作为输入输出之间的电气隔离（浮空）。在输入端加上直流或脉冲信号，输出端就能从关断状态转变成导通状态（无信号时呈阻断状态，从而控制较大负载。整个器件无可动部件及触点，可实现与常用的机械式电磁继电器一样的功能。光电耦合式固态继电器的工作原理图如图 3-43 所示。

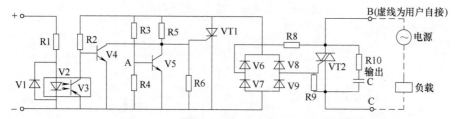

图 3-43　光电耦合式固态继电器的工作原理图

SSR 按使用场合可以分成交流型和直流型两大类，它们分别在交流或直流电源上作负载的开关，不能混用。

下面以交流型的 SSR 为例来说明它的工作原理，图 3-43 是它的工作原理框图，图中的部件 VT1、VT2、V2、V6～V9 构成交流 SSR 的主体，从整体上看，SSR 只有两个输入端（+和-）及两个输出端（B 和 C），是一种四端器件。工作时只要在+、-端加上一定的控制信号，就可以控制 B、C 两端之间的"通"和"断"，实现"开关"的功能，其中耦合电路的功能是为+、-端输入的控制信号提供一个输入/输出端之间的通道，但又在电气上断开 SSR 中输入端和输出端之间的（电）联系，以防止输出端对输入端的影响。耦合电路用的元件是"光耦合器"，它动作灵敏、响应速度快、输入/输出端间的绝缘（耐压）等级高。由于输入端的负载是发光二极管，这使 SSR 的输入端很容易做到与输入信号电平相匹配，在使用时可直接与计算机输出接口相接，即受"1"与"0"的逻辑电平控制。

触发电路的功能是产生合乎要求的触发信号，驱动开关电路（VT2）工作，但由于开关电路在不加特殊控制电路时，将产生射频干扰并以高次谐波或尖峰等污染电网，为此特设"过零控制电路"。所谓"过零"是指当加入控制信号，交流电压过零时，SSR 即为通态；而当断开控制信号后，SSR 要等待交流电为正半周与负半周的交界点（零电位）时，SSR 才为断态。这种设计能防止高次谐波的干扰和对电网的污染。吸收电路（R10 和 C）是为防止从电源中传来的尖峰、浪涌（电压）对开关器件双向晶闸管的冲击和干扰（甚至误动作）而设计的，一般是用"R-C"串联吸收电路或非线性电阻（压敏电阻器）。

直流型的 SSR 与交流型的 SSR 相比，无过零控制电路，也不必设置吸收电路，开关器件一般用大功率开关三极管，其他工作原理相同。不过，直流型 SSR 在使用时应注意：

① 负载为感性负载，如直流电磁阀或电磁铁时，应在负载两端反向并联一个二极管以吸收电磁能，极性要正确，二极管的电流应等于工作电流，电压应大于工作电压的 4 倍。

② SSR 工作时应尽量把它靠近负载，其输出引线应满足负荷电流的需要。

③ 使用电源属于经交流降压整流所得的，其滤波电解电容应足够大。

由于固态继电器是由固体元件组成的无触点开关元件，所以与电磁继电器相比，具有工作可靠、寿命长、对外界干扰小、能与逻辑电路兼容、抗干扰能力强、开关速度快和使用方便等一系列优点，因而具有很宽的应用领域，有逐步取代传统电磁继电器之势，并可进一步扩展到传统电磁继电器无法应用的计算机等领域。目前，国内已有北京先锋公司电子厂、上海超诚电子技术研究所、上海中沪电子有限公司、无锡市康裕电器元件厂、无锡天豪电子有限公司、苏州无线电元件一厂等单位生产此类产品。

SSR 固态继电器按触发形式可分为零压型（Z）和调相型（P）两种。在输入端施加合适的控制信号 V_{IN} 时，P 型 SSR 立即导通。当 V_{IN} 撤销后，负载电流低于双向晶闸管维持电流时（交流换向），SSR 关断。

Z 型 SSR 内部包括过零检测电路，在施加输入信号 V_{IN} 时，只有当负载电源电压达到过零区电压时，SSR 才能导通，并有可能造成电源半个周期的最大延时。Z 型 SSR 关断条件同 P 型，但由于负载工作电流近似正弦波，高次谐波干扰小，所以应用广泛。

（3）固态继电器的种类

① 按切换负载性质分，有直流固态继电器和交流固态继电器。

② 按输入与输出之间的隔离分，有光电隔离固态继电器和磁隔离固态继电器。

③ 按控制触发信号方式分，有过零型和非过零型、有源触发型和无源触发型。

（4）固态继电器的优缺点

固态继电器的主要优点是：

① 高寿命，高可靠性　SSR 由固态器件完成触点功能，但没有机械零部件。由于没有运动的零部件，因此能在高冲击与振动的环境下工作。组成固态继电器的元器件的固有特性，决定了固态继电器的寿命长，可靠性高。

② 灵敏度高，控制功率小，电磁兼容性好　固态继电器的输入电压范围较宽，驱动功率低，可与大多数逻辑集成电路兼容，而不需加缓冲器或驱动器。

③ 转换速度快　固态继电器因为采用固体器件，所以切换速度可从几毫秒至几微秒。

④ 电磁干扰小　固态继电器没有输入"线圈"，没有触点燃弧和回跳，因而减少了电磁干扰。大多数交流输出固态继电器是一个零电压开关，在零电压处导通，零电流处关断，减少了电流波形的突然中断，从而减少了开关瞬态效应。

尽管固态继电器有众多优点，但与传统的继电器相比，仍有其不足之处。如漏电流大、接触电阻大、触点单一、使用温度范围窄、过载能力差及价格偏高等，在使用中需要有可靠的保护设施。

3.3.3　电磁执行电器

常用的主要是电磁铁、电磁阀、电磁离合器和电磁制动器，其性能的好坏直接影响到机床各种运动功能和性能的实现。

（1）电磁铁

电磁铁利用通电的线圈在铁芯中产生的电磁吸力来吸引衔铁或钢铁零件，即把电磁能转换为机械能，带动机械装置完成一定的动作。如接触器、继电器及电磁吸盘等均利用电磁铁实现其功能。

电磁铁主要由励磁线圈、铁芯和衔铁三部分组成，其结构图如图3-44所示，当励磁线圈通以电流后，铁芯被磁化而产生电磁吸力，吸引衔铁动作。

根据励磁电流的不同，电磁铁分为直流电磁铁和交流电磁铁。电磁铁的主要技术数据有额定行程、额定吸力、额定电压等。选用电磁铁时应该考虑这些技术数据，即额定行程应满足实际所需机械行程的要求，额定吸力必须大于机械装置所需的启动吸力。电磁铁的表示符号如图3-45（a）所示。

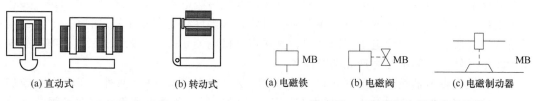

(a) 直动式　　(b) 转动式	(a) 电磁铁　(b) 电磁阀　(c) 电磁制动器
图3-44　电磁铁的结构图	图3-45　电磁执行电器的表示符号

（2）电磁阀

当控制系统中负载惯性较大，所需功率也较大的时候，一般用液压或气压控制系统。电磁阀是此类系统的主要组成部分。

电磁阀一般由吸入式电磁铁以及液压阀（阀体、阀芯和油路系统）两部分组成。其基本工作原理为：当电磁铁线圈通/断电时，衔铁吸合或释放，由于电磁铁的动铁芯与液压阀的阀芯连接，就会直接控制阀芯位移，来实现液体的流通、切断和方向变换，操作机构动作，如气缸的往返、马达的旋转、油路系统的升压及卸荷和其他工作部件的顺序动作等，其结构如图3-46（a）所示。

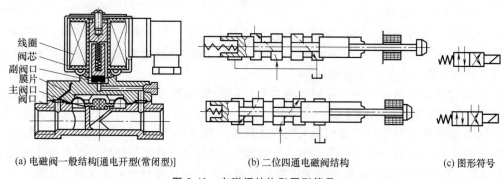

(a) 电磁阀一般结构[通电开型(常闭型)]　　(b) 二位四通电磁阀结构　　(c) 图形符号

图3-46　电磁阀结构和图形符号

电磁阀一般无辅助触点，需借助中间继电器传递逻辑关系。电磁阀的结构性能通常用其"位置"数和"通路"数表示，"位"是指滑阀位置，"通"是指流体的通道数，常用的有二位三通、二位四通、三位五通等。一般电磁阀的表示符号如图3-45（b）所示。电磁阀一般结构如图3-46（a）所示。二位四通电磁阀结构图，如图3-46（b）所示；二位四通电磁阀的图形符号，如图3-46（c）所示。

在气动或液动的系统中，与电磁阀配套使用的几种常见液压元件的图形符号，如图3-47所示。它们是组成电液（气）控制系统的常用器件。

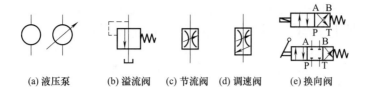

(a) 液压泵　(b) 溢流阀　(c) 节流阀　(d) 调速阀　(e) 换向阀

图 3-47　几种常见液压元件的图形符号

（3）电磁离合器

电磁离合器的作用是将执行机构的力矩（或功率）从主动轴一侧传到从动轴一侧。它广泛用于各种机构（如机床中的传动机构和各种电动机机构），以实现快速启动、制动、正反转或调速等功能。由于它易于实现远距离控制，和其他机械式、液压式或气动式离合器相比，其操纵要简化得多，所以它是自动控制系统中一种重要的元件。

按电磁离合器的工作原理分，其形式主要有摩擦片式、牙嵌式、磁粉式和感应转差式等。摩擦片式电磁离合器的结构图如图 3-48 所示。其工作原理如下。

在主动轴的花键轴上装有主动摩擦片，它可沿花键轴自由移动，同时又与主动轴花键连接，所以主动摩擦片可随主动轴一起旋转。从动摩擦片与主动摩擦片交替叠装，其外缘凸起部分卡在与从动齿轮固定在一起的套筒内，因此可随从动齿轮一起旋转，在主动、从动摩擦片未压紧之前，主动轴旋转时它不转动。

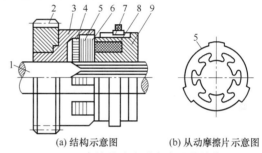

(a) 结构示意图　(b) 从动摩擦片示意图

图 3-48　摩擦片式电磁离合器的结构图

1—主动轴；2—从动齿轮；3—主套筒；4—主衔铁；5—从动摩擦片；6—主动摩擦片；7—集电环；8—线圈；9—铁芯

当电磁线圈通入直流电产生磁场后，在电磁力的作用下，主动摩擦片与衔铁克服弹簧反力被吸向铁芯，并将各摩擦片紧紧压住，依靠从动摩擦片与主动摩擦片之间的摩擦力，使从动摩擦片随主动摩擦片旋转，同时又使套筒及从动齿轮随主动轴旋转，实现了力矩的传递。

当电磁离合器线圈断电后，装在主动、从动摩擦片之间的圈状弹簧使衔铁和摩擦片复位，离合器便失去传递力矩的作用。

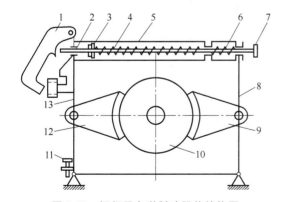

图 3-49　短行程电磁制动器的结构图

1—电磁铁；2—顶杆；3—锁紧螺母；4—主弹簧；5—框形拉板；6—副弹簧；7—调整螺母；8,13—制动臂；9,12—制动瓦；10—制动轮；11—调控螺钉

（4）电磁制动器

制动器是机床的重要部件之一，它既是工作装置又是安全装置。根据制动器的不同构造可分为块式制动器、盘式制动器、多盘式制动器、带式制动器和圆锥式制动器等。根据操作情况不同又分为常闭式、常开式和综合式。根据动力不同，又可分为电磁制动器和液压制动器。

常闭式双闸瓦制动器具有结构简单、工作可靠的特点，平时常闭式制动器抱紧制动轮，当机床工作时才松开，这样无论在任何情况下停电，闸瓦都会抱紧制动轮。

① 短行程电磁制动器　图 3-49 为短行程电磁制动器的结构图。制动器借助主弹簧，通过

框形拉板使左右制动臂上的制动瓦压在制动轮上，借助制动轮和制动瓦之间的摩擦力来实现制动。制动器松闸借助于电磁铁。当电磁铁线圈通电后，衔铁吸合，将顶杆向右推动，制动臂带动制动瓦离开制动轮。在松闸时，左制动臂在电磁铁制动作用下左倾，制动瓦也离开了制动轮。为防止制动臂倾斜过大，可用调节螺钉来调整制动臂的倾斜量，以保证左右制动瓦离开制动轮的间隙相等；副弹簧的作用是把右制动臂推向右倾，防止在松闸时，整个制动器左倾而造成右制动瓦离不开制动轮。

短行程电磁式制动器动作迅速、结构紧凑、自重小，铰链比长行程式少，制动瓦与制动臂铰链连接，制动瓦与制动轮接触和磨损均匀。但由于行程小、制动力矩小，多用于制动力矩不大的场合。

② 长行程电磁制动器　当机构要求有较大的制动力矩时，可采用长行程制动器。由于驱动装置和产生制动力矩的方式不同，又分为重锤式长行程电磁铁、弹簧式长行程电磁铁、液压推杆式长行程电磁铁及液压电磁铁等双闸瓦制动器。

图 3-50 为长行程电磁制动器的结构图。它通过杠杆系统来增加上闸力。其松闸通过电磁铁 5 产生电磁力经杠杆系统实现，紧闸借助弹簧力通过杠杆系统实现。当电磁线圈通电时，水平杠杆抬起，带动螺杆 4 向上运动，使杠杆板 3 绕轴逆时针方向旋转，压缩制动弹簧 1，在螺杆 2 与杠杆作用下，两个制动臂带动制动瓦 7 左右运动而松开。当电磁铁线圈断电时，靠制动弹簧的张力使制动瓦闸住制动轮 6。上述两种电磁制动器的结构都较简单，能与它控制的机构用电动机的操作系统联锁，当电动机停止工作或发生停电事故时，电磁铁自动断电，制动器抱紧，实现安全操作。但电磁铁吸合时冲击大，有噪声，且机构需经常启动、制动，电磁铁易损坏。

与短行程电磁制动器相比，由于长行程电磁制动器采用三相电源，制动力矩大，工作较平稳可靠，制动时自振小。连接方式与电动机定子绕组连接方式相同，有三角形连接和星形连接。

电磁制动器的应用示意图如图 3-51 所示；其表示符号见图 3-45（c）。

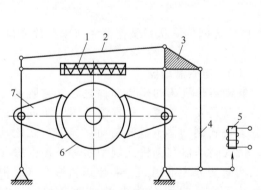

图 3-50　长行程电磁制动器结构图
1—制动弹簧；2,4—螺杆；3—杠杆板；
5—电磁铁；6—制动轮；7—制动瓦

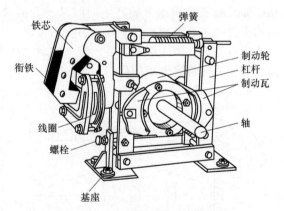

图 3-51　电磁制动器的应用示意图

3.4　保护电器

机床电气控制中除了使用操作控制电器外，还必须有安全可靠的保护电器。

3.4.1 熔断器

熔断器是一种在短路或严重过载时利用熔化作用而切断电路的保护电器，熔断器主要由熔体（俗称保险丝）和安装熔体的熔管两部分组成。熔体由易熔金属材料铅、锡、锌、银、铜及其合金制成，通常做成丝状或片状，熔体既是敏感元件又是执行元件。熔断器的熔体与被保护的电路串联，当电路正常工作时，熔体允许通过一定大小的电流而不熔断。当电路发生短路或严重过载时，熔体中流过很大的故障电流，当电流产生的热量达到熔体的熔点时，熔体熔断，切断电路，从而实现保护目的。熔管是装熔体的外壳，由陶瓷、绝缘钢纸或玻璃纤维制成，在熔体熔断时兼有灭弧作用。熔断器种类很多，常见有瓷插式、螺旋式、封闭管式和自复式等，如图 3-52 所示。

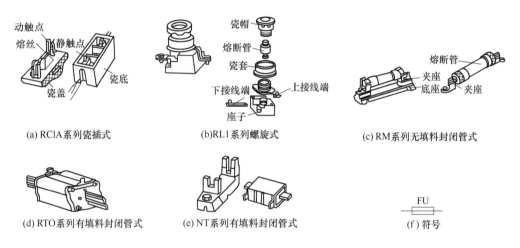

(a) RClA系列瓷插式　　(b)RL1系列螺旋式　　(c) RM系列无填料封闭管式

(d) RTO系列有填料封闭管式　　(e) NT系列有填料封闭管式　　(f) 符号

图 3-52　常用的部分熔断器的结构图

RT18 系列熔断器的外形图如图 3-53 所示。

选择熔断器，主要选择熔断器的额定电压、熔断器额定电流等级和熔体的额定电流。对没有冲击电流的电路，熔体的额定电流应稍大于电路工作电流；对有冲击电流的电路，熔体的额定电流应取最大电流的 0.4 倍。

图 3-53　RT18 系列熔断器的外形图

3.4.2 热继电器

热继电器是利用电流热效应原理进行动作的一种保护电器，它在电路中主要用于过载保护。电动机具备一定的过载能力，在实际运行中，只要过载不严重，时间较短，温升不超过容许值，电动机仍能工作。若过载严重，时间长，使电动机温升过高，会老化绕组绝缘，严重时还会使绕组烧毁，因此连续工作制的电动机工作时都需要有过载保护装置。但热继电器有惯性，对短时间大电流不会立即动作，不能用于短路保护。热继电器种类很多，应用最广泛的是基于双金属片的热继电器，其外形及结构如图 3-54 所示，主要由驱动器件（热元件）、双金属片和触点三部分组成。热继电器的常闭触点串联在被保护的二次回路中，它的热元件由电阻值不高的电热丝或电阻片绕成，串联在电动机或其他用电设备的主电路中。靠近热元件的双金属片，是由两种不同膨胀系数的金属用机械碾压而成，为热继电器的感测元件。热继电器中双金属片与加热元件串接在接触器负载端（电动机电源端）的主回路中。当电动机正常运行时，热元件产生的热量虽能使双金属片弯曲，但还不足以使继电器动作。当电动机过载时，流过热元件的电流增大，热元件产生的热量增加，使双金属片产生的弯曲位移增大，主双金属片推动导板，并通过补偿双金属片与推杆将触点（即串接在接触器线圈回路的热继电器常闭触点）分开，以切断电路保护电动机。

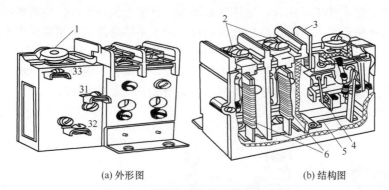

(a) 外形图   (b) 结构图

图 3-54　热继电器的外形图和结构图

1—电流整定装置；2—主电路接线柱；3—复位按钮；4—常闭触点；5—动作机构；6—热元件；
31—常闭触点接线柱；32—公共动触点接线柱；33—常开触点接线柱

为防止机床的拖动电动机在缺相故障情况下运行而烧坏电动机，对重要负荷还常采用带有缺相保护设施的热继电器。热继电器的结构原理如图 3-55 所示。带有缺相保护设施的热继电器的结构原理如图 3-56 所示。热继电器的图形及文字符号如图 3-57 所示。热继电器的选择主要是根据电动机的额定电流来确定型号与规格，热继电器元件的额定电流应接近或略大于电动机的额定电流。在一般情况下，可选用两相结构的热继电器。在恶劣工作环境可选用三相结构的热继电器。

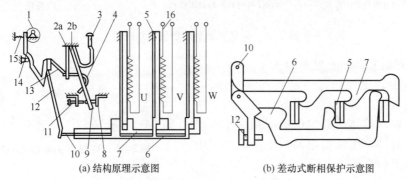

(a) 结构原理示意图   (b) 差动式断相保护示意图

图 3-55　热继电器的结构示意图

1—电流条件凸轮；2—2a/2b簧片；3—手动复位机构；4—弓簧；5—主双金属片；6—外导板；7—内导板；8—常闭触点；
9—静触点；10—杠杆；11—复位条件螺钉；12—补偿双金属片；13—推杆；14—连杆；15—压簧；16—热元件

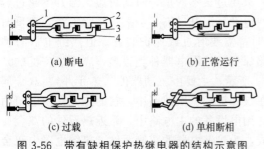

(a) 断电   (b) 正常运行

(c) 过载   (d) 单相断相

图 3-56　带有缺相保护热继电器的结构示意图

1—杠杆；2—上导板；3—双金属片；4—下导板

(a) 热元件   (b) 常闭触点

图 3-57　热继电器的图形及文字符号

JRS 系列部分热继电器的外形图及其触点系统，如图 3-58 所示。

(a) JRS系列部分热继电器的外形图

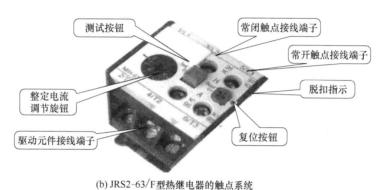

(b) JRS2-63/F型热继电器的触点系统

图 3-58　JRS 系列部分热继电器的外形图及其触点系统

3.4.3　电流继电器和电压继电器

电流继电器的作用是反映电路中电流的变化，需将其线圈串在被测电路中，为不影响电路正常工作，要求线圈的匝数少、导线粗、阻抗小。电压继电器的作用是反映电路中电压的变化，和电流继电器相比其线圈要并联在被测电路中，故要求线圈的匝数多、导线细。

电流继电器和电压继电器主要用于保护电路中，按其用途又可分为过电流继电器和过电压继电器，欠电流继电器和欠电压继电器。前者是电流或电压超过规定值时衔铁吸合，后者是电流或电压低于规定值时衔铁释放。电磁式电流继电器和电磁式电压继电器的结构图，分别如图 3-59 和图 3-60 所示。其图形及文字符号，如图 3-61 所示。

根据输入（线圈）电流大小而动作的继电器称为电流继电器。按用途还可分为过电流继电器和欠电流继电器。过电流继电器的任务是当电路发生短路及过流时立即将电路切断，因此过流继电器线圈流过小于整定电流时继电器不动作，只有超过整定电流时，继电器才动作。关于

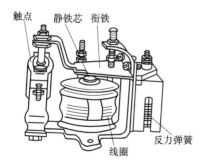

图 3-59　电磁式电流继电器的结构

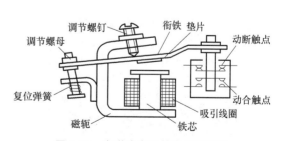

图 3-60　电磁式电压继电器的结构

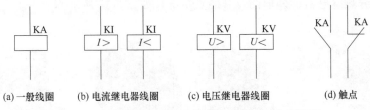

(a)一般线圈　　(b)电流继电器线圈　　(c)电压继电器线圈　　(d)触点

图 3-61　电流继电器和电压继电器的图形及文字符号

过电流继电器的动作电流整定范围，交流过流继电器为（110%～350%）I_N，直流过流继电器为（70%～300%）I_N。欠电流继电器的任务是当电路电流过低时立即将电路切断，因此欠电流继电器线圈通过的电流大于或等于整定电流时，继电器吸合，只有电流低于整定电流时，继电器才释放。关于欠电流继电器动作电流整定范围，吸合电流为（30%～50%）I_N，释放电流为（10%～20%）I_N，欠电流继电器一般是自动复位的。

与此类似，电压继电器是根据输入电压大小而动作的继电器，过电压继电器动作电压整定范围为（105%～120%）U_N，欠电压继电器吸合电压调整范围为（30%～50%）U_N，释放电压调整范围为（7%～20%）U_N。

电流（压）继电器选用时主要依据继电器所保护或所控制对象对继电器提出的要求，如触点的数量、种类、返回系数，控制电路的电压、电流、负载性质等。由于继电器触点容量小，所以经常将触点并联使用。有时增加触点的分断能力，也可以把触点串联起来使用。

3.4.4　电机智能保护器

电机智能保护器是最近十多年才发展起来的一种新型电子式多功能电动机综合保护装置。它集过（轻）载、缺相、过（欠）压、堵转、漏电、接地及三相不平衡保护等低压保护于一身，具有设定精度高、节电、动作灵敏、工作可靠等优点，是传统继电器保护的理想替代产品。其外形结构如图 3-62 所示。

电机智能保护器的核心部件一般采用国外最新型的八位或十六位 AD 单片机。其中使用十六位 CPU 的产品较采用八位机的产品而言，在技术上有了更大的进步。它们具有抗干扰能力强、工作更稳定、精度更高、保护参数设定更简单方便和数字化、智能化、网络化等特点，基本可以满足各个层次不同行业用户的要求，因而在机床电气控制等工业电动机及三相电气传动系统中，得到了广泛应用。

电机智能保护器，特别是具有 RS-485 远程通信接口的新型产品，支持 Modbus RTU、PROFIBUS-DP 协议和 4～20mA 模拟量输出接口，可方便地和数控系统及后台机组成网络系统，从而实现运行状态监视和历史数据查询，成为现在保护控制产品的主流。它是由电流传感器、比较电路、单片机、出口继电器等几个部分组成。其基本原理及工作过程如图3-63 所示。

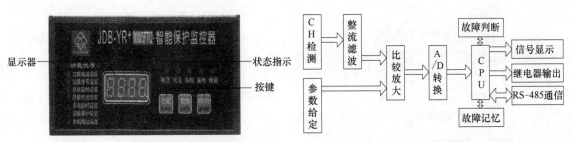

图 3-62　电机智能保护器外形结构　　　　图 3-63　电机保护器工作原理

传感器将电动机的电流变化线性地反映至保护器的采集端口，经过整流、滤波等环节后，转换成与电动机电流成正比的直流电压信号，送到相应部分与给定的保护参数进行比较处理，再经单片机回路处理，推动功率回路，使继电器动作。当电动机由于驱动部分过载导致电流增大时，从电流传感器取得的电压信号将增大，此电压值大于保护器的整定值时，过载回路工作，RC延时电路经过一定的（可调）延时，驱动出口继电器动作，使接触器切断主电路。欠压及缺相保护等功能部分的工作原理也大体相同。

目前，国内广泛使用的电机智能保护器产品主要有 JDB-2K 系列、JDB-YR 系列等。

3.4.5 漏电保护器

漏电保护器又称漏电保护开关，是一种电气安全装置，在两网改造中，大量使用了剩余电流动作漏电保护器。其主要用途是：

① 防止由于电气设备和电气线路漏电引起的触电事故；

② 防止用电过程中的单相触电事故；

③ 及时切断电气设备运行中的单相接地故障，防止因漏电引起的电气火灾事故。

在了解触电保护器的主要原理前，有必要先了解一下什么是触电。触电指的是电流通过人体而引起的伤害。如图 3-64 所示，当人手触摸电线并形成一个电流回路的时候，人身上就有电流通过；当流过人体的电流足够大时，就能够被人感觉到以至于形成危害。当触电已经发生的时候，就要求在最短的时间内切除电流。比如说，如果通过人的电流是 50mA 的时候，就要求在 1s 内切断电流；如果是 500mA 的电流通过人体，那么时间限制是 0.1s；否则危及人的生命。图 3-65 是简单的漏电保护装置的原理图。从图中可以看到漏电保护装置安装在电源线进户处，也就是电能表的附近，接在电能表的输出端即用户端。图中把所有的用电器用一个电阻 RL 替代，用 RN 替代接触者的人体电阻。

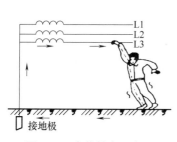

图 3-64　人体触电示意图

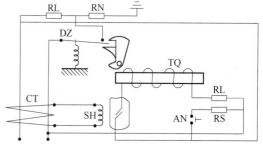

图 3-65　漏电保护装置原理图

图中的 CT 表示"电流互感器"，它是利用互感原理测量交流电流用的，所以叫"互感器"，实际上是一个变压器。它的一次线圈是进户的交流线，把两根线当作一根线并起来构成一次线圈。二次线圈则接到"舌簧继电器"SH 的线圈上。

"舌簧继电器"是在舌簧管外面绕上线圈，当线圈里通电的时候，电流产生的磁场使得舌簧管里面的簧片电极吸合，来接通外电路。线圈断电后簧片释放，外电路断开。总而言之，这是一个灵巧实用的继电器。原理图中开关 DZ 不是普通的开关，它是一个带有弹簧的开关，当人克服弹簧力把它合上以后，要用特殊的钩子扣住它，才能够保证处于通的状态，否则一松手就又断了。

舌簧继电器的簧片电极接在"脱扣线圈"TQ 电路里。脱扣线圈是一个电磁铁的线圈，通过电流就产生吸引力，这个吸引力足以使上面说的钩子解脱，使得 DZ 立刻断开。因为 DZ 就串在用户总电线的火线上，所以脱了扣就断了电，触电的人就得救了。

不过，漏电保护器之所以可以保护人，首先它要"意识"到人触了电。那么漏电保护器是怎样知道人触电了呢？从图中可以看出，如果没有触电的话，电源来的两根线里的电流肯定在任何时刻都是一样大的，方向相反。因此 CT 的原边线圈里的磁通完全地消失，副边线圈没有输出。如果有人触电，相当于火线上有经过电阻，这样就能够联锁导致副边上有电流输出，这个输出就能够使得 SH 触电吸合，从而使脱扣线圈得电，把钩子吸开，开关 DZ 断开，从而起到了保护的作用。

　　值得注意的是，漏电保护器一旦脱了扣，即使脱扣线圈 TQ 里的电流消失也不会自行把DZ 重新接通。因为没人帮它合上是无法恢复供电的。触电者离开，经检查无隐患后想再用电，需把 DZ 合上使其重新扣住，恢复供电。

　　目前电器市场上漏电保护器的种类品牌繁多，其外形图如图 3-66 所示，漏电保护关系人的生命安全，一定要注意选择。

图 3-66　漏电保护器的外形图

3.5　电气控制中常用的其他器件

3.5.1　检测仪表

　　单位时间内连续变化的信号称为模拟量信号，如流量、压力、温度、位移等。用于检测模拟量信号的仪器仪表一般在过程控制系统中使用较多，但在机床电气与 PLC 控制系统中也少不了这些器件和设备，只不过不像在过程控制系统中那样大量地集中使用罢了。为此，适当了解一些常用检测仪表的知识也是必要的。

（1）变送器

　　几乎所有的能输出标准信号（1～5V 或 4～20mA）的测量仪器都是由传感器加上变送器组成的。传感器用来直接检测各种具体的物理量的信号，变送器则把这些形形色色的工艺变量（如温度、流量、压力、位移等）信号交换成控制器或控制系统能够使用的统一标准的电压或电流信号。变送器基于负反馈原理设计，它包括测量部分、放大器和反馈部分，其构成原理如图 3-67（a）所示，其输入/输出特性如图 3-67（b）所示。

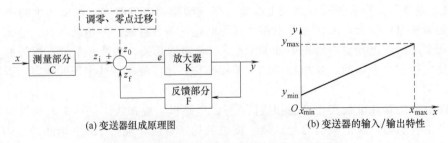

(a) 变送器组成原理图　　　　　　　　(b) 变送器的输入/输出特性

图 3-67　变送器的组成原理图和输入/输出特性

测量部分用以检测被测变量 x，并将其转换成能被放大器接收的输入信号 z_i（电压、电流、位移、作用力或力矩等信号）。反馈部分则把变送器的输出信号 y 转换成反馈信号 z_f，再回送到输入端。z_i 和调零信号 z_0 的代数和与反馈信号 z_f 进行比较，其差值送入放大器进行放大，并转换成标准输出信号 y。由图 3-67（a）可以求得变送器输出与输入之间的关系为：

$$y = \frac{K}{1+KF}(Cx + z_0) \tag{3-1}$$

式中，K 为放大器的放大系数；F 为反馈部分的反馈系数；C 为测量部分的转换系数。

从式（3-1）中可以看出，在满足深度负反馈 $KF \gg 1$ 的条件下，变送器输出与输入之间的关系取决于测量部分和反馈部分的特性，而与放大器的特性几乎无关。如果转换系数 C 和反馈系数 F 为常数，则变送器的输出与输入之间将保持良好的线性关系。如图 3-67（b）所示，x_{max} 和 x_{min} 分别为被测变量的上限值和下限值，y_{max} 和 y_{min} 分别为输出信号的上限值和下限值。它们与统一标准信号的上限值和下限值相对应。

现代的变送器还可以提供各种通信协议的接口，如 RS-485、PROFIBUS-PA 等。

（2）常用检测仪表

① 压力检测及变送器　根据测量原理不同，有不同的检测压力的方法。常用的压力传感器有应变片压力传感器、陶瓷压力传感器、扩散硅压力传感器和压电压力传感器等。其中陶瓷压力传感器、扩散硅压力传感器在工业上最为常用。

压力变送器可以把压力信号变换成标准的电压或电流信号。图 3-68（a）所示为输出信号是电压信号的压力变送器通用符号。输出若为电流信号，可把图中文字改为 p/I。可在图中方框中文字下部的空白处增加小图标表示传感器的类型。压力变送器文字符号为 BP。

② 温度检测及变送器　各种测温方法大都是利用物体的某些物理化学性质（如物体的膨胀率、电阻率、热电势、辐射强度和颜色等）与温度具有一定关系的原理。测出这些参量的变化，就可知道被测物体的温度。测温方法可分为接触式与非接触式两大类。接触式测温方法有使用液体膨胀式温度计、热电偶、热电阻等。非接触式测温方法有光学高温计、辐射高温计、红外探测器测温等。接触式测温简单、可靠、测量精度高；但由于达到热平衡需要一定时间，因而会产生测温的滞后现象。此外，感温元件往往会破坏被测对象的温度场，并有可能受到被测介质的腐蚀。非接触式测温是通过热辐射来测量温度的，感温速度一般比较快，多用于测量高温；但由于受物体的发射率、热辐射传递空间的距离以及烟尘和水蒸气的影响，故测量误差较大。下面介绍测温中常用的热电阻和热电偶。

a. 热电阻。利用金属和半导体的电阻随温度的变化来测量温度。其特点是准确度高，在低温下（500℃以下）测量时，输出信号比热电偶要大得多，灵敏度高。它适合的温度测量范围是 $-200 \sim 500℃$。

b. 热电偶。当在两种不同种类的导线的接头（节点）上加热时，会产生温差热电势。这是金属和合金的特性，这两种不同种类的导线连接起来就成为热电偶。热电偶价格便宜、制作容易、结构简单、测温范围广、准确度高。

温度变送器接收温度传感器信号并将它转换成标准信号输出。图 3-68（b）所示为输出信号为电压信号的热电偶型温度变送器，输出若为电流信号，可把图中文字改为 θ/I。其他类型变送器可更改图中方框中的小图标。温度变送器文字符号为 BT。

(a) 压力变送器　　　(b) 温度变送器

图 3-68　变送器表示符号

3.5.2　安装附件

安装附件是机床电气控制系统的电气控制柜或配电箱中必不可少的物品。该类产品的品种很多，主要用于控制柜中元器件和导线的固定和安装。常用的安装附件如下。

① 走线槽　由锯齿形的塑料槽和盖组成，有宽、窄等多种规格。用于导线和电缆的走线，可以使柜内走线美观、整洁，如图 3-69（a）所示。

② 扎线带和固定盘　尼龙扎线带可以把一束导线扎紧到一起，根据长短和粗细有多种型号，如图 3-69（b）所示。固定盘上面有小孔，背面有黏胶，它可以粘到其他平面物体上，用来配合扎线带的使用，图 3-69（c）所示为固定盘。

③ 缠绕管、波纹管　用于控制柜中裸露出来的导线部分的缠绕或作为外套，保护导线。一般由 PVC 软质塑料制成，如图 3-69（d）、（e）所示。

④ 号码管、配线标志管　空白号码管由 PVC 软质塑料制成，管、线上面可用专门的打号机打印上各种需要的符号，套在导线的接头端，用来标记导线。配线标志管则已经把各种数字或字母印在了塑料管上面，并分割成为小段，使用时可随意组合，图 3-69（f）所示为配线标志管。

⑤ 接线插、接线端子、安装导轨、热缩管　如图 3-69（g）～（j）所示。

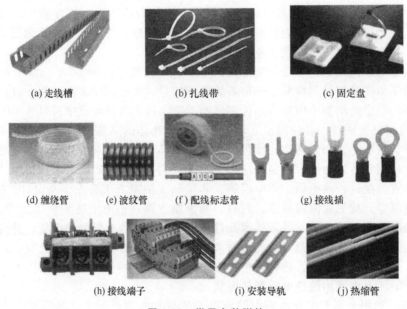

(a) 走线槽　　　　　　(b) 扎线带　　　　　　(c) 固定盘

(d) 缠绕管　　(e) 波纹管　　(f) 配线标志管　　　　(g) 接线插

(h) 接线端子　　　　　(i) 安装导轨　　　(j) 热缩管

图 3-69　常用安装附件

第4章 电气控制工程中的"继电器-接触器"控制技术

电气控制工程常采用"继电器-接触器"控制技术,其特点是控制简便、价格便宜,在 PLC、单片机等新型控制器未出现前的几十年间一直被广泛应用。现今,其市场占有量还相当大。

4.1 电气控制常用的基本环节和典型电路

任何一个复杂的电气控制线路,都是由一些基本的控制环节、辅助环节和保护环节,根据机床生产设备的工艺要求,按照一定的规律组合起来的。如图 4-1 所示 C650 型卧式车床电气控制电路原理图就是由双向启动、正反转运行、正反转停机反接制动、长动、自锁、联锁、互锁、过载和断路保护等一些基本控制环节组成的。电气控制过程的开始和结束以及中间状态的转换不仅可借助于按动按钮等人工实现,在实际运行中还经常伴随着行程(位置)、时间、电流(力或转矩)、速度、频率等物理量的变化而进行自动控制。根据这 5 种不同的控制原则,又组成了各种典型的控制电路。因此,掌握这些基本环节和典型控制电路是阅览和设计复杂生产设备电气控制电路的基础。

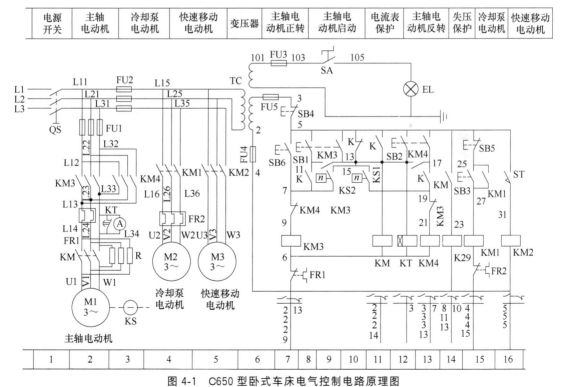

图 4-1 C650 型卧式车床电气控制电路原理图

4.1.1 电动机的启动控制电路

电动机启动是指电动机的转子由静止状态变为正常运转状态的过程。笼型交流异步电动机启动时的启动电流很大，为额定值的 4～7 倍。过大的启动电流一方面会引起供电线路上很大的压降，影响线路上其他用电设备的正常运行；另一方面电动机频繁启动会严重发热，加速线圈老化，缩短电动机的寿命。为此，电动机启动过程中最关键的是限制启动电流问题。常用的启动控制电路有全电压启动电路和减压启动电路。

（1）全电压启动电路

由经验公式，当 $I_{st}/I_N \leqslant (3/4 + P_S/4P_N)$ 时，中小型电动机可全电压直接启动。式中，I_{st} 为电动机启动电流，A；I_N 为电动机额定电流，A；P_S 为电源容量，kVA；P_N 为电动机额定功率，kW。图 4-2 为两种全电压直接启动控制电路。

① 开关点动电路　图 4-2（a）为开关点动，即按下开关，电动机转动，带动生产设备运动；断开开关，电动机停转，生产设备就停止运动。适用于小型设备，如风机、电钻等。使用中要注意选用负开关、电动机功率不能过大和操作方法规范（单手背向开关）。

② 按钮和接触器长动电路　图 4-2（b）、（c）为按钮和接触器组成最基本的"启-保-停"电路，又称连续工作（长动）电路。当按下启动按钮 SB2 时，接触器 KM 的线圈通电，其主控触点 KM 吸合，电动机启动，辅助触点 KM 也吸合；此时即使松开启动按钮，接触器 KM 线圈通过其辅助触点可以继续保持通电，维持吸合状态，电动机继续转动。这种利用接触器自身的触点来使其线圈保持长期通电的环节，叫"自锁（保）环节"。要停车时，按下停车按钮 SB1，接触器 KM 的线圈失电，主触点断开，电动机失电停转。

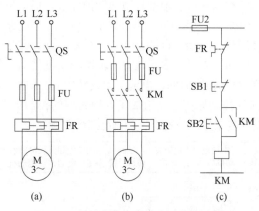

图 4-2　两种全电压直接启动控制电路

③ 既可点动又可长动电路　生产设备常常需要试车，如机床设备常需要调整对刀，刀架、横梁、立柱也常需要快速移动等，此时需要"点动"；正常工作时又需要长动。长动与点动的主要区别就在于接触器 KM 能否自锁。

既能点动又能长动的电路如图 4-3 所示。图 4-3（a）用按钮来实现：按 SB2 为长动，按 SB3 为点动。图 4-3（b）用开关来实现：SA 合上为长动，SA 打开为点动。图 4-3（c）用中间继电器来实现：按 SB2 为长动，按 SB3 为点动。其共同点是能自保的即为长动，不能自保的即为点动。

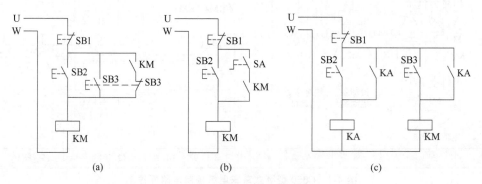

图 4-3　既可点动又可长动电路

（2）减压启动电路

由于大容量异步电动机启动电流很大，会引起电网电压降低，使电动机转矩减小，甚至启动困难，而且还会影响其他设备的正常工作，常采用减压启动控制电路以限制启动电流和对电网及设备的冲击。常用的减压启动电路有自耦变压器降压启动电路、定子回路串电阻降压启动电路、Y/△降压启动电路、延边△降压启动电路（需厂方提供特殊电动机，已不使用）和电动机的软启动控制。

① 自耦变压器降压启动电路　自耦变压器降压启动电路如图 4-4 所示。

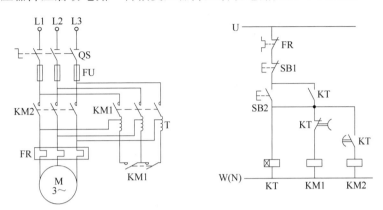

图 4-4　自耦变压器降压启动电路

它的特点是当按下启动按钮 SB2 时，接触器 KM1 首先闭合，电动机 M 经自耦变压器降压启动。经过预定的时间后，接触器 KM2 闭合，切除自耦变压器 T，电动机 M 全压运行。

② 定子回路串电阻降压启动电路　定子回路串电阻降压启动电路如图 4-5 所示。

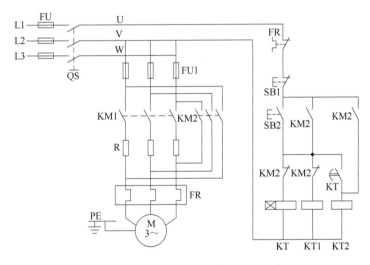

图 4-5　定子回路串电阻降压启动电路

它的控制特点是当按下启动按钮 SB2 时，接触器 KM1 首先闭合，电动机 M 串电阻降压启动。经过预定的时间后，接触器 KM2 闭合，切除串电阻 R，电动机 M 全压运行。

③ 三相异步电动机 Y-△降压启动电路　三相异步电动机 Y-△降压启动电路如图 4-6 所示。

图 4-6 为主回路及控制回路，KT 为得电延时型时间继电器。在正常运行时，电动机定子绕组是连接成△的，启动时把它连接成 Y，启动完成后再恢复成△。从主回路可知 KM1 和 KM3 主触点闭合，使电动机接成 Y，并且经过一段延时后 KM3 主触点断开，KM1 和 KM2 主触点闭合再接成△，从而完成降压启动，而后再自动转换到正常速度运行。

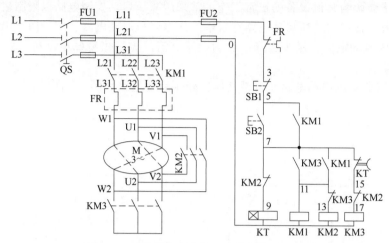

图 4-6　三相异步电动机 Y-△降压启动电路

控制回路的工作过程是：

按下 SB1，KM1 得电自锁，KM1 在电动机运转期间始终得电，KM2 和时间继电器 KT1 也同时得电，电动机 Y 接启动。延时一段时间后，KT1 延时触点动作，首先是延时动断触点断开，使 KM2 失电。主回路中 KM2 主触点断开，电动机启动过程结束；随之 KM2 互锁触点复位，KT1 延时动合触点闭合，使 KM3 得电自锁，且其互锁触点断开，又使 KT1 线圈失电，KM2 不容许再得电。电动机进入△接线正常运行状态。

这三种降压启动电路所控制的目的都是限制启动电流过大，当然采用电流控制更科学、更理想。但为了使电路简单、经济、实用，通常都采用时间控制来代替电流控制。这里要注意的是：图 4-4 和图 4-5 中的 KM1、图 4-6 中 KM2 和 KM3 不得同时得电。

④ 电动机的软启动控制　交流异步电动机软启动技术成功地解决了其启动时电流大、电路电压降大、电力损耗大以及对传动机械带来破坏性冲击力等问题。交流电动机软启动装置对被控制电动机既能起到软启动作用，又能起到软制动作用。

交流电动机软启动是指电动机在启动过程中，装置输出的电压按一定规律上升，加在被控电动机上的电压由起始电压平滑地升到全电压，其转速随控制电压变化而发生相应的变化，即由零平滑地加速至额定转速的全过程，称为交流电动机软启动。

交流电动机软制动是指电动机在制动过程中，装置输出电压按一定规律下降，被控电动机电压由全电压平滑地降到零，其转速相应地由额定值平滑地减至零的全过程。

交流电动机软启动装置具有如下的功能特点：

a. 启动过程和制动过程中，避免了运行电压、电流的急剧变化，有益于被控制电动机和传动机械，更有益于电网的稳定运行；

b. 启动和制动过程中，实施晶闸管无触点控制，装置使用寿命长、故障率低、通常免检修；

c. 集相序、缺相、过热、启动过电流、运行过电流和过载的检测及保护于一身，节电、安全、功能强；

d. 能实现以最小起始电压（电流）获得最佳转矩的节能效果。

交流电动机软启动装置系列产品介绍如下。

a. JDRQ 系列交流电动机软启动器。JDRQ 系列软启动器是微电脑全数字自动控制的交流电机软启动器，采用双向晶闸管输出，利用晶闸管的输出随着触发脉冲宽度的变化而变化的软特性实现控制，适用于普通的笼型感应电动机软启动和软制动的控制。JDRQ 系列技术数据见表 4-1。

表 4-1　JDRQ 系列技术数据

电源电压/V	AC380＝10％（三相，50Hz）
斜坡上升时间/s	0.5～60（可选 2～240）
斜坡下降时间/s	1～120（可选 4～480） （斜坡上升时间和斜坡下降时间是完全独立的）
阶跃下降电平	50％、60％、70％、80％电源电压
最大电流极限上升保持时间/s	30（可选 240）
起始电压/V	25％、40％、55％、75％电源电压
突跳启动	可选有效或无效
突跳启动电压/V	70％或 90％电源电压
突跳启动时间/s	0.25、0.5、1.0、2.0
故障检测	电源或电动机缺相、控制电源异常、内部故障
微电脑和显示器能诊断显示的信号	L1 控制电源，L2 斜坡上升/相序错误（闪烁），L3 斜坡下降，L4 故障，L5 限流，L6 启动完成，L7 散热器过热，因此，利用 LED 和继电器信号，能使用户掌握有关软启动器和负载状态的详细信号

JDRQ-A 系列软启动器型号规格，如表 4-2 所示。

表 4-2　JDRQ-A 系列软启动器型号规格

序号	型号	电流/A	功率/kW
1	JDRQ-A35	35	15
2	JDRQ-A42	42	18.5
3	JDRQ-A50	50	22
4	JDRQ-A65	65	30
5	JDRQ-A80	80	37
6	JDRQ-A100	100	45
7	JDRQ-A120	120	55
8	JDRQ-A160	160	75

JDRQ 系列交流电动机软启动器电气主回路和控制回路原理图如图 4-7 所示。

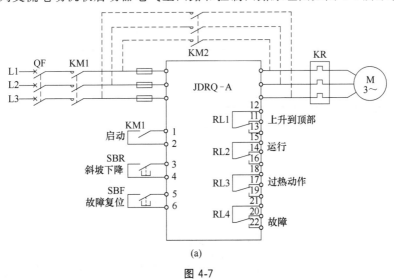

(a)

图 4-7

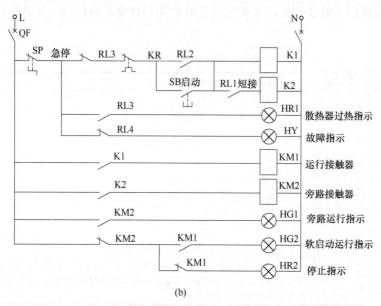

(b)

图 4-7　JDRQ 系列交流电动机软启动器电气主回路和控制回路原理图

JDRQ 系列软启动器控制板布置及端子说明如图 4-8 所示，端子及功能见表 4-3。

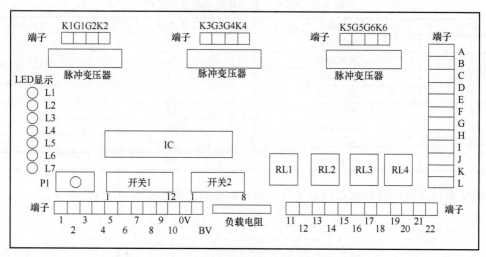

图 4-8　JDRQ 系列软启动器控制板布置及端子说明

表 4-3　JDRQ 系列软启动器端子及功能表

端子说明	功能	备注
K1、G1	晶闸管 1 阴极和门极	
K2、G2	晶闸管 2 阴极和门极	
K3、G3	晶闸管 3 阴极和门极	
K4、G4	晶闸管 4 阴极和门极	
K5、G5	晶闸管 5 阴极和门极	
K6、G6	晶闸管 6 阴极和门极	
1、2	启动（必须保持闭合到运行）	
3、4	斜坡下降（瞬时或永久）	
5、6	故障复位	
11、12、13	RL1: NC、COM、NO 启动完成	NC＝常闭，NO＝常开

端子说明	功能	备注
14、15、16	RL2：NC、COM、NO 运行	
17、18、19	RL3：NC、COM、NO 过热	
20、21、22	RL4：NC、COM、NO 故障	
C、D、E	CT1 输入、公共、CT2 输入	CT1、CT2 为电流互感器二次侧
K、L、I、J	交流控制电源输入	
G、H	交流触发电源输入	

b. CDJR1 系列数字式电动机软启动器。CDJR1 系列数字式软启动器可应用在 5.5～500kW 交流电动机的启动及制动控制上。它可以替代丫-△启动、电抗器启动、自耦降压启动等老式启动设备，可应用于机床、冶金、化工、建筑环保等工业领域中。

CDJR1 系列数字式软启动器技术数据见表 4-4。

表 4-4　CDJR1 系列数字式软启动器技术数据

功能		设定范围	出厂值	说明
代号	名称			
0	起始电压/V	40～380	120	电压模式有效
1	起始时间/s	0～20	5	电压模式有效
2	启动上升时间/s	0～500	10	电压模式有效
3	软停车时间/s	0～200	2	设为零时自由停车
4	启动限制电流/%	50～400	250	限流模式有效
5	过载电流/%	50～200	150	测定值百分比
6	运行过流/%	50～300	200	额定值百分比
7	启动延时/s	0～999	0	外控延时启动
8	控制模式	0、1	0	0：限流启动　1：斜坡电压启动
9	键盘控制	1～6	1	1：键盘　2：外控 3：键盘＋外控　4：PC 5：PC＋键盘　6：PLC＋外控
A	输出断相保护	0、1	0	0：有　1：无
B	显示方式	0～500	0	0：按额定电流百分比 XXX：选实际功率额定值
C	外部故障控制	0、2	0	0：不用　1：用　2：多用一备
D	远控方式	0、1	0	0：三线控制　1：双线控制
E	本机地址	0～60	0	用于串口通信
F	参数设定保护	0、1	0	0：允许修改　1：不允许修改
EY	修改设定保护	此状态下允许改变数据		
A	启动上升状态	1. 显示电流值 XXXA 或额定值百分比 2. 延时启动时显示时间 DETTT		
－A	运行状态			
－A	软停车状态			

注：X 为 0～9 数值，Y 为 0～F 数字。

CDJR1 系列软启动电气设备电路连接如图 4-9 所示。

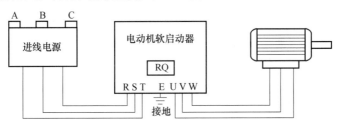

图 4-9　CDJR1 系列软启动电气设备电路连接图

CDJR1 系列软启动器基本电路框图如图 4-10 所示。它利用晶闸管可控制的输出特性来实现对电动机软启动的控制。当电动机启动之后，晶闸管退出，交流接触器投入。

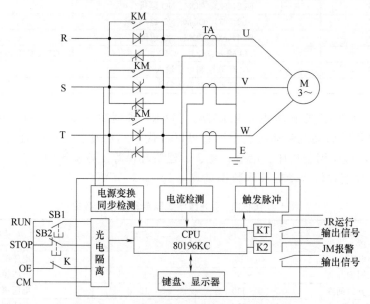

图 4-10　CDJR1 系列软启动器基本电路框图

主电气回路和控制回路接线端子表，如表 4-5 所示。

表 4-5　主电气回路和控制回路接线端子表

端子标记		端子名称	说明
主回路	R　S　T	主回路电源端	连接三相电流
	U　V　W	启动器输出端	连接三相电动机
	E	接地端	金属框架接地（防电击事故和干扰）
控制回路	CM	接点输入公共端	接点输入信号的公共端
	RUN	启动输入端	RUN-CM 接通时电动机开始运行
	STOP	停止输入端	STOP-CM 断开时电动机进入停车状态
	OE1、2、3	外部故障输入端	OE-CM 断开时电动机立即停车
	JRA、B、C	运行输出信号	JRA-JRB 为常开触点，JRB-JRC 为常闭触点
	JMA、B、C	报警输出信号	JMA-JMB 为常开触点，JMB-JMC 为常闭触点

可见，启动控制器有七个接线端，R、S、T 通过空气断路器接入（无相序要求）。E 端必须牢固接地，U、V、W 为输出端，与电动机连接。经试运转可通过换接 R、S、T 中任两端或换接 U、V、W 任意两端，改变电动机转向。

4.1.2　电动机的正/反转可逆控制电路

（1）电动机的正/反转可逆控制电路

有些生产设备需要正反两个方向运行，这就要求电动机能够正反转。由电动机工作原理可知，只要把电动机定子绕组的任意两相调换一下接到电源上去，电动机定子的相序即可改变，从而就可改变电动机的转向。如果用两个接触器 KM1 和 KM2 来完成电动机定子绕组相序的改变，那么控制这两个接触器 KM1 和 KM2 来实现正转与反转的启动和转换的控制电路就是正反转控制电路，如图 4-11 所示。

从图 4-11 主电路上看，如果 KM1 和 KM2 同时接通，就会造成主电路的短路，故电路中

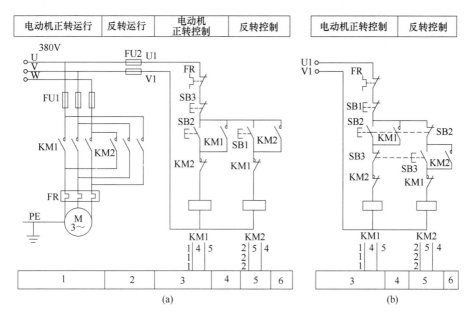

图 4-11　三相交流电动机的正反转控制电路

需要有可靠的互锁保护措施。即将两线圈动断触点互相串联在对方的控制电路中，这样当一方线圈得电时，由于其动触点打开，另一方线圈不能通电，此时即使按下另一方的启动按钮，也不能造成短路。在控制电路中，这种两个或多个电器不能同时得电动作，相互之间有排他性的相互制约（禁止）的关系称为互锁。

从图 4-11（a）中可以看出，如果电动机正在正转，想要反转，需先停止正转，才能启动反转，显然操作不方便。可以使用复合按钮解决这一问题，如图 4-11（b）所示，正反转可以直接切换，使用复合按钮同时还可以起到操作互锁作用。这是由于按下 SB2 时，只有 KM1 可得电动作，同时 KM2 回路被切断。同理按下 SB3 时，只有 KM2 可得电动作，同时 KM1 回路被切断。但要注意：如果只用按钮进行操作互锁，而不用接触器动断触点之间的互锁，是不可靠的。因为在实际中可能会出现这样的情况，由于负载短路或大电流的长期作用，接触器的主触点被强烈的电弧"烧焊"在一起，或者接触器的机构失灵，使衔铁卡住，总是处在吸合状态，这都可能使主触点不能断开，这时如果另一个接触器动作，就会造成电源短路事故。如果用接触器动断触点进行互锁，不论什么原因，只要一个接触器是吸合状态，它的互锁动断触点就必然将另一个接触器线圈电路切断，这就能避免事故的发生。图 4-11（b）为按钮和接触器双重互锁正反转控制电路，其中接触器动断触点之间的互锁是必不可少的。

（2）行程控制的工作台自动循环控制电路

行程控制就是按照被控制对象的位置变化进行控制。行程控制需要行程开关来实现，当被控制对象的运动部件到达某一位置或在某一段距离内时，行程开关动作并使其动合触点闭合，动断触点断开。机床工作台的自动循环控制电路如图 4-12（a）所示。

在图 4-12（a）中，行程开关 ST1 的动断触点串联在 KM1 控制电路中，而它的动合触点与 KM2 的启动控制按钮 SB2 并联，这样当工作台由 KM1 控制前进（向左）到一定位置碰触到 ST1 时，由于 ST1 动断触点受压断开，KM1 失电，工作台停止前进；而 ST1 动合触点受压闭合，启动 KM2，KM2 得电自锁，控制工作台自动退回（向右）；当退至原位触碰 ST2 时，ST2 动断触点断开，又使 KM2 关断，使工作台停止后退。继而 ST2 动合触点闭合又重新启动 KM1，使工作台再次前进，即实现了工作台的自动往复工作。上述工作过程可用图 4-12（b）

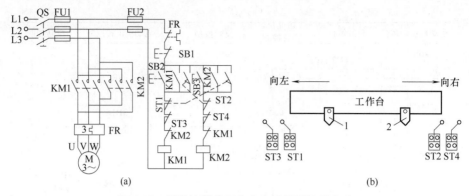

图 4-12 行程控制的工作台自动循环控制电路

的动作图进行描述。

　　除行程开关 ST1 和 ST2 外，还有开关 ST3 与 ST4 安装在行程极限位置。当由于某种原因工作台到达 ST1 与 ST2 位置时，未能切断电动机，工作台将继续移动到极限位置，压下 ST3 或 ST4，此时可使电动机停止，避免由于超出允许位置所导致的事故，因此 ST3 与 ST4 起到超行程的限位保护作用。

　　工作台往复工作自动循环控制电路，实现的是两个工步交替执行的顺序控制，两个行程开关交替发出切换信号，控制两个工步的转换。若加在某个工艺过程中包含有多个工步时，则可由多个行程开关来顺序实现多工步的切换。

4.1.3　多台电动机的顺序控制

　　在电气控制电路中，常要求电动机或其他电器有一定的得电顺序。如某些机床主轴须在液压泵工作后才工作；龙门刨床工作台移动时，导轨内必须有足够的润滑油，在主轴旋转后，工作台方可移动等。这种先后顺序配合关系称为联锁。其控制电路多种多样。如图 4-13 所示为 4 台电动机启动顺序控制，前级电动机不启动时，后级电动机也无法启动，如电动机 M1 不启动，则电动机 M2 也无法启动。依此类推，前级电动机停止时，后级电动机也停止，如电动机 M2 停止，则电动机 M3、M4 也停止。

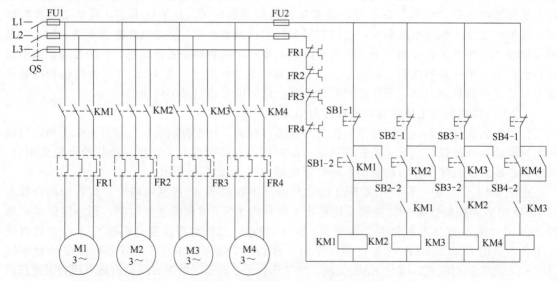

图 4-13　4 台电动机启动顺序控制

图 4-14 为三段传送带电机顺启/逆停加延时电路。当按下启动按钮时，电机 M3 启动运行，2s 后电机 M2 启动运行，再过 2s 后电机 M1 启动运行；按下停止按钮停止时，电机 M1 立刻停止，延时 2s 后 M2 停止，M3 在 M2 停 2s 后停止。

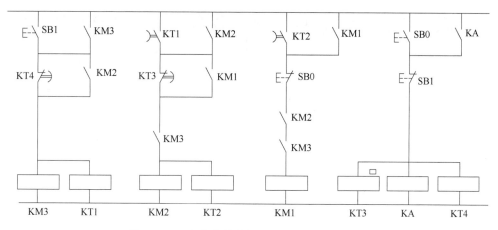

图 4-14　三段传送带电机顺启/逆停加延时电路

4.1.4　一台电动机的多地点控制

在大型生产设备中，为了操作方便或安全起见，常用到多地点控制。这时的电气控制电路，即使较复杂，通常也是由动合触点和动断触点串联或并联组合而成。现把它们的相互关系归纳为以下几个方面：

① 动合触点串联　当要求几个条件同时具备时，才使继电器线圈得电动作，可用几个动合触点与线圈串联的方法实现。

② 动合触点并联　当在几个条件中，只要求具备其中任意一个条件，所控制的继电器线圈就能得电，这可以通过几个动合触点并联来实现。

③ 动断触点串联　当几个条件仅具备一个时，被控制继电器线圈就断电，可用几个动断触点与被控制继电器线圈串联的方法来实现。

④ 动断触点并联　当要求几个条件都具备时，继电器线圈才断电，可用几个动断触点并联，再与被控制的继电器线圈串联的方法来实现。

图 4-15 为三地点控制的电路图。

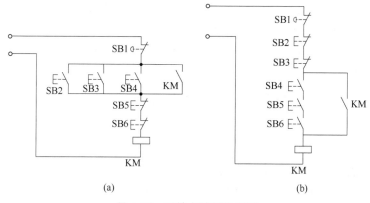

图 4-15　三地点控制电路图

4.1.5 双速电动机的高低速控制电路

双速电动机高低速控制电路如图 4-16 所示。

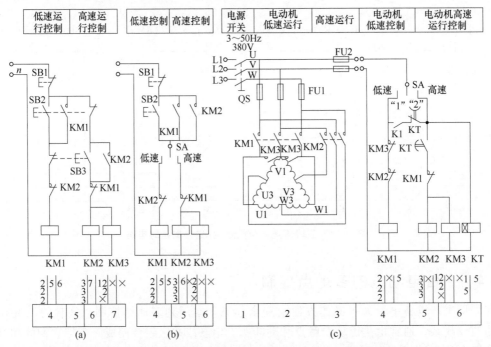

图 4-16　时间继电器控制的机床双速电动机高低速控制电路图

双速电动机在机床，诸如车床、铣床等中都有较多应用。双速电动机是由改变定子绕组的连接方式即改变磁极对数来调速的。若将出线端 U1、V1、W1 接电源，U2、V2、W2 悬空，每相绕组中两个线圈串联，双速电动机 M 的定子绕组接成△接法，有四个磁极对数（4 极电动机），低速运行；若将出线端 U1、V1、W1 短接，U2、V2、W2 接电源，每相绕组中两个线圈并联，磁极对数减半，有两个磁极对数（2 极电动机），双速电动机 M 的定子绕组接成 YY 接法，高速运行。

图 4-16（a）（b）为直接控制高/低速启动运行，控制较为简单。图 4-16（c）中，SA 为高/低速电动机 M 的转换开关，SA 有三个位置：当 SA 在中间位置时，高/低速均不接通，电动机 M 处于停机状态；当 SA 在"1"位置时，低速启动接通，接触器 KM1 闭合，电动机 M 定子绕组接成△接法低速运转；当 SA 在"2"位置时，电动机 M 先低速启动，延时一个整定时间后，低速停止，切换高速运转状态，即接触器 KM1、KT 先闭合，双速电动机 M 低速启动，经过 KT 一定的延时后，控制接触器 KM1 释放，接触器 KM2 和 KM3 闭合，双速电动机 M 的定子绕组接成 YY 接法，转入高速运转。

4.1.6 电动机的停机制动控制电路

高速旋转的电动机储存有大量的机械能，要想快速停下来必须采取制动措施，如机械抱闸。在电气上常采用时间控制的能耗制动和转速控制的反接制动电路。

（1）时间控制的电动机能耗制动电路

时间控制的电动机能耗制动电路如图 4-17 所示。

在图 4-17 中，SB2 用于启动，KM1 为正常工作用接触器，SB1 用于停机制动，KM2 为制

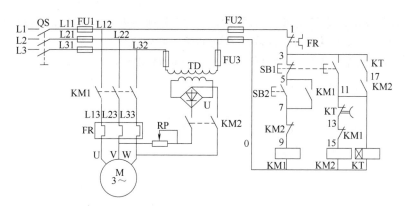

图 4-17　时间控制的电动机能耗制动控制电路图

动用接触器。若在电动机正常运行时，按下 SB1，KM1 失电，首先切除交流运行电源。制动接触器 KM2 及时间继电器 KT 得电，KM2 得电自锁使直流电接入主回路进行能耗制动，KT 得电开始计时。当速度接近零时，延时时间到，KT 的延时动断触点打开，KM2 失电，主回路中 KM2 主触点打开，切断直流电源，制动结束。这里要控制的参量是转速，但使用的控制原则是时间。应注意 KM1 和 KM2 不得同时得电，需要有可靠的互锁。

（2）转速控制的电动机反接制动电路

为防止电动机制动停机时的反向启动，必须及时切除电动机反接制动电源，其控制原则必须要采用转速。正常运行时，速度继电器 KS 的动合触点闭合。当需要制动时变换其中任意两相电源相序，使电动机定子绕组立即进入反接制动状态。当电动机转速下降接近于零时，KS 动合触点立即断开，快速切断电动机电源，有效防止了电动机反向启动。为限定反接制动电流过大，可串入限流电阻。常用的电路有单向反接制动电路和双向可逆反接制动电路。

① 单向反接制动电路　转速控制的单向反接制动电路如图 4-18 所示。

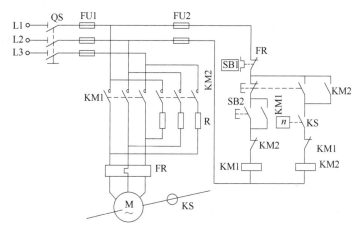

图 4-18　单向反接制动控制电路原理图

在图 4-18 中，按钮 SB2 为电动机 M 正转启动按钮，SB1 为电动机 M 的制动停止按钮，KS 为速度继电器。串接在反转电路中的速度继电器的常开触点 KS 为电动机制动触点，电动机在启动过程中，当其速度达到 120 r/min 时，这个触点闭合，为电动机停机时加反接制动电源作好准备。当停机时按动停止按钮 SB1 后，正常运行的接触器 KM1 断开，切断正常运行的电源；反接制动的接触器 KM2 闭合，接通反接制动的电源，电动机开时反接制动。当电动机转速下降到 100r/min 时，其正常运行时为电动机反接制动作好准备的速度继电器已闭合的常开触点 KS 及时断开，切除了反接制动的电源，反接制动结束，电动机及时停机，又防止了反方向启动。这里采用速度控制及时准确、安全可靠、恰到火候。

② 双向可逆反接制动电路　双向可逆反接制动电路如图 4-19 所示。

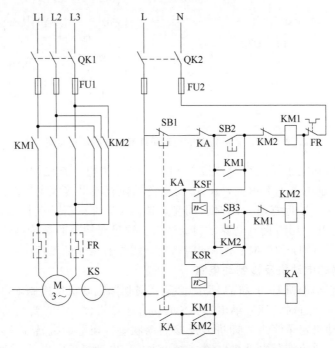

图 4-19　双向可逆反接制动电路

在图 4-19 中，按钮 SB2 为电动机 M 正转启动按钮，SB3 为电动机 M 的反转启动按钮，SB1 为电动机 M 的制动停止按钮，KS 为速度继电器。串接在反转电路中的速度继电器的常开触点 KSR 为电动机正转制动触点，在电动机正转过程中，当其速度达到 120 r/min 时，这个触点闭合，为电动机正转反接制动作好准备。串接在正转电路中的速度继电器的常开触点 KSF 为电动机反转制动触点，在电动机反转过程中，当其速度达到 120r/min 时，这个触点闭合，为电动机反转反接制动作好准备。当停机时按动停止按钮 SB1 后，中间继电器 KA 得电自保，正常运行的接触器断开，切断正常运行的电源；反接制动的接触器闭合，接通反接制动的电源，电动机开时反接制动。当电动机转速下降到 100r/min 时，其正常运行时为电动机反接制动作好准备的相应速度继电器已闭合的常开触点（KSR 或 KSF）及时断开，切除了反接制动的电源，反接制动结束。

中间继电器 KA 是为更安全可靠而增加的。因为在停车期间，如遇调整、对刀等，需用手转动机床主轴，则速度继电器的转子也将随着转动，其动合触点闭合，反向接触器得电动作，电动机处于反接制动状态，不利于调整工作。为解决这个问题，故在该控制电路中增加了一个中间继电器 KA，这样在用手转动电动机时，虽然 KS 的动合触点闭合，但只要不按停止按钮 SB1，KA 失电，反向接触器不会得电，电动机也就不会反接于电源。只有操作停止按钮 SB1 时，制动电路才能接通，保证了操作者的人身安全。

4.1.7　电气控制中的其他常用控制电路

（1）绕线转子电动机串电阻限制启动电流的控制电路

电流的强弱既可以作为电路或电气元件保护动作的依据，也可以反映生产设备控制中其他物理量如机床的卡紧力或转矩等控制信号的大小。通常电流控制是借助于电流继电器来实现的，当电路中的电流达到某一个预定值时，电流继电器的触点动作，切换电路，达到电流控制的目的。图 4-20 是绕线转子电动机根据转子电流大小的变化来控制电阻短接的启动控制电路，图中主电路转子绕组中除串接启动电阻外，还串接有电流继电器 KA2、KA3 和 KA4 的线圈，三个电流继电器的吸合电流都一样，但是释放电流不同，KA2 释放电流最大，KA3 次之，KA4 最小。当刚启动时，启动电流很大，电流继电器全部吸合，控制电路中的动断触点打开，接触器 KM2、KM3、KM4 的线圈不能得电吸合，因此全部启动电阻接入，随着电动机转速升高，电流变小，电流继电器根据释放电流的大小等级依次释放，使接触器线圈依次得电，主触点闭合，逐级短接电阻，直到全部电阻都被短接，电动机启动完毕，进入正常运行。

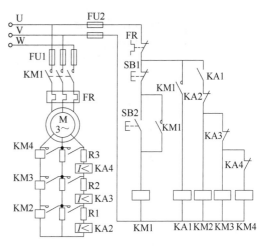

图 4-20　绕线转子交流电动机串电阻
限制启动电流的控制电路

图 4-21 为直流电动机串电阻启动和能耗制动控制电路图。其电枢回路需要有限制过电流的控制，故在电枢回路串入过电流继电器 KA1。当电枢回路的电流超过设定值时，过电流继电器动作，KM1 断开，切断电枢回路，保护直流电动机电枢回路中电流不超过设定值。其磁场回路中有励磁绕组欠磁场保护控制，故在电枢回路串入欠电流继电器 KA2，当励磁绕组中电流太弱或失磁时，KA2 动作，切断电枢回路，防止直流电动机弱磁转速过高或发生失磁飞车事故。

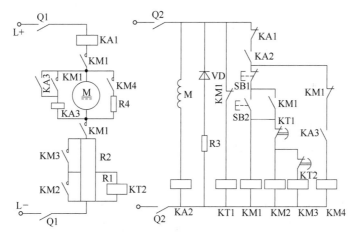

图 4-21　直流电动机串电阻启动和能耗制动控制电路

（2）绕线转子电动机频敏变阻器启动控制电路

利用电动机转子频率的变化也可实现生产设备运行状态的控制，例如绕线转子电动机频敏变阻器启动控制和交流电动机的变频调速控制。

绕线转子电动机频敏变阻器启动控制电路图如图 4-22 所示。

我国独创的频敏变阻器是利用铁磁材料的频敏特性，制成阻抗随转子频率（即转差率 s）自动变化的启动器。当电机启动时，转子频率较高，在频敏变阻器内与频率平方成正比的涡流损耗 r_m 较大，起到了限制启动电流及增大启动转矩的作用。随着转速上升，转子频率不断下降，r_m 跟着下降。当转速接近额定值时，转子频率很低，等效电阻很小，满足了电机平滑启动

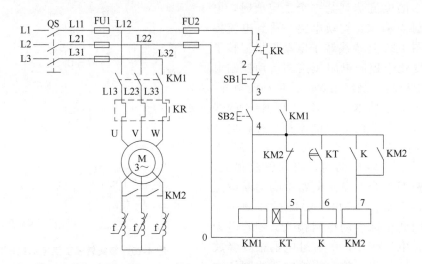

图 4-22　绕线转子电动机频敏变阻器启动控制电路图

要求。启动过程结束后，应将集电环短接，把频敏变阻器切除。其适于轻载和重轻载启动。它是绕线式转子异步电动机较为理想的一种启动设备。常用于较大容量的绕线式异步的启动控制。

交流电动机的变频调速属于现代高新科技范畴，另有专门技术介绍，这里从略。

4.1.8　生产设备中的电液控制电路

液压传动系统能够提供较大的驱动力，并且运动传递平稳、均匀、可靠、控制方便。当液压系统和电气控制系统组合构成电液控制系统时，很容易实现自动化，电液控制被广泛地应用在各种机床设备上。电液控制是通过电气控制系统控制液压传动系统按给定的工作运动要求完成动作。液压传动系统的工作原理及工作要求是分析电液控制电路工作的一个重要环节。

（1）液压系统组成

如图 4-23（a）所示，液压传动系统主要由四个部分组成：

① 动力装置（液压泵及传动电动机）；

② 执行机构（液压缸或液压马达）；

③ 控制调节装置（压力阀、调速阀、换向阀等）；

④ 辅助装置（油箱、油管等）。

由电动机拖动的液压泵为电液系统提供压力油，推动执行件液压缸活塞移动或者液压马达转动，输出动力。控制调节装置中，压力阀和调速阀用于调定系统的压力和执行件的运动速度，方向阀用于控制液流的方向或接通、断开油路，控制执行件的运动方向和构成液压系统工作的不同状态，满足各种运动的要求。辅助装置提供油路系统。

液压系统工作时，压力阀和调速阀的工作状态是预先调整好的固定状态，只有方向阀根据工作循环的运动要求而变化工作状态，形成各工步液压系统的工作状态，完成不同的运动输出。因此对液压系统工作自动循环的控制，就是对方向阀工作状态进行控制。

方向阀因其阀结构的不同而有不同的操作方式，可用机械、液压和电动方式改变阀的工作状态，从而改变液流方向或接通断开油路。在电液控制中，采用电磁铁吸合推动阀芯移动，改变阀工作状态的方式，实现控制。

（2）电磁换向阀

由电磁铁推动改变工作状态的阀称为电磁换向阀，其图形符号见图 4-24。从图 4-24（a）

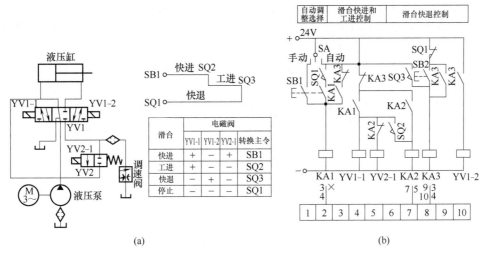

图 4-23　组合机床液压动力滑台电液控制系统

可知二位阀的工作状态，当电磁阀线圈通电时，换向阀位于一种通油状态；线圈失电时，在弹簧力的作用下，换向阀复位，处于另一种通油状态。电磁阀线圈的通断电控制了油路的切换。图 4-24（d）为三位阀，阀上装有两个线圈，分别控制阀的两种通油状态；当两电磁阀线圈都不通电时，换向阀处于第三种的中间位通油状态；需注意的是两个电磁阀线圈不能同时得电，以免阀的状态不确定。

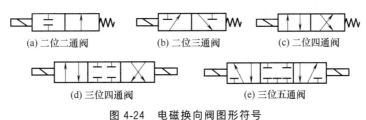

图 4-24　电磁换向阀图形符号

电磁换向阀有两种，即交流电磁换向阀和直流电磁换向阀，由阀上电磁阀线圈所用电源种类确定，实际使用中根据控制系统和设备需要而定。在电液控制系统中，控制电路根据液压系统工作要求，控制电磁换向阀线圈的通断电来实现所需运动输出。

（3）液压系统工作自动循环控制电路

组合机床液压动力滑台工作自动循环控制是典型的电液控制，下面将其作为例子，分析液压系统工作自动循环的控制电路。

液压动力滑台是机床加工工件时完成进给运动的动力部件，由液压系统驱动，自动完成加工的自动循环。滑台工作循环的工步顺序与内容、各工步之间的转换主令和电动机驱动的自动工作循环控制一样，由设备的工作循环图给出。电液控制系统的分析通常分为三步：

① 工作循环图分析　确定工步顺序及每步的工作内容，明确各工步的转换主令；

② 液压系统分析　分析液压系统的工作原理，确定每工步中应通电的电磁阀线圈，并将分析结果和工作循环图给出的条件通过动作表的形式列出，动作表上列有每个工步的内容、转换主令和电磁阀线圈通电状态；

③ 控制电路分析　根据动作表给出的条件和要求，逐步分析电路如何在转换主令的控制下完成电磁阀线圈通断电的控制。

液压动力滑台一次工作进给的控制电路见图 4-23（b）。电路液压动力滑台的自动工作循环计有 4 个工步,即滑台快进、工进、快退及原位停止,分别由行程开关 SQ2、SQ3、SQ1 及 SB1 控制循环的启动和工步的切换。对应于四个工步,液压系统有四个工作状态,满足活塞的四个不同运动要求。其工作原理如下。

动力滑台快进,要求电磁换向阀 YV1 在左位,压力油经换向阀进入液压缸左腔,推动活塞右移,此时电磁换向阀 YV2 也要求位于左位,使得油缸右腔回油经 YV2 阀返回液压缸左腔,增大液压缸左腔的进油量,活塞快速向前移动。为实现上述油路工作状态,电磁阀线圈 YV1-1 必须通电,使阀 YV1 切换到左位,YV2-1 通电使 YV2 切换到左位。

动力滑台前移到达工进起点时,压下行程开关 SQ2,动力滑台进入工进的工步。动力滑台工进时,活塞运动方向不变,但移动速度改变,此时控制活塞运动方向的阀 YV1 仍在左位,但控制液压缸右腔回油通路的阀 YV2 切换到右位,切断右腔回油进入左腔的通路,而使液压缸右腔的回油经调速阀流回油箱,调速阀节流控制回油的流量,从而限定活塞以给定的工进速度继续向右移动,YV1-1 保持通电,使阀 YV1 仍在左位,但是 YV2-1 断电,使阀 YV2 在弹簧力的复位作用下切换到右位,满足工进油路的工作状态。

工进结束后,动力滑台在终点位压动终点限位开关 SQ3,转入快退工步。滑台快退时,活塞的运动方向与快进、工进时相反,此时液压缸右腔进油,左腔回油,阀 YV1 必须切换到右位,改变油的通路,阀 YV1 切换以后,压力油经阀 YV1 进入液压缸的右腔,左腔回油经 YV1 直接回油箱,通过切断 YV1-1 的线圈电路使其失电,同时接通 YV1-2 的线圈电路,使其通电吸合,阀 YV1 切换到右位,满足快退时液压系统的油路状态。

动力滑台快速退回到原位以后,压动原位行程开关 SQ1,即进入停止状态。此时要求阀 YV1 位于中间位的油路状态,YV2 处于右位,当电磁阀线圈 YV1-1、YV1-2、YV2-1 均失电时,即可满足液压系统使滑台停在原位的工作要求。

控制电路中 SA 为选择开关,用于选定滑台的工作方式。开关扳到自动循环工作方式时,按下启动按钮 SB1,循环工作开始,其工作过程如电器动作顺序图 4-25 所示。SA 扳到手动调整工作方式时,电路不能自锁持续供电,按下按钮 SB1 可接通 YV1-1 与 YV2-1 线圈电路,滑台快速前进,松开 SB1,YV1-1 与 YV2-1 线圈失电,滑台立即停止移动,从而实现点动向前调整的动作。SB2 为滑台快速复位按钮,当由于调整前移或工作过程中突然停电,滑台没有停在原位,不能满足自动循环工作的启动条件,即原位行程开关 SQ1 必须处于受压状态时,通过压下复位按钮 SB2,接通 YV1-2 线圈电路,滑台即可快速返回至原位,压下 SQ1 后停机。

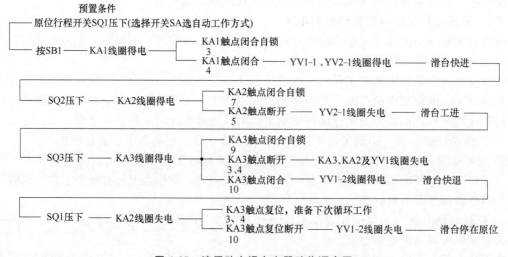

图 4-25 液压动力滑台电器动作顺序图

在上述控制电路的基础上，加上一个延时元件，可得到具有进给终点延时停留的自动循环控制电路，其工作循环图及控制电路图如图 4-26 所示。当滑台工进到终点时，压动终点限位开关 SQ3，接通时间继电器 KT 的线圈电路，KT 的动断触点使 YV1-1 线圈失电，阀 YV1 切换到中间位置，使滑台停在终点位，经一定时间的延时后，KT 的延时动合触点接通，滑台通过进入快退的工步，退回原位后，行程开关 SQ1 被压下，切断电磁阀线圈 YV1-2 的电路，滑台停在原位。关于其他工步的控制和调整控制方式，带有延时停留的控制电路与无终点延时停留的控制电路相同。

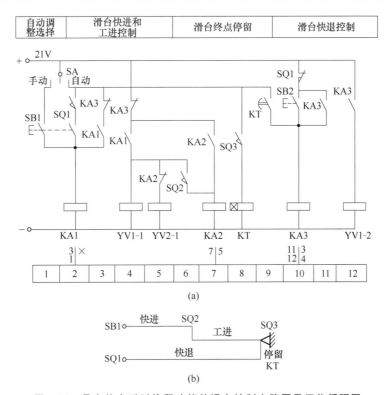

图 4-26　具有终点延时停留功能的滑台控制电路图及工作循环图

4.1.9　电气控制的保护环节

电气控制保护环节的任务是保证电动机长期正常运行，避免由于各种故障造成电气设备、电网和生产设备的损坏，以及保证人身的安全。电气保护环节是所有生产设备都不可缺少的组成部分。这里讨论的是电气控制低压电路的保护。一般来讲，常用的有短路保护、过电流保护、热保护、欠电压保护及漏电保护等。图 4-27 为控制电路的欠压、过流、过载和短路保护。

（1）短路保护

当电动机绕组的绝缘、导线的绝缘损坏时，或电气线路发生故障时，例如正转接触器的主触点未断开，而反转接触器的主触点闭合，都会产生短路现象。此时，电路中会产生

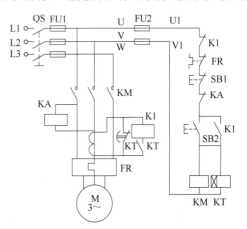

图 4-27　控制电路的欠压、过流、过载和短路保护

很大的短路电流，它将导致产生过大的热量，使电动机、电器和导线的绝缘损坏。因此，必须在发生短路现象时立即将电源切断。常用的短路保护元件是熔断器和断路器。

熔断器的熔体串联在被保护的电路中，当电路发生短路或严重过载时，它自动熔断，从而切断电路，达到保护的目的。断路器（俗称自动开关），它有短路、过载和欠电压保护功能。通常熔断器比较适用于对动作准确度要求不高和自动化程度较差的系统中；当用于三相电动机保护，在发生短路时，有可能会使一相熔断器熔断，造成单相运行。但对于断路器，只要发生短路就会自动跳闸，将三相电路同时切断。断路器结构复杂，广泛用于要求较高的场合。

（2）过电流保护

由于不正确的启动和过大的负载转矩以及频繁的反接制动，都会引起过电流。为了限制电动机的启动或制动电流过大，常常在直流电动机的电枢回路中或交流绕线转子电动机的转子回路中串入附加的电阻。若在启动或制动时，此附加电阻已被短接，就会造成很大的启动或制动电流。另外，电动机的负载剧烈增加，也要引起电动机过大的电流。过电流的危害与短路电流的危害一样，只是程度上的不同，过电流保护常用断路器或电磁式过电流继电器。将过电流继电器串联在被保护的电路中，当发生过电流时，过电流继电器 KI 线圈中的电流达到其动作值，吸动衔铁，打开其常闭触点，使接触器 KM 释放，从而切断电源。这里过电流继电器只是一个检测电流大小的元件，切断过电流还是靠接触器。如果用断路器实现过电流保护，则检测电流大小的元件就是断路器的电流检测线圈，而断路器的主触点用以切断过电流。

对于交流异步电动机，因其启动电流较大，允许短时间过电流，故一般不用过电流保护。若要用过电流保护，如图 4-27 所示，可用时间继电器 KT 躲过启动时的过电流。

（3）过载（热）保护

热保护又称长期过载保护。所谓过载通常是指发生了"小马拉大车"现象，使电动机的工作电流大于其额定电流。造成过载的原因很多，如负载过大、三相电动机单相运行、欠电压运行等。当长期过载时，电动机发热，使温度超过允许值，电动机的绝缘材料就要变脆，寿命降低，严重时使电动机损坏，因此必须予以保护。常用的过载保护元件是热继电器（FR）。热继电器可以满足这样的要求：当电动机为额定电流时，电动机为额定温升，热继电器不动作；在过载电流较小时，热继电器要经过较长时间才动作；过载电流较大时，热继电器则经过较短时间就会动作；具有反时限的特点。由于热惯性的原因，热继电器不会因电动机短时过载冲击电流或短路电流而立即动作。所以在使用热继电器作过载保护的同时，还必须设有短路保护，并且选作短路保护的熔断器熔体的额定电流不应超过 4 倍热继电器发热元件的额定电流。

（4）零电压与欠电压保护

当电动机正在运行时，如果电源电压因某种原因消失，为了防止电源恢复时电动机自行启动的保护称为零电压保护，零电压保护常选用零压保护继电器 KHV。对于按钮启动并具有自锁环节的电路，本身已具有零电压保护功能，不必再考虑零电压保护。

当电动机正常运行时，电源电压过分地降低，将引起一些电器释放，造成控制电路不正常工作，可能产生事故。因此，需要在电源电压降到一定允许值以下时，将电源切断，这就是欠电压保护。欠电压保护常用电磁式欠电压继电器 KV 来实现。欠电压继电器的线圈跨接在电源两相之间，电动机正常运行时，当电路中出现欠电压故障或零压，欠电压继电器的线圈 KA 得电，其常闭触点打开，接触器 KM 释放，电动机被切断电源。

（5）漏电保护

漏电保护采用漏电保护器，主要用来保护人身生命安全。其应用见图 3-65 漏电保护装置图。

4.2 典型生产设备的电气控制

4.2.1 C650型卧式车床的电气控制

（1） C650型卧式车床主要结构及运动形式

① 主要结构 C650卧式车床属中型机床，加工工件回转直径最大可达1020mm。其结构主要由床身、主轴变速箱、进给箱、溜板箱、刀架、尾座、丝杠和光环等部分组成，见图4-28。

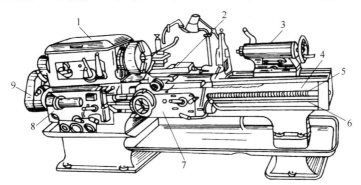

图4-28 C650普通车床示意图

1—主轴变速箱；2—溜板与刀架；3—尾座；4—床身；

5—丝杠；6—光杠；7—溜板箱；8—进给箱；9—挂笼箱

② 运动形式 车床的切削运动包括：

a. 卡盘或顶尖带动工件的旋转运动，也就是车床主轴的运动。车床工作时，绝大部分功率消耗在主轴运动上，称为主运动。

b. 溜板带动刀架的直线运动，称为进给运动，即刀架的移动。

车削速度是指工件与刀具接触点的相对速度。根据工件的材料性质、车刀材料及几何形状、工件直径、加工方式及冷却条件的不同，要求主轴有不同的切削速度。主轴变速是由主轴电动机经V带传递到主轴变速箱来实现的。

车床的进给运动是刀架带动刀具的直线运动。溜板箱把丝杠或光杠的转动传递给刀架部分，变换溜板箱外的手柄位置，经刀架部分使车刀做纵向或横向进给。

车床的辅助运动为车床上除切削运动以外的其他一切必需的运动，如尾架的纵向移动、工件的夹紧与放松等。

此外，C650车床的床身较长，为减少辅助工作时间、提高效率、减轻劳动强度、便于对刀和减小辅助工时，C650车床的刀架还能快速移动，称为辅助快速运动。

（2） C650车床电气传动的特点及控制要求

C650车床由3台三相笼型异步电动机拖动，即主电动机M1、冷却泵电动机M2和刀架快速移动电动机M3。从车削工艺要求出发，对各电动机的控制要求如下。

① 车床的主拖动电动机一般都选用三相笼型异步电动机，不进行电气无级调速，而采用齿轮箱进行机械有级调速。为减小振动，主拖动电动机通过几条V带将动力传递到主轴箱，刀架移动和主轴转动有固定的比例关系，以便满足对螺纹的加工需要。C650车床由M1（30kW）完成主运动的驱动，要求：具有直接启动连续运行方式，并有点动功能以便调整；一般车削加工时不要求反转，但在加工螺纹时，为保证每次重复走刀的刀尖轨迹重合，避免乱扣，每次走刀完毕后要求反转退刀，C650车床通过主电动机的正反转来实现主轴的正反转，

当主轴反转时，刀架也跟着后退，以满足螺纹加工需要；为提高工作效率，停车时带有电气反接制动。此外，还要显示电动机的工作电流以监视切削状况。

② 车削加工时，由于刀具及工件温度过高，通常需要冷却，因而应该配有冷却泵电动机，且要求在主拖动电动机启动后，方可决定冷却泵启动与否，而当主拖动电动机停止时，冷却泵应立即停止。该机冷却泵由电动机 M2（0.125kW）驱动，采用直接启动、单向运行、连续工作方式。

③ 快速移动电动机 M3（2.2kW）通过超越离合器拖动溜板刀架快速移动。采用单向点动、短时工作方式。

④ 要求有局部照明和必要的过载、短路、欠压、失压等电气保护与联锁。

（3） C650 型卧式车床电气控制电路图

C650 型卧式车床共配置 3 台电动机 M1、M2 和 M3，其电气控制电路图的图解分析法识读如图 4-29 所示。

主电动机 M1 完成主轴旋转主运动和刀具进给运动的驱动，采用直接启动方式，可正反两个方向旋转，并可进行正反两个旋转方向的电气反接制动停车。为加工调整方便，还具有点动功能。电动机 M1 控制电路分为 4 个部分。

① 由正转控制接触器 KM1 和反转控制接触器 KM2 的两组主触点构成电动机的正反转电路。

② 电流表 PA 经电流互感器 TA 接在上电动机 M1 的主电路上，以监视电动机绕组工作时的电流变化。为防止电流表被启动电流冲击损坏，利用时间继电器的动断触点 KT（P-Q），在启动的短时间内将电流表暂时短接，等待电动机正常运行时再进行电流测量。

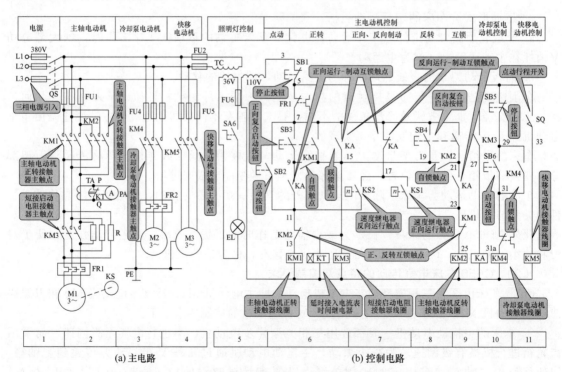

图 4-29　C650 型卧式车床的电气控制电路的图解分析法识读

③ 在串联电阻限流控制部分，接触器 KM3 的主触点控制限流电阻 R 的接入和切除。在进行点动调整时，为防止连续的启动电流造成电动机过载和反接制动时电流过大，串入了限流

电阻 R，以保证电路设备正常工作。

④ 速度继电器 KS 的速度检测部分与电动机的主轴同轴相连，在停车制动过程中，当主电动机转速接近零时，其动合触点可将控制电路中反接制动的相应电路及时切断，既完成停车制动，又防止电动机反向启动。

电动机 M2 提供切削液，采用直接启动/停止方式，为连续工作状态，由接触器 KM4 的主触点控制其主电路的接通与断开。

快速移动电动机 M3 由交流接触器 KM5 控制，根据使用需要，可随时手动控制启停。

为保证主电路的正常运行，主电路中还设置了采用熔断器的短路保护环节和采用热继电器的电动机过载保护环节。

① M1 的点动控制　调整刀架时，要求 M1 点动控制。合上隔离开关 QS，按点动按钮 SB2，接触器 KM1 得电，M1 串接电阻 R 低速转动，实现点动。松开 SB2，接触器 KM1 失电，M1 停转。

② M1 的正反转控制　合上隔离开关 QS，按正向按钮 SB3，接触器 KM3 得电，中间继电器 KA 得电，时间继电器 KT 得电，接触器 KM1 得电，电动机 M1 短接电阻 R 正向启动，主电路中电流表 A 被时间继电器 KT 的动断触点短接，延时 t 后 KT 的延时断开的动断触点断开，电流表 A 串接于主电路，监视负载情况。

主电路中通过电流互感器 TA 接入电流表 PA，为防止启动时启动电流对电流表的冲击，启动时利用时间继电器 KT 的动断触点将电流表短接，启动结束，KT 的动断触点断开，电流表投入使用。

反转启动的情况与正转时类似，KM3 与 KM2 得电，电动机反转。

③ M1 的停车制动控制　假设停车前 M1 为正向转动，当速度 $\geqslant 120\text{r/min}$ 时，速度继电器正向动断触点 KS（17-23）闭合。制动时，按下停止按钮 SB1，使接触器 KM3、时间继电器 KT、中间继电器 KA、接触器 KM1 均失电，主回路中串入电阻 R（限制反接制动电流）。当 SB1 松开时，由于 M1 仍处在高速状态，速度继电器的触点 KS（17-23）仍闭合，使得 KM2 得电，电动机接入反序电源制动，使 M1 快速减速。当速度降低到 $\leqslant 100\text{r/min}$ 时，KS（17-23）断开，使得 KM2 失电，反接制动电源切除，制动结束。

电动机 M1 反转时的停车制动情况与此类似。

④ 刀架的快速移动控制　转动刀架手柄压下点动行程开关 SQ 使接触器 KM5 得电。电动机 M3 转动，刀架实现快速移动。

⑤ 冷却泵电动机控制　按下冷却泵启动按钮 SB6，接触器 KM4 得电，电动机 M2 转动，提供冷却液。按下冷却泵停止按钮 SB5，KM4 失电，M2 停止。

4.2.2　C5225 型立式车床电气控制

（1）车床概况

C5225 型立式车床为大型立式加工车床，主要用于加工径向尺寸大而轴向尺寸相对小的重型及大型工件。其工作台直径为 2500mm，共装 7 台三相异步电动机，车床的全部主要用电设备均由 380V 电源供电，控制电路的电压为 220V。

主拖动电动机 M1 通过变速箱能实现 16 种转速的变换。横梁的两端装有 2 个进给箱，在进给箱的后部装有刀架进给和快速移动电动机各一台。两个立柱上各装有一个侧刀架和进给箱。每个进给箱上装有刀架进给和快速移动电动机各一台。

车床的主运动为工作台的旋转运动。进给运动包括垂直刀架的垂直移动和水平移动，侧刀架的横向移动和上下移动。辅助运动有横梁的上下移动。

（2）电控特点及拖动要求

① 工作台由主电动机经变速箱直接启动。因立式车床在工作时主要是正向切削，所以电动机只需要正向转动。但是为了调整工件或刀具，电动机必须有正、反向点动控制。

② 由于工作台直径大、质量大、惯性也大，所以必须在停车时采用制动措施。

③ 工作台的变速由电气、液压装置和机械联合实现。

④ 由于车床体积大，操作人员的活动范围也大，采用悬挂按钮站来控制，其选择开关和主要操作按钮都置于其上。

⑤ 在车削时，横梁应夹紧在立柱上，横梁上升的程序是松开夹紧装置→横梁上升→最后夹紧。当横梁下降时，丝杠和螺母间出现的空隙，影响横梁的水平精度，故设有回升环节，使横梁下降到位后略微上升一下。所以横梁下降的程序是松→动→回升→紧。

⑥ 必须有完善的联锁与保护措施。

（3）C5225 型立式车床电气控制图

C5225 型立式车床电气控制电路原理图如图 4-30 所示。

由图 4-30（a）可知，C5225 型立式车床由 7 台电动机拖动。从图 4-30（b）、（c）可知，只有在油泵电动机 M2 启动运行、车床润滑状态良好的情况下，其他电动机才能启动。

① 油泵电动机 M2 控制　按下按钮 SB4，接触器 KM4 闭合，油泵电动机 M2 启动运转，同时 14 区接触器 KM4 的常开触点闭合，接通了其他电动机控制电路的电源，为其他电动机的启动运行作好了准备。

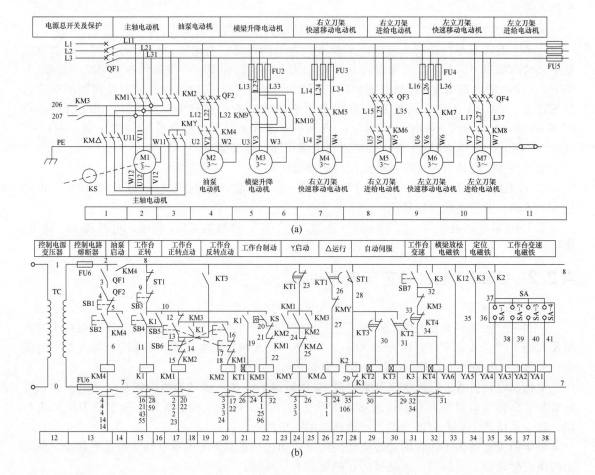

(a)

(b)

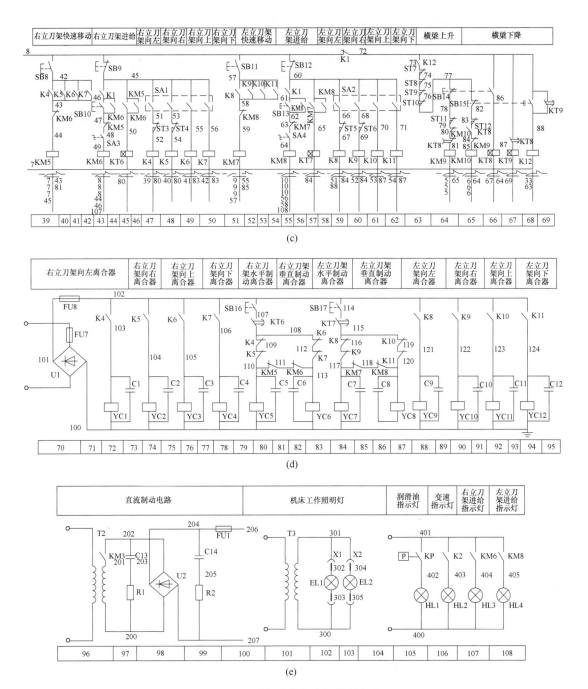

图 4-30 C5225 型立式车床电气控制电路原理图

② 主拖动电动机 M1 控制　主拖动电动机 M1 可采用 Y-△降压启动控制，也可采用正、反转点动控制，还可采用停车制动控制，由主拖动电动机 M1 拖动的工作台还可以通过电磁阀的控制来达到变速的目的。

a. 主拖动电动机 M1 的 Y-△降压启动控制。按下按钮 SB4（15 区），中间继电器 K1 闭合并自锁，接触器 KM1 线圈（17 区）通电闭合，继而接触器 KMY 线圈（24 区）通电闭合，同时时间继电器 KT1 线圈（21 区）通电闭合，主拖动电动机 M1 开始 Y-△降压启动。经过一定的时间，时间继电器 KT1 动作，接触器 KT1 线圈断电释放，接触器 KMY 线圈断电，接触器

KM△线圈（26 区）通电闭合，主拖动电动机 M1△接法全压运行。

b. 主拖动电动机 M1 正、反转点动控制。按下正转点动按钮 SB5（17 区），接触器 KM1 线圈通电闭合，继而接触器 KMY 通电闭合，主拖动电动机 M1 正向 Y 接法点动启动运转。按下反转点动按钮 SB6（20 区），接触器 KM2 线圈（20 区）通电闭合，继而接触器 KMY 通电闭合，主拖动电动机 Ml 反向 Y 接法点动启动运转。

c. 主拖动电动机 M1 停车制动控制。当主拖动电动机 M1 启动运转时，速度继电器 KS 的常开触点（22 区）闭合。按下停止按钮 SB3（15 区），中间继电器 K1、接触器 KM1、时间继电器 KT1、接触器 KM△线圈失电释放，接触器 KM3 线圈通电闭合，主拖动电动机 Ml 能耗制动。当速度下降至 100 r/min 时，速度继电器的常开触点 KS（22 区）复位断开，主拖动电动机 Ml 制动停车完毕。

d. 工作台的变速控制。工作台的变速由手动开关 SA 控制，改变手动开关 SA 的位置（电路图中 35～38 区），电磁铁 YA1～YA4 有不同的通断组合，可得到工作台各种不同的转速。表 4-6 列出了 C5225 型立式车床转速表。

表 4-6　C5225 型立式车床转速表

电磁铁	SA 转换开关触点	花盘各级转速下电磁铁及 SA 通断情况															
		2	2.5	3.4	4	6	6.3	8	10	12.5	16	20	25	31.5	40	50	63
YA1	SA1	−	+	+	−	+	−	+	−	+	−	+	−	+	−	+	−
YA2	SA2	+	+	−	−	+	−	+	−	+	+	−	−	+	+	−	−
YA3	SA3	+	+	+	+	−	−	−	−	+	+	+	+				
YA4	SA4	+	+	+	+	+	−	+	+	+							

注：表中"+"表示接通状态，"−"表示断开状态。

将 SA 扳至所需转速位置，按下按钮 SB7（31 区），中间继电器 K3、时间继电器 KT4 线圈通电吸合，继而电磁铁 YA5 线圈通电吸合，接通锁杆油路，锁杆压合行程开关 ST 1（28 区），使中间继电器 K2、时间继电器 KT2 线圈通电吸合，变速指示灯 HL2 亮，相应的变速电磁铁（YA1～YA4）线圈通电，工作台得到相应的转速。

时间继电器 KT2 闭合后，经过一定的时间，KT3 线圈通电闭合，使接触器 KV1 和 KMY 通电吸合，主拖动电动机 M1 做短时启动运行，促使变速齿轮啮合。变速齿轮啮合后，ST1 复位，中间继电器 K2、时间继电器 KT2 和 KT3、电磁铁 YA1～YA4 失电释放，完成工作台的变速过程。

③ 横梁升、降控制

a. 横梁上升控制。按下横梁上升按钮 SB15（68 区），中间继电器 K12 通电吸合，继而横梁放松电磁铁 YA6（33 区）通电吸合，接通液压系统油路，横梁夹紧机构放松，然后行程开关 ST7、ST8、ST9 和 ST10（63 区）复位闭合，接触器 KM9 线圈（64 区）通电闭合，横梁升降电动机 M3 正向启动运转，带动横梁上升。松开按钮 SB15，横梁停止上升。

b. 横梁下降控制。按下横梁下降按钮 SB14（66 区），时间继电器 KT8（66 区）和 KT9（67 区）及中间继电器 K12（68 区）线圈通电吸合，继而横梁放松电磁铁 YA6（33 区）通电吸合，接通液压系统油路，横梁夹紧机构放松，然后行程开关 ST7、ST8、ST9、ST10（63 区）复位闭合，接触器 KM10 线圈（65 区）通电闭合，横梁升降电动机 M3 反向启动运转，带动横梁下降。松开按钮 SB14 横梁下降停止。

④ 刀架控制

a. 左、右立刀架快速移动控制。将十字手动开关 SA1 扳至"向左"（47 区～50 区）位置，中间继电器 K4（47 区）通电吸合，继而右立刀架向左快速离合器的电磁铁 YC1 线圈（72 区）通电吸合。然后按下右立刀架快速移动电动机 M4 的启动按钮 SB8（39 区），接触器 KM5 通电吸合，右立刀架电动机 M4 启动运转，带动右立刀架快速向左移动。松开按钮 SB8，右立刀架快速移动电动机 M4 停转。

同理，将十字手动开关 SA1 扳至"向右""向上""向下"位置，分别可使右立刀架各移动方向电磁离合器电磁铁 YC2～YC4（74 区～79 区）线圈吸合，从而控制右立刀架向右、向上、向下快速移动。

与右立刀架快速移动控制的原理相同，左立刀架快速移动通过十字手动开关 SA2（59 区～62 区）扳至不同位置来控制电磁离合器电磁铁 YC9～YC12 的通断，按下左立刀架快速移动电动机 M6 启动按钮 SB11（51 区）控制左立刀架快速移动电动机 M6 的启停来实现。

b. 左、右立刀架进给控制。在工作台电动机 M1 启动的前提下，将手动开关 SA3（43 区）扳至接通位置，按下右立刀架进给电动机 M5 启动按钮 SB10，接触器 KM6 通电吸合，右立刀架进给电动机 M5 启动运转，带动右立刀架工作进给。按下右立刀架进给电动机 M5 的停止按钮 SB9，右立刀架进给电动机 M5 停转。

左立刀架进给电动机 M7 的控制过程与右立刀架相同。

c. 左、右立刀架快速移动和工作进给制动控制。

当右立刀架快速移动电动机 M4 或立刀架进给电动机 M5 启动运转时，时间继电器 KT6 通电闭合，其 80 区瞬时闭合延时断开触点闭合。当松开右立刀架快速进给移动电动机 M4 的启动按钮 SB8 或按下右立刀架进给电动机 M5 的停止按钮 SB9 时，接触器 KM5 或 KM6 失电释放，由于 KT6 为断电延时，因而 80 区中的时间继电器 KT6 的瞬时闭合延时断开触点仍然闭合，此时按下右立刀架水平制动离合器按钮 SB16（80 区），右立刀架水平制动离合器电磁铁 YC5 和 YC6 线圈通电吸合，使制动离合器动作，对右立刀架的快速进给及工作进给进行制动。

左立刀架快速移动和工作进给制动控制的工作过程与右立刀架相同。

4.2.3　典型摇臂钻床电气控制

摇臂钻床利用旋转的钻头对工件进行加工。它由底座、内外立柱、摇臂、主轴箱和工作台构成。主轴箱固定在摇臂上，可以沿摇臂径向运动；摇臂借助于丝杠，可以做升降运动，也可以与外立柱固定在一起，沿内立柱旋转。钻削加工时，通过夹紧装置，主轴箱紧固在摇臂上，摇臂紧固在外立柱上，外立柱紧固在内立柱上。

（1）摇臂钻床的机械结构

典型摇臂钻床的实物及结构组成示意图如图 4-31 所示。

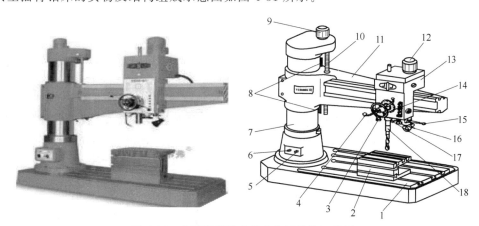

图 4-31　典型摇臂钻床的实物及结构示意图

1—底座；2—工作台；3—进给量预置手轮；4—离合器操纵杆；5—电源自动开关；6—冷却泵自动开关；7—外立柱；
8—摇臂上下运动极限保护行程开关触杆；9—摇臂升降电动机；10—升降传动丝杠；11—摇臂；12—主轴驱动电机；
13—主轴箱；14—电气设备操作按钮盒；15—组合阀手柄；16—手动进给小手轮；17—内齿离合器操作手柄；18—主轴

（2）摇臂钻床的主要运动

摇臂钻床的内立柱固定在底座的一端，在它的外面套有外立柱，外立柱可绕内立柱回转360°。摇臂的一端为套筒，它套装在外立柱上，并借助丝杠的正反转可沿外立柱做上下移动；由于该丝杠与外立柱连成一起，且升降螺母固定在摇臂上，所以摇臂不能绕外立柱转动，只能与外立柱一起绕内立柱回转。主轴箱是一个复合部件，它由主传动电动机、主轴和主轴传动机构、进给和变速机构以及机床的操作机构等部分组成，主轴箱安装在摇臂的水平导轨上，可通过手轮操作使其在水平导轨上沿摇臂移动。当进行加工时，由特殊的夹紧装置将主轴箱紧固在摇臂导轨上，外立柱紧固在内立柱上，摇臂紧固在外立柱上，然后进行钻削加工。钻削加工时，钻头一面进行旋转切削，一面进行纵向进给。

摇臂钻床的主运动为主轴旋转（产生切削）运动，进给运动为主轴的纵向进给，辅助运动包括摇臂在外立柱上的垂直运动（摇臂的升降）、摇臂与外立柱一起绕内立柱的旋转运动及主轴箱沿摇臂长度方向的运动。对于摇臂在立柱上升降时的松开与夹紧，摇臂钻床则是依靠液压推动松紧机构自动进行的。摇臂钻床的结构与运动情况示意图，如图 4-32 所示。

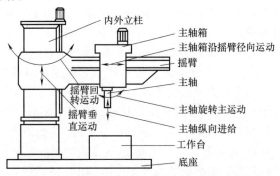

图 4-32　摇臂钻床的结构与运动情况示意图

（3）摇臂钻床电气控制的特点

根据摇臂钻床的结构和加工工艺要求，摇臂钻床的电气控制有以下特点：

① 摇臂钻床的主轴旋转运动和进给运动由一台交流异步电动机拖动，主轴的正反向旋转是通过机械转换实现的，故主电动机只有一个旋转方向。

② 摇臂上升、下降是由摇臂升降电动机正反转实现的，要求摇臂升降电动机能双向启动，并且与主轴电动机联锁。

③ 立柱的松紧也是由电动机的转向来实现的，要求立柱松紧电动机能双向启动。

④ 冷却泵电动机要求单向启动。

⑤ 为了操作方便，采用十字开关对主轴电动机和摇臂升降电动机进行操作。

⑥ 为了操作安全，控制电路的电源电压可为 127V。

（4）　Z35 型摇臂钻床电气控制

Z35 型摇臂钻床电气原理图如图 4-33 所示。

Z35 型摇臂钻床电气控制电路的识读分析如下。

① 主电路　Z35 型摇臂钻床主电路由 M1、M2、M3、M4 四台电动机，KM1、KM2、KM3、KM4、KM5 的主触点，FU1、FU2 及 FR 等组成。主轴电动机 M1 只做单方向运转，由接触器 KM1 的常开主触点控制；冷却泵电动机 M2 是通过转换开关 QS2 直接控制的；摇臂升降电动机 M3 和立柱松紧电动机 M4 都需要做正反向运动，各由两个接触器 KM2、KM3 和 KM4、KM5 控制。四台电动机中只有主轴电动机 M1 通过热继电器 FR 实现过载保护，电动机 M3 和 M4 都是短时运行，所以不设过载保护。熔断器 FU1 作总短路保护，电动机 M3 和 M4 通过熔断器 FU2 被短路保护。冷却泵电动机 M2 容量较小，设过载保护和短路保护。

② 控制电路　Z35 型摇臂钻床控制电路中采用十字开关 SA 操作，它有控制集中的优点。十字开关由十字手柄和 4 个微动开关组成，根据工作时的需要，将手柄分别扳到 5 个不同的位置，即左、右、上、下和中间位置，操作手柄每次只可扳在一个位置上。当手柄处在中间位置时，全部处于断开状态。十字开关的操作说明如表 4-7 所示。

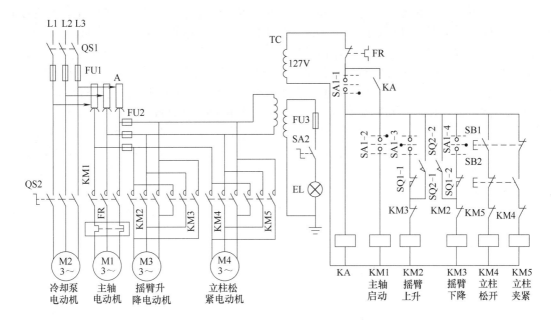

图 4-33 Z35 型摇臂钻床电气原理图

表 4-7 十字开关操作说明

手柄位置	接通微动开关的触点	工作情况
中	都不通	停止
左	SA1-1	零压保护
右	SA1-2	主轴运转
上	SA1-3	摇臂上升
下	SA1-4	摇臂下降

　　为了确保十字开关手柄扳在任何工作位置时接通电源都不产生误动作，所以设有零压保护环节。每次合电源或工作中电源中断后又恢复时，必须将十字开关向左扳一次，使零压继电器 KA 通电吸合并自锁，然后扳向工作位置才能工作。当机床工作时，十字开关不在左边，这时若电源断电，则 KA 失电，其自锁触点分断；电源恢复时，KA 不会自行吸合，控制电路仍不通电，以防止工作中电源中断又恢复而造成的危险。

　　a. 主轴电动机 M1 的控制。控制回路由接触器 KM1、十字开关 SA 及零压继电器 KA 等组成。将十字开关扳向左边，KA 得电，常开触点闭合自锁，为其他电路接通作好准备。将十字开关扳向右边，SA1-2 闭合，接触器 KM1 线圈通电，常开主触点闭合，M1 启动运转。主轴旋转方向是由主轴箱上的摩擦离合器手柄位置决定的。将十字开关扳到中间位置时，SA1-2 分断，KM1 失电，主电机 M1 停转。

　　b. 摇臂升降电动机 M3 的控制。摇臂钻床正常工作时，摇臂应夹紧在立柱上，因此在摇臂上升或下降之前，首先应松开夹紧装置，当摇臂上升或下降到指定位置时，夹紧装置又必须将摇臂夹紧。这种"松开→升降→夹紧"的过程是由电气和机械机构联合配合实现自动控制的。现以摇臂上升为例，分析全过程的控制情况。

　　将十字开关扳向上边，微动开关触点 SA1-3 闭合，接触器 KM2 线圈得电，其常开主触点闭合，电动机 M3 正向运转，通过机械传动，使辅助螺母在丝杠上旋转上升，带动了夹紧装置松开，触点 SQ2-2 闭合，为摇臂上升后的夹紧动作做准备。

　　摇臂松开后，辅助螺母将继续上升，带动一个主螺母沿丝杠上升。主螺母则推动摇臂上升。当摇臂上升到预定高度时,将十字开关扳到中间位置,上升接触器 KM2 断电,其常闭辅助触点恢复闭合,常开主触点分断,电动机 M3 停转,摇臂即停止上升。由于摇臂上升时触点 SQ2-2 闭合,所以 KM2 失电后,下降接触器 KM3 得电吸合,其常开主触点闭合,M3 即反转,这时电动机通过辅助螺母使夹紧装置将摇臂夹紧,但摇臂并不下降。当摇臂完全夹紧时,SQ2-2 触点随即断开,接触器 KM3 断电,电动机 M3 停转,摇臂上升动作全过程结束。

摇臂下降过程与摇臂上升过程类似,可参照其上升过程自行分析。

为了使摇臂上升或下降不超过所允许的极限位置,故在摇臂上升和下降的控制回路中分别串入行程开关 SQ1-1 和 SQ1-2 的常闭触点。当摇臂上升或下降到极限位置时,由机械机构作用,使 SQ1-1 和 SQ1-2 常闭触点断开,切断 KM2 或 KM3 的回路,使电动机停止转动,从而起到了终端保护的作用。

c. 立柱松紧电动机 M4 的控制。立柱松紧电动机 M4 是由复合按钮 SB1 和 SB2 及接触器 KM4 和 KM5 控制的。通过 M4 的正反转,实现立柱的松开与夹紧。当需要松开立柱时,按下按钮 SB1,接触器 KM4 因线圈通电而吸合,电动机 M4 正向启动,通过齿式离合器拖动齿轮式油泵转动,从一定方向送出高压油,经油路系统和传动机构将外立柱松开。此时放开按钮 SB1,接触器 KM4 失电,电动机 M4 停转,可通过人力推动摇臂和外立柱绕内立柱转动。当转到所需位置时,按下 SB2,接触器 KM5 得电吸合,主触点闭合,M4 反向启动,在液压系统作用下将外立柱夹紧。松开 SB2,接触器 KM5 断电,M4 停转,整个"放松→转动→夹紧"过程就此结束。

接触器 KM4 和 KM5 均为点动控制方式,控制电路中设有按钮和接触器的双重联锁。

③ 照明电路 照明电路的电源由变压器 TC 提供 36V 的安全电压,照明灯 EL 由开关 SA2 控制,熔断器 FU3 作短路保护。为保证安全,EL 的一端必须接地。

Z35 型摇臂钻床的电气设备代号、名称及用途如表 4-8 所示。

表 4-8 Z35 型摇臂钻床电气设备代号、名称及用途

代号	名称及用途	代号	名称及用途
M1	主轴电动机	KM2	接触器,控制 M3 正转
M2	冷却泵电动机	KM3	接触器,控制 M3 反转
M3	摇臂升降电动机	KM4	接触器,控制 M4 正转
M4	立柱松紧电动机	KM5	接触器,控制 M4 反转
QS1	电源总开关	FR	热继电器,过载保护
QS2	冷却泵电动机开关	KA	零压继电器,失压保护
SA1	十字开关,控制 M2、M3	SB1	按钮,M4 正转点动
SA2	照明灯开关	SB2	按钮,M4 反转点动
FU1	熔断器,保护整个电路	SQ1	摇臂升降限位开关
FU2	熔断器,M3、M4 短路保护	SQ2	摇臂夹紧限位开关
FU3	熔断器,保护照明电路	TC	控制变压器
KM1	接触器,控制 M2	EL	照明灯

(5) Z3040 摇臂钻床的电气控制

Z3040 摇臂钻床电气控制电路的图解分析法识读如图 4-34 所示。它主要包括主轴电动机 M1、摇臂升降电动机 M2、液压泵电动机 M3 和冷却泵电动机 M4 的控制以及立柱主轴箱的松开和夹紧控制等。

主轴电动机 M1 提供主轴转动的动力,是钻床加工主运动的动力源;主轴应具有正反转功能,但主轴电动机只有正转工作模式,反转由机械方法实现。冷却泵电动机用于提供冷却液,只需正转。摇臂升降电动机提供摇臂升降的动力,需要正反转。液压泵电动机提供液压油,用于摇臂、立柱和主轴箱的夹紧和松开,也需要正、反转。

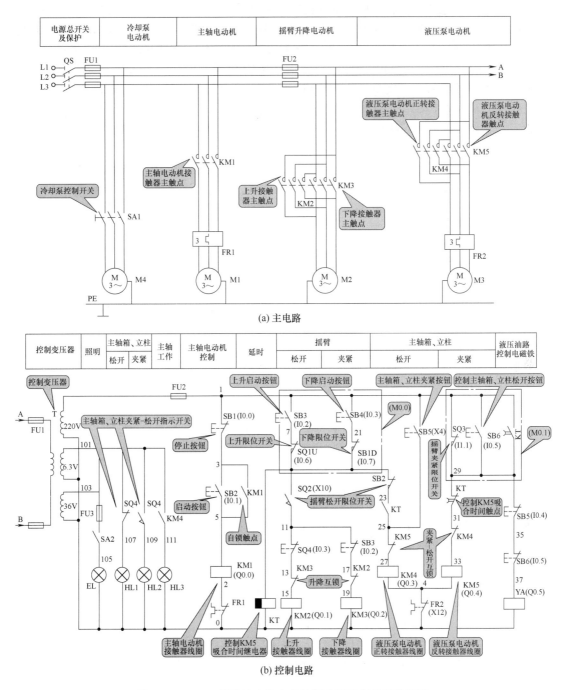

图 4-34 Z3040 摇臂钻床的电气控制电路图解分析法识读

Z3040 摇臂钻床的操作主要通过手轮及按钮实现。手轮用于主轴箱在摇臂上的移动，这是手动的。按钮用于主轴的启动和停止、摇臂的上升和下降、立柱主轴箱的夹紧和松开等操作，配合限位开关实现对机床的调控。

① 主轴电动机 M1 的控制　按下按钮 SB2，接触器 KM1 得电吸合并自锁，主轴电动机 M1 启动运转，指示灯 HL3 亮。按下停止按钮 SB1 时，接触器 KM1 失电释放，M1 失电停止运转。热继电器 FR1 起过载保护作用。

② 摇臂升降电动机 M2 和液压泵电动机 M3 的控制　按下按钮 SB3（或 SB4）时，断电延时时间继电器 KT 导电吸合，接触器 KM4 和电磁铁 YA 得电吸合。液压泵电动机 M3 启动运转，供给压力油，压力油经液压阀进入摇臂松开油腔，推动活塞和菱形块使摇臂松开。同时限位开关 SQ2 被压住，SQ2 的动断触点断开，接触器 KM4 失电释放，液压泵电动机 M3 停止运转。SQ2 的动合触点闭合，接触器 KM2（或 KM3）得电吸合，摇臂升降电动机 M2 启动运转，使摇臂上升（或下降）。若摇臂未松开，SQ2 的动合触点不闭合，接触器 KM2（或 KM3）也不能得电吸合，摇臂就不可能升降。摇臂升降到所需位置时松开按钮 SB3（或 SB4），接触器 KM2（或 KM3）和时间继电器 KT 失电释放，电动机 M2 停止运转，摇臂停止升降。时间继电器 KT 延时闭合的动断触点经延时闭合，使接触器 KM5 吸合，液压泵电动机 M3 反方向运转，供给压力油。经过机械液压系统，压住限位开关 SQ3，使接触器 KM5 释放。同时，时间继电器 KT 的动合触点延时断开，电磁铁 YA 释放，液压泵电动机 M3 停止运转。

KT 的作用是控制 KM5 的吸合时间，保证 M2 停转、摇臂停止升降后再进行夹紧。摇臂的自动夹紧升降由限位开关 SQ3 来控制。压合 SQ3，使 KM2 或 KM3 失电释放，摇臂升降电动机 M2 停止运转。摇臂升降限位保护由上下限位开关 SQ1U 和 SQ1D 实现。上升到极限位置后，动断触点 SQ1U 断开，摇臂自动夹紧，与松开上升按钮动作相同；下降到极限位置后，动断触点 SQ1D 断开，摇臂自动夹紧，与松开下降按钮动作相同；SQ1 的两对动合触点需调整在"同时"接通位置，动作时一对接通、一对断开。

③ 立柱、主轴箱的松开和夹紧控制　按下松开按钮 SB5（或夹紧按钮 SB6），KM4（或 KM5）吸合，M3 启动，供给压力油，通过机械液压系统使立柱和主轴箱分别松开（或夹紧），指示灯亮。主轴箱、摇臂和内外立柱 3 部分均由 M3 带动的液压泵提供压力油，通过各自的油缸松开和夹紧。

④ 冷却泵电动机 M4 的控制　冷却泵电动机 M4 由转换开关 SA1 控制。

（6）Z3050 型摇臂钻床电气控制

Z3050 型摇臂钻床的电气控制电路如图 4-35 所示。

Z3050 型摇臂钻床电气控制电路的识读分析

① 主电路分析　Z3050 型摇臂钻床共有 4 台电动机，除冷却泵电动机采用断路器 QF2 直接启动外，其余 3 台电动机均采用接触器直接启动，其主电路中的控制和保护电器如表 4-9 所示。

电源配电盘装在立柱前下部，断路器 QF1 作为电源引入开关。冷却泵电动机 M4 装在靠近立柱的底座上，升降电动机 M2 装于立柱顶部，其余电气设备置于主轴箱或摇臂上。由于 Z3050 型摇臂钻床的内、外立柱间未装汇流排，因此在使用时不允许沿一个方向连续转动摇臂，以免发生事故。

② 控制电路分析　控制电路电源由控制变压器 TC 提供 110V 电压，熔断器 FU1 作为短路保护。为保证操作安全，该钻床具有"开门断电"功能，开车前将立柱下部及摇臂后部的配电箱门盖关好，门控开关 SQ4（11 区）接通，方能接通电源。合上 QF1（2 区）和 QF3（5 区），电源指示灯 HL1（10 区）亮，表示钻床电气电路已经进入通电状态。

a. 主轴电动机 M1 的控制。按下启动按钮 SB3（12 区），接触器 KM1 吸合并自锁，主轴电动机 M1 启动运行，同时指示灯 HL2（9 区）亮。按下停止按钮 SB2，KM1 断电释放，M1 停止运转，同时 HL2 熄灭。

b. 摇臂的升降控制。摇臂通常夹紧在外立柱上，以免升降丝杠承担吊挂载荷。因此 Z3050 型钻床摇臂的升降是由升降电动机 M2、摇臂夹紧机构和液压系统协调配合，自动完成"摇臂松开→摇臂上升（下降）→摇臂夹紧"的控制过程。下面以摇臂上升为例分析其控制过程。

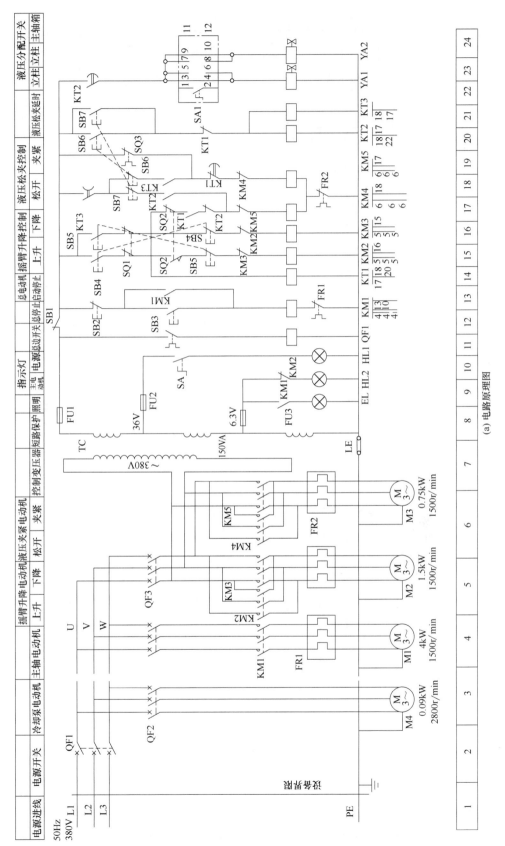

(a) 电路原理图

图 4-35

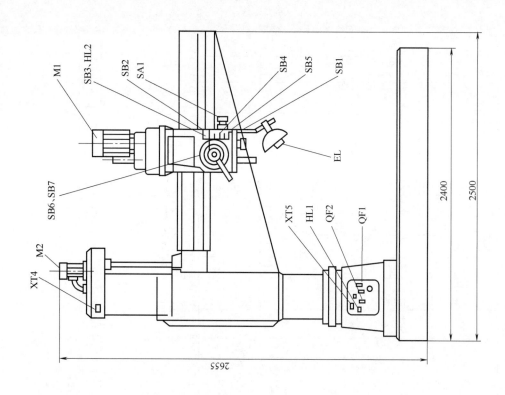

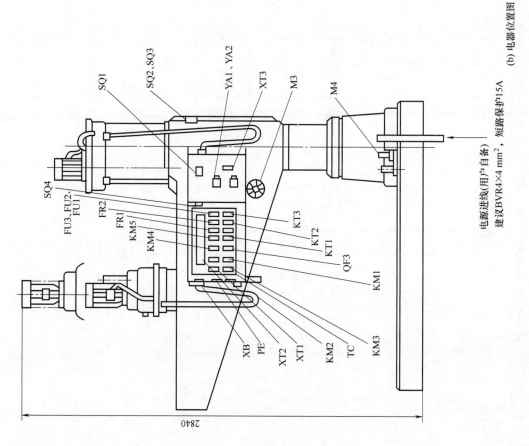

电源进线(用户自备)
建议BVR4×4 mm²，短路保护15A

(b) 电器位置图

图 4-35

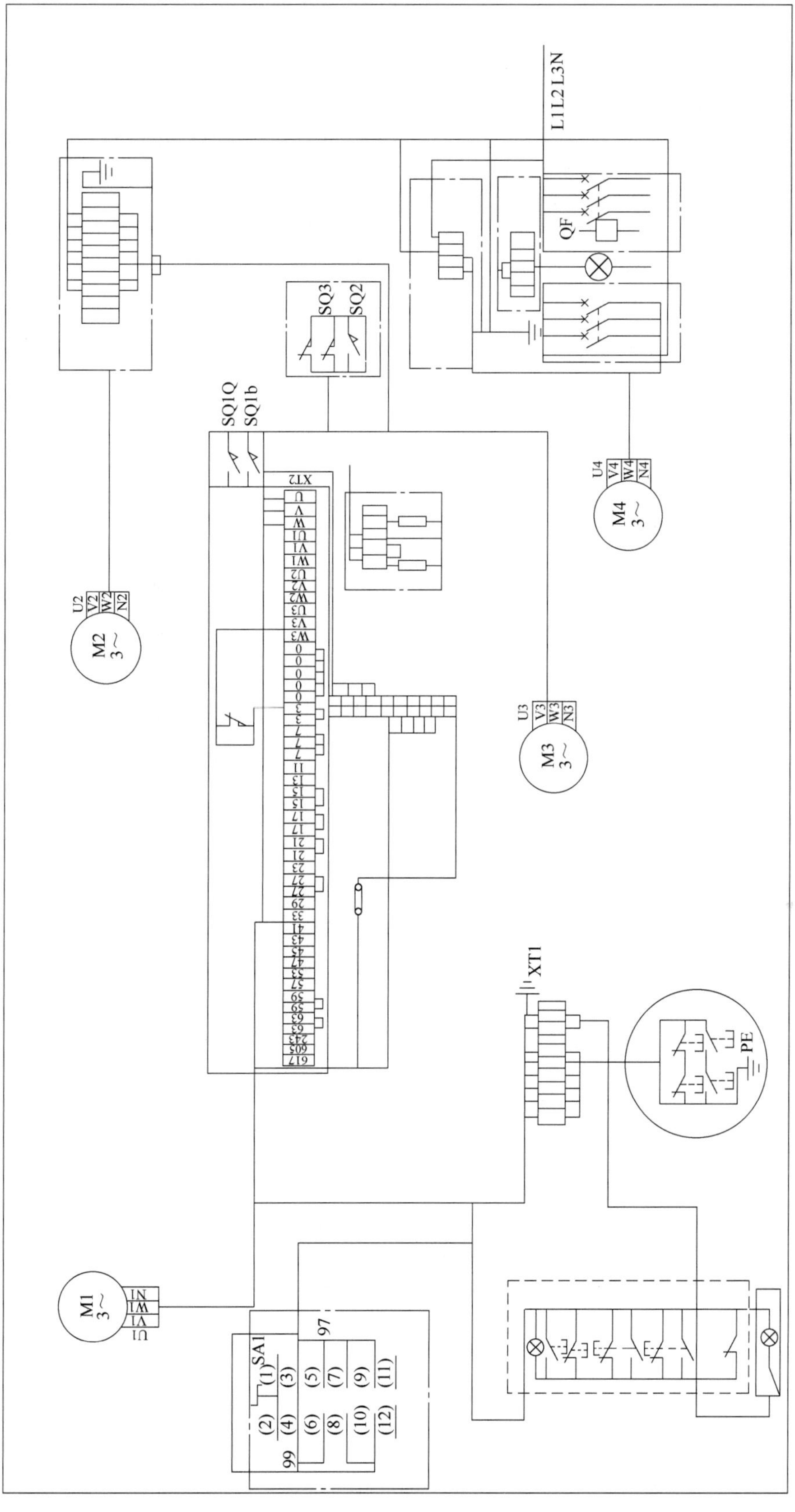
L1 L2 L3 N
QF
SQ3
SQ2
SQ1Q
SQ1b
XT2
XT1
M1
3~
M2
3~
M3
3~
M4
3~
U2 V2 W2 N2
U3 V3 W3 N3
U4 V4 W4 N4
U1 V1 W1 N1
SA1
97
99
PE

(c) 接线图

图 4-35

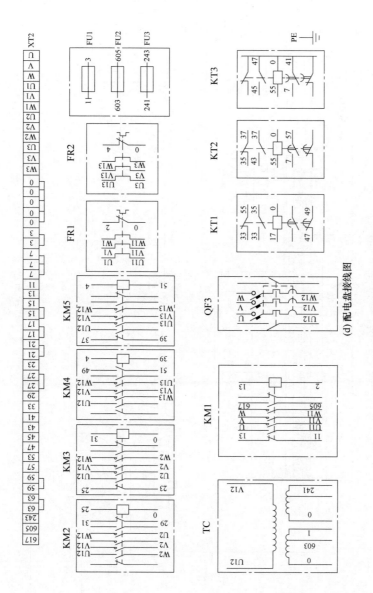

(d) 配电盘接线图

图 4-35 Z3050 型摇臂钻床的电气控制电路图

表 4-9　主电路中的控制和保护电器

电动机的名称及代号	控制电器	过载保护电器	短路保护电器
主轴电动机 M1	由接触器 KM1 控制单向运转	热继电器 FR1	断路器 QF1
摇臂升降电动机 M2	由接触器 KM2、KM3 控制正反转	间歇性工作，不设过载保护	断路器 QF3
液压泵电动机 M3	由接触器 KM4、KM5 控制正反转	热继电器 FR2	断路器 QF3
冷却泵电动机 M4	由断路器 QF2 控制	断路器 QF2	断路器 QF2

- 摇臂放松。按下上升按钮 SB4（15 区），时间继电器 KT1（14 区）通电吸合。即：

KT1得电吸合
→ KT1常开触头（33-35）闭合 → KM4得电 → M3正转 → 摇臂松开
→ KT1延时闭合的常闭触点（47-49）分断

- 摇臂上升。摇臂夹紧机构松开后，通过机械机构使行程开关 SQ3 释放，SQ2 压合。即：

摇臂松开
→ SQ2常闭触头SQ2（17-33）先分断 → KM4线圈失电 → M3停转
→ SQ2常开触头SQ2（17-21）后闭合 → KM2线圈得电 → M2正转 → 摇臂上升

- 摇臂夹紧。当摇臂上升到所需位置时，松开按钮 SB4。即：

松开SB4
→ KM2线圈失电 → M2停转 → 摇臂停止上升
→ KT1线圈失电 ——延时1~3 s—→ KT1延时闭合的常闭触点（47-49）闭合

→KM5线圈得电→M3反转→摇臂夹紧→SQ2释放，SQ3压合→SQ3的常闭触头（7-47）分断→KM5线圈失电→M3停转→摇臂夹紧完成

4.2.4　B2012A 型龙门刨床的电气控制

龙门刨床是机械加工工业中重要的工作母机。龙门刨床主要用于加工各种平面、槽及斜面，特别是大型及狭长的机械零件和各种机床床身、工作导轨等。龙门刨床的电气控制电路比较复杂，它的主拖动动作完全依靠电气自动控制来执行。本节就以常用的 B2012A 型龙门刨床为例进行识读分析。

（1）龙门刨床概述

① 龙门刨床的组成结构　龙门刨床主要用于加工大型零件上长而窄的平面或同时加工几个中、小型零件的平面。

龙门刨床主要由床身、工作台、横梁、顶梁、主柱、立刀架、侧刀架、进给箱等部分组成，如图 4-36 所示。它因有一个龙门式的框架而得名。

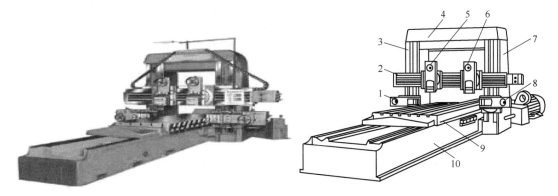

图 4-36　龙门刨床的实物及组成结构图

1,8—侧刀架；2—横梁；3,7—主柱；4—顶梁；5,6—立刀架；9—工作台；10—床身

② 龙门刨床的运动　龙门刨床在加工时，床身水平导轨上的工作台带动工件做直线运动，实现主运动。

装在横梁上的立刀架 5、6 可沿横梁导轨做间歇的横向进给运动，以刨削工件的水平平面。刀架上的滑板（溜板）可使刨刀上、下移动，做切入运动或刨削竖直平面。滑板还能绕水平轴调整至一定的角度位置，以加工倾斜平面。装在立柱上的侧刀架 1 和 8 可沿立柱导轨在上下方向间歇进给，以刨削工件的竖直平面。横梁还可沿立柱导轨升降至一定位置，以根据工件高度调整刀具的位置。

③ 龙门刨床生产工艺对电控的要求　龙门刨床加工的工件质量不同，用的刀具不同，所需要的速度就不同，加上 B2012A 型龙门刨床是刨磨联合机床，所以要求调速范围一定要宽。该机床采用以电机扩大机作励磁调节器的直流发电机-电动机系统，并加两级机械变速（变速比 2：1），从而保证了工作台调速范围达到 20：1（最高速为 90r/min，最低速为 4.5r/min）。在低速挡和高速挡的范围内，能实现工作台的无级调速。B2012A 型龙门刨床能完成如图 4-37 所示三种速度图中的要求。

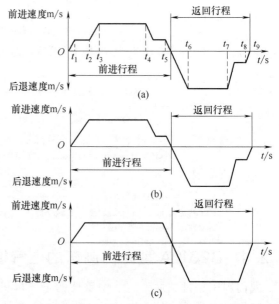

图 4-37　B2012A 型龙门刨床工作台的三种速度图特性

在高速加工时，为了减少刀具承受的冲击和防止工件边缘的变形，切削工作的开始，要求刀具慢速切入；切削工作的末尾，工作台应自动减速，以保证刀具慢速离开工件。为了提高生产效率，要求工作台返回速度高于切削速度，见图 4-37（a）。图中，$0 \sim t_1$ 为工作台前进启动阶段，$t_1 \sim t_2$ 为刀具慢速切入工件阶段，$t_2 \sim t_3$ 为加速至稳定工作速度阶段，$t_3 \sim t_4$ 为切削工件阶段，$t_4 \sim t_5$ 为刀具减速退出工件阶段，$t_5 \sim t_6$ 为反向制动到后退启动阶段，$t_6 \sim t_7$ 为高速返回阶段，$t_7 \sim t_8$ 为后退减速阶段，$t_8 \sim t_9$ 为后退反向制动阶段。

若切削速度与冲击为刀具所能承受，利用转换开关，可取消慢速切入环节，见图 4-37（b）。

当机床进行磨削加工时，利用转换开关，可把慢速切入和后退减速都取消，见图 4-37（c）。

为了提高加工精度，要求工作台的速度不因切削负荷的变化而波动过大，即系统的机械特性应具有一定硬度（静差度为 10%）。同时，系统的机械特性应具有陡峭的挖土机特性（下垂特性），即当电动机短路或超过额定转矩时，工作台拖动电动机的转速应快速下降，以至停止，使发电机、电动机、机械部分免于损坏。

机床应能单独调整工作行程与返回行程的速度，能作无级变速，且调速时不必停车。工作台运动方向能迅速平滑地改变，冲击小。刀架进给和抬起能自动进行，并能快速回程。有必要的联锁保护，通用化程度高，成本低，系统简单，易于维修等。

（2）龙门刨床的电气控制电路图

B2012A 型龙门刨床电气控制电路原理图如图 4-38～图 4-41 所示。其中图 4-38 为直流发电-拖动系统电路原理图，图 4-39 为 B2012A 型龙门刨床主拖动系统及抬刀电路原理图，图 4-40 为主拖动机组 Y/△启动及刀架控制电路原理图，图 4-41 为 B2012A 型龙门刨床横梁及工作台控制电路原理图。

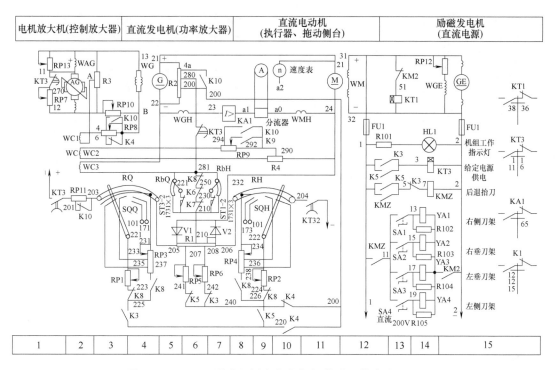

图 4-38　B2012A 型龙门刨床直流发电-拖动系统电路原理图

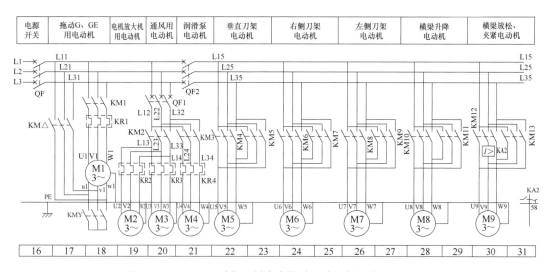

图 4-39　B2012A 型龙门刨床主拖动系统及抬刀电路原理图

① 直流发电-拖动系统组成　直流发电-拖动系统主电路如图 4-38 所示，它包括电机放大机 AG、直流发电机 G、直流电动机 M 和励磁发电机 GE。

电机放大机 AG 由交流电动机 M2 拖动。电机放大机 AG 的主要作用是根据刨床各种运动的需要，通过控制绕组 WC 的各个控制量，调节其向直流发电机 G 励磁绕组供电的输出电压，从而调节直流发电机发出的电压。

直流发电机 G 和励磁发电机 GE 由交流电动机 M1 拖动。直流发电机 G 的主要作用是发出直流电动机 M 所需的直流电压，满足直流电动机 M 拖动刨床运动的需要。

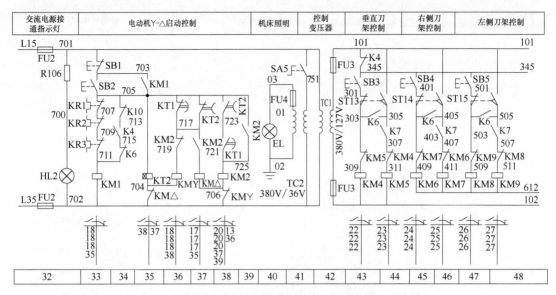

图 4-40 主拖动机组 Y/△ 启动及刀架控制电路原理图

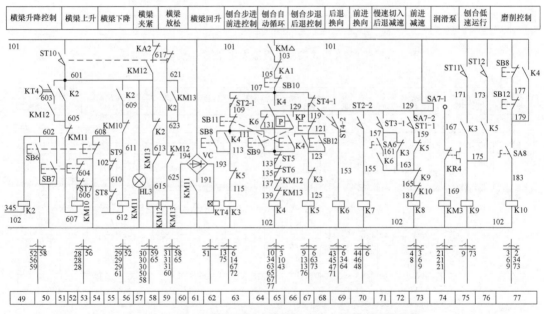

图 4-41 B2012A 型龙门刨床横梁及工作台控制电路原理图

励磁发电机 GE 的主要作用是发出直流电压,向直流电动机 M 的励磁绕组供给励磁电源。直流电动机 M 的主要作用是拖动刨床往返交替做直线运动,对工件进行切削加工。

② 交流机组拖动系统组成 B2012A 型龙门刨床交流机组拖动系统主电路原理图如图 4-39 所示。交流机组共由 9 台电动机拖动:拖动直流发电机 G、励磁发电机 GE 用交流电动机 M1,拖动电机放大机用电动机 M2,拖动通风用电动机 M3,润滑泵电动机 M4,垂直刀架电动机 M5,右侧刀架电动机 M6,左侧刀架电动机 M7,横梁升降电动机 M8 和横梁放松、夹紧电动机 M9。

③ 各控制电路分析

a. 主拖动机组电动机 M1 控制电路。由交流电动机 M1 拖动直流发电机 G 和励磁发电机

GE 组成主拖动机组，其控制电路如图 4-40 所示。其中 33 区中的按钮 SB2 为交流电动机 M1 的启动按钮，按钮 SB1 为交流电动机 M1 的停止按钮。

当需要主拖动电动机 M1 拖动直流发电机 G 和励磁发电机 GE 工作时，按下 33 区中的启动按钮 SB2，33 区中的接触器 KM1 线圈、35 区中的时间继电器 KT2 线圈、36 区中的接触器 KMY 线圈通电吸合，主拖动交流电动机 M1 的定子绕组接成 Y 接法降压启动，被拖动的直流励磁发电机 GE 利用剩磁开始发电。

接触器 KM2 通电闭合自锁，其在 20 区中的主触点闭合，接通交流电动机 M2、M3 的电源，交流电动机 M2、M3 分别拖动电机放大机 AG 和通风机工作。同时，接触器 KM△ 通电闭合。此时接触器 KM1 和接触器 KM△ 的主触点将交流电动机 M1 的定子绕组接成 △ 接法全压运行，交流电动机 M1 拖动直流发电机 G 和励磁发电机 GE 全速运行，完成主拖动机组的启动控制过程。

b. 横梁控制电路。在图 4-41 所示的电路中，50 区中的按钮 SB6 为横梁上升启动按钮，51 区中的按钮 SB7 为横梁下降启动按钮，53 区中的行程开关 ST7 为横梁上升的上限位保护行程开关，55 区中的行程开关 ST8 和 ST9 为横梁下降的下限位保护行程开关，52 区和 59 区中的行程开关 ST10 为横梁放松及上升和下降动作行程开关。

• 横梁的上升控制。当需要横梁上升时，按下 50 区中的横梁上升启动按钮 SB6，中间继电器 K2 线圈通电闭合，接触器 KM13 通电闭合并自锁。横梁放松、夹紧电动机 M9 通电反转，使横梁放松。

此时，行程开关 ST10 在 59 区中的常闭触点断开，接触器 KM13 失电释放，横梁放松、夹紧电动机 M9 停止反转。行程开关 ST10 在 52 区的常开触点闭合，接触器 KM10 通电闭合，交流电动机 M8 正向运转，带动横梁上升。当横梁上升到要求高度时，松开横梁上升启动按钮 SB6，接触器 KM10 线圈失电释放，横梁停止上升。继而接触器 KM12 闭合，交流电动机 M9 正向启动运转，使横梁夹紧。然后行程开关 ST10 常开触点复位断开，59 区中行程开关 ST10 的常闭触点复位闭合，为下一次横梁升降控制做准备。

但由于 58 区接触器 KM12 继续通电闭合，因而电动机 M9 继续正转。随着横梁的进一步夹紧，电动机 M9 的电流增大。电流继电器 KA2 吸合动作，接触器 KM12 失电释放，横梁放松、夹紧电动机 M9 停止正转，完成横梁上升控制过程。

• 横梁下降控制。当需要横梁下降时，按下 51 区中的横梁下降启动按钮 SB7，中间继电器 K2 线圈通电闭合，接触器 KM13 通电闭合并自锁。横梁放松、夹紧电动机 M9 通电反转，使横梁放松。横梁放松后，行程开关 ST10 在 59 区中的常闭触点断开，接触器 KM13 失电释放，横梁放松、夹紧电动机 M9 停止反转。行程开关 ST10 在 52 区中的常开触点闭合，接触器 KM11 通电闭合，横梁升降电动机 M8 反向运转，带动横梁下降。当横梁下降到要求高度时，松开横梁下降启动按钮 SB7，横梁停止下降。接触器 KM12 接通横梁放松、夹紧电动机 M9 的正转电源，交流电动机 M9 正向启动运转，使横梁夹紧。继而接触器 KM10 通电闭合，电动机 M8 启动正向旋转，带动横梁做短暂的回升后停止上升的运动，使横梁进一步夹紧。

c. 工作台自动循环控制电路。工作台自动循环控制电路分为慢速切入控制、工作台工进速度前进控制、工作台前进减速运动控制、工作台后退返回控制、工作台返回减速控制、工作台返回结束并转入慢速控制等。

工作台自动循环控制主要通过安装在龙门刨床工作台侧面上的四个撞块 A、B、C、D，按一定的规律撞击安装在机床床身上的四个行程开关 ST1、ST2、ST3、ST4，使行程开关 ST1、ST2、ST3、ST4 的触点按照一定的规律闭合或断开，从而控制工作台按预定的要求进行运动。

d. 工作台步进、步退控制电路。工作台的步进、步退控制主要用于在加工工件时调整机床工作台的位置。

当需要工作台步进时，按下 62 区中的工作台步进启动按钮 SB8，工作台步进；松开按钮 SB8，工作台可迅速制动停止。

当需要工作台步退时，按下 68 区中的工作台步退启动按钮 SB12，工作台步退；松开按钮 SB12，工作台也可迅速制动停止。

e. 刀架控制电路。在龙门刨床上装有左侧刀架、右侧刀架和垂直刀架，分别由交流电动机 M7、M6、M5 拖动。各刀架可实现自动进给运动和快速移动运动，由装在刀架进刀箱上的机械手柄来进行控制。刀架的自动进给采用拨叉盘装置来实现，拨叉盘由交流电动机拖动，依靠改变旋转拨叉盘角度的大小来控制每次的进刀量。在每次进刀完成后，让拖动刀架的电动机反向旋转，使拨叉盘复位，以便为第二次自动进刀做准备。

刀架控制电路由自动进刀控制、刀架快速移动控制电路组成。

第5章　电气控制工程中的PLC技术

电气控制的 PLC 控制电路，除包含驱动生产设备各部件工作的强电主电路外，还有 PLC 控制的 I/O 接口电路（I/O 实际接线图）与梯形图程序。这是识读和分析 PLC 控制电路的原始资料。

5.1　识读和分析 PLC 控制电路的方法和主要步骤

5.1.1　总体分析

（1）系统分析

依据控制系统所需完成的控制任务，对被控设备的工艺过程、工作特点以及控制系统的控制过程、控制规律、功能和特征进行详细分析。明确输入、输出的物理量是开关量还是模拟量，明确划分控制的各个阶段及其特点、阶段之间的转换条件，画出完成的工作流程图和各执行元件的动作节拍表。

（2）识读 PLC 控制的主电路

通过识读 PLC 控制的主电路进一步了解工艺流程和对应的执行装置和元器件。

（3）识读 PLC 控制系统的 I/O 配置表和 PLC 的 I/O 接线图

通过识读 PLC 控制系统的 I/O 配置表和 PLC 的 I/O 接线图，了解输入信号和对应的输入继电器编号、输出继电器的分配及其所连接对应的负载。

在没有给出 I/O 设备定义和 I/O 配置的情况下，应根据 PLC 的 I/O 接线图或梯形图和语句表，定义 I/O 设备和配置 I/O。

（4）通过 PLC 的 I/O 接线图了解梯形图和语句表

PLC 的 I/O 接线是连接 PLC 控制电路主电路和 PLC 梯形图的纽带。

"继电器-接触器"电路图中的交流接触器和电磁阀等执行机构用 PLC 的输出继电器来控制，它们的线圈接在 PLC 的 I/O 接线的输出端。按钮、控制开关、限位开关、接近开关、传感测量元器件等用来给 PLC 提供控制命令和反馈信号，它们的触点接在 PLC 的 I/O 接线的输入端。

① 根据所用电器（如电动机、电磁阀、电加热器等）主电路的控制电器（接触器、继电器）主触点的文字符号，在 PLC 的 I/O 接线图中找出相应控制电器的线圈，并可得知控制该控制电器的输出继电器，再在梯形图或语句表中找到该输出继电器的梯级或程序段，并将相应输出设备的文字代号标注在梯形图中输出继电器的线圈及其触点旁。

② 根据 PLC I/O 接线的输入设备及其相应的输入继电器，在梯形图（或语句表）中找出输入继电器的动合触点、动断触点，并将相应输入设备的文字代号标注在梯形图中输入继电器的触点旁。值得注意的是，在梯形图和语句表中，没有输入继电器的线圈。

5.1.2　梯形图和语句表的结构分析

看其结构是采用一般编程方法还是采用顺序功能图编程方法，采用顺序功能图编程时是单序列结构还是选择序列结构、并行序列结构，是使用了"启-保-停"电路、步进顺控指令进行编程，还是用置位复位指令进行编程。

另外，还要注意在程序中使用了哪些功能指令，对程序中不太熟悉的指令，要查阅相关资料。

5.1.3 梯形图和语句表的分解

从操作主令电器（如按钮）开始，查线追踪到主电路控制电器（如接触器）动作，中间要经过许多编程元件及其电路，查找起来比较困难。

无论多么复杂的梯形图和语句表，都是由一些基本单元构成的。按照主电路的构成情况，可首先利用逆读溯源法，把梯形图和语句表分解成与主电路所用电器（如电动机）相对应的若干个基本单元（基本环节）；然后再利用顺读跟踪法，逐个环节加以分析；最后再利用顺读跟踪法把各环节串接起来。

将梯形图分解成若干个基本单元，每一个基本单元可以是梯形图的一个梯级（包含一个输出元件）或几个梯级（包含几个输出元件），而每个基本单元相当于"继电器-接触器"控制电路的一个分支电路。

（1）按钮、行程开关、转换开关的配置情况及其作用

在 PLC 的 I/O 接线图中有许多行程开关和转换开关，以及压力继电器、温度继电器等。这些电气元件没有吸引线圈，它们的触点的动作是依靠外力或其他因素实现的，因此必须先找到引起这些触点动作的外力或因素。其中行程开关由机械联动机构来触压或松开，而转换开关一般由手工操作。这样，使这些行程开关、转换开关的触点，在设备运行过程中便处于不同的工作状态，即触点的闭合、断开情况不同，以满足不同的控制要求，是看图过程中的一个关键。

这些行程开关、转换开关触点的不同工作状态，单凭看电路图有时难以搞清楚，必须结合设备说明书、电气元件明细表，明确该行程开关、转换开关的用途，操纵行程开关的机械联动机构，触点在不同的闭合或断开状态下电路的工作状态等。

（2）采用逆读溯源法将多负载（如多电动机电路）分解为单负载（如单电动机）电路

根据主电路中控制负载的控制电器的主触点文字符号，在 PLC 的 I/O 接线图中找出控制该负载的接触器线圈的输出继电器，再在梯形图和语句表中找出控制该输出继电器的线圈及其相关电路，这就是控制该负载的局部电路。

在梯形图和语句表中，很容易找到该输出继电器的线圈电路及其得电、失电条件，但引起该线圈的得电、失电及其相关电路有时就不太容易找到，可采用逆读溯源法去寻找。

① 在输出继电器线圈电路中串、并联的其他编程元件触点，其闭合、断开就是该输出继电器得电、失电的条件。

② 由这些触点再找出它们的线圈电路及其相关电路，在这些线圈电路中还会有其他接触器、继电器的触点。

③ 如此找下去，直到找到输入继电器（主令电器）为止。

值得注意的是，当某编程元件得电吸合或失电释放后，应该把该编程元件的所有触点所带动的前后级编程元件的作用状态全部找出，不得遗漏。

找出某编程元件在其他电路中的动合触点、动断触点，这些触点为其他编程元件的得电、失电提供条件或者为互锁、联锁提供条件，引起其他电气元件动作，驱动执行电器。

（3）将单负载电路进一步分解

控制单负载的局部电路可能仍然很复杂，还需要进一步分解，直至分解为基本单元电路。

（4）分解电路的注意事项

① 若电动机主轴连接有速度继电器，则该电动机按速度控制原则组成反接制动电路。

② 若电动机主电路中接有整流器，表明该电动机采用能耗制动停车电路。

5.1.4 集零为整，综合分析

把基本单元电路串起来，采用顺读跟踪法分析整个电路。综合分析应注意以下几个方面。

① 分析 PLC 梯形图和语句表的过程同 PLC 扫描用户程序的过程一样，从左到右、自上而下，按梯级或程序段的顺序逐级分析。

② 值得指出的是，在程序的执行过程中，在同一周期内，前面的逻辑运算结果影响后面的触点，即执行的程序用到前面的最新中间运算结果；但在同一周期内，后面的逻辑运算结果不影响前面的逻辑关系。该扫描周期内除输入继电器以外的所有内部继电器的最终状态（线圈导通与否、触点通断与否），将影响下一个扫描周期各触点的通与断。

③ 某编程元件得电，其所有动合触点均闭合、动断触点均断开；某编程元件失电，其所有已闭合的动合触点均断开（复位），所有已断开的动断触点均闭合（复位）；因此编程元件得电、失电后，要找出其所有的动合触点、动断触点，分析其对相应编程元件的影响。

④ 按钮、行程开关、转换开关闭合后，其相对应的输入继电器得电，该输入继电器的所有动合触点均闭合，动断触点均断开。

再找出受该输入继电器动合触点闭合、动断触点断开影响的编程元件，并分析使这些编程元件产生什么动作，进而确定这些编程元件的功能。值得注意的是，这些编程元件有的可能立即得电动作，有的并不立即动作，而只是为其得电动作做好准备。

在"继电器-接触器"控制电路中，停止按钮和热继电器均用动断触点，为了与"继电器-接触器"控制的控制关系相一致，在 PLC 梯形图中，同样也用动断触点，这样一来，与输入端相接的停止按钮和热继电器触点就必须用动合触点。在识读程序时必须注意这一点。

⑤ "继电器-接触器"电路图中的中间继电器和时间继电器的功能用 PLC 内部的辅助继电器和定时器来完成，它们与 PLC 的输入继电器和输出继电器无关。

⑥ 设置中间单元。在梯形图中，若多个线圈都受某一触点串并联电路的控制，为了简化电路，在梯形图中可用该电路控制的辅助继电器，辅助继电器类似于"继电器-接触器"电路中的中间继电器。

⑦ 时间继电器瞬动触点的处理。除了延时动作的触点外，时间继电器还有在线圈得电或失电时马上动作的瞬动触点。对于有瞬动触点的时间继电器，可以在梯形图中对应的定时器的线圈两端并联辅助继电器，后者的触点相当于时间继电器的瞬动触点。

⑧ 外部联锁电路的设立。为了防止控制电动机正反转的两个接触器同时动作，造成三相电源短路，除了在梯形图中设置与它们对应的输出继电器的线圈串联的动断触点组成的软互锁电路外，还应在 PLC 外部设置硬互锁电路。

5.2 PLC 控制的各种常用环节

生产设备的控制实际上就是对拖动设备各部件运转电动机的控制。和设备的电气控制一样，设备的 PLC 控制系统也是由各种基本控制环节组成的。因此掌握设备 PLC 控制系统的各种常用控制环节，对熟练识读更复杂的 PLC 控制系统至关重要。

5.2.1 机床电动机的自锁/互锁/联锁控制

（1）自锁控制

自锁控制是 PLC 控制程序中常用的控制程序形式，也是人们常说的电动机"启-保-停"控制，如图 5-1 所示。

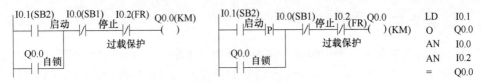

图 5-1 自锁控制

（2）互锁控制

互锁控制就是在两个或两个以上输出映像寄存器网络中，只能保证其中一个输出映像寄存器接通输出，而不能让两个或两个以上输出映像寄存器同时输出，避免了两个或两个以上输出映像寄存器不能同时动作的控制对象同时动作。如图 5-2 所示，Q0.1 和 Q0.0 不能同时动作。机床电动机的正转和反转，机床工作台的前进和后退，摇臂钻床中摇臂的松开和夹紧、上升和下降等等都需要这样的控制。

（3）联锁控制

在工程应用中，有些控制对象是在另一个控制对象动作的前提下才能动作，称之为联锁控制。比如机床主轴电动机先启动，待切削工件需要冷却液冷却时才能启动冷却泵电动机。如图 5-3 所示，Q0.1 必须在 Q0.0 动作的前提下才有可能动作。

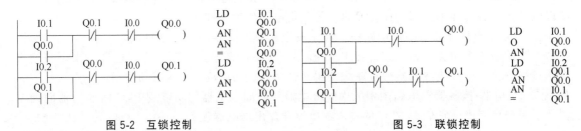

图 5-2　互锁控制　　　　　　　　　　图 5-3　联锁控制

5.2.2　电动机的优先控制

在生产设备控制中，经常需要多台电动机按照一定的顺序分别启动和停止，如机床加工中的带传输机等。要实现这样的功能就需要 PLC 通过并联、串联实现其逻辑控制。

如 3 台电动机 M1～M3，电动机的启、停按钮及相应的控制寄存器与 PLC 的连接如表 5-1 所示，其优先控制的程序梯形图和语句表如图 5-4 所示。

表 5-1　机床电动机优先控制电路中 PLC 接线

PLC 端口（M1）	I0.0	I0.1	Q0.0
功能	启动按钮	停止按钮	电动机控制继电器
PLC 端口（M2）	I0.2	I0.3	Q0.1
功能	启动按钮	停止按钮	电动机控制继电器
PLC 端口（M3）	I0.4	I0.5	Q0.2
功能	启动按钮	停止按钮	电动机控制继电器

5.2.3　机床电动机的延迟启/停控制

在实际的机床控制中经常需要在按钮操作后一定时间，或者在上电后一定的时间内实现某个动作，通过合理地使用定时器都可以实现这样的延迟控制。如利用定时器的延迟控制来实现机床电动机的启动和停止要在按钮操作一段时间后才能实现，从而保证设备的安全。

机床电动机启、停按钮及控制继电器与 PLC 的连接如表 5-2 所示，其相应的程序梯形图、时序图和语句表如图 5-5 所示。

```
LD     I0.0
O      Q0.0
AN     I0.1
=      Q0.0
LD     I0.2
O      Q0.1
AN     I0.3
ALD
=      Q0.1
LD     I0.4
O      Q0.2
ALD
AN     I0.5
=      Q0.2
```

(a) 梯形图　　　　(b) 语句表

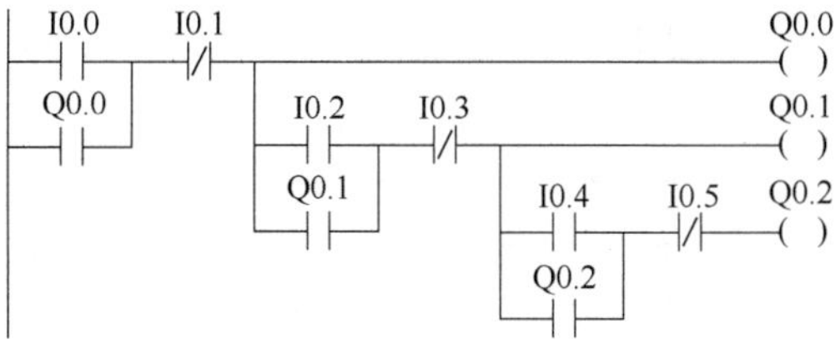

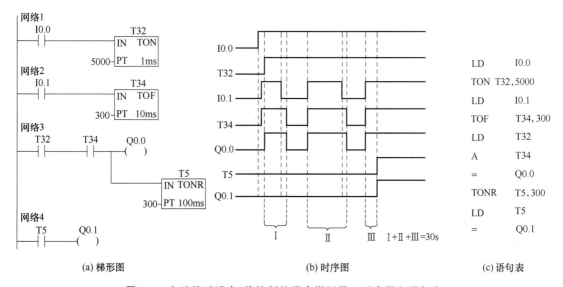

图 5-4　机床电动机优先控制的程序梯形图和语句表

表 5-2　电动机启、停按钮及控制继电器与 PLC 的连接

项目	I0. 0	I0. 1	Q0. 0	Q0. 1
外接控制口	总启动按钮	M1 启停按钮	M1 控制继电器	M2 控制继电器

```
LD     I0.0
TON    T32,5000
LD     I0.1
TOF    T34,300
LD     T32
A      T34
=      Q0.0
TONR   T5,300
LD     T5
=      Q0.1
```

(a) 梯形图　　　　(b) 时序图　　　　(c) 语句表

图 5-5　电动机延迟启/停控制的程序梯形图、时序图和语句表

按照表 5-2 的连接以及图 5-5 的梯形图，可以实现的功能如下：

① 总启动按钮接通 5s 后启动电动机 M1；

② 电动机 M1 在运行过程中受电动机启停按钮的控制，在电动机 M1 的启停按钮断开后，需要过 3s 后电动机才能停止，以保证电动机控制的要求。

③ 当电动机 M1 累计工作时间达到 30 s 时，控制系统自动启动电动机 M2。

5. 2. 4　用置位/复位指令实现电动机的启/停控制

在设备控制系统中需要使用按钮来控制电动机的启停。按下启动按钮，电路会瞬时接通，若没有自保持电路，松开按钮后电路会断开。但若要求在按钮松开后电动机仍然运转，同时要求在按下停止按钮后电动机停止，就要使用置位、复位指令来实现这一功能了。

将电动机的启停控制口按下面分配：I0. 0——电动机启动按钮，I0. 1——电动机停止按钮，Q0. 0——电动机控制继电器。其对应的梯形图程序、时序图和语句表程序如图 5-6 所示。

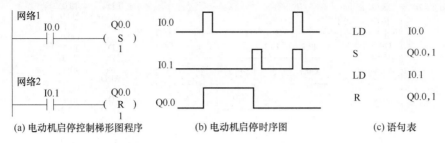

(a) 电动机启停控制梯形图程序   (b) 电动机启停时序图   (c) 语句表

图 5-6 用置位/复位指令实现电动机的启/停控制

5.2.5 机床电动机的正反转控制

电动机正反转控制是电动机控制的重要内容，是工程控制中的典型环节，也是一个 PLC
控制系统开发人员必须熟练掌握和应用的重要环节。其电气控制原理图和 PLC 控制接线图如
图 5-7 所示，PLC 控制的梯形图如图 5-8 所示。

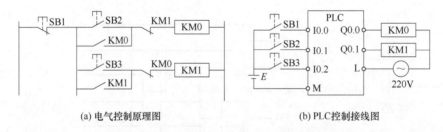

(a) 电气控制原理图   (b) PLC控制接线图

图 5-7 电气控制原理图和 PLC 控制接线图

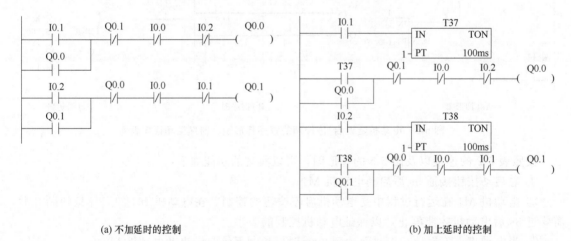

(a) 不加延时的控制   (b) 加上延时的控制

图 5-8 PLC 控制梯形图

该环节运用了自锁、互锁等基本控制程序，实现常用的电动机正反转控制。因此，可以说
基本控制程序是基本、大型和复杂程序的基础。实际设计程序时，还要考虑控制动作是否会导
致电源瞬时短路等情况，如图 5-8 (b) 在正反转的转换过程中加上适当的延时。

5.2.6 机床电动机的 Y/△ 减压启动控制

电动机 Y/△ 减压启动控制是机床异步电动机启动控制中的典型控制环节，属常用控制小系统。其电气控制原理图和 PLC 控制接线图如图 5-9 所示，PLC 控制的梯形图如图 5-10 所示。

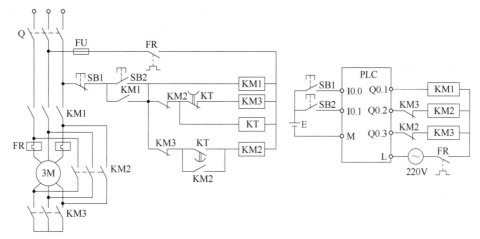

图 5-9　电气控制原理图和 PLC 控制接线图

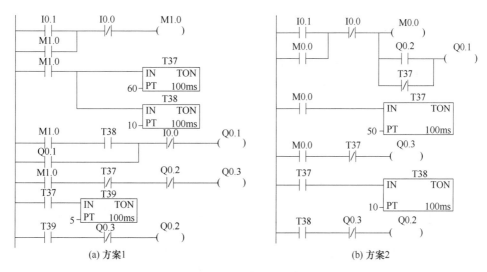

图 5-10　PLC 控制梯形图

在图 5-10（a）程序中，使用 T37、T38、T39 定时器对电动机的星形（Y）减压启动到三角形（△）全压运行过程进行控制；在 Q0.2 和 Q0.3 两梯级中，分别加入互锁触点 Q0.3 与 Q0.2，保证 KM2 和 KM3 不能同时通电；此外，定时器 T39 定时 0.5s，目的是 KM3 接触器断电灭弧，避免了电源瞬时短路。在图 5-10（b）程序中，使用 T37 定时器，将 KM1 和 KM3 同时通电，电动机星形（Y）减压启动 5s，而后将 KM1 断电，使用 T38 定时器，将 KM2 通电后，再让 KM1 通电，同样避免了电源瞬时短路。两控制程序均实现了电动机启动到平稳运行，说明实现相同的控制任务，可以设计出的控制程序不是唯一的，读者可根据控制的实际情况，开发出更优的控制程序。

5.2.7　机床电动机的软启动控制

电动机的软启动控制又称为电动机定子串电阻启动控制，属电动机控制中的常见控制环节。电动机的软启动控制程序说明了带短路软启动开关的笼型三相异步电动机的自动启动过程。通过这种短路软启动控制，保证电动机减速启动，一段时间后达到额定转速。图 5-11 是电动机软启动控制的 PLC 外部接线图。其启动按钮接在输入端 I0.0，启动按钮关闭时实现电动机软启动。停止按钮接在输入端 I0.1，停止按钮断开时，电动机停止。电动机电路断路器接在输入端 I0.2，当电动机过载时电动机电路断路器断开，电动机停止。

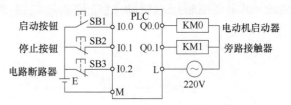

图 5-11 电动机软启动控制的 PLC 外部接线图

其梯形图程序和语句表程序如图 5-12 所示。

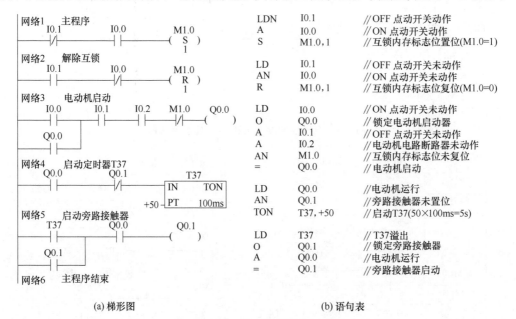

(a) 梯形图   (b) 语句表

图 5-12 电动机软启动控制的梯形图和语句表程序

电动机启动运行的条件是：内存标志位 M1.0 互锁取消。如果接在输入端 I0.0 的常开触点和接在输入端 I0.1 的常闭触点同时动作（即：I0.0 为 ON，I0.1 为 OFF），则设置内存标志位 M1.0 互锁，直至两个点动开关又回到初始状态，才取消互锁。

内存标志位 M1.0 互锁取消后，按下 I0.0 的常开触点，即 ON 时，无互锁（M1.0），电动机电路断路器（I0.2）常闭触点未动作，I0.1 的常闭触点未动作。另外，再通过对 Q0.0 动作或逻辑运算完成启动锁定。此时，启动电阻还未被短接，电动机定子串电阻减速启动。如果电动机已启动（Q0.0），并且用于旁路接触器的输出 Q0.1 还未被置位，计时器 T37 开始计时，计时 5s 后，如果电动机仍处于启动状态（Q0.0），则启动接在输出端 Q0.1 的旁路接触器，通过对 Q0.1 动作或逻辑运算完成旁路锁定，电动机正常运行。

5.2.8 电动机的多地点控制

多地点控制有时又称为异地控制，一般有两种情况：一种情况是多个开关、按钮或脉冲点共用一个 PLC 的接线端子，这类编程控制与一个开关、按钮或脉冲点接到 PLC 的一个接线端子一样，在此不过多介绍；另一种情况是多地点独立占用不同接线端子，控制同一个输出端子。这类多地点控制系统一般需要运用基本运算"与""或""非"等指令，同时还需列表分析建立控制的逻辑函数关系，根据逻辑函数关系设计梯形图程序。比如要求在三个不同地点（A 地、B 地和 C 地）的开关独立地控制一台电动机，任何一地的开关动作都可以使电动机的状态发生改变。按此要求可分配 PLC 的 I/O 地址为：A 地开关 S1 接 I0.0 端子，B 地开关 S1 接 I0.1 端子，C 地开关 S1 接 I0.2 端子；电动机接在 Q0.0 端子上。

假如作如下规定：输入量为逻辑变量 I0.0、I0.1、I0.2，分别代表输入开关，输出量为逻辑函数 Q0.0，代表输出位寄存器；常开触点为原变量，常闭触点为反变量，常开触点闭合为"1"，断开为"0"，Q0.0 通电为"1"，不通电为"0"。这样就可以按控制要求列出其逻辑函数的真值表，如表 5-3 所示。

表 5-3　三地点控制一台电动机逻辑函数的真值表

I0.0	I0.1	I0.2	Q0.0
0	0	0	0
0	0	1	1
0	1	1	0
0	1	0	1
1	1	0	0
1	1	1	1
1	0	1	0
1	0	0	1

真值表按照每相邻两行只允许一个输入变量变化的规则排列，便可满足控制要求。根据此真值表可以写出输出与输入之间的逻辑函数关系式：

$$Q0.0 = \overline{I0.0} \cdot \overline{I0.1} \cdot I0.2 + \overline{I0.0} \cdot I0.1 \cdot \overline{I0.2} + I0.0 \cdot I0.1 \cdot I0.2 + I0.0 \cdot \overline{I0.1} \cdot \overline{I0.2}$$

根据逻辑表达式，可设计出的梯形图及其对应的语句表如图 5-13 所示。

根据逻辑函数关系式设计程序，使编程者有章可循，更便于初学者学习掌握。当然根据控制要求也可设计如图 5-14 所示的梯形图及语句表程序（虽然这个程序也可以实现控制要求，但初学者不易掌握其设计方法）。

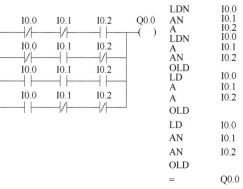

图 5-13　三地点控制一台电动机的梯形图及对应的语句表

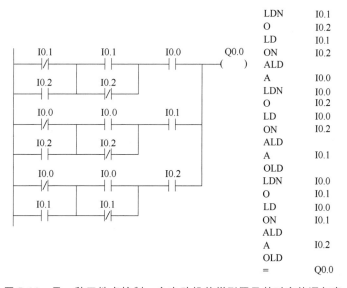

图 5-14　另一种三地点控制一台电动机的梯形图及其对应的语句表

三地点控制一台电动机，属多地点控制的范畴。图 5-13 和图 5-14 所示梯形图程序均能实现，只是逻辑层次关系的清晰程度不一样，读者掌握的难易程度也将会不同。从这里读者可以发现和探讨其编程规律，并可很容易地把它扩展到四地、五地甚至更多地点的控制。

5.2.9 机床电动机的交替运行控制

生产设备加工过程中常有两台电动机在交替运行，交替时间可调整。如 M1 和 M2 两台电动机，按下启动按钮后，M1 运转 10min，停止 5min，M2 与 M1 则相反，即 M1 停止时 M2 运行，M1 运行时 M2 停止，如此循环往复，直到按下停止按钮。

该电动机控制系统的 I/O 接线图、梯形图和语句表控制程序如图 5-15 所示。

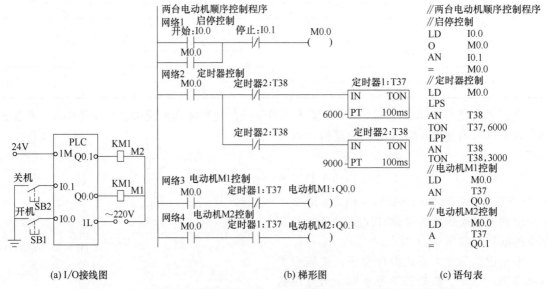

(a) I/O 接线图　　　　　　(b) 梯形图　　　　　　(c) 语句表

图 5-15　机床电动机交替运行控制的 I/O 接线图、梯形图和语句表控制程序

由于电动机 M1、M2 周期性交替运行，运行周期 T 为 15min，则考虑采用通电延时定时器 T37（定时设置为 10min）和 T38（定时设置为 15min）控制这两台电动机的运行。当按下开机按钮 I0.0 后，T37 与 T38 开始计时，同时电动机 M1 开始运行。10min 后 T37 到达定时时间，并产生相应动作，使电动机 M1 停止，M2 开始运行。当定时器 T38 到达定时时间 15min 时，T38 产生相应动作，使电动机 M2 停止，M1 开始运行，同时将自身和 T37 复位，程序进入下一个循环。如此往复，直到关机按钮按下，两个电动机停止运行，两个定时器也停止定时。

为了使逻辑关系清晰，用中间继电器 M0.0 作为运行控制继电器。根据控制要求画出两台电动机的工作时序图，如图 5-16 所示。

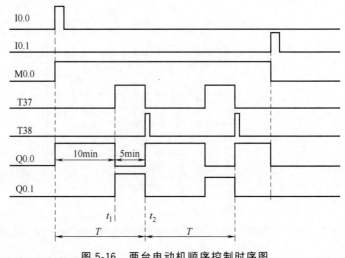

图 5-16　两台电动机顺序控制时序图

由图 5-16 可以看出，t_1、t_2 时刻电动机 M1、M2 的运行状态发生改变，分析列出电动机运行的逻辑表达式

$$Q0.0 = M0.0 \cdot T37 \qquad\qquad Q0.1 = M0.0 \cdot \overline{T37}$$

由此，可以根据上述分析结合编程经验，得到图 5-15 所示的梯形图程序。

5.2.10 电动机的能耗制动控制

在电动机脱离三相交流电源后，旋转磁场消失，这时在定子绕组上外加一个直流电源，形成一个固定磁场。高速旋转的转子切割固定磁场，使电动机变为了发电机，转子高速旋转所存储的机械能变成电能快速消耗掉，达到能耗制动的目的。

三相电动机的能耗制动的电路图如图 5-17 所示。在图 5-17（a）控制电路中，当按下停止复合按钮 SB1 时，其动断触点切断接触器 KM1 的线圈电路，同时其动合触点将 KM2 的线圈电路接通，接触器 KM1 和 KM2 的主触点在主电路中断开三相电源，接入直流电源进行制动；松开 SB1，KM2 线圈断电，制动停止。由于用复合按钮控制，制动过程中按钮必须始终处于压下状态，操作不便。图 5-17（b）采用时间继电器实现自动控制，当复合按钮 SB1 压下以后，KM1 线圈失电，KM2 和 KT 的线圈得电并自锁，电动机制动，SB1 松开复位，制动结束后，时间继电器 KT 的延时动断触点断开 KM2 线圈电路。

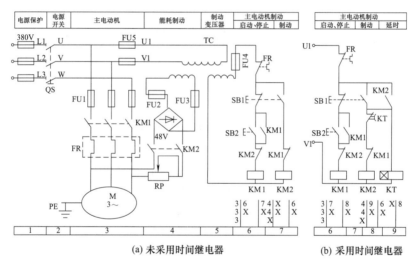

图 5-17　三相电动机的能耗制动的电路图

利用 PLC 实现三相电动机的能耗制动自动控制的 I/O 接线图和梯形图程序，如图 5-18 所示。

5.2.11 使用脉冲输出触发数控机床步进电动机驱动器

每个 S7-200 CPU 都有两个 PTO/PWM（脉冲列/脉冲宽度调制）发生器，分别通过两个数字量输出 Q0.0 和 Q0.1，输出特定数目的脉冲或周期的方波，即产生高速脉冲列/脉冲宽度可调制的波形。可用 Q0.0 输出的高速脉冲列触发数控机床步进电动机驱动器。当输入端 I1.0 发出"START"信号后，控制器将输出固定数目的方波脉冲，使步进电动机按对应的步数转动。当输入端 I1.1 发出"STOP"信号后，步进电动机停止转动。输入端 I1.5 的方向开关用来控制步进电动机的转动方向：正转或反转。其控制流程图如图 5-19 所示。

根据工艺要求和流程图编写的梯形图及注释说明如图 5-20 所示。

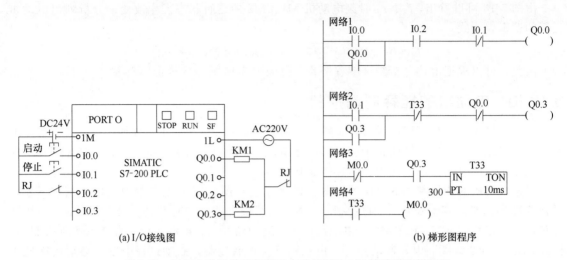

(a) I/O接线图　　　　　　　　　　　　　　(b) 梯形图程序

图 5-18　三相电动机的能耗制动自动控制的 I/O 接线图和梯形图

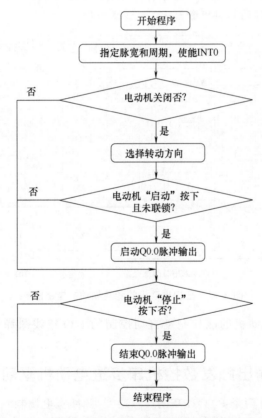

图 5-19　使用脉冲输出触发步进电动机驱动器的流程图

5.2.12　机床电动机的单按钮"按启按停"控制

在大多数机床的控制中，电动机的启动和停止操作通常是由 2 只按钮分别控制的。如果 1 台 PLC 控制多个这种具有启动/停止操作的设备时，势必占用很多输入点。有时为了节省输入点，可通过软件编程，用单按钮实现电动机的启动/停止控制。即按一下该按钮，输入的是启

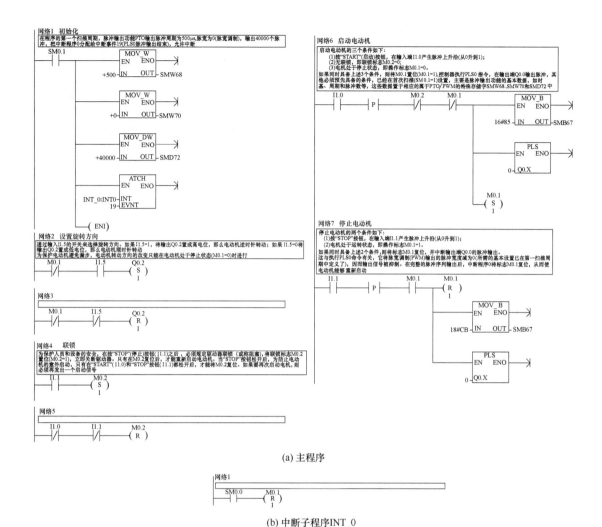

(a) 主程序

网络1

(b) 中断子程序INT_0

图 5-20　使用脉冲输出触发步进电动机驱动器的梯形图程序

动信号；再按一下该按钮，输入的则是停止信号；单数次为启动信号，双数次为停止信号。若 PLC 控制的接线图如图 5-21 所示，可实现的编程方法如下。

（1）利用上升沿指令编程

PLC 控制电路的梯形图如图 5-22（a）所示。I0.0 作为启动/停止按钮相对应的输入继电器，第一次按下时 Q0.1 有输出（启动）；第二次按下时 Q0.1 无输出（停

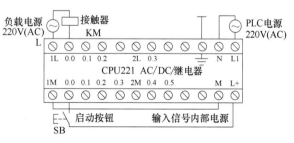

图 5-21　PLC 控制的接线图

止）；第三次按下时 Q0.1 又有输出；第四次按下时 Q0.1 无输出（停止）；……图 5-22（c）为其工作时序图。

（2）采用上升沿指令和置位/复位指令编程

采用上升沿指令和置位/复位指令编程的"按启按停"PLC 控制电路的梯形图和语句表如图 5-23（a）所示，其工作时序图同图 5-22（c）。

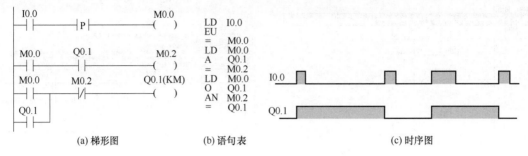

| (a) 梯形图 | (b) 语句表 | (c) 时序图 |

图 5-22　利用上升沿指令编程的"按启按停"控制

（3）采用计数器指令编程

采用计数器指令编程的"按启按停" PLC 控制电路的梯形图和语句表如图 5-23（b）所示，其工作时序图同图 5-22（c）。

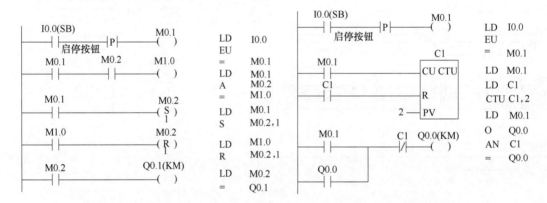

(a) 采用上升沿指令和置位/复位指令编程　　(b) 采用计数器指令编程

图 5-23　利用另外两种方法编程的"按启按停"控制

5.2.13　行程开关控制的机床工作台自动循环控制电路

（1）机床工作台工作示意图及 PLC 控制接线图如图 5-24 所示。

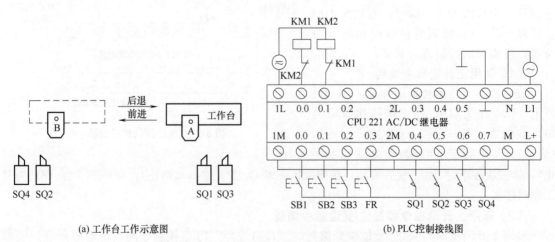

(a) 工作台工作示意图　　　　　(b) PLC 控制接线图

图 5-24　工作台工作示意图及 PLC 控制接线图

（2）PLC 控制的梯形图如图 5-25 所示。

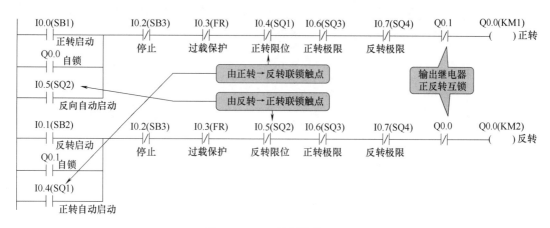

图 5-25　PLC 控制的梯形图

5.2.14　电动机串电阻减压启动和反接制动控制

（1）电动机串电阻减压启动和反接制动控制的硬件电路图如图 5-26 所示。

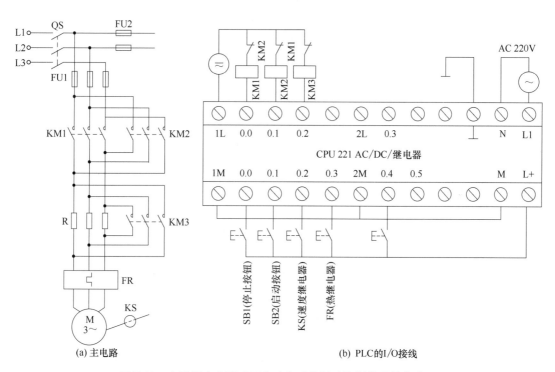

(a) 主电路　　　　　　　　　　　(b) PLC的I/O接线

图 5-26　电动机串电阻减压启动和反接制动控制的硬件电路图

（2）电动机串电阻减压启动和反接制动控制的梯形图程序如图 5-27 所示。

5.2.15　机床电动机的单管能耗制动控制

（1）机床电动机单管能耗制动控制的硬件电路图如图 5-28 所示。
（2）机床电动机单管能耗制动控制的梯形图程序如图 5-29 所示。

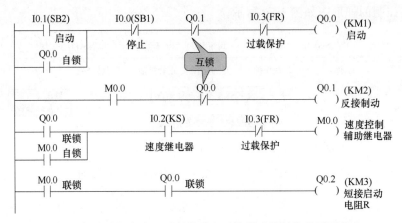

图 5-27 电动机串电阻减压启动和反接制动控制的梯形图程序

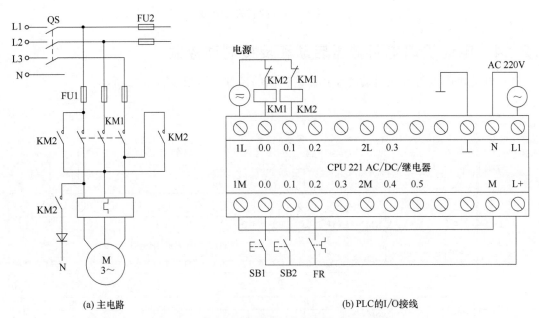

(a) 主电路

(b) PLC的I/O接线

图 5-28 电动机单管能耗制动控制的硬件电路图

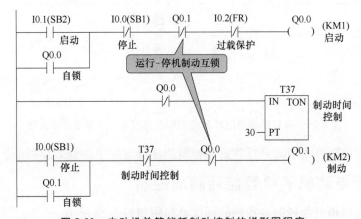

图 5-29 电动机单管能耗制动控制的梯形图程序

5.2.16 3台电动机 Y/△ 减压顺序启动/逆序停止的 PLC 控制

（1）控制要求

要求3台电动机进行 Y/△ 减压启动控制，并且实现顺序启动/逆序停止。

（2）PLC 的 I/O 配置和 PLC 的 I/O 接线图

PLC 的 I/O 配置如表 5-4 所示，其实际接线图如图 5-30 所示。

表 5-4 PLC 的 I/O 配置表

输入设备		PLC	输出设备		PLC
代号	功能	输入继电器	代号	功能	输出继电器
SB1	启动按钮	I0.0	KM1	1# 电动机 Y 接触器	Q0.0
SB2	停止按钮	I0.1	KM2	1# 电动机 △ 接触器	Q0.1
			KM3	1# 电动机主接触器	Q0.2
			KM4	2# 电动机 Y 接触器	Q0.3
			KM5	2# 电动机 △ 接触器	Q0.4
			KM6	2# 电动机主接触器	Q0.5
			KM7	3# 电动机 Y 接触器	Q0.6
			KM8	3# 电动机 △ 接触器	Q0.7
			KM9	3# 电动机主接触器	Q1.0

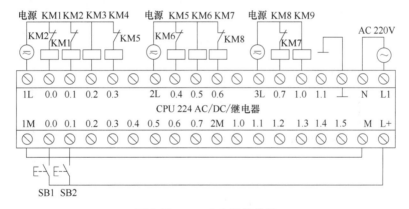

图 5-30 PLC 的实际接线图

5.2.17 PLC 控制 3 台电动机 Y/△ 减压顺序启动/逆序停止的梯形图程序

在编程过程中，1# ~3# 电动机控制程序中所需的定时器与状态元件见表 5-5。

表 5-5 1# ~3# 电动机控制程序中所需的定时器与状态元件

项目	1# 电动机	2# 电动机	3# 电动机
Y-△ 延时定时器	T37	T38	T39
延时启动定时器	T40	T41	—
延时停止定时器	—	T42	T43
启动状态	S2.0	S2.1	S2.2
停止状态	S2.5	S2.4	S2.3

PLC 控制 3 台电动机 Y/△减压顺启/逆停的梯形图程序如图 5-31 所示。

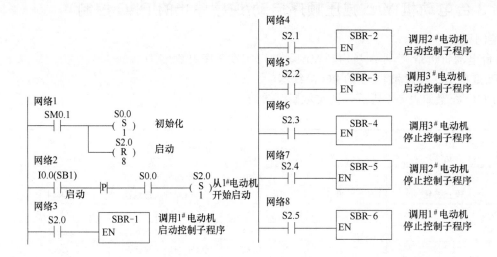

(a) 主程序

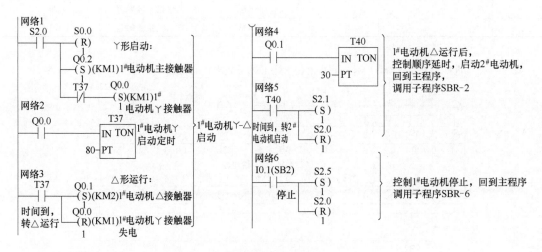

(b) 1#电动机启动控制子程序

网络1
S2.5 ┤├ Q0.0
(R)
3
S2.4
(R)
1
1#电动机停止运行

网络2
S2.5 ┤├ S0.0
(S)
S2.5
(R)
1
返回主程序，初始状态

(c) 1#电动机停止控制子程序

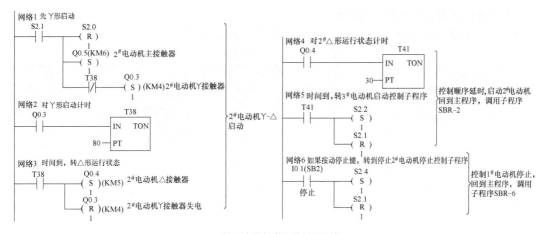

(d) 2#电动机启动控制子程序

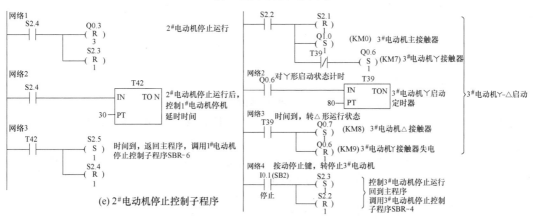

(e) 2#电动机停止控制子程序

(f) 3#电动机启动控制子程序

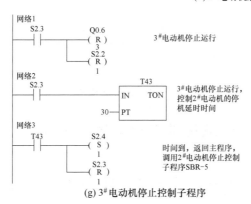

(g) 3#电动机停止控制子程序

图 5-31　PLC 控制 3 台电动机 Y/△ 减压顺启/逆停的梯形图程序

5.2.18　用比较指令编程的电动机顺序启动/逆序停止的 PLC 控制

（1）控制要求

有三台电机 M1、M2 和 M3，按下启动按钮，电动机按 M1、M2 和 M3 顺序启动；按下停止按钮，电动机按 M3、M2 和 M1 逆序停止。电动机的启动时间间隔为 1min，停止时间间隔为 30s。

（2）PLC 的 I/O 配置和实际接线图

PLC 的 I/O 配置如表 5-6 所示，其实际接线图如图 5-32 所示。

表 5-6   PLC 的 I/O 配置

输入设备		PLC	输出设备		PLC
代号	功能	输入继电器	代号	功能	输出继电器
SB1	启动按钮	I0.0	KM1	接触器	Q0.0
SB2	停止按钮	I0.1	KM2	接触器	Q0.1
			KM3	接触器	Q0.2

（3）PLC 控制的梯形图程序

PLC 控制的梯形图程序如图 5-33 所示。图中电动机的启动和关断信号均为短信号。T38 为断电延时定时器，其计时到设定值后，当前值停在设定值不再计时。T38 的定时值设定为 600，这使得再次按启动按钮 I0.0 时，T38 不等于 600 的比较触点为闭合状态，M1 能够正常启动。从图中可以看出，使用一些复杂指令，可以使程序变得简单。

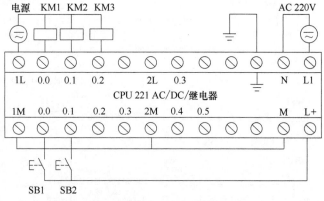

图 5-32   PLC 的实际接线图

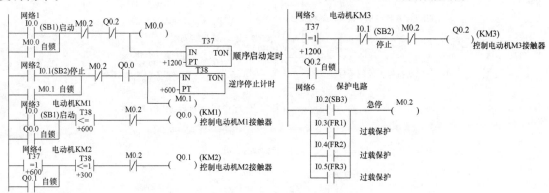

图 5-33   PLC 控制的梯形图程序

5.2.19   用移位寄存器指令编程的四台电动机 M1～M4 的 PLC 控制

（1）控制要求

启动的顺序为 M1→M2→M3→M4，顺序启动的时间间隔为 2min。启动完毕，进入正常运行，直到停机。

（2）PLC 的 I/O 配置及实际接线图

PLC 的 I/O 配置如表 5-7 所示，其实际接线图如图 5-34 所示。

表 5-7   PLC 的 I/O 配置

输入设备		PLC	输出设备		PLC
代号	功能	输入继电器	代号	功能	输出继电器
SB1	启动按钮	I0.0	KM1	接触器	Q0.0
SB2	停止按钮	I0.1	KM2	接触器	Q0.1
			KM3	接触器	Q0.2
			KM4	接触器	Q0.3

（3）顺序功能图和梯形图

四台电动机 M1、M2、M3、M4 PLC 控制的顺序功能图如图 5-35 所示，其梯形图如图 5-36 所示。

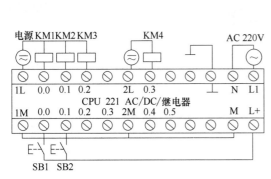

图 5-34　PLC 的实际接线图

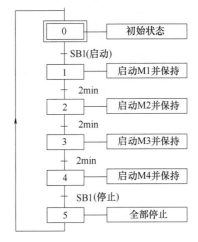

图 5-35　PLC 控制的顺序功能图

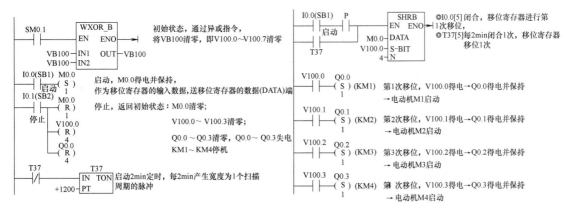

图 5-36　PLC 控制的梯形图程序

5.3　典型生产设备的 PLC 控制

5.3.1　CA6140 普通车床的 PLC 控制

（1）CA6140 普通车床的电气控制电路

CA6140 普通车床的电气控制电路如图 5-37 所示。

（2）改为 PLC 控制后的 I/O 配置和 PLC 的 I/O 接线

由图 5-37 可知，要改为 PLC 控制，需要输入信号 6 个，输出信号 3 个，全部为开关量。PLC 可选用 CPU 221 AC/DC/继电器（100～230VAC 电源/24V DC 输入/继电器输出）。

其输入/输出电器及 PLC 的 I/O 配置如表 5-8 所示。

PLC 控制电路的主电路同图 5-37（a），PLC 的 I/O 接线如图 5-38 所示，图中输入信号使用 PLC 提供的内部直流电源 24V（DC），负载使用的外部电源为交流 220V（AC），PLC 电源为交流 220V（AC）。

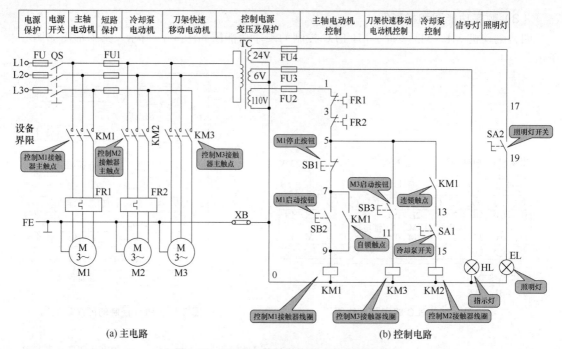

图 5-37 CA6140 普通车床的电气控制电路

表 5-8 输入/输出电器与 PLC 的 I/O 配置

输入设备		PLC	输出设备		PLC
符号	功能	输入继电器	符号	功能	输出继电器
SB2	M1 启动按钮	I0.0	KM1	M1 接触器	Q0.0
SB1	M1 停止按钮	I0.1	KM2	M2 接触器	Q0.1
FR1	M1 热继电器	I0.2	KM3	M3 接触器	Q0.2
FR2	M2 热继电器	I0.3			
SA1	M2 转换开关	I0.4			
SB3	M3 点动按钮	I0.5			

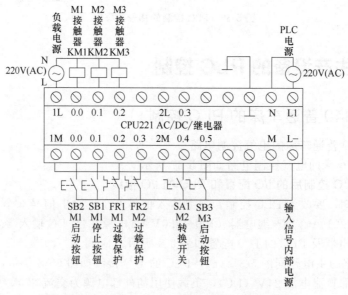

图 5-38 CA6140 型机床 PLC 的 I/O 接线图

（3）CA6140 型车床 PLC 控制梯形图程序

CA6140 小型车床 PLC 控制的梯形图程序如图 5-39 所示（图中 [n] 表示梯形图的梯级 n 与语句表中的段数 n）。

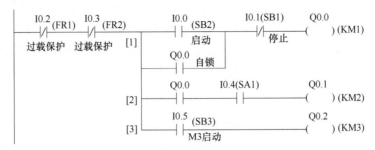

图 5-39　CA6140 型机床 PLC 控制的梯形图程序

① 主轴电动机 M1 的控制

a. M1 运行：[加"◎"前缀表示动合（常开）触点]

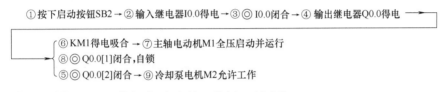

b. M1 停止：[加"♯"前缀表示动断（常闭）触点]

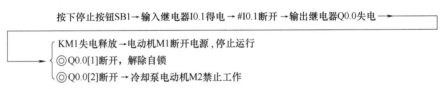

② 冷却泵电机 M2 的控制　◎ Q0.0 [2] 闭合，冷却泵电动机 M2 允许工作，接下来按下面的顺序执行。

a. M2 运行：合上转换开关 SA1→输入继电器 I0.4 得电→◎ I0.4 闭合→输出继电器 Q0.1 得电→KM2 得电吸合→冷却泵电动机 M2 全压启动后运行。

b. M2 停止：断开转换开关 SA1→输入继电器 I0.4 失电→◎ I0.4 断开→输出继电器 Q0.1 失电→KM2 失电释放→冷却泵电动机 M2 停止运行。

③ 刀架快速移动电动机 M3 控制　按下启动按钮 SB3→输入继电器 I0.5 得电→◎ I0.5 [3] 闭合→输出继电器 Q0.2 得电→KM3 得电吸合→快速移动电动机 M3 点动运行。

④ 过载及断相保护　热继电器 FR1、FR2 分别对电机 M1 和 M2 进行过载保护；由于快速移动电动机 M3 为短时工作制，不需要过载保护。

5.3.2　C650 中型车床 PLC 控制

（1）C650 中型车床的电气控制电路图

C650 中型车床的电气控制电路图见图 4-29，其识读分析见 4.2.1。

（2）改为 PLC 控制后的 I/O 配置和 PLC 的 I/O 接线

在将继电器控制电路改造为 PLC 控制时，原控制系统的各个按钮、热继电器、速度继电器及接触器全都还要使用，并需要分别与 PLC 的 I/O 接口连接。PLC 的 I/O 配置如表 5-9 所示，PLC 控制电路的主电路同图 4-29（a），PLC 的 I/O 接线图如图 5-40 所示。机床原配的热继电器采用 PLC 机外与接触器线圈连接方式，这样的安排可使过载保护更加可靠。快速移动电动机的控制十分简单，为节省接口也不通过 PLC，将 KM5 与行程开关 SQ 串接后直接按下电源。另安排定时器 T37 代替原来电路中的时间继电器 KT。

表 5-9 PLC 的 I/O 配置

输入设备		PLC 输入继电器	输出设备		PLC 输出继电器
代号	功能		代号	功能	
SB1	停止按钮	I0.0	KM1	主轴正转接触器	Q0.0
SB2	点动按钮	I0.1	KM2	主轴反转接触器	Q0.1
SB3	正转启动按钮	I0.2	KM3	切断电阻接触器	Q0.2
SB4	反转启动按钮	I0.3	KM4	冷却泵接触器	Q0.3
SB5	冷却泵停止按钮	I0.4	KM5	快速电动机接触器	Q0.4
SB6	冷却泵启动按钮	I0.5			
KS1	速度继电器正转触点	I0.6			
KS2	速度继电器反转触点	I0.7			

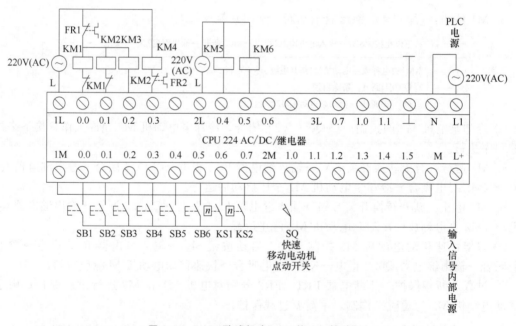

图 5-40 C650 卧式机床 PLC 的 I/O 接线图

（3）C650 中型车床 PLC 控制梯形图程序

由于继电接触器电路中无论主轴电动机正转还是反转，切除限流电阻接触器 KM3 都是首先动作，在梯形图中，安排第一个支路为切除电阻控制支路。在正转及反转接触器控制支路中，综合了自保持、制动两种控制逻辑关系。正转控制中还加有手动控制。

在如图 5-41 所示的梯形图中，用定时器 T37 代替图 4-29 中的时间继电器 KT，并且通过 T37 控制 Q0.5→KM6 的动断触点 KM6（P-Q），在启动的短时间内将电流表暂时短接。

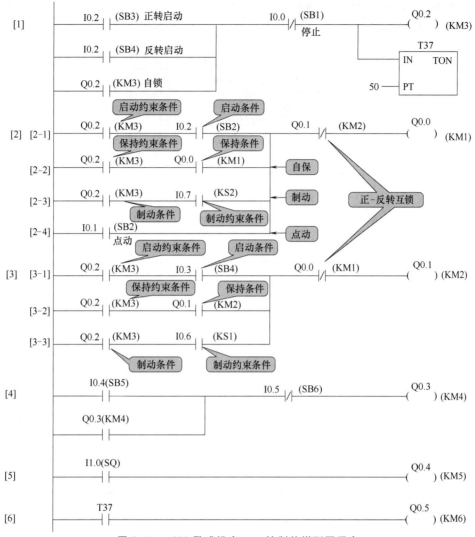

图 5-41　C650 卧式机床 PLC 控制的梯形图程序

a. 主轴电动机 M1 正转点动控制。

按下正转点动按钮 SB2 → 输入继电器 I0.1 得电 → ◎ I0.1[2-4] 闭合 →
→ Q0.0[2] 得电 → KM1 得电吸合 → 电动机 M1 正转启动
松开正转点动按钮 SB2 → 输入继电器 I0.1 失电 → ◎ I0.0[2-4] 断开 →
→ Q0.0[2] 失电 → KM1 失电释放 → 电动机 M1 正转停止

b. 主轴电动机 M1 正转控制。主轴电动机 M1 正转控制扫描周期顺序如图 5-42 所示。

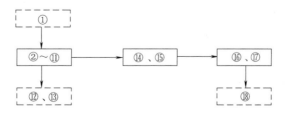

图 5-42　主轴电动机 M1 正转控制扫描周期顺序

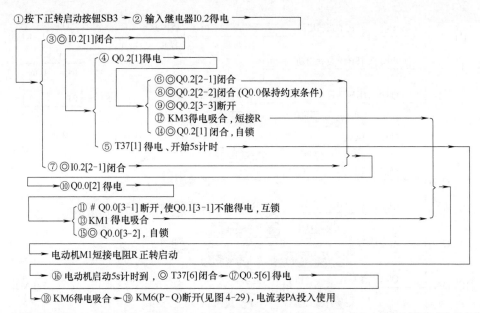

① 按下正转启动按钮SB3 → ② 输入继电器I0.2得电
　　　③ ◎ I0.2[1]闭合
　　　　　④ Q0.2[1]得电
　　　　　　　⑥ ◎ Q0.2[2-1]闭合
　　　　　　　⑧ ◎ Q0.2[2-2]闭合 (Q0.0保持约束条件)
　　　　　　　⑨ ◎ Q0.2[3-3]断开
　　　　　　　⑫ KM3得电吸合，短接R
　　　　　　　⑭ ◎ Q0.2[1]闭合，自锁
　　　　　⑤ T37[1]得电、开始5s计时
　　　⑦ ◎ I0.2[2-1]闭合
　　　　⑩ Q0.0[2] 得电
　　　　　　⑪ # Q0.0[3-1]断开，使Q0.1[3-1]不能得电，互锁
　　　　　　⑬ KM1 得电吸合
　　　　　　⑮ ◎ Q0.0[3-2]，自锁
　　　电动机M1短接电阻R正转启动
　　　⑯ 电动机启动5s计时到，◎ T37[6]闭合 → ⑰ Q0.5[6]得电
　　　⑱ KM6得电吸合 → ⑲ KM6(P-Q)断开(见图4-29)，电流表PA投入使用

c. 主轴电动机 M1 正转停车制动。主轴电动机 M1 正转停车制动扫描周期顺序如图 5-43 所示。

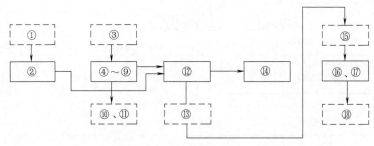

图 5-43　主轴电动机 M1 正转停车制动扫描周期顺序

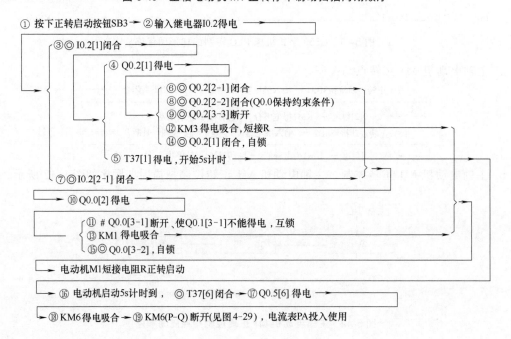

① 按下正转启动按钮SB3 → ② 输入继电器I0.2得电
　　　③ ◎ I0.2[1]闭合
　　　　　④ Q0.2[1]得电
　　　　　　　⑥ ◎ Q0.2[2-1]闭合
　　　　　　　⑧ ◎ Q0.2[2-2]闭合(Q0.0保持约束条件)
　　　　　　　⑨ ◎ Q0.2[3-3]断开
　　　　　　　⑫ KM3 得电吸合，短接R
　　　　　　　⑭ ◎ Q0.2[1]闭合，自锁
　　　　　⑤ T37[1]得电，开始5s计时
　　　⑦ ◎ I0.2[2-1]闭合
　　　　⑩ Q0.0[2] 得电
　　　　　　⑪ # Q0.0[3-1]断开，使Q0.1[3-1]不能得电，互锁
　　　　　　⑬ KM1 得电吸合
　　　　　　⑮ ◎ Q0.0[3-2]，自锁
　　　电动机M1短接电阻R正转启动
　　　⑯ 电动机启动5s计时到，　◎ T37[6]闭合 → ⑰ Q0.5[6] 得电
　　　⑱ KM6得电吸合 → ⑲ KM6(P-Q)断开(见图4-29)，电流表PA投入使用

5.3.3 C5225 型立式车床 PLC 控制

（1）C5225 型立式车床的电气控制电路图

C5225 型立式车床的电气控制电路图见图 4-30，其识读分析见 4.2.2。

（2）改为 PLC 控制后的 I/O 配置和 PLC 的 I/O 接线

① C5225 型立式车床 PLC 控制输入输出点分配表见表 5-10。

表 5-10　C5225 型立式车床 PLC 控制输入输出点分配表

输入信号			输出信号		
名称	代号	输入点编号	名称	代号	输出点编号
总停止按钮	SB1	I0.0	润滑指示灯	HL1	Q0.0
总启动按钮、开关	SB2、QF1、QF2	I0.1	变速指示灯	HL2	Q0.1
电动机 M1 停止按钮	SB3	I0.2	主轴电动机 M1 正转接触器	KM1	Q0.2
电动机 M1 启动按钮	SB4	I0.3	主轴电动机 M1 反转接触器	KM2	Q0.3
电动机 M1 正转点动	SB5	I0.4	主轴电动机 M1 制动接触器	KM3	Q0.4
电动机 M1 反转点动	SB6	I0.5	主轴电动机 Y 形启动接触器	KMY	Q0.5
工作台变速按钮	SB7	I0.6	主轴电动机 △ 形启动接触器	KM△	Q0.6
右立刀架快速移动按钮	SB8	I0.7	油泵电动机 M2 接触器	KM4	Q0.7
右立刀架进给停止按钮	SB9	I1.0	右立刀架快速移动电动机接触器	KM5	Q1.0
右立刀架进给启动按钮、开关	SB10、SA3	I1.1	右立刀架进给电动机接触器	KM6	Q1.1
左立刀架快速移动按钮	SB11	I1.2	左立刀架快速移动电动机接触器	KM7	Q1.2
左立刀架进给停止按钮	SB12	I1.3	左立刀架进给电动机接触器	KM8	Q1.3
左立刀架进给启动按钮、开关	SB13、SA4	I1.4	横梁上升接触器	KM9	Q1.4
横梁下降按钮	SB14	I1.5	横梁下降接触器	KM10	Q1.5
横梁上升按钮	SB15	I1.6	工作台变速电磁铁	YA1	Q1.6
右立刀架制动按钮	SB16	I1.7	工作台变速电磁铁	YA2	Q1.7
左立刀架制动按钮	SB17	I2.0	工作台变速电磁铁	YA3	Q2.0
工作台变速选择开关	SA-1	I2.1	工作台变速电磁铁	YA4	Q2.1
	SA-2	I2.2	定位电磁铁	YA5	Q2.2
	SA-3	I2.3	横梁放松电磁铁	YA6	Q2.3
	SA-4	I2.4	右立刀架向左离合器电磁铁	YC1	Q2.4
右立刀架向左开关	SA1-1	I2.5	右立刀架向右离合器电磁铁	YC2	Q2.5
右立刀架向右开关	SA1-2	I2.6	右立刀架向上离合器电磁铁	YC3	Q2.6
右立刀架向上开关	SA1-3	I2.7	右立刀架向下离合器电磁铁	YC4	Q2.7
右立刀架向下开关	SA1-4	I3.0	右立刀架水平制动离合器电磁铁	YC5	Q3.0
左立刀架向左开关	SA2-1	I3.1	右立刀架垂直制动离合器电磁铁	YC6	Q3.1
左立刀架向右开关	SA2-2	I3.2	左立刀架水平制动离合器电磁铁	YC7	Q3.2
左立刀架向上开关	SA2-3	I3.3	左立刀架垂直制动离合器电磁铁	YC8	Q3.3
左立刀架向下开关	SA2-4	I3.4	左立刀架向左离合器电磁铁	YC9	Q3.4
速度继电器	KS	I3.5	左立刀架向右离合器电磁铁	YC10	Q3.5
压力继电器	KP	I3.6	左立刀架向上离合器电磁铁	YC11	Q3.6
自动伺服行程开关	ST1	I3.7	左立刀架向下离合器电磁铁	YC12	Q3.7
右立刀架向左限位开关	ST3	I4.0			
右立刀架向右限位开关	ST4	I4.1			
左立刀架向左限位开关	ST5	I4.2			
左立刀架向右限位开关	ST6	I4.3			
横梁上升下降行程开关	ST7、ST8、ST9、ST10	I4.4			
横梁上升限位行程开关	ST11	I4.5			
横梁下降限位行程开关	ST12	I4.6			

② C5225 型立式车床 PLC 控制接线图如图 5-44 所示。

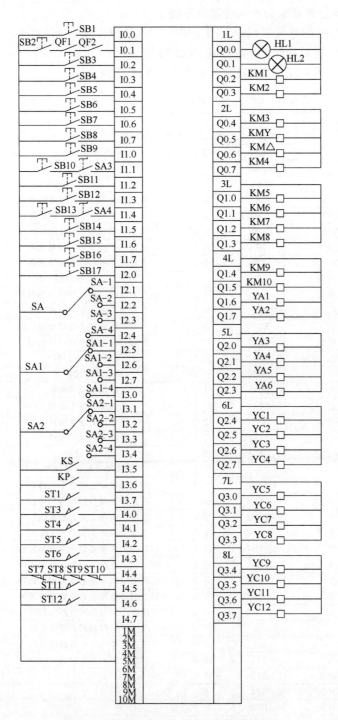

图 5-44 C5225 型立式车床 PLC 控制接线图

（3）C5225 型立式车床的 PLC 控制的梯形图和语句表程序

① 根据 C5225 型立式车床的控制要求，编写出的 PLC 控制的梯形图如图 5-45 所示。

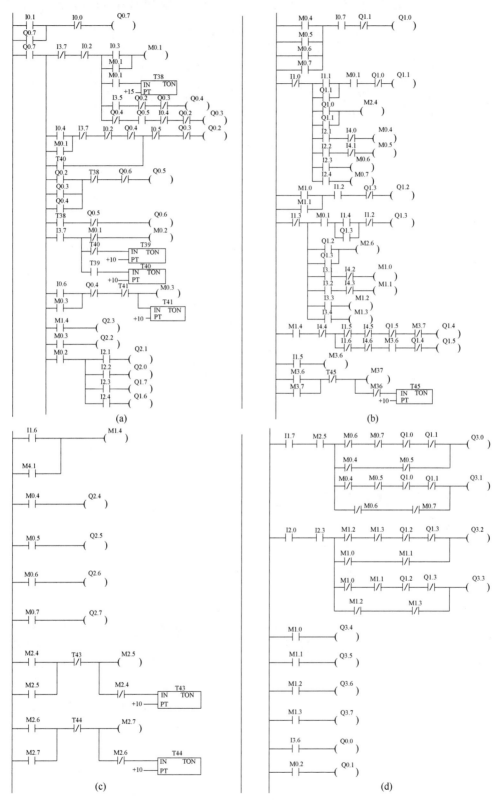

图 5-45　C5225 型立式车床 PLC 控制梯形图

② 根据接线图，参照梯形图，编写出的 C5225 型立式车床 PLC 控制的语句表程序如下。

```
LD   I0.1      TON  T39,+10   AN   I4.0      AN   I1.6      AN   M0.5
O    Q0.7      LRD            =    M0.4      AN   I4.6      OLD
AN   I0.0      A    T39       LRD            A    M3.6      ALD
=    Q0.7      TON  T40,+10   A    I2.2      AN   Q1.4      =    Q3.0
LD   Q0.7      LRD            =    M0.5      =    Q1.5      LPP
LPS            LD   I0.6      LRD            LRD            LDN  M0.4
AN   I3.7      O    M0.3      A    I2.3      A    I1.5      AN   M0.5
AN   I0.2      AN   Q0.4      =    M0.6      A    M3.6      AN   Q1.0
LPS            AN   T41       LPP            LRD            AN   Q1.1
LD   I0.3      ALD            A    I2.4      LD   M3.6      LDN  M0.6
O    M0.1      =    M0.3      =    M0.7      O    M3.7      AN   M0.7
ALD            TON  T41,+10   LRD            A    T45       OLD
=    M0.1      LRD            LD   M1.0      ALD            =    Q3.1
LPP            LPS            O    M1.1      =    M3.7      LRD
LPS            A    M1.4      ALD            AN   M3.6      A    I2.0
A    M0.1      =    Q2.3      A    I1.2      TON  T45,+10   A    I2.3
TON  T38,+15   LPP            =    Q1.3      LRD            LPS
LRD            A    M0.3      =    Q1.2      LD   I1.6      LDN  M1.2
A    I3.5      =    Q2.2      LRD            O    M4.1      AN   M1.3
AN   Q0.2      LRD            AN   I1.3      ALD            AN   Q1.2
AN   Q0.3      A    M0.2      LPS            =    M1.4      AN   Q1.3
=    Q0.4      LPS            A    M0.1      LPP            LDN  M1.0
LPP            A    I2.1      LD   I1.4      LPS            AN   M1.1
AN   Q0.4      =    Q2.1      O    Q1.3      A    M0.4      OLD
A    I0.5      LRD            ALD            O    Q2.4      =    Q3.2
AN   I0.4      A    I2.2      AN             LRD            LPP
AN   Q0.2      =    Q2.0      =    Q1.3      A    M0.5      LDN  M1.1
=    Q0.3      LRD            LRD            O    Q2.5      AN   M1.1
LRD            A    I2.3      LD   Q1.2      LRD            AN   Q1.3
LD   I0.4      =    Q1.7      O    Q1.3      A    M0.6      LDN  M1.2
O    M0.1      LPP            ALD            O    Q2.6      AN   M1.3
AN   I3.7      A    I2.4      =              A    M0.7      OLD
AN   I0.2      =    Q1.6      M2.6           O    Q2.7      ALD
O    T40       LPP            LRD            LPS            =    Q3.3
ALD            LD   M0.4      A    I3.1      LD   M2.5      LPS
AN   I0.5      O    M0.5      AN   I4.2      O    T43       A    M1.0
AN   Q0.3      O    M0.6      =    M1.0      AN   M2.4      =    Q3.4
=    Q0.2      O    M0.7      LRD            TON  T43,+10   LRD
LPP            ALD            A    I4.3      LRD            A    M1.1
LPS            A    I0.7      AN             LD   M2.6      =    Q3.5
LD   Q0.2      AN   Q1.1      =    M1.1      O    T44       LRD
O    Q0.3      =    Q1.0      LRD            AN   M2.7      A    M1.2
O    Q0.4      LPS            A    I3.3      ALD            =    Q3.6
ALD            AN   I1.0      =    M1.2      =    M2.7      LRD
AN   T38       LPS            LPP            TON  T44,+10   A    M1.3
AN   Q0.6      LD   I1.1      A    I3.4      LRD            =    Q3.7
=    Q0.5      O    Q1.1      =    M1.3      A    I1.7      LD   I3.6
LRD            ALD            LPP            A    M2.5      O    Q0.0
A    T38       A    M0.1      LPS            LPP            LPP
A    Q0.5      AN   Q1.0      A    M1.4      LPS            A    M0.2
=    Q0.6      =    Q1.1      AN   I4.4      LDN  M0.6      =    Q0.1
LRD            LRD            LPS            AN   M0.7
A    I3.7      LD   Q1.0      AN   I1.5      AN   Q1.0
LPS            O    Q1.1      AN   I4.5      AN   Q1.1
AN   M0.1      ALD            LDN  M0.6      LDN  M0.4
AN   M0.2      =    M2.4      AN   M0.7
LPP            LPP            AN   M3.7
AN   T40       LPS            =    Q1.4
               A    I2.1      LPP
```

5.3.4 Z3040 摇臂钻床 PLC 控制

（1）Z3040 摇臂钻床的电气控制电路图

Z3040 摇臂钻床的电气控制电路图见图 4-34，其识读分析见 4.2.3。

（2）改为 PLC 控制后的 I/O 配置和 PLC 的 I/O 接线

PLC 的 I/O 配置表如表 5-11 所示。

表 5-11 PLC 的 I/O 配置

输入设备		PLC	输出设备		PLC
代号	功能	输入继电器	代号	功能	输出继电器
SB1	主轴停止按钮	I0.0	KM1	主轴电动机接触器	Q0.0
SB2	主轴点动按钮	I0.1	KM2	摇臂上升接触器	Q0.1
SB3	摇臂上升按钮	I0.2	KM3	摇臂下降接触器	Q0.2
SB4	摇臂下降按钮	I0.3	KM4	液压电动机正转接触器	Q0.3
SB5	主轴箱、立柱松按钮	I0.4	KM5	液压电动机反转接触器	Q0.4
SB6	主轴箱、立柱夹紧按钮	I0.5	YA	电磁阀	Q0.5
SQ1U	摇臂上升限位开关	I0.6			
SQ1D	摇臂下降限位开关	I0.7			
SQ2	摇臂松开限位开关	I1.0			
SQ3	摇臂夹紧限位开关	I1.1			
FR	热继电器	I1.2			

PLC 控制电路的主电路同图 4-34（a），PLC 的 I/O 接线图如图 5-46 所示。

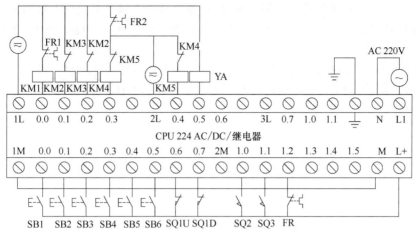

图 5-46　PLC 的 I/O 接线图

（3）Z3040 摇臂钻床 PLC 控制程序

Z3040 摇臂钻床 PLC 控制的梯形图程序如图 5-47 所示。

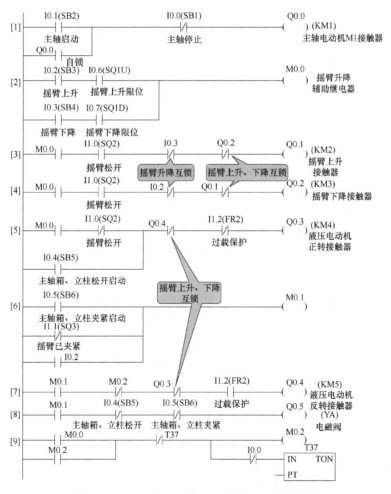

图 5-47　Z3040 摇臂钻床 PLC 控制的梯形图程序

① 主电动机 M1 的控制　按下启动按钮 SB2→输入继电器 I0.1 得电→◎ I0.1 [1] 闭合→输出继电器 Q0.0 [1] 得电闭合并自锁→KM1 得电吸合→主轴电动机 M1 启动运转。

按下停止按钮 SB1→输入继电器 I0.0 得电→♯I0.0 [1] 断开→Q0.0 [1] 失电→KM1 失电释放→电动机 M 停转。

② 摇臂的工作　预备状态（摇臂钻床平常或加工工作时）：SQ3 受压→I1.1 得电→♯I1.1 [6] 断开，SQ2 未受压→I1.0 未得电→◎ I1.0 [3] 断开、♯I1.0 [5] 闭合。

a. 摇臂松开：

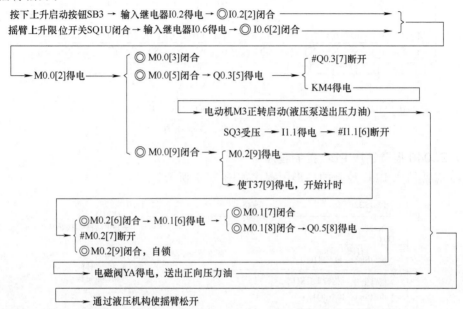

b. 摇臂上升：当摇臂完全松开时，压下行程 SQ2，其动合触点（◎ I1.0 [3]、[4]）闭合，动断触点（♯I1.0 [5]）断开。

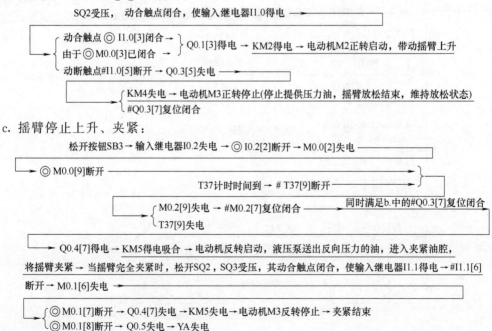

c. 摇臂停止上升、夹紧：

③ 立柱和主轴箱的松开与夹紧控制。

按下SB5→输入继电器I0.4得电 ─────────────┐

┌─ ◎I0.4[5]闭合 → Q0.3[5]得电 → KM4得电 → M3启动，供给压力油，通过机械液压系统使立柱和主轴箱放松

└─ #I0.4[8]断开 → Q0.5[8]不能得电，电磁阀YA失电

按下SB6→输入继电器I0.5得电 ─────────────┐

┌─ ◎I0.5[6]闭合 → M0.1[6]得电 → ◎M0.1[7]闭合 → Q0.4[7]得电 → KM5得电 → M3启动、供给压力油 →┐
└─────→ ◎M0.1[8]闭合 → Q0.5[8]得电 → YA得电 ─────────────────────────────────────┘

─→ 通过机械液压系统使立柱和主轴箱夹紧

5.3.5　B2012A 型龙门刨床 PLC 控制

（1）B2012A 型龙门刨床的电气控制电路图

B2012A 型龙门刨床的电气控制电路图见图 4-38～图 4-41，其识读分析见 4.2.4。

（2）改为 PLC 控制后的 I/O 配置和 PLC 的 I/O 接线

① B2012A 型龙门刨床 PLC 控制输入输出点分配表见表 5-12。

表 5-12　B2012A 型龙门刨床 PLC 控制输入输出点分配表

输入信号			输出信号		
名称	代号	输入点编号	名称	代号	输出点编号
热继电器	KR1～KR4	I0.0	交流电动机 M1 启动接触器	KM1	Q0.0
电动机 M1 停止按钮	SB1	I0.1	交流电动机 M2、M3 接触器	KM2	Q0.1
电动机 M1 启动按钮	SB2	I0.2	交流电动机 M1Y 启动接触器	KMY	Q0.2
垂直刀架控制按钮	SB3	I0.3	交流电动机 M1△ 运行接触器	KM△	Q0.3
右侧刀架控制按钮	SB4	I0.4	交流电动机 M4 接触器	KM3	Q0.4
左侧刀架控制按钮	SB5	I0.5	交流电动机 M5 正转接触器	KM4	Q0.5
横梁上升启动按钮	SB6	I0.6	交流电动机 M5 反转接触器	KM5	Q0.6
横梁下降启动按钮	SB7	I0.7	交流电动机 M6 正转接触器	KM6	Q0.7
工作台步进启动按钮	SB8	I1.0	交流电动机 M6 反转接触器	KM7	Q1.0
工作台自动循环启动按钮	SB9	I1.1	交流电动机 M7 正转接触器	KM8	Q1.1
工作台自动循环停止按钮	SB10	I1.2	交流电动机 M7 反转接触器	KM9	Q1.2
工作台自动循环后退按钮	SB11	I1.3	交流电动机 M8 正转接触器	KM10	Q1.3
工作台步进启动按钮	SB12	I1.4	交流电动机 M8 反转接触器	KM11	Q1.4
工作台循环前进减速行程开关	ST1	I1.5	交流电动机 M9 正转接触器	KM12	Q1.5
工作台循环前进换向行程开关	ST2	I1.6	交流电动机 M9 反转接触器	KM13	Q1.6
工作台循环后退减速行程开关	ST3	I1.7	工作台步进控制继电器	K3	Q1.7
工作台循环后退换向行程开关	ST4	I2.0	工作台自动循环控制继电器	K4	Q2.0
工作台前进终端限位行程开关	ST5	I2.1	工作台步退控制继电器	K5	Q2.1
工作台后退终端限位行程开关	ST6	I2.2	工作台后退换向继电器	K6	Q2.2
横梁上升限位行程开关	ST7	I2.3	工作台前进换向继电器	K7	Q2.3
横梁下降限位行程开关	ST8	I2.4	工作台前进减速继电器	K8	Q2.4
横梁下降限位行程开关	ST9	I2.5	工作台低速运行继电器	K9	Q2.5
横梁放松动作行程开关	ST10	I2.6	磨削控制继电器	K10	Q2.6
工作台低速运行行程开关	ST11	I2.7			
工作台低速运行行程开关	ST12	I3.0			
自动进刀控制行程开关	ST13	I3.1			
自动进刀控制行程开关	ST14	I3.2			
自动进刀控制行程开关	ST15	I3.3			
润滑泵电动机 M4 手动控制	SA7-1	I3.4			
润滑泵电动机 M4 自动控制	SA7-2	I3.5			
磨削控制开关	SA8	I3.6			
压力继电器	KP	I3.7			
过电流继电器	KA1	I4.0			
过电流继电器	KA2	I4.1			
时间继电器	KT1	I4.2			
手动控制开关	SA6	I4.3			

② B2012A 型龙门刨床 PLC 控制接线图如图 5-48 所示。

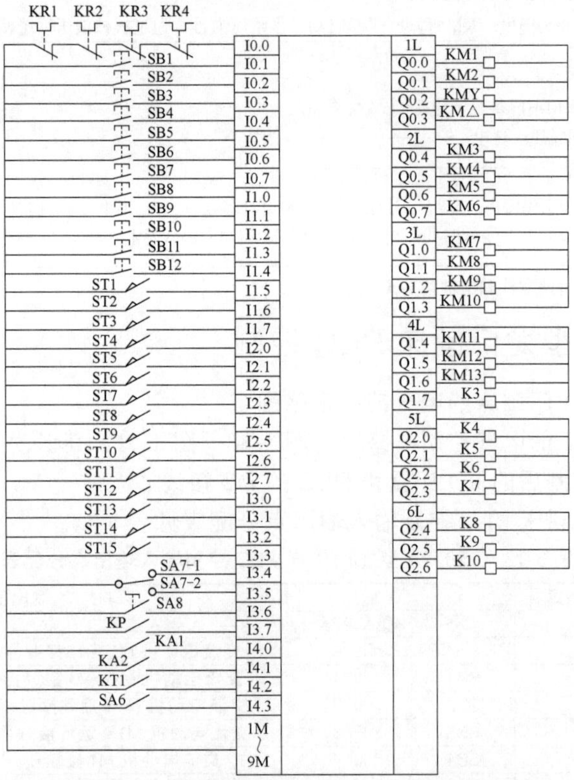

图 5-48　B2012A 型龙门刨床 PLC 控制接线图

（3）B2012A 型龙门刨床 PLC 控制梯形图和语句表程序

① 根据 B2012A 型龙门刨床的控制要求，编写出的 PLC 控制梯形图如图 5-49 所示。

② 对照梯形图，编写出的 B2012A 型龙门刨床 PLC 控制的语句表程序如下。

```
LD    I0.2
O     Q0.0
AN    I0.1
LPS
LDN   Q2.6
A     Q2.0
AN    Q2.2
O     I0.0
ALD
=     Q0.0
LRD
A     Q0.3
TON   T39，  +30
LRD
LDN   I4.2
O     T39
ALD
LPS
AN    Q0.1
AN    Q0.3
=     Q0.2
LPP
AN    Q0.2
A     Q0.1
=     Q0.3
LPP
LDN   T39
AN    I4.2
O     Q0.1
ALD
AN    Q0.2
=     Q0.1
LD    I0.6
O     I0.7
AN    Q2.0
=     M0.2
LD    M0.2
O     Q1.6
AN    I2.6
AN    Q1.5
=     Q1.6
LDN   I4.1
A     Q1.5
O     I2.6
LPS
LD    Q1.5
A     T41
O     M0.2
ALD
AN    Q1.4
AN    I0.7
AN    I2.3
=     Q1.3
LPP
LPS
A     M0.2
AN    Q1.3
AN    I2.4
AN    I2.5
AN    I0.6
=     Q1.4
LPP
AN    M0.2
AN    Q1.6
=     Q1.5
LD    Q1.4
O     M2.4
AN    T41
=     M2.4
AN    Q1.4
TON   T41，  +3
LD    Q0.3
A     Q2.0
AN    I4.0
AN    I1.2
AN    I3.5
O     I3.3
AN    I0.0
=     Q0.4
LD    Q0.3
AN    I4.0
AN    Q2.0
LPS
LDN   I1.2
AN    I3.5
LDN   Q2.2
O     I3.7
A     Q2.0
LDN   I2.0
AN    I1.1
A     I1.3
OLD
A     I1.1
OLD
ALD
LD    I1.0
O     Q2.0
ALD
AN    Q2.1
=     Q1.7
LPP
LPS
LDN   I1.6
AN    I1.3
A     I1.1
LDN   Q2.0
O     I3.7
A     Q2.0
OLD
LDN   I2.0
AN    I1.1
A     I1.3
OLD
ALD
AN    I2.1
AN    I2.2
AN    Q1.5
AN    Q1.6
=     Q2.0
LPP
LDN   Q2.2
O     I3.7
A     Q2.0
A     I1.3
LDN   I3.2
AN    I1.1
OLD
ALD
LD    Q2.0
O     I1.4
ALD
AN    Q1.7
=     Q2.1
LD    Q0.3
AN    I4.0
AN    I1.2
AN    Q2.0
LPS
A     I2.0
=     Q2.2
LRD
A     I1.6
=     Q2.3
LPP
LD    I4.3
A     Q2.2
ON    Q1.7
A     I1.7
LD    I1.5
AN    Q2.1
OLD
ALD
AN    Q2.5
AN    Q2.6
=     Q2.4
LD    I2.7
A     Q1.7
LD    I3.0
A     Q2.1
OLD
=     Q2.5
LD    I1.0
AN    I1.4
O     Q2.0
A     I3.6
=     Q2.6
LDN   Q2.0
A     I0.3
AN    I3.1
LD    I3.1
A     Q2.2
OLD
AN    Q0.6
=     Q0.5
LDN   Q2.0
A     I0.3
AN    I3.1
A     Q2.2
O     I3.1
A     Q2.3
AN    Q0.5
=     Q0.6
LDN   Q2.0
A     I0.4
AN    I3.2
LD    I3.2
A     Q2.2
OLD
AN    Q1.0
=     Q0.7
LDN   Q2.0
A     I0.4
AN    I3.2
A     Q2.2
O     I3.2
A     Q2.3
AN    Q0.7
=     Q1.0
LDN   Q2.0
A     I0.3
AN    I3.3
LD    I3.3
A     Q2.2
OLD
AN    Q1.2
=     Q1.1
LDN   Q2.0
A     I0.5
AN    I3.3
A     Q2.2
O     I3.3
A     Q2.3
AN    Q1.1
=     Q1.2
```

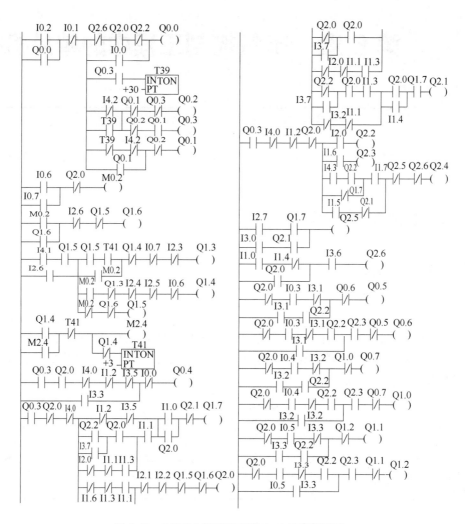

图 5-49   B2012A 型龙门刨床 PLC 控制梯形图

第6章 电气控制工程中的单片机技术

单片机的出现是计算机技术发展史上的一个重要里程碑，它使计算机从海量数值计算进入到控制领域。

6.1 51单片机硬件资源

6.1.1 51单片机概述

（1）单片机的基本概念

一般将 CPU、存储器、定时/计数器以及输入 I/输出 O 接口电路等计算机的主要功能部件集成在一个半导体芯片上的计算机称为单片机，单片机是按工业控制要求设计制作的，其主要生产厂商及产品见表 6-1。其主流产品仍为 Intel 公司的 MCS-51 系列单片机。表 6-2 列出了51 系列的单片机型号及性能。

表 6-1 单片机主要生产厂商及产品

公司	典型产品	公司	典型产品
英特尔（Intel）	MCS-51、MCS-96	微芯（Microchip）	PIC 16C 5x 系列
飞利浦（Philips）	80C51 系列	齐格洛（Zilog）	Z8 系列
摩托罗拉（Motorola）	MC68 系列	Sygnal	89C51F 系列
爱特梅尔（ATMEL）	89C51 系列		

表 6-2 51系列的单片机型号及性能

型号		ROM	RAM/B	定时/计数器/（个×位）	中断源/个	I/O 线/条	频率/MHz
8051	8051AH/BH	4KB ROM	128	2×16	5	4×8	2～12
	8751AH/BH	4KB EPROM	128	2×16	5	4×8	2～12
	8031AH	无	128	2×16	5	4×8	2～12
8052	8052AH	8KB ROM	256	3×16	6	4×8	2～12
	8752AH	8KB EPROM	256	3×16	6	4×8	2～12
	8032AH	无	256	3×16	6	4×8	2～12
80C51	80C51BH	4KB ROM	128	2×16	5	4×8	2～12
	87C51BH	4KB EPROM	128	2×16	5	4×8	2～12
	80C31BH	无	128	2×16	5	4×8	2～12
80C52	80C52AH	8KB ROM	256	3×16	6	4×8	2～12
	80C32AH	无	256	3×16	6	4×8	2～12

（2） 51单片机的内部结构

8031、8051 和 8751 单片机的内部结构是完全相同的，其基本组成结构如图 6-1 所示。

51 系列单片机都具有以下硬件资源：8 位数据字长、128 字节片内 RAM、4 个 8 位的并行输入/输出接口、1 个全双工异步串行口、2 个 16 位定时/计数器、5 个中断源（其中包括 2 个中断优先级）、时钟发生器、可寻址 64KB 的程序存储器和 64KB 的数据存储器。

8051 单片机的内部结构如图 6-2 所示。

（3）51 单片机的引脚功能

单片机控制技术的关键有两方面：一是硬件连线，二是软件编程。51 单片机芯片有两种封装形式，即双列直插式和方形封装式，其中双列直插封装式的芯片引脚名称和排列顺序如图 6-3 所示，各条引脚的功能如表 6-3 所示。

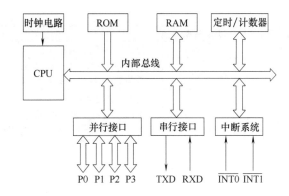

图 6-1　51 系列单片机基本结构

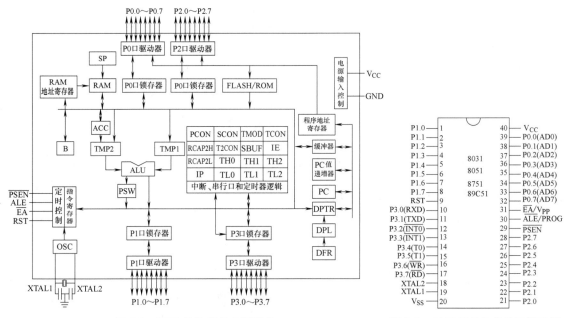

图 6-2　8051 单片机的内部结构　　　　图 6-3　51 系列单片机的引脚功能

表 6-3　51 系列单片机的引脚功能

引脚序号	引脚名称	功能说明
1~8	P1.0~P1.7	8 位准双向三态 I/O 端口，内部带上拉电阻： （1）用作输出时，可带 4 个 LS 型 TTL 负载； （2）用作输入时，必须先向该引脚写 1
9	RST	复位引脚，正常工作时，在该引脚上应当加低电平，若加两个机器周期宽度以上高电平，则单片机复位
10~17	P3.0~P3.7	8 位准双向三态 I/O 端口，内部带上拉电阻，具有两种功能： （1）用作一般 I/O 口时，其用法同 P1； （2）用作特殊功能时，P3.0 为串行通信接收端 RXD；P3.1 为串行通信发送端 TXD；P3.2 为外部中断源 INT0 中断申请信号线；P3.3 为外部中断源 INT1 中断申请信号线；P3.4 为定时/计数器 T0 计数输入端；P3.5 为定时/计数器 T1 计数输入端；P3.6 为外部 RAM 写选通信号线 $\overline{WR}$；P3.7 为外部 RAM 读选通信号线 $\overline{RD}$
18、19	XTAL2、XTAL1	外部振荡时钟输入引脚
20	V$_{SS}$	系统接地端子
21~28	P2.0~P2.7	8 位准双向三态 I/O 端口，内部带上拉电阻，具有两种功能： （1）用作一般 I/O 口时，其用法同 P1； （2）扩充外部存储器时，用作高 8 位地址 A8~A15

引脚序号	引脚名称	功能说明
29	$\overline{\text{PSEN}}$	外部 ROM 选通信号线
30	ALE/$\overline{\text{PROG}}$	使用外部 RAM 时，用作地址锁存信号； 烧写 EPROM 时，接收烧录启动信号
31	$\overline{\text{EA}}$/V_{PP}	该引脚具有三个功能： （1）接低电平时，CPU 执行外部 ROM 中的程序； （2）接高电平时，CPU 执行内部 4KB ROM 中的程序，超过 4KB 时，自动转去执行外部 ROM 中的程序； （3）烧写程序时，此引脚接收合适的烧写电压
32~39	P0.7~P0.0	8 位准双向三态 I/O 端口，内部无上拉电阻，需要外接。 （1）用作一般 I/O 口时，其用法同 P1，每个引脚能带 8 个 LS 型 TTL 负载； （2）扩充外部存储器时，分时输出数据和低 8 位地址 A0~A7
40	V_{CC}	芯片供电输入端子

（4） 51 单片机应用系统结构

单片机应用系统结构包括系统配置与系统扩展。单片机内部的功能单元 ROM、RAM、I/O 口、定时/计数器和中断系统等容量不够用时，增加一些外围芯片来满足设计要求，称为系统扩展。若将单片机本身没有的功能部件设计上去则称为系统配置。图 6-4 为单片机用户通常要开发应用系统的基本结构。

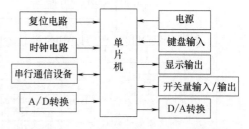

图 6-4　单片机应用系统的基本结构

6.1.2　51 单片机并行 I/O 端口

（1） P0 口电路的功能

P0 口是一个 8 位的准双向 I/O 口，其中每 1 位的内部结构如图 6-5 所示。它由一个输出锁存器、两个三态缓冲器、输出驱动电路和输出控制电路组成。

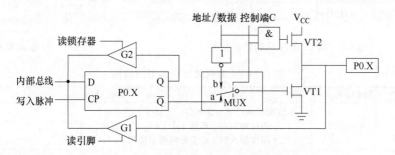

图 6-5　P0 口内部 1 位结构图

输出锁存器为 D 触发器，其 D 端直接与内部数据总线相连。在两个三态缓冲器（G1、G2）中，其中一个用于读引脚信息，另一个用于读锁存器输出信息。输出驱动电路由两个场效应管（VT1、VT2）组成，当 VT1 导通和 VT2 截止时，输出为低电平；当 VT2 导通和 VT1 截止时，输出为高电平；当 VT1、VT2 均截止时，输出端浮空。VT1、VT2 的工作状态由控制电路决定，控制电路由一个与门、一个反向器和一路模拟转换开关 MUX 组成，其功能如表 6-4 所示。

为了保存 P0 口瞬间输出的地址，必须外接地址锁存器，如图 6-6 所示。$\overline{\text{RD}}$ 和 $\overline{\text{WR}}$ 为外部 RAM 读/写控制信号，$\overline{\text{PSEN}}$ 则为外部程序存储器选通信号。

表 6-4　P0 口控制线的功能

控制信号 C	功能
C=0	一方面封锁住与门，使与门的输出为"0"，VT2 截止，另一方面使 MUX 倒向 a 端，P0 口作一般 I/O 口用。此时：D=1 时，$\overline{Q}$=0，VT1 截止，P0.X 输出高电平；D=0 时，$\overline{Q}$=1，VT1 导通，P0.X 输出低电平
C=1	MUX 倒向 b 端，地址/数据信号线通过与门和 VT1 接通，分时输出地址（A0~A7）、数据（D0~D7）。此时：地址/数据线为"1"时，与门输出"1"，非门输出"0"，即 VT2 导通，VT1 截止，P0.X 输出为"1"；地址/数据线为"0"时，与门输出"0"，非门输出"1"，即 VT1 导通，VT2 截止，P0.X 输出为"0"

注：若要读 P0 口的外部引脚，必须先向该口线写"1"，即让 VT1 也截止，否则，VT1 导通时会将引脚钳位在 0 电平，造成外部信号读不进来，这也就是所谓准双向口的含义。

（2）P1 口电路的功能

P1 口是一个 8 位的准双向 I/O 口，其中每 1 位的内部结构如图 6-7 所示。输出驱动电路由一只场效应管和一个上拉电阻组成。每一根口线都可以分别定义成输入或输出线。用作输出线时，写入"1"，则 $\overline{Q}$ 为"0"，VT1 截止，P1.X 输出高电平；写入"0"，则 $\overline{Q}$ 为"1"，VT1 导通，P1.X 输出低电平。用作输入线时，必须先向该口线写"1"，使 VT1 截止。对于 52 系列单片机，P1.0、P1.1 还有第二功能，P1.0 可以作为定时/计数器 2 的外部输入端 VT2，P1.1 可以作为定时/计数器 2 的外部控制输入端 VT2EX。

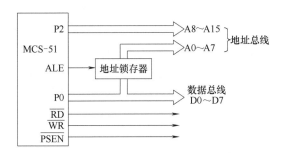

图 6-6　51 单片机地址总线扩展

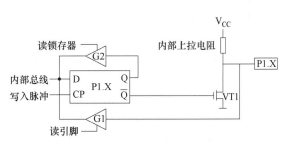

图 6-7　P1 口内部 1 位结构图

（3）P2 口电路的功能

P2 口是一个 8 位的准双向 I/O 口。它具有两种功能，对于无片内 ROM 的单片机来说，用于扩展外部存储器；对于有片内 ROM 的单片机来说，可作为 I/O 口线。其中每 1 位的内部结构如图 6-8 所示，与 P1 口相比多了输出转换部分。用作一般 I/O 口线时，MUX 倒向 a，与 Q 接通，当 D=1 时，Q=1，非门输出为 0，VT1 截止，P2.X 输出高电平；当 D=0 时，Q=0，非门输出为 1，VT1 导通，P2.X 输出低电平。当系统接有外部存储器时，在 CPU 控制下 MUX 倒向 b，与地址线接通，输出高 8 位地址（A8~A15）。

（4）P3 口电路的功能

P3 口是一个 8 位的准双向多功能 I/O 口。与 P1 口相比多了第二功能控制电路，其中每 1 位的内部结构如图 6-9 所示。当使用第一功能（一般 I/O 口）时，第二功能输出线总是保持高电平，当 D=1 时，Q=1，信号通过与非门输出"0"，VT1 截止，P3.X 输出高电平；当 D=0 时，Q=0，与非门输出为 1，VT1 导通，P3.X 输出低电平。当输入线时也要先向该口线写"1"，让 VT1 截止。当使用第二功能输出时，该位的锁存器必须保持"1"，打开与非门，VT1 输出状态由第二功能输出线上的信号决定；当使用第二功能输入时，引脚信号通过缓冲器来到第二输入功能线上。

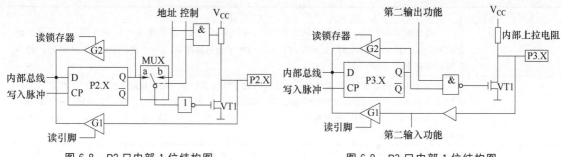

图 6-8　P2 口内部 1 位结构图　　　　　　　　　图 6-9　P3 口内部 1 位结构图

P3 口引脚的第二功能定义如表 6-5 所示。

表 6-5　P3 口引脚的第二功能

引脚	第二功能	引脚	第二功能
P3.0	RXD 串行口输入线	P3.4	定时/计数器 0 外部输入线
P3.1	TXD 串行口输出线	P3.5	定时/计数器 1 外部输入线
P3.2	INT0 外部中断 0 输出线	P3.6	WR 外部存储器写脉冲输出线
P3.3	INT1 外部中断 1 输出线	P3.7	RD 外部存储器读脉冲输出线

6.1.3　51 单片机的内部存储器

（1）51 单片机存储器的编址方法

51 单片机的存储器组织采用的是哈佛（Harvard）结构，即将程序存储器与数据存储器分开，两者各自有独立的寻址方式和控制系统。在物理结构上 51 单片机有 4 个独立的存储空间，它们分别是片内程序存储器、片外程序存储器、片内数据存储器、片外数据存储器，并且地址空间有部分重叠，如图 6-10 所示。

在读/写逻辑上，51 单片机具有 3 个逻辑空间。

① 片内外统一编址的 64KB ROM（0000H～FFFFH）。

② 片内 256B RAM（00H～FFH）。

③ 片外 64KB RAM（0000H～FFFFH）。

（2）片内 RAM 存储器

51 单片机片内 RAM 区功能分布如图 6-11 所示。

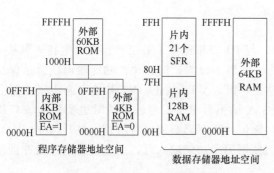

图 6-10　51 单片机存储区结构

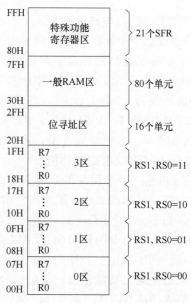

图 6-11　片内 RAM 区功能分布

① 通用寄存器区　从00H～1FH为通用寄存器区，共32字节，每个区中都有8个寄存器R0～R7，因为4个区的寄存器重名，所以任一时刻只能有一个区的寄存器在工作，区的选择由PSW寄存器的第4位和第3位（RS1、RS0）决定，如表6-6所示。

表6-6　寄存器工作区选择

PSW. 4	PSW. 3	当前使用的工作区和寄存器
0	0	0 区（00H～07H）
0	1	1 区（08H～0FH）
1	0	2 区（10H～17H）
1	1	3 区（18H～1FH）

② 位寻址区　从20H～2FH为位寻址区，在这个16字节中，每个二进制位都有一个位地址，可以单独置位和复位，所以这个16字节既可以按字节操作，又可以按位操作。字节地址与位地址的对应关系如表6-7所示。

表6-7　RAM位寻址区地址表

地址单元	MSB	位地址						LSB
2FH	7FH	7EH	7DH	7CH	7BH	7AH	79H	78H
2EH	77H	76H	75H	74H	73H	72H	71H	70H
2DH	6FH	6EH	6DH	6CH	6BH	6AH	69H	68H
2CH	67H	66H	65H	64H	63H	62H	61H	60H
2BH	5FH	5EH	5DH	5CH	5BH	5AH	59H	58H
2AH	57H	56H	55H	54H	53H	52H	51H	50H
29H	4FH	4EH	4DH	4CH	4BH	4AH	49H	48H
28H	47H	46H	45H	44H	43H	42H	41H	40H
27H	3FH	3EH	3DH	3CH	3BH	3AH	39H	38H
26H	37H	36H	35H	34H	33H	32H	31H	30H
25H	2FH	2EH	2DH	2CH	2BH	2AH	29H	28H
24H	27H	26H	25H	24H	23H	22H	21H	20H
23H	1FH	1EH	1DH	1CH	1BH	1AH	19H	18H
22H	17H	16H	15H	14H	13H	12H	11H	10H
21H	0FH	0EH	0DH	0CH	0BH	0AH	09H	08H
20H	07H	06H	05H	04H	03H	02H	01H	00H

③ 特殊功能寄存器　51单片机的特殊功能寄存器（SFR）有21个，分布在80H～FFH，如图6-12所示，其中空白处为未定义单元。

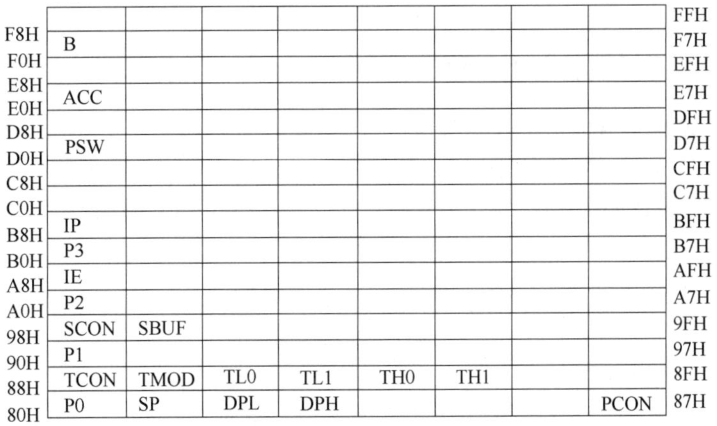

图 6-12　特殊功能寄存器地址分布

从某种意义上讲，掌握了特殊功能寄存器的用法，也就熟悉了单片机的软件设计，因为单片机的许多功能都是通过操作 SFR 来实现的，表 6-8 列出了各个特殊功能寄存器的功能说明。

表 6-8　51 单片机特殊功能寄存器

标识符	RAM 地址	寄存器名称	标识符	RAM 地址	寄存器名称
* B	F0H	通用寄存器	* ACC	E0H	累加器
* PSW	D0H	程序状态字	* IE	A8H	中断允许寄存器
* IP	B8H	中断优先级寄存器	SP	81H	堆栈指针寄存器
* P0	80H	8 位并行接口	* P1	90H	8 位并行接口
* P2	A0H	8 位并行接口	* P3	B0H	8 位并行接口
* SCON	98H	串行口控制寄存器	PCON	87H	波特率选择寄存器
* TCON	88H	定时器控制寄存器	TMOD	89H	定时器工作方式寄存器
SBUF	99H	串行数据缓冲器	TL0	8AH	定时器 0 低 8 位
TH0	8CH	定时器 0 高 8 位	TL1	8BH	定时器 1 低 8 位
TH1	8DH	定时器 1 高 8 位	DPL	82H	数据指针低 8 位
DPH	83H	数据指针高 8 位			

表 6-8 中带 "＊" 的 11 个寄存器为可位寻址的特殊功能寄存器。51 单片机特殊功能寄存器的字节地址与位地址的对应关系如表 6-9 所示。

表 6-9　51 单片机特殊功能寄存器位地址映像

寄存器名称	字节地址	位地址（十六进制）								功能
		D7	D6	D5	D4	D3	D2	D1	D0	
B	F0H	F7	F6	F5	F4	F3	F2	F1	F0	通用寄存器
ACC	E0H	E7	E6	E5	E4	E3	E2	E1	E0	累加器
PSW	D0H	CY	AC	F0	RS1	RS0	OV	—	P	程序状态字
IP	B8H	—	—	PT2	PS	PT1	PX1	PT0	PX0	中断优先级寄存器
		BF	BE	BD	BC	BB	BA	B9	B8	
P3	B0H	B7	B6	B5	B4	B3	B2	B1	B0	8 位并行接口
IE	A8H	EA	—	ET2	ES	ET1	EX1	ET0	EX0	中断允许寄存器
		AF	AE	AD	AC	AB	AA	A9	A8	
P2	A0H	A7	A6	A5	A4	A3	A2	A1	A0	8 位并行接口
SCON	98H	SM0	SM1	SM2	REN	TB8	RB8	T1	R1	串行口控制寄存器
		9F	9E	9D	9C	9B	9A	99	98	
P1	90H	97	96	95	94	93	92	91	90	8 位并行接口
P0	80H	87	86	85	84	83	82	81	80	
TCON	88H	TF1	TR1	TF0	TR0	IE1	IT1	IE0	IT0	定时器控制寄存器
		8F	8E	8D	8C	8B	8A	89	88	

6.1.4　51 单片机的定时/计数器

（1）定时/计数器的结构与工作原理

51 单片机内部有两个 16 位的定时/计数器，即 T0 和 T1，其组成结构如图 6-13 所示。定时/计数器的核心部件是加 1 计数器。计数源有两个：一个是 Tx 端用于对外部脉冲计数；另

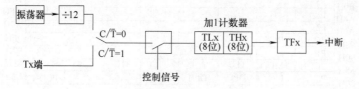

图 6-13　定时/计数器基本结构

一个是将振荡器 12 分频后的内部脉冲，它用于定时。计数器计满后再输入一个脉冲就会产生溢出中断，即将 TCON 中的 TFx 位置 1，此时若工作在计数方式则表示计数满，若工作在定时方式则表示定时时间到。

定时/计数器 T0 和 T1 都具有对外部事件计数和定时两种功能。定时/计数器有 4 种工作模式，由 TMOD 中的模式选择位确定。

（2）控制定时/计数器的特殊功能寄存器

① 定时/计数器控制寄存器 TCON　　TCON 内部的位用于控制定时/计数器的启动和停止，并记录溢出和控制外部中断。表 6-10 是对 TCON 中定时/计数控制各位的功能说明。

表 6-10　TCON 寄存器的定时/计数控制功能说明

TCON 位名称	位置	功能
IT0	TCON. 0	外部中断 0（$\overline{INT0}$）的触发方式控制位。 IT0＝1 时，$\overline{INT0}$ 为负跳沿触发；IT0＝0 时，$\overline{INT0}$ 为低电平触发
IE0	TCON. 1	外部中断源（$\overline{INT0}$）向 CPU 发出中断请求的标志。 IE0＝1 时，$\overline{INT0}$ 正向 CPU 发出中断请求，CPU 处理完此中断后，由硬件将 IE0 清成 0
IT1	TCON. 2	外部中断 1（$\overline{INT1}$）的触发方式控制位。 IT1＝1 时，$\overline{INT1}$ 为负跳沿触发；IT1＝0 时，$\overline{INT1}$ 为低电平触发
IE1	TCON. 3	外部中断源（$\overline{INT1}$）向 CPU 发出中断请求的标志。 IE1＝1 时，$\overline{INT1}$ 正向 CPU 发出中断请求，CPU 处理完此中断后，由硬件将 IE1 清成 0

② 定时/计数器模式控制寄存器 TMOD　　TMOD 寄存器高 4 位与低 4 位功能相同，高 4 位用于控制定时/计数器 T1；低 4 位用于控制定时/计数器 T0。

TMOD

MSB							LSB
GATE	C/$\overline{T}$	M1	M0	GATE	C/$\overline{T}$	M1	M0

T1控制　　　　　　　　　　　　　　　T0控制

TMOD 各位的功能如表 6-11 所示。其中定时/计数器 T1 和 T0 工作在前 3 种模式下时，工作过程是相同的，而模式 3 仅适用于 T0，此时 T1 停止工作。

表 6-11　TMOD 寄存器的功能

TMOD 位名称	位置	功能
方式选择位 C/$\overline{T}$	TMOD. 2 TMOD. 6	C/$\overline{T}$＝1 时，工作在计数方式：C/$\overline{T}$＝0 时，工作在定时方式
门控位 GATE	TMOD. 3 TMOD. 7	GATE＝1，且外部引脚 $\overline{INT0}$＝1 时，TR1 为 1，启动 T0 运行；GATE＝1，且外部引脚 $\overline{INT1}$＝1 时，TR1 为 1，启动 T1 运行；GATE＝0，TR1 为 1，启动 T0 运行，此时不受外部引脚控制；GATE＝0,TR1 为 1，启动 T1 运行，此时不受外部引脚控制
模式选择位 M1M0	TMOD. 1 TMOD. 5 TMOD. 0 TMOD. 4	M1M0＝00，工作在模式 0，13 位定时/计数器；M1M0＝01 工作在模式 1，16 位定时/计数器；M1M0＝10，工作在模式 2，8 位自动重载型定时/计数器；M1M0＝11,工作在模式 3，TL0、TH0 为两个独立的定时/计数器，T1 停止工作

（3）定时/计数器的工作模式

① 模式 0　　当 M1M0＝00 时，定时/计数器工作在模式 0，其结构示意图如图 6-14 所示。此时定时/计数器构成一个 13 位的寄存器，由 THx 的 8 位与 TLx 的低 5 位组成，TLx 的高 3 位未用。当 TLx 的低 5 位计数溢出时，向 THx 进位，THx 溢出时，则溢出标志位 TFx 置位，向 CPU 发出中断申请，进入中断服务程序后，由硬件自动将 TFx 清成 0。

当 GATE＝0 时，A 点为高电平，定时/计数器运行控制仅由 TRx 位的状态确定。当 TRx＝1 时，启动定时/计数器；当 TRx＝0 时，停止定时/计数器。

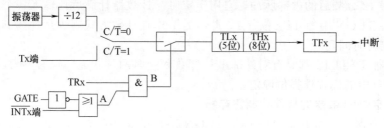

图 6-14 定时/计数器工作于模式 0

当 GATE＝1 时，A 点电位由 $\overline{INTx}$ 引脚决定，因而 B 点电位由 TRx 及 $\overline{INTx}$ 的状态共同决定。当 TRx＝1 时，只有 $\overline{INTx}$ 引脚输入为高电平，定时/计数器才允许计数；当 TRx＝0 或 $\overline{INTx}$ 为低电平时，定时/计数器禁止计数。

② 模式 1　当 M1M0＝01 时，定时/计数器工作于模式 1，工作示意图如图 6-15 所示。由 THx 和 TLx 构成 16 位计数寄存器，与模式 0 相比，差别仅在于计数器的位数不同。

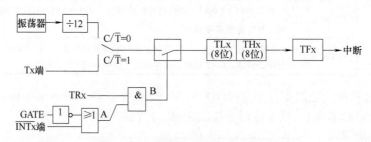

图 6-15　定时/计数器工作于模式 1

③ 模式 2　当 M1M0＝10 时，定时/计数器工作于模式 2，工作示意图如图 6-16 所示。定时/计数器为 8 位自动重装入方式，此时由 TLx 计数，而 THx 在此方式中作为一个数据缓冲器。当 TLx 计数溢出时，在置位溢出标志 TFx 同时，还自动地将 THx 中的常数送到 TLx，使 TLx 从刚刚装入的初值开始重新计数。在装入后，THx 中的内容保持不变。

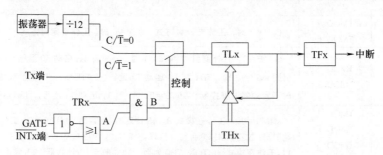

图 6-16　定时/计数器工作于模式 2

④ 模式 3　当 M1M0＝11 时，定时/计数器 T0 工作在模式 3，工作示意图如图 6-17 所示。此时定时/计数器 T0 分为一个 8 位定时/计数器和一个 8 位定时器，TL0 用作 8 位定时/计数器，占用 T0 的 GATE、TR0、$\overline{INT0}$、T0 引脚及中断标志位 TF0。TH0 用作 8 位定时器，占用 T1 的 TR1 及中断申请标志 TF1。定时/计数器 1 处于方式 3 时，停止计数，此时可用作波特率发生器。

一般情况下，只有 T1 作为波特率发生器时，才让 T0 工作在方式 3。

⑤ 定时/计数器 T2　52 系列单片机除了具有定时/计数器 T0 和 T1 外，还有一个定时/计

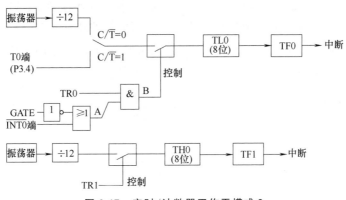

图 6-17　定时/计数器工作于模式 3

数器 T2。T2 有两种工作方式：定时/计数器方式和波特率发生器方式。由特殊功能寄存器 T2CON 的控制位决定，T2CON 的字节地址为 C8H，位地址为 C8H～CFH，其各位内容定义如表 6-12 所示。

	MSB							LSB
T2CON 位地址	CFH	CEH	CDH	CCH	CBH	CAH	C9H	C8H
位名称	TF2	EXF2	RCLK	TCLK	EXEN2	TR2	C/$\overline{\text{T2}}$	CP/$\overline{\text{RL2}}$

表 6-12　T2CON 控制寄存器的控制位和功能

T2CON 位名称	位置	功能说明
TF2（溢出中断标志）	T2CON.7	定时/计数器 T2 溢出时，TF2 置 1，向 CPU 申请中断； CPU 响应该中断后，必须用软件把 TF2 清成 0； 在波特率发生器工作方式下时，TF2 不会被置 1
EXF2（外部中断标志）	T2CON.6	当 EXEN2 为 1 且 T2EX 引脚有负跳时，EXF2 置位，申请中断； CPU 响应该中断后，必须用软件把 TF2 清成 0
RCLK（接收时钟标志）	T2CON.5	RCLK＝1 时，T2 工作于波特率发生器方式，用作串行口接收时钟； RCLK＝0 时，T1 工作于波特率发生器方式，用作串行口接收时钟； RCLK 由软件置 1 和清成 0
TCLK（发送时钟标志）	T2CON.4	TCLK＝1 时，T2 工作于波特率发生器方式，用作串行口发送时钟； TCLK＝0 时，T1 工作于波特率发生器方式，用作串行口发送时钟； TCLK 由软件置 1 和清成 0
EXEN2（外部允许标志）	T2CON.3	工作于捕捉方式下，当 EXEN2 为 1，T2EX 引脚有负跳变时， 当前计数值 TL2、TH2 → 常数寄存器 RCAP2L、RCAP2H， 同时将中断标志位 EXF2 置 1，向 CPU 申请中断； 工作于重装载方式下，当 EXEN2 为 1，T2EX 引脚有负跳变时， 常数寄存器 RCAP2L、RCAP2H → 当前计数值 TL2、TH2； 同时将中断标志位 EXF2 置 1，向 CPU 申请中断
TR2（计数控制标志）	T2CON.2	TR2＝1 时，允许计数； TR2＝0 时，停止计数
C/$\overline{\text{T2}}$（定时/计数标志）	T2CON.1	C/$\overline{\text{T2}}$＝1 时，外部事件计数； C/$\overline{\text{T2}}$＝0 时，内部脉冲 12 分频作为计数源
CP/$\overline{\text{RL2}}$（捕捉/重装标志）	T2CON.0	CP/$\overline{\text{RL2}}$＝1 时，工作于捕捉方式； CP/$\overline{\text{RL2}}$＝0 时，工作于自动重装载方式

a. 定时/计数器方式。T2 的计数器由 TH2 和 TL2 组成。用作定时器时，寄存器 TH2 和 TL2 对机器周期计数；用作计数器时，外部计数脉冲由 T2（P1.0）输入。在定时器和计数器工作方式下，可以通过对 T2CON 中的控制位 CP/$\overline{\text{RL2}}$ 操作来选择捕获能力或重装载能力，

TH2 和 TL2 内容的捕获或自动重装载通过一对捕获/重装载寄存器 RCAP2H 和 RCAP2L 来实现，TH2、TL2 和 RCAP2H、RCAP2L 之间接有双向缓冲器（三态门）。

当 CP/$\overline{RL2}$＝0 时，定时/计数器 2 工作在自动重装载方式，把 RCAP2H、RCAP2L 寄存器中的数据传到 TH2、TL2 中去，工作过程如图 6-18 所示。

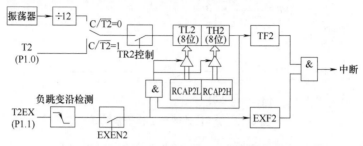

图 6-18　定时/计数器 2 自动重装载方式

当 CP/$\overline{RL2}$＝1 时，定时/计数器 2 工作在捕获方式，为把 TH2、TL2 寄存器中的数据传到 RCAP2H、RCAP2L 中去，工作过程如图 6-19 所示。

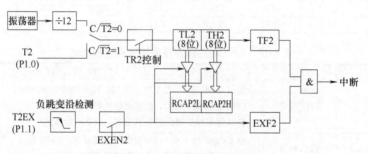

图 6-19　定时/计数器 2 捕捉方式

捕获或自动重装载发生在下述两种情况下：一种是寄存器 TH2 和 TL2 溢出时，如果 CP/$\overline{RL2}$＝0，则打开重装载的三态缓冲器，把 RCAP2H 和 RCAP2L 的内容自动装载到 TH2 和 TL2 中，同时溢出标志 TF2 置位为 1，申请中断；另一种是 EXEN2＝1 且 T2EX（P1.1）端的信号有负跳变时，才根据 CP/$\overline{RL2}$ 是 1 或 0，发生捕获操作或自动重装载操作，同时标志 EXF2 置位，申请中断。

b. 波特率发生器方式。波特率发生器用于控制串行口的数据传输速率。在波特率发生器方式下，定时/计数器 2 的逻辑图如图 6-20 所示。

图中 RCLK 和 TCLK 用来控制 2 个电子开关的位置。当这两位为 0 时，选用定时/计数器 1 作为波特率发生器；当这两位为 1 时，选用定时/计数器 2 作为波特率发生器。其中 RCLK 选择串行通信接收波特率发生器，TCLK 选择发送波特率发生器。当选用定时/计数器 2 作为波特率发生器时，其溢出脉冲用作串行口的时钟，时钟频率可由内部时钟决定，也可由外部时钟决定。如果 C/$\overline{T2}$＝0，则选用外部时钟，时钟信号由 T2（P1.0）端输入，每当外部脉冲负跳变时，计数器值加 1，外部脉冲频率不能超过振荡器频率的 1/24。

由于溢出时 RCAP2H 和 RCAP2L 的内容全自动装载到 TH2 和 TL2，所以波特率的值还取决于装载值。

当定时/计数器 2 用作波特率发生器时，如果 EXEN2 置位，则 T2EX 端的信号发生负跳变时，EXF2 将置位，但不会发生重装载和捕获操作，此时 T2EX 可以作为一个附加的外部中断源。

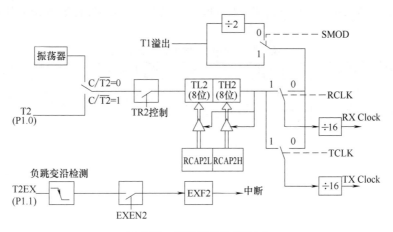

图 6-20 波特率发生器方式

在波特率工作方式下，TH2、TL2 和 RCAP2H、RCAP2L 的内容不能读或修改。

（4）定时/计数器的初始化

在使用定时/计数器之前，需要先进行初始化编程，其步骤如下：

① 确定定时/计数器的工作模式，即填写 TMOD 中的控制位。

② 启动定时/计数器工作，即对 TCON 中的 TR0、TR1 置 1。

③ 根据需要开放 T0、T1 中断，即对 IE 中的控制位置初值。

④ 计算并填写 TH0、TL0、TH1、TL1 的初值 X。

由于 51 单片机中的定时/计数器是加 1 计数器，所以在计数方式下，初值计算的公式为：

$$X = M - 计数值$$

式中，X 为计数初值；M 为最大计数值。

在定时方式下，初值计算公式为：

$$S = (M - X)T$$

式中，S 为定时值；T 为计数脉冲的周期。

可以导出定时器初值为：

$$X = M - S/T$$

T0、T1 的最大定时值和计数值，取决于单片机的时钟频率和工作模式，根据以上两个公式计算的结果，最大定时值与最大计数值如表 6-13 所示。

表 6-13 最大定时值与最大计数值

工作模式	时钟频率/MHz	周期 T/μs	最大定时时间	最大计数值 M	计数初值 X
模式 0（13 位）	12	1	8.192ms	8192	0
	6	2	16.384ms		
模式 1（16 位）	12	1	65.536ms	65536	0
	6	2	131.072ms		
模式 2（8 位）	12	1	256μs	256	0
	6	2	512μs		

（5）定时/计数器应用举例

[例 6-1] 利用定时器 T0 从 P1.2 引脚输出周期 10ms、占空比为 50% 的方波，如图 6-21 所示。

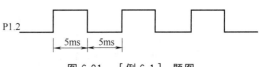

图 6-21 [例 6-1] 题图

解：利用定时器 T0，间隔 5ms 对 P1.2 取一次反即可。定时/计数器初值计算如表 6-14 所示。

表 6-14　定时/计数器初值计算表

计数方式	晶振频率/MHz	12 分频值/Hz	机器周期/μs	定时器初值计数/μs
方式 0	4	$F = \dfrac{4 \times 10^6}{12}$	$T = \dfrac{1}{F} = \dfrac{12}{4 \times 10^6} = 3$	2^{13} − 定时时间/3
	6	$F = \dfrac{6 \times 10^6}{12}$	$T = \dfrac{1}{F} = \dfrac{12}{6 \times 10^6} = 2$	2^{13} − 定时时间/2
	12	$F = \dfrac{12 \times 10^6}{12}$	$T = \dfrac{1}{F} = \dfrac{12}{12 \times 10^6} = 1$	2^{13} − 定时时间/1
方式 1	4	$F = \dfrac{4 \times 10^6}{12}$	$T = \dfrac{1}{F} = \dfrac{12}{4 \times 10^6} = 3$	2^{16} − 定时时间/3
	6	$F = \dfrac{6 \times 10^6}{12}$	$T = \dfrac{1}{F} = \dfrac{12}{6 \times 10^6} = 2$	2^{16} − 定时时间/2
	12	$F = \dfrac{12 \times 10^6}{12}$	$T = \dfrac{1}{F} = \dfrac{12}{12 \times 10^6} = 1$	2^{16} − 定时时间/1

假设单片机系统的晶振频率为 6MHz，T0 工作在方式 0，则定时器初值计算如下：

$2^{13} - 5 \times 10^{-3} / 2 \times 10^{-6} = 8192 - 2500 = 5692 = 1011000111100B$

其中低 5 位为 1CH，高 8 位为 B1H，即 TH0＝B1H、TL0＝1CH。

6.1.5　51 单片机的中断控制系统

（1）中断的基本概念

中断就是让 CPU 暂时停止正在执行的程序，先去执行一段特定的服务程序后，再回来接着执行被打断的程序。能够向 CPU 发出中断请求信号的称为中断源。当多个中断源同时向 CPU 发出中断请求信号时，CPU 响应中断请求的先后顺序称为中断源的优先级。CPU 正在执行较低优先级的中断服务时，又来了高优先级的中断请求，CPU 先转去处理完高优先级的中断服务，再回来处理较低优先级的中断，称为中断嵌套。51 单片机具有两级中断嵌套，如图 6-22 所示。

51 单片机的中断管理系统提供了 5 个中断源和由软件设定的两个优先级，这 5 个中断源和对应的中断向量如表 6-15 所示。

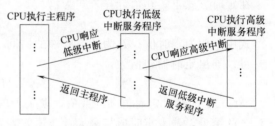

图 6-22　中断嵌套示意图

表 6-15　51 单片机的中断源与中断向量

中断号	中断源	中断向量	说明
0	$\overline{\text{INT0}}$	0003H	外部中断 0
1	T0	000BH	定时/计数器 0 溢出中断
2	$\overline{\text{INT1}}$	0013H	外部中断 1
3	T1	001BH	定时/计数器 1 溢出中断
4	串行口	0023H	内部中断

这 5 个地址间隔均为 8 字节，不足以容纳中断服务程序，所以一般在这 5 个地址处各放一条跳转指令，其跳转目标为各个中断服务程序的入口地址，如图 6-23 所示。

（2）51 单片机的中断管理机制

51 单片机的中断管理机制简称为中断系统，与中断系统有关的特殊功能寄存器有中断允

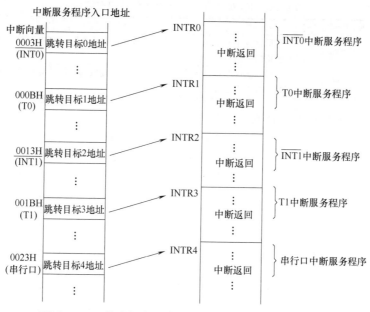

图 6-23 51 单片机中断向量表与中断服务程序位置关系

许寄存器 IE、总中断控制寄存器 EA、中断优先级控制寄存器 IP、中断请求寄存器 TCON 和 SCON 中的相应位，中断系统如图 6-24 所示。

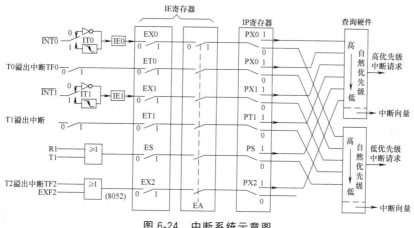

图 6-24 中断系统示意图

从用户角度来看，中断控制技术实际上可归结为对 4 个专用寄存器 IE、IP、TCON 和 SCON 的操作，分别介绍如下。

① TCON 中断请求标志 定时/计数器控制寄存器 TCON 中的低 4 位 IT0、IE0、IT1、IE1 为中断请求标志，它们的含义见表 6-10。

② SCON 中断请求标志 SCON 寄存器地址位于 98H，位地址为 98H～9FH，具体内容见表 6-9。

其中与中断有关的控制位有两个，它们的名称和功能如表 6-16 所示。

③ IE 中断允许寄存器 为了能管理多个中断源，单片机中设置了一些中断源管理的控制位，它们集中在特殊功能寄存器 IE 中，IE 寄存器地址位于 A8H，位地址为 A8H～AFH，具体内容见表 6-9。

表 6-16　SCON 寄存器中与中断有关的控制位

SCON 位名称	位置	功能
R1	SCON. 0	串行口接收中断请求标志，第 8 位数据接收结束时，R1 会被硬件置 1，在中断服务程序中要用软件清成 0
T1	SCON. 1	串行口发送中断请求标志，当发送完第 8 位数据后，T1 会被硬件置 1，在中断服务程序中要用软件清成 0

表 6-17 为 IE 控制器中各个控制位的名称和功能。

表 6-17　IE 控制寄存器中的控制位和功能

IE 控制位名称	位置	功能说明
EA	IE. 7	EA＝1 时，允许中断响应；EA＝0 时，禁止所有中断响应
—	IE. 6	未定义
ET2	IE. 5	ET2＝1 时，允许定时/计数器 T2 产生中断；ET2＝0 时，禁止定时/计数器 T2 产生中断
ES	IE. 4	ES＝1 时，允许串行口中断；ES＝0 时，禁止串行口中断
ET1	IE. 3	ET1＝1 时，允许定时/计数器 T1 产生中断；ET1＝0 时，禁止定时/计数器 T1 产生中断
EX1	IE. 2	EX1＝1 时，允许响应外部中断INT1；EX1＝0 时，禁止响应外部中断INT1
ET0	IE. 1	ET0＝1 时，允许定时/计数器 T0 产生中断；ET0＝0 时，禁止定时/计数器 T0 产生中断
EX0	IE. 0	EX0＝1 时，允许响应外部中断INT0；EX0＝0 时，禁止响应外部中断INT0

④ IP 中断优先控制寄存器　51 单片机的中断优先级控制比较简单，只有高低两个优先级，各中断源的优先级由 IP 寄存器设定，IP 寄存器地址位于 B8H，位地址为 B8H～BFH，具体内容见表 6-9。

表 6-18 为 IP 控制器中各个控制位的名称和功能说明。

表 6-18　IP 控制寄存器中各个控制位的名称和功能说明

IP 控制位名称	位置	功能说明
—	IP. 7	未定义
—	IP. 6	未定义
PT2	IP. 5	定时/计数器 T2 产生中断优先级位
PS	IP. 4	串行口中断优先级位
PT1	IP. 3	定时/计数器 T1 产生中断优先级位
PX1	IP. 2	外部中断 1 中断优先级位
PT0	IP. 1	定时/计数器 T0 产生中断优先级位
PX0	IP. 0	外部中断 0 中断优先级位

（3）中断处理的过程

完整的中断处理过程包括中断源发出中断申请、CPU 响应中断请求、中断处理和中断返回四部分内容。为了便于理解，图 6-25 中画出了中断处理过程的流程图。

（4）中断源的扩展

当外部中断源多于两个时，可通过门电路进行中断源扩展。在中断服务程序中，通过查询来判断是哪个中断源发出的申请，查询的顺序就是同一优先级内的优先次序。中断源扩展电路如图 6-26 所示。

在外部中断 0 和外部中断 1 的服务程序中，再进一步判断发出申请的中断源，以图 6-26 中的外部中断 0 扩展为例，查询流程如图 6-27 所示。

（5）中断应用举例

[例 6-2]　利用外部中断 0，完成读开关 S1～S4 的状态，且送 P1.4～P1.7 连接的 LED 显示，KX 为高电平时对应的发光二极管亮。利用外部中断 1，实现 4 个发光二极管反相，两个中断源均采用电平触发。试设计硬件电路图。

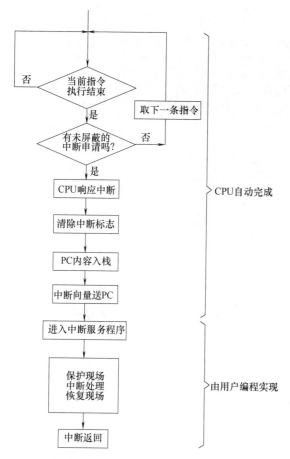

图 6-25　中断处理过程的流程图

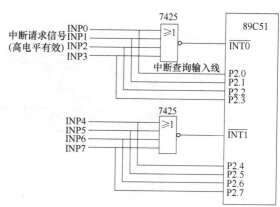

图 6-26　中断源扩展电路

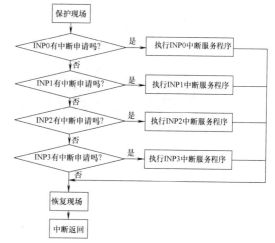

图 6-27　查询顺序流程图

解：根据题意，硬件电路图设计如图 6-28 所示。

在实际应用中，按上述方法扩展外部中断源时，应注意以下两点：

① 因为用软件查询端口靠的是读引脚电平，所以当有两个以上中断源同时发出中断申请时，申请电平的维持时间必须有一定的宽度，以保证 CPU 按中断源的优先顺序，能找到所有申请的中断。

② CPU 响应中断后，在中断服务程序中应及时撤除中断源的请求电平，以避免在中断服务程序中再次引起中断。

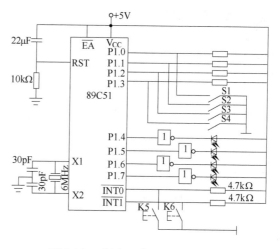

图 6-28　[例 6-2]题硬件电路图

6.1.6　51 单片机常用的其他硬件资源

（1）单片机开发板

开发单片机常需要用到开发板。图 6-29 是一个典型的单片机开发板，板载发光二极管

图 6-29　单片机开发板

（LED）、高亮度数码管、发光二极管、1602 液晶显示器接口、12864 液晶显示器接口、4 个独立键盘、4×4 矩阵键盘、模数（A/D）转换器、数模（D/A）转换器、DS18B20 数字温度传感器、IIC 接口、蜂鸣器（BEEP）、PWM 输出、UART 异步串口、DSl302 时钟芯片（RTC）、EEPROM24C02、继电器、步进电机驱动接口、直流电机驱动接口、MAX232 芯片、ISP 下载接口以及稳压电源等，是可更换晶体振荡器的系统时钟、复位、CPU 锁紧座等电路的功能较为齐全的经济型开发板。

（2）单片机仿真器

仿真是使用可控的技术手段来模仿真实的情况，仿真可分为两类：软件仿真和硬件仿真。软件仿真是使用软件来模拟单片机的实际运行；硬件仿真是使用附加的硬件代替目标系统的单片机，完成单片机全部或大部分功能。

MF52 单片机仿真器（如图 6-30）是一个支持 Keil C51 设计软件的 51 单片机 USB 接口仿真器，采用双 CPU 设计，采用仿真 CPU＋监控 CPU＋USD 芯片结构，支持单步、断点，随时可查看寄存器、变量、IO 口的值、内存内容，支持天折功能，全速运行时按 STOP 按钮即暂停，并可以从停止处继续运行，可仿真各种 51 指令兼容单片机，如 ATMEL、Winbond、INTEL、SST、ST 等。

（3）单片机编程器

编程器也称程序固化器、烧写器，用于把编译生成的目标程序固化到单片机的存储器中，根据编程器支持单片机芯片的多少，通常把编程器分为通用编程器和专用编程器。

图 6-31 是南京西尔特电子有限公司的 SUPERPRO/3000U 通用编程器，支持 100 多个厂家上万种 FLASH、EPROM、EEPROM、MCU、PLD 等器件，且支持新器件，仅需免费升级软件，可测试 SRAM、标准 TTL/COMS 电路，并能自动判断型号。器件支持 EPROM、Paged EPROM、并行和串行 EPPROM、FPGA 配置串行 PROM、Flash 存储器（NOR 和 NAND）、BPROM、NVRAM、SPLD、CPLD、EPLD、Firmware Hub、单片机、MCU、标

准逻辑器件等，器件工作电压 1.5～5V，支持 DIP、SDIP、PLCC、JLCC、SOIC、QFP、TQFP、PQFP、VQFP、TSOP、SOP、TS0PII、PSOP、TSSOP、SON、EBCA、FBCA、VFBCA、CSP、SCSP 等封装形式。

图 6-30　MF52 单片机仿真器

图 6-31　单片机编程器

6.2　51 单片机的软件资源

　　单片机仅有硬件电路是无法实现控制功能的，它还需要软件——指令程序来控制微处理器，满足自动控制的需要。本节将介绍 51 单片机指令系统的指令格式、分类和寻址方式，并重点列表阐述 51 指令系统中每条指令的功能和特点，以及汇编语言程序设计的一些基本方法及注意事项。单片机编程是开发应用单片机的核心技术。

6.2.1　51 单片机的指令系统

　　指令是 CPU 按照人们的意图来完成某种操作的命令。一台计算机的 CPU 所能执行全部指令的集合被称为这个 CPU 的指令系统。其功能的强弱决定了计算机性能的高低。

　　80C51 单片机具有 111 条指令，其特点是：

　　① 执行时间短　1 个机器周期指令有 64 条，2 个机器周期指令有 45 条，而 4 个机器周期指令仅有 2 条（即乘法和除法指令）。

　　② 指令编码字节少　单字节的指令有 49 条，双字节的指令有 45 条，三字节的指令仅有17 条。

　　③ 位操作指令丰富　这是 80C51 单片机面向控制特点的重要保证。

　　为查询和使用方便，现将 80C51 单片机的指令列于表 6-19～表 6-22，80C51 单片机的 7 种寻址方式见表 6-23，供设计编程时灵活使用。

表 6-19　按字母排列顺序列表

助记符	操作数	机器码（H）	助记符	操作数	机器码（H）
ACALL	addr11	*	ADDC	A，Rn	38～3F
ADD	A，Rn	28～2F	ADDC	A，dir	35dir
ADD	A，dir	25dir	ADDC	A，@Ri	36～37
ADD	A，@Ri	26～27	ADDC	A，＃data	34data
ADD	A，＃data	24data	AJMP	addr11	*

助记符	操作数	机器码（H）	助记符	操作数	机器码（H）
ANL	A，Rn	58～5F	MOV	dir，@Ri	86～87 dir
ANL	A，dir	55dir	MOV	dir，#data	75 dir data
ANL	A，@Ri	56～57	MOV	@Ri，A	F6～F7
ANL	A，#data	54data	MOV	@Ri，dir	A6～A7 dir
ANL	dir，A	52dir	MOV	@Ri，#data	76～77 data
ANL	dir，#data	54data	MOV	C，bit	A2 bit
ANL	C，bit	morsel	MOV	bit，C	92 bit
ANL	C，/bit	B0bit	MOV	DPTR，#data16	90 data16
CJNE	A，dir，rel	B5 dir rel	MOVC	A，@A+DPTR	93
CJNE	A，#data	B4 data rel	MOVC	A，@A+PC	83
CJNE	Rn，#data，rel	B86～BF data rel	MOVX	A，@Ri	E2～E3
CJNE	@Ri，#data，rel	B86～BF data rel	MOVX	A，@DPTR	E0
CLR	A	B4	MOVX	@Ri，A	F2～F3
CLR	C	C3	MOVX	@DPTR，A	F0
CLR	bit	C2 bit	MUL	AB	A4
CPL	A	F4	NOP		00
CPL	C	B3	ORL	A，Rn	48～4F
CPL	bit	B2 bit	ORL	A，dir	45 dir
DA	A	D4	ORL	A，@Ri	46～47
DEC	A	14	ORL	A，#data	44 data
DEC	Rn	18～1F	ORL	dir，A	42 dir
DEC	dir	15 dir	ORL	dir，#data	43 dir data
DEC	@Ri	16～17	ORL	C，bit	72 bit
DIV	AB	84	ORL	C，/bit	A0 bit
DJNZ	Rn，rel	D8～DF rel	POP	dir	D0 dir
DJNZ	dir，rel	D8～DF rel	PUSH	dir	C0 dir
INC	A	04	RET		22
INC	Rn	08～0F	RETI		32
INC	dir	05 dir	RL	A	23
INC	@Ri	06～07	RLC	A	33
INC	DPTR	A3	RR	A	03
JB	bit，rel	20 bit rel	RRC	A	13
JBC	bit，rel	10 bit rel	SETB	C	D3
JC	rel	40 rel	SETB	bit	D2 bit
JMP	@A+DPTR	73	SJNP	rel	80 rel
JNB	bit，rel	30 bit rel	SUBB	A，rel	98～9F
JNC	rel	50 rel	SUBB	A，dir	95 dir
JNZ	rel	70 rel	SUBB	A，@Ri	96～97
JZ	rel	60 rel	SUBB	A，#data	94 data
LCALL	addr16	12 addr16	SWAP	A	C4
LJMP	addr16	02 addr16	XCH	A，Rn	C8～CF
MOV	A，Rn	E8～EF	XCH	A，dir	C5 dir
MOV	A，dir	E5 dir	XCH	A，dir	C6～C7
MOV	A，@Ri	E6～E7	XCHD	A，@Ri	D6～D7
MOV	A，#data	74data	XRL	A，Rn	68～6F
MOV	Rn，A	F8～FF	XRL	A，dir	65 dir
MOV	Rn，dir	A8～AF dir	XRL	A，@Ri	66～67
MOV	Rn，#data	78～7Fdata	XRL	A，#data	64 data
MOV	dir，A	F5 dir	XRL	dir，A	62 dir
MOV	dir，Rn	78～7Fdir	XRL	dir，#data	63 dir data
MOV	dir1，dir2	85 dir1 dir2			

表 6-20　影响标志位的指令

标志	ADD	ADDC	SUBB	DA	MUL	DIV
CY	√	√	√	√	O	O
AC	√	√	√	√	×	×
OV	√	√	√	×	√	√
P	√	√	√	√	√	√

注：符号√表示相应的指令操作影响标志，符号○表示相应的指令操作对该标志清 0，符号×表示相应的指令操作不影响标志。另外，累加器加 1（INC A）和减 1（DEC A）指令影响 P 标志。

表 6-21　80C51 单片机 111 条指令按功能分类总表（重点掌握）

序号	指令分类		指令及其注释	字节数	机器周期数
1		16 位传送	MOV DPTR. ♯ data 16：地址常数送 DPTR	3	2
2			MOV A，Rn：Rn 的内容送 A	1	1
3		A 为目的	MOV A，direct：direct 的内容送 A	2	1
4			MOV A，@Ri：Ri 指示单元内容送 A	1	1
5			MOV A，♯ data：常数 data 送 A	2	1
6			MOV Rn，A：A 的内容送 Rn	1	1
7		Rn 为目的	MOV Rn，direct：direct 的内容送 Rn	2	2
8			MOV Rn，♯ data：常数 data 送 Rn	2	2
9			MOV direct，A：A 的内容送 direct	2	1
10			MOV direct，Rn：Rn 的内容送 direct	2	2
11		direct 为目的	MOV direct1，direct2：direct2 内容送 direct1	3	2
12	数据传送及交换类		MOV direct，@Ri：Ri 指示单元内容送 direct	2	2
13			MOV direct，♯ data：常数 data 送 direct	3	2
14			MOV @Ri，A：A 的内容送 Ri 指示单元	1	1
15		@Ri 为目的	MOV @Ri，direct：direct 的内容送 Ri 指示单元	2	2
16			MOV @Ri，♯ data：常数 data 送 Ri 指示单元	2	1
17		ROM 查表	MOVC A，@A＋DPTR：DPTR 为基址、A 为偏移量	1	2
18			MOVC A，@A＋PC：PC 为基址、A 为偏移量	1	2
19		读片外 RAM	MOVX A，@DPTR：片外 DPTR 指示单元送 A	1	2
20			MOVX A，@Ri：片外 Ri 指示单元送 A	1	2
21		写片外 RAM	MOVX @DPTR，A：A 内容送片外 DPTR 指示单元	1	2
22			MOVX @Ri，A：A 内容送片外 Ri 指示单元	1	2
23		堆栈操作	PUSH direct：将 direct 内容压入堆栈	2	2
24			POP direct：堆栈中内容弹出到 direct 中	2	2
25			XCH A，Rn：Rn 内容与 A 内容交换	1	1
26		字节交换	XCH A，direct：direct 内容与 A 内容交换	2	1
27			XCH A，@Ri：Ri 指示单元与 A 内容交换	1	1
28		半字节交换	XCHD A，@Ri：Ri 指示单元与 A 低半字节交换	1	1
29		自交换	SWAP A，A 的高 4 位、低 4 位自交换	1	1
30			ADD A，Rn：Rn 和 A 的内容相加送 A	1	1
31		无进位加	ADD A，direct：direct 和 A 的内容相加送 A	2	1
32			ADD A，@Ri：Ri 指示单元和 A 的内容相加送 A	1	1
33			ADD A，♯ data：data 加上 A 的内容送 A	2	1
34	算数运算类		ADDC A，Rn：Rn、A 内容及进位位相加送 A	1	1
35		带进位加	ADDC A，direct：direct、A 内容及进位位相加送 A	2	1
36			ADDC A，@Ri：Ri 指示单元、A 内容及进位位相加送 A	1	1
37			ADDC A，♯ data：data、A 内容及进位位相加送 A	2	1
38			INC A：A 的内容加 1 送 A	1	1
39		加 1	INC Rn：Rn 内容加 1 送 Rn	1	1
40			INC direct：direct 内容加 1 送 direct	2	1

序号	指令分类		指令及其注释	字节数	机器周期数
41	算数运算类	加 1	INC @Ri:Ri 指示单元内容加 1 送 Ri 指示单元	1	1
42			INC DPTR:DPTR 内容加 1 送 DPTR	1	2
43		十进制调整	DA A:对 BCD 码加法结果调整	1	1
44		带借位减	SUBB A, Rn:A 减 Rn 内容及进位位送 A	1	1
45			SUBB A, direct:A 减 direct 内容及进位位送 A	2	1
46			SUBB A, @Ri:A 减 Ri 指示单元内容及进位位送 A	1	1
47			SUBB A, ♯ data:A 减 data 及进位位送 A	2	1
48		减 1	DEC A:A 的内容减 1 送 A	1	1
49			DEC Rn:Rn 的内容减 1 送 Rn	1	1
50			DEC direct:direct 内容减 1 送 direct	2	1
51			DEC @Ri:Ri 指示单元内容减 1 送 Ri 指示单元	1	1
52		乘法	MUL AB:A 乘以 B,结果高位在 B,低位在 A	1	4
53		除法	DIV AB: A 除以 B,结果余数在 B,商在 A	1	4
54	逻辑和循环类	逻辑与	ANL direct,A:direct、A 内容相与结果送 direct	2	1
55			ANL direct,♯ data:direct 内容、data 相与结果送 direct	3	2
56			ANL A,Rn:A、Rn 内容相与结果送 A	1	1
57			ANL A,direct:A、direct 内容相与结果送 A	2	2
58			ANL A,@Ri:A、Ri 指示单元内容相与结果送 A	1	1
59			ANL A,♯ data:A 内容、data 相与结果送 A	2	1
60		逻辑或	ORL direct,A:direct、A 内容相或结果送 direct	2	1
61			ORL direct,♯ data:direct 内容、data 相或结果送 direct	3	2
62			ORL A, Rn:A、Rn 内容相或结果送 A	1	1
63			ORL A,direct:A、direct 内容相或结果送 A	2	2
64			ORL A,@Ri:A、Ri 指示单元内容相或结果送 A	1	1
65			ORL A,♯ data:A 内容、data 相或结果送 A	2	1
66		逻辑异或	XRL direct,A:direct、A 内容异或结果送 direct	2	1
67			XRL direct,♯ data:direct 内容、data 异或结果送 direct	3	2
68			XRL A,Rn:A、Rn 内容异或结果送 A	1	1
69			XRL A,direct:A、direct 内容异或结果送 A	2	2
70			XRL A,@Ri:A、Ri 指示单元内容异或结果送 A	1	1
71			XRL A,♯ data:A 内容、data 异或结果送 A	2	1
72		清 0、取反、循环移位	CLR A:A 内容清 0	1	1
73			CPL A:A 内容取反	1	1
74			RR A:A 内容循环右移 1 位	1	1
75			RRC A:A 内容带进位循环右移 1 位	1	1
76			RL A:A 内容循环左移 1 位	1	1
77			RLC A:A 内容带进位循环左移 1 位	1	1
78	调用和转移类	短转移	AJMP addr11:程序转移到 addr11 指示的地址处	2	2
79		长转移	LJMP addr16:程序转移到 addr16 指示的地址处	3	2
80		相对转移	SJMP rel:程序转换到 rel 相对地址处	2	2
81		散转移	JMP @ A+DPTR:程序转移到变址指出的地址处	1	2
82		判 0 转移	JZ rel:A 为 0,程序转到 rel 相对地址处	2	2
83		判 0 转移	JNZ rel:A 不为 0,程序转到 rel 相对地址处	2	2
84		比较不等转移	CJNE A,direct,rel:A 与 direct 内容不等转	3	2
85			CJNE A,♯ data,rel:A 内容与 data 不等转	3	2
86			CJNE Rn,♯ data,rel:Rn 内容与 data 不等转	3	2
87			CJNE @Ri,♯ data,rel:Ri 间址内容与 data 不等转	3	2
88		减 1 不为 0 转	DJNZ Rn,rel:Rn 内容减 1 不为 0 转	2	2
89			DJNZ direct,rel:direct 内容减 1 不为 0 转	3	2

序号	指令分类			指令及其注释	字节数	机器周期数
90	调用和转移类	调用		ACALLL addr11：调用 addr11 处子程序	2	2
91				LCALLL addr16：调用 addr16 处子程序	3	2
92		返回		RET：子程序返回	1	2
93		中断返回		RET1：中断返回	1	2
94		空操作		NOP：空操作	1	1
95	位操作类	位传送		MOV bit,C：CY 状态送入 bit 中	2	2
96				MOV C,bit：bit 状态送入 CY 中	2	1
97		位设置	清 0	CLR C：CY 状态清 0	1	1
98				CLR bit：bit 状态清 0	2	1
99			置位	SETB C：CY 状态置 1	1	1
100				SETB bit：bit 状态置 1	2	1
101		位逻辑	位与	ANL C,bit：CY 状态与 bit 状态相与结果送 CY	2	2
102				ANL C,/bit：CY 状态与 bit 取反相与结果送 CY	2	2
103			位或	ORL C,bit：CY 状态与 bit 状态相或结果送 CY	2	2
104				ORL C,/bit：CY 状态与 bit 取反相或结果送 CY	2	2
105			取反	CPL C：CY 状态取反	1	1
106				CPL bit：bit 状态取反	2	1
107		位条件转移	判断 CY	JC rel：CY 为 0 转	2	2
108				JNC rel：CY 不为 0 转	2	2
109			判 bit	JB bit,rel：bit 位为 1 转	3	2
110				JBC bit,rel：bit 位为 1 转，同时把 bit 位清 0	3	2
111				JNB bit,rel：bit 位不为 1 转	3	2

注：数据传送指令 29 条；算术运算指令 24 条；逻辑运算指令 24 条；控制转移指令 17 条；位操作指令 17 条。

表 6-22　符号指令及其注释中常用的符号

序号	符号指令及注释中常用符号	说明
1	Rn(n=0～7)	当前选中的工作寄存器组中的寄存器 R0～R7 之一
2	Ri(i=0、1)	当前选中的工作寄存器组中的寄存器 R0 或 R1
3	@	间址寄存器前缀
4	♯data	8 位立即数
5	♯data16	16 位立即数
6	addr11	11 位目的地址
7	addr16	16 位目的地址
8	Rel	补码形式表示的 8 位地址偏移量，其值在－128～＋127 范围内
9	Bit	片内 RAM 位地址、SFR 的位地址（可用符号名称表示）
10	/	位操作数的取反操作前缀
11	(×)	表示×地址单元或寄存器中的内容
12	((×))	表示以×地址单元或寄存器中的内容为地址间接寻址单元的内容
13	←	将箭头右边的内容送入箭头左边的单元中

表 6-23　80C51 单片机 7 种寻址方式所对应的寄存器和存储空间

序号	寻址方式		寄存器或存储空间
1	基本方式	寄存器寻址	寄存器 R0～R7、A、AB、DPTR 和 C（布尔累加器）
2		直接寻址	片内 RAM 低 128 字节、SFR
3		寄存器间接寻址	片内 RAM(@R0、@R1、SP)、片外 RAM(@R0、@R1、@DPTR)
4		立即寻址	ROM
5	扩展方式	变址寻址	ROM(@A＋DPTR、@A＋PC)
6		相对寻址	ROM(PC 当前值的＋127～－128 字节)
7		位寻址	可寻址位（内部 RAM20H～2FH 单元的位和部分 SFR 的位）

前四种寻址方式完成的是操作数的寻址，属于基本寻址方式；变址寻址实际上是间接寻址的推广；位寻址的实质是直接寻址；相对寻址是指令地址的寻址。寻址方是计算机性能的具体表现，也是编写汇编语言程序的基础，必须熟练掌握。

6.2.2　51单片机常用的开发应用方法

学习单片机的最终目的是能够把它应用到实时控制系统以及仪器仪表和家用电器等各个领域。由于它的应用领域很宽广，并且技术要求也各不相同，因此应用系统的硬件设计是不同的，但总体设计方法和研制步骤却基本相同。本节将针对大多数应用场合，简要介绍单片机应用系统的一般开发、研制方法，供设计时参考。

像一般的计算机系统一样，单片机应用系统也是由硬件和软件组成的。硬件指由单片机、扩展的存储器、输入/输出设备等组成的系统，软件是各种工作程序的总称。硬件和软件只有紧密配合，协调一致，才能组成高性能的单片机应用系统。在系统的研制过程中，软、硬件的功能总是在不断地调整，以便相互适应、相互配合，达到最佳性能价格比。

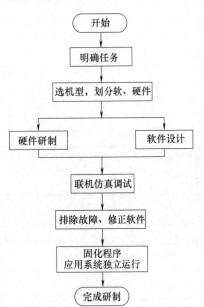

图 6-32　单片机应用系统研制过程框图

单片机应用系统的研制过程包括总体设计、硬件设计、软件设计、在线调试等几个阶段，但它们不是绝对分开的，有时是交叉进行的。图 6-32 为单片机应用系统研制过程框图。

（1）总体设计

确定单片机控制系统总体方案，是进行系统设计最重要、最关键的一步。总体方案直接影响整个控制系统的性能及实施细则。其设计主要是根据被控对象的任务及工艺要求而确定的。

① 确定技术指标　在开始设计前，必须明确应用系统的功能和技术要求，综合考虑系统的先进性、可靠性、可维护性和成本及经济效益，再参考国内外同类产品的资料，提出合理可行的技术指标，以达到最高的性能价格比。

② 机型选择　根据应用系统的要求，选择最容易实现产品技术指标的机种，当然，还要考虑有较高的性能价格比。在研制任务重、时间紧的情况下，要选择最熟悉的机种和元器件。与研制周期有关的因素还有单片机的开发工具，性能优良的开发工具能加快系统的研制过程。

③ 器件选择　除了单片机以外，系统中还有传感器、模拟电路、输入/输出电路等器件和设备。这些部件的选择应符合系统精度、速度和可靠性等方面的要求。

④ 硬件和软件的功能划分　系统硬件的配置和软件的设计是紧密联系在一起的，而且在某些场合，硬件和软件具有一定的互换性。例如，日历时钟的产生可以用时钟电路片，也可以由单片机内部的定时器中断服务程序来控制时钟计数。多用硬件完成一些功能，可以提高工作速度，减少软件研制的工作量，提高可靠性，但增加了硬件成本。若用软件代替某些硬件的功能，可以节省硬件开支，但增加了软件的复杂性。由于软件是一次性投资，因此在研制产品批量比较大的情况下，能够用软件实现的功能都由软件来完成，以便简化硬件结构，降低生产成本。

（2）硬件设计

硬件设计的任务是根据总体设计要求，在所选择机型的基础上，确定系统扩展所要用的存储器、I/O 电路、A/D 电路以及有关外围电路等，然后设计出系统的电路原理图。

① 程序存储器　当使用片内无 ROM 的单片机（如 80C31）或单片机内部程序存储器容量不够时，需外扩程序存储器。可作为程序存储器的芯片有多种非易失性存储器（如 EPROM 和 EEPROM 等），从它们的价格和性能特点上考虑，对于大批量生产的、已成熟的应用系统宜选用 OTP 型，其他情况可选用 EPROM 等。由于容量不同的 OTP、EPROM 芯片价格相差不多，一般应选用速度高、容量较大的芯片，这样可使译码电路简单，且给软件扩展留有一定的余地。

② 数据存储器　对于数据存储器的容量要求，各个系统之间差别比较大。有的测量仪器和仪表只需少量的 RAM 即可，此时应尽量选用片内 RAM 容量能符合要求的单片机。对于要求较大容量 RAM 的系统，选择 RAM 芯片的原则是尽可能减少 RAM 芯片的数量。例如，一片 6264（8KB）比 4 片 6116（2KB）价格要低得多。

③ 输入/输出接口　较大的应用系统一般都要扩展 I/O 接口，在选择 I/O 电路时应从体积、价格、功能、负载等方面考虑。标准的可编程接口电路 8255 和 8155 接口简单，使用方便，对总线负载小，因而应用很广泛。但对有些口线要求很少的系统，则可用 TTL 电路，这可提高口线的利用率，且其驱动能力较大，可直接驱动发光二极管等器件。因此，应根据系统总的输入/输出要求来选择 I/O 接口电路。A/D 和 D/A 电路芯片的选择原则应根据系统对它的速度、精度和价格的要求而确定。除此还要考虑与系统中的传感器、放大器相匹配。

④ 地址译码电路　80C51 系统有充分的存储器空间，包括 64KB 程序存储器和 64KB 数据存储器，在应用系统中一般不需要这么大容量。为能简化硬件逻辑，同时还要使所用到的存储器空间地址连续，通常采用译码器法和线选法相结合的办法进行。

⑤ 其他外围电路　由于单片机的特点，它被大量地应用于工业测控系统。在测量和控制系统中，经常需要对一些现场物理量进行测量或者将其采集下来进行信号处理之后，再反过来控制被测对象或相关设备。在这种情况下，应用系统的硬件设计就应包括与此有关的外围电路。

图 6-33 为一个典型的比较全面的单片机测控系统。图中间是单片机主机板。图的左边为计算机的外部设备，包括键盘、显示器等。它们各自都通过相应的接口与单片机的内部总线相连。图的右边为被测控对象，总称为用户。用户主要有三种形式：

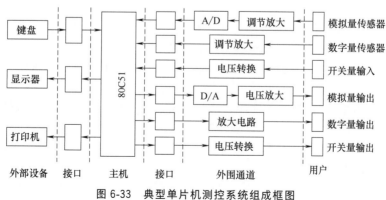

图 6-33　典型单片机测控系统组成框图

a. 模拟量。模拟量是连续变化的物理量。这些物理量可能是电信号，如电压、电流等；也可能是非电信号，如压力、张力、位移、速度、温度等。对于非电信号首先要转换为电信号，此时就要用到传感器。传感器是把其他非电量信号转换成相应比例关系的电信号的仪表或器件。

b. 数字量。数字量所传输的信息为有序组合的"0"和"1"两种 TTL 电平状态,如串行口信号及某些数字式传感器或脉冲发生器所产生的电脉冲计数的数字量等。

c. 开关量。如按键开关、按钮、行程开关、继电器、接触器等接点通、断时产生的突变电压信号。

图 6-33 中右上方的 3 条外围通道是作为输入到计算机中的通道。第 1 条因为要送到计算机中去的是模拟量,所以外围通道中的主要器件是模数转换器,此信号一般要经信号调节放大处理使之符合 A/D 输入的要求,才能送入模数转换器。第 2 条从用户来的信息已是数字量,则可不用模数转换器,此时只需将数字量信号调节为与接口电路(通常为计数器)的要求相适配即可。如果用户来的信息是开关量(第 3 条),则必须将其转换成稳定的、接口能接收的直流电平。其右下方的 3 条外围通道是由计算机输出以控制用户(控制对象)的,被控制装置的类型可以有模拟量输出、数字量输出以及开关量输出。这些信号在送到用户装置以前,一般也都要经过信号调节,才能驱动外部设备。由此可见,当设计一个单片机的测控系统时,还需设计相关的外围电路,如信号调节放大电路、驱动电路等。

⑥ 可靠性设计 单片机应用系统的可靠性是一项最重要、最基本的技术指标,这是硬件设计时必须考虑的。可靠性通常是指在规定的条件下,在规定的时间内完成规定功能的能力。规定的条件包括环境条件(如温度、湿度、振动等)、供电条件等,规定的时间一般指平均故障时间、平均无故障时间、连续正常运转时间等,所规定的功能随单片机应用系统的不同而异。单片机应用系统在实际工作中,可能会受到各种内部和外部的干扰,使系统工作产生错误或故障。为减少这种错误和故障,就要采取各种提高可靠性的措施。常用措施如下:

a. 提高元器件的可靠性:在系统硬件设计和加工时应注意选用质量好的电子元器件、接插件,并进行严格的测试、筛选和老化实验;设计时技术参数(如负载)应留有余量。

b. 提高印刷电路板和组装的质量,设计电路板时布线及接地方法要符合要求。

c. 对供电电源采取抗干扰措施:用带屏蔽层的电源变压器,加电源低通滤波器,电源变压器的容量应留有余地。

d. 输入/输出通道抗干扰措施:采用光电隔离电路,光电隔离器作为数字量、开关量的输入、输出,这种隔离电路效果很好;采用正确的接地技术;采用双绞线,双绞线抗共模干扰的能力较强,可以作为接口连接线。

（3）软件设计

在单片机应用系统的研制中,软件设计一般是工作量最大、最重要的任务。软件设计的一般方法与步骤包括系统定义、软件结构设计和程序设计。

① 系统定义 系统定义是指在软件设计前,首先要进一步明确软件所要完成的任务,然后结合硬件结构,进一步弄清软件所承担的任务细节。

a. 定义和说明各输入/输出口的功能、信号类型(是模拟信号还是数字信号)、电平范围、与系统接口方式、占有口地址、读取和输入方式等。

b. 在程序存储器区域中,合理分配存储空间,包括系统主程序、常数表格、功能子程序块的划分、入口地址表等。

c. 在数据存储器区域中,考虑是否有断电保护措施、定义数据暂存区标志单元等。

d. 面板开关、按键等控制输入量的定义与软件编制密切相关,系统运行过程的显示、运算结果的显示、正常运行和出错显示等也是由软件编制,所以事先也必须给以定义,作为编程的依据。

② 软件结构设计 合理的软件结构是设计出一个性能优良的单片机应用系统软件的基础,必须予以充分重视。

a. 对于简单的应用系统，通常采用顺序设计方法。这种系统软件由主程序和若干个中断服务程序所构成。根据系统各个操作的性质，指定哪些操作由主程序完成，哪些操作由中断服务程序完成，并指定各中断的优先级。

b. 对于复杂的实时控制系统，应采用实时多任务操作系统。这种系统往往要求对多个对象同时进行实时控制，要求对各个对象的实时信息以足够快的速度进行处理并作出快速响应。这就要提高系统的实时性、并行性。为达到此目的，实时多任务操作系统应具备任务调度、实时控制、实时时钟、输入输出、中断控制、系统调用、多个任务并行运行等功能。

在程序设计方法上，模块程序设计是单片机应用中最常用的程序设计技术。这种方法是把一个完整的程序分解为若干个功能相对独立的较小的程序模块，对各个程序模块分别进行设计、编制和调试，最后将各个调试好的程序模块连成一个完整的程序。这种方法的优点是单个程序模块的设计和调试比较方便、容易完成，一个模块可以为多个程序所共享；缺点是各个模块的连接有时有一定难度。

还有一种方法是自上向下设计程序。此方法是先从主程序开始设计，主程序编好后，再编制各从属的程序和子程序。这种方法比较符合人们的日常思维。其缺点是上一级的程序错误将对下一级甚至整个程序产生影响。

③ 程序设计　在软件结构确定之后就可以进行程序设计了，一般程序设计过程为：

a. 根据问题的定义，描述出各个输入变量和各个输出变量之间的数学关系，即建立数学模型。根据系统功能及操作过程，列出程序的简单功能流程框图（粗框图），再对粗框图进行扩充和具体化，即对存储器、寄存器、标志位等工作单元作具体的分配和细化说明。把功能流程图中每一个粗框转变为具体的存储单元、寄存器和 I/O 口的操作，从而绘制出详细的程序流程图（细框图）。

b. 在完成流程图设计以后，便可编写程序。单片机应用程序可以采用汇编语言，也可以采用某些高级语言，编写完后均须汇编成 80C51 的机器码，经调试正常运行后，再固化到非易失性存储器中去，完成系统的设计。

6.3　新型实用天车电脑秤的设计实例

6.3.1　新型实用天车电脑秤的组成和主要功能

由于国内生产天车吊钩秤的厂家大多数采用悬挂式独体结构，即在原天车的吊钩上配挂上笨重的拉力传感器的秤体，在有些场合如翻转钢水罐，安装和使用很不方便。同时这些吊钩秤大多数功能单一，不能有效满足当前市场对电脑秤的使用需求。另外，其工作温度多要求在 0℃以上，也不适合在北方高寒地区使用。本节介绍的这种新型天车电脑秤采用分体结构，压力称重传感器直接安装在天车定滑轮轴和小车车体的支撑点，利用 80C51 单片机进行控制，电脑监控显示器放在天车驾驶室内，精度高、稳定性好、使用操作方便，配以适当的低温措施，工作温度可以达到−40℃以下。

电脑秤系统结构组成框图如图 6-34 所示。控制由一片 80C51 单片机完成；一片 8255A 可编程并行 I/O 接口连接 BCD 码拨盘开关，预置测量期望值；共阳极七段 LED 静态显示器通过 74LS164 把串行口得到的数据并行输出；加载引起的压力应变由高精度压力传感器测出，并转换成相应的电量，经放大后送入 A/D 转换器，变换后数字量由 80C51 进行计算、比较等数据处理，继而完成去皮重、计净重、自动累计重量，预置测重吨位，超重声光指示报警，显示和打印皮重、净重、累计重量，以及通过联网将测量数据送至上位机进行现代化生产管理等。

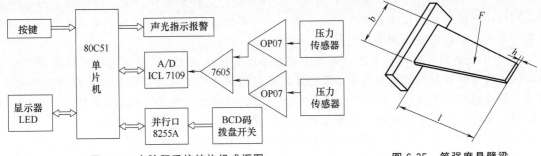

图 6-34　电脑秤系统结构组成框图　　　　　　图 6-35　等强度悬臂梁

6.3.2　新型实用天车电脑秤的硬件系统设计

天车电脑秤的一次传感器的选用是其首要关键技术。加载时起应力应变分析可视为等强度悬臂梁，如图 6-35 所示。

当自由端有力 F 作用时，梁在各截面上的强度是相等的。根据

$$\delta = M/W \qquad (6-1)$$

式中，$M = FI$ 为作用在固定端的弯矩；$W = bh^2/6$ 为固定端的抗弯矩截面模量。所以

$$\delta = 6FI/bh^2 \qquad (6-2)$$

由胡克定律可知，在梁表面整个长度方向上产生大小相同的应变，其大小为：

$$\varepsilon = \delta/E = 6FI/bh^2E \qquad (6-3)$$

式中，E 为材料的弹性模量。实验中 $I = 0.1$，$b = 0.04\text{m}$，$h = 0.02\text{m}$，$E = 10^{11}\,\text{N}/\text{m}^2$，得：

$$\delta = 0.375 \times 10^5 F,\ \varepsilon = 0.375 \times 10^{-6} F$$

金属丝在受到拉伸（或缩短）时，电阻值会增大（或减小）。这种电阻值随变形而发生变化的现象，叫作电阻应变效应。根据该效应制成的电阻应变片可用来测定臂梁的荷重大小。

在应变片灵敏轴线方向的单向应力作用下，应变片电阻值的相对变化与安装应变片的试件表面上轴向应变的比值称为灵敏系统 K，即：

$$K = \frac{\text{d}R}{4} \Big/ \frac{\text{d}l_i}{l_i} = \frac{\text{d}R}{R} \Big/ \varepsilon \qquad (6-4)$$

在悬臂梁上表面和下表面各贴两片电阻应变片，形成直流全桥电路，如图 6-36 所示。直流全桥电压 U 取 $+8\text{V}$，电桥输出电压用 U 表示。所用的四片电阻应变片电阻值均为 120，应变片的灵敏系数 $K = 2$。

当 a、b 两段开路，即 $R_f = \infty$ 时，则有：

$$\begin{cases} I_1 = \dfrac{U}{R_1 + R_2} \\[2mm] I_2 = \dfrac{U}{R_3 + R_4} \end{cases}$$

在电阻 R_1 和 R_2 上的电压降分别为：

$$\begin{cases} U_{ac} = \dfrac{R_1}{R_1 + R_2} U \\[2mm] U_{bc} = \dfrac{R_3}{R_3 + R_4} U \end{cases}$$

所以，
$$U_{\mathrm{out}}=U_{ac}-U_{bc}=\frac{R_1}{R_1+R_2}U-\frac{R_3}{R_3+R_4}U=\frac{R_1R_4-R_2R_3}{(R_1+R_2)(R_3+R_4)}U \qquad (6\text{-}5)$$

当 $U_{\mathrm{out}}=0$ 时，称电桥平衡，则有 $R_1R_4-R_2R_3=0$。即：

$$\frac{R_2}{R_1}=\frac{R_4}{R_3} \qquad (6\text{-}6)$$

称为电桥平衡条件。

令

$$\frac{R_2}{R_1}=\frac{R_4}{R_3}=n \qquad (6\text{-}7)$$

称为桥臂电阻比。

假设桥臂电路 R_1、R_2、R_3、R_4 均发生变化，其阻值的变化量分别为 ΔR_1、ΔR_2、ΔR_3、ΔR_4。电桥的输出将变为：

$$U_{\mathrm{out}}=\frac{(R_1+\Delta R_1)(R_4+\Delta R_4)-(R_2+\Delta R_2)(R_3+\Delta R_3)}{(R_1+\Delta R_1+R_2+\Delta R_2)+(R_3+\Delta R_3+R_4+\Delta R_4)} \qquad (6\text{-}8)$$

当 $R_1=R_2=R_3=R_4$，即 $n=1$ 时，电压灵敏度最大，成为全等臂电桥。

多数厂家均采用拉力悬挂式称重传感器，考虑其过载能力、安全系数及坚固耐碰撞等因素，秤体制造得十分庞大笨重；使用中配挂在吊车的钓钩上，其交流电源线的选取和安装等因吊车的不断移动和升降而十分麻烦；若采用无线电遥控式和电池供电，一是成本造价大为提高，二是易受现场恶劣环境的严重电磁干扰的影响。

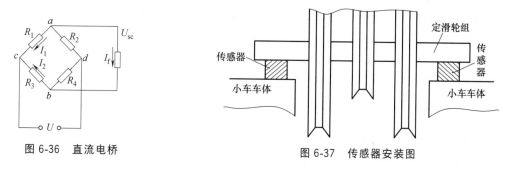

图 6-36　直流电桥　　　　　　　　图 6-37　传感器安装图

本设计的改进方案是采用压力式称重传感器且按图 6-37 安装。选用两只 10t 的高精度称重传感器，由于传感器不接触重物，没有碰撞等现象，体积可以大为减小；传感器安装在定滑轮组和小车车体支撑点之间，因引线不受提升机构的影响，故安装方便、使用安全可靠。

由于电阻应变片式秤重传感器的灵敏度比较低，其输出灵敏度约为 2.5mV/V，若要有四千分之一的分辨率，就要分辨出 0.6μV 的信号，考虑到各种工作环境以及春夏秋冬四季温度的变化，要保证机器长期稳定工作而没有漂移，必须有性能优良的放大器。一般通用型放大器其温漂约为 10μV/℃。要保证 1.1% 的精度，其工作温度只允许 1℃ 的变化。这是根本不现实的。就东北高寒地区来说，四季的温度差约有 70℃，为了使天车电脑秤有一定的适应环境的能力，必须有低温漂原件作保证。故选用上海元件五厂生产的斩波稳零运算放大器 5G7650，其温漂只有 0.01μV/℃。A/D 转换器选用美国英特矽尔（INTERSIL）公司生产的一种高精度、低噪声、低漂移的 ICL7109。

考虑到荷重传感器的工作环境比较恶劣，易受共模信号干扰，为了有效地抑制噪声信号的干扰，提高测量精度，电路采用三个运算放大器构成高精度的电桥测量放大器。

80C51 具有 4 个 I/O 端口，由于在数据的传输过程中，CPU 需要对接口电路中输入输出的寄存器进行读写操作，所以在单片机中对这些寄存器像对存储单元一样进行编程。以下是单片机应用中经常使用的控制引脚。

RET（9 脚）：单片机刚接上电源时，其内部各寄存器处于随机状态，在该引脚上输入两个机器周期的高电平将使单片机复位。

ALE/$\overline{PROG}$（30 脚）：访问外存储器时，ALE 作锁存扩展地址低位字节控制信号。平时不访问片外存储器时，该端也以 1/6 的时钟振荡频率固定输出正脉冲，供定时或其他需要使用。另外，在对 87C51 片内 EPROM 编程时，此引脚用于输入编程脉冲。

$\overline{PSEN}$（29 脚）：片外程序存储器选通信号，低电平有效。

$\overline{EA}$/V$_{PP}$（31 脚）：当 EA 端输入高电平时，CPU 从片内程序存储器地址 0000H 单元开始执行程序。当地址超出 4KB 时，将自动执行片外程序存储器的程序。当 EA 输入低电平时，CPU 仅访问片外程序存储器。在对 87C51EPROM 编程时，此引脚接编程电压 12.5V。

80C51 系列单片机片内不含 A/D 转换器，为了把从运算放大器输入的模拟电压信号转换成相应的数字信号，在这里需要设计 A/D 转换器接口电路。

目前，市售的 A/D 转换器种类繁多，大多数都可以与 80C51 单片机配合使用，其中常用的有逐次逼近式的 8 位 A/D 转换器 ADC0809、12 位 A/D 转换器 A/D574 以及双积分式的 12 位 A/D 转换器 ICL7109。

由于本设计对控制精度和测量的设计要求比较高，又考虑到量程的需要，8 位 A/D 转换器 ADC0809 远不能满足要求，需要高精度的 12 位 A/D 转换器。

AD574 的转换速度快（完成一次转换位需 25μs），转换的精度高达 0.05%，但它的价格高，而我们的设计对转换速度要求不是很高，因此没有必要采用 AC574，而是采用了廉价的双积分式高精度的 12 位转换器 ICL7109。

ICL7109 对工频的抗干扰能力很强，因此特别适合用于噪声大、低速的数字采集系统及智能仪器仪表中，ICL7109 的主要特点如下：

① 12 位二进制数输出的双积分 A/D 转换器，同时还有一位极性位和一位溢出位输出，这是其他 A/D 转换器没有的特点，极性位用于判断输入的信号的极性，这使得 ICL7109 在双极性输入方式时相当于 13 位 A/D 转换器。

② 输出与 TTL 兼容，可以用简单的并行或串行接口接到微处理器系统。

③ 可用 RUN/HOLD（运行/保持）和 STATUS（状态）信号监视和控制转换定时。

④ 有真正的差分输入和差分基准电压，片内有一个良好的基准电压源，由 RER00T 输出，可以使用电阻分压以获得一个合适的基准电压。

⑤ 低噪声。

⑥ 转换速度最快为 30 次每秒。

⑦ 片内带有振荡器，外部可以接 RC 电路组成不同频率的时钟电路。

⑧ 以 CMOS 工艺制作，将模拟和数字部分集成在一个超大规模的 CMOS 芯片上。

⑨ 对全部输入都具有充分的防静电措施。

在设计的数字测量仪系统中，常常不仅要求实时测量，还同时要求在实时测量中判断是否达到所期望的值。本设计为此设计有预置吨位和到位及超量程声光报警功能；因使用拨盘开关输入比较方便可靠，这种数据输入具有不可变性，更改也很容易，并采用 8255A 芯片与单片机连接。新型实用天车电脑秤的电路图见图 6-38。

A1、A0 连同 RD、WR 两输入线，共同控制选择 3 个接口 PA、PB、PC 或选择控制字寄存器。8255A 有 3 个并行接口：

PA 是一个 8 位数据输出锁存器/缓冲器和一个 8 位数据输入锁存器。

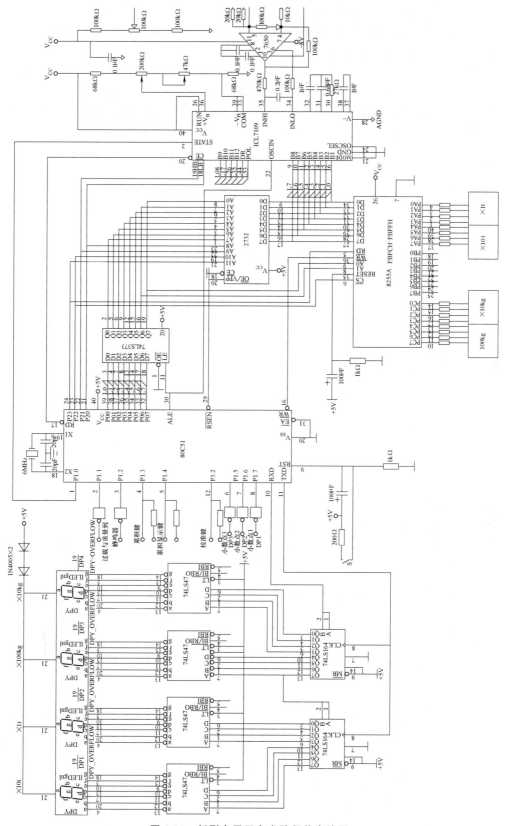

图 6-38　新型实用天车电脑秤的电路图

PB 是一个 8 位数据输入输出锁存器/缓冲器。

PC 是一个 8 位数据输出锁存器/缓冲器和一个 8 位数据输入缓冲器（不锁存输入），在模式控制下，可以分为两个 4 位接口。

8255A 有三种基本的操作模式，可以用系统软件选择，即方式 0（基本的输入/输出）、方式 1（有选通的输入/输出）、方式 2（双向总线输入/输出），方式 2 仅对于 PA 口。

拨盘种类很多，作为人机接口使用最方便的拨盘是十进制数输入、BCD 码输出的 BCD 码拨盘，它具有 0~9 十个位置，对应十个数字显示，代表拨盘输入的十进制数。拨盘后面有 5 个接点，其中 A 为输入控制线，另外 4 根是 BCD 码输出信号线。

LED 有共阴极［如图 6-39 中（b）］和共阳极［如图 6-39 中（c）］两种。在图 6-39（b）中，发光二极管的共阴极接地，当某个字段的阳极为高电平时就点亮；在图 6-39（c）中的发光二极管的公共阳极接＋5V，当某个字段的阴极为低电平时就点亮。图 6-39（b）和图 6-39（c）中的 R 是限流电阻，图 6-39（a）表示七段显示器内部各段的排列情况。

本设计选用了共阳极七段 LED 显示器 BS-AA05-RD，其引脚配置见图 6-39（a）。

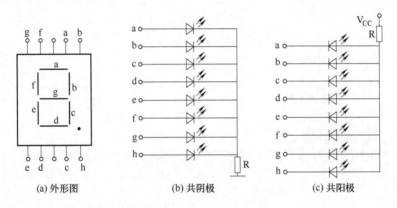

图 6-39　七段 LED 结构

仙童公司生产的 TTL 锁存/译码/驱动电路 9368 及摩托罗拉（MOTOROLA）公司生产的 BCD 至七段十进制锁存/驱动/译码器电路 MC14495 都是常用的译码器/驱动器，片内具有锁存器，可以直接与单片机数据总线相连。74LS46 与 74LS47 仅输出电压不同，其他都相同。本设计静态显示器部分选用 74LS47 作为译码驱动器。

6.3.3　新型实用天车电脑秤的软件系统设计

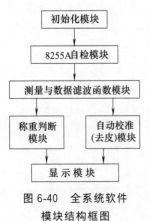

图 6-40　全系统软件
模块结构框图

该系统采用模块化设计，使软件设计条理清晰、编程容易。全系统由初始化模块、8255A 自检模块、测量和数据滤波函数的计算模块、称重判断模块、自动校准（去皮）模块和显示模块六部分组成。全系统的模块结构框图见图 6-40。

软件系统具有校准、累积及显示、累计查询、预置重量及预置重量到提示，溢出报警和 8255A 检查等功能。开机启动以后，该系统将自动校准，之后进行实际称重作业。在称重作业时，判断物重是否小于承重下限、是否预置重量以及判断累计与否，并据此进行累计或循环。在称重作业时，若想再次校准，只需按下校准键（这时可重新设置预置重量）。其他功能结合模块分析说明。

6.3.4　新型实用天车电脑秤整体系统设计

新型实用天车电脑秤的电路图如图 6-38 所示，主要包括：

（1）运算放大器的设计

为了精确测量检测信号，采用三个运算放大器构成高精度的电桥检测放大器，如图 6-41 所示。两个 OP07 组成对称电路结构，输入阻抗很高，而且被测信号直接加入到输入端上，既保证了较强的抑制共模信号能力，又较好地完成了传感器感测信号的线性相加，是一种性能优异的理想运算放大电路。运算放大电路图如图 6-42 所示。由图可知：C 电容是为了去除尖峰脉冲，虚线框内电路用于校零。

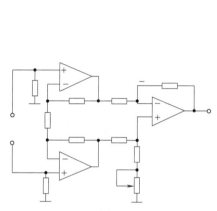

图 6-41　测量放大电路

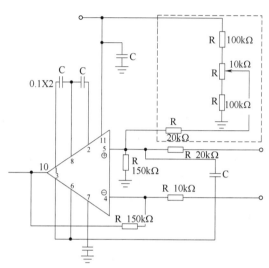

图 6-42　运算放大电路图

（2）　A/D 转换器与单片机的接口设计

ICL7109 内部有一个 14 位的锁存器和一个 14 位的三态输出器。ICL7109 转换结束时，由 STATUS 发出转换信号（结束信号）到单片机，单片机对转换后的数据分高位字节和低位字节进行读取。因为我们采用单片机与 ICL7109 直接接口方式，所以 ICL7109 的 MODE（工作方式，21）引脚接低电平（地）。在接口电路设计中，振荡器选择 OSCSEL（24）引脚接地，则 ICL7109DE 时钟振荡器依靠晶体振荡器工作，其内部时钟等于 58 分频后的振荡器频率，本设计中 OSCIN（22）引脚与单片机的 ALE 相接。接口电路见图 6-38。

（3）单片机与 8255A 接口设计

为了预置重量的十位、百位、千位、万位，设计选用 4 片拨盘拼接成 4 位十进制输入拨盘组，如图 6-43 所示。图中 ⊠ X 表示 0～9 之间的拨码数字。即拨盘拨到不同位置时，输入控制线 A 分别与 4 根输出线中的某几根线相通。如拨到 1，A 与输出线中 1 相通；拨到 3，A 与输出线中 1、2 相通；……；拨到 9，A 与输出线中 8、1 相通。A 与 4 根控制线输出线的状态，如表 6-24 所示。其拨盘的输出恰好是位置的 BCD 码。

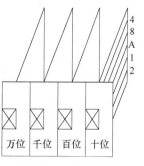

图 6-43　4 片拨盘组

将 BCD 码拨盘的预置数字传送 80C51，还需要借助于可编程并行接口芯片 8255A。8255A 的方式 0 对三个接口的每一个都能提供简单的输入/输出操作，不要求交换信号、数据时简单

表 6-24　BCD 码拨盘的输入输出状态

拨盘输入	控制端 A	输出状态			
		8	4	2	1
0	1	0	0	0	0
1	1	0	0	0	1
2	1	0	0	1	0
3	1	0	0	1	1
4	1	0	1	0	0
5	1	0	1	0	1
6	1	0	1	1	0
7	1	0	1	1	1
8	1	1	0	0	0
9	1	1	0	0	1

地写到每一个规定的接口或从一个规定的接口读出，本设计就采用此种操作方式。8255A 的操作方式可由 CPU 写入一个控制字到 8255A 的控制寄存器来选择。用编程的方法可改变 8255A 的逻辑功能，8255A 可与 80C51 直接接口，不需要其他附加器件，并将 8255A 的 PA 口与拨盘低两位相连，PC 口与拨盘高 2 位相连，接口电路见图 6-38。

（4）静态显示器的设计

为大大减少 I/O 口线的占用数量，本设计利用 74LS47 构成单片机应用系统的显示器接口，线路摒弃了传统的 LED 数码管加上限流电阻的方法，把加在 LED 数码管的电压通过二极管 1N4005 减小到 2~3V 左右，既满足了 LED 数码管亮度的要求，又使线路简洁明了。接口电路见图 6-38。

（5）软件设计

① 初始化模块　完成对各种必要参数的初始化设置，并给定时器 T0 和 T1 送出初值，开中断 0，以确保微机系统自动完成测控工作；同时复位 P1.1（溢出报警）、P1.2（预置重量到提示）等。为清楚起见，全部采用单片机的赋值语句来实现。

该模块中设定时器 T0 和 T1 的工作方式为 1，即 16 位定时器。两定时器每延时 100ms 发一次中断，其定时常数设定为 X，由 $(2^{16}-X) \times 2 \times 10^{-6} = 100 \times 10^{-3}$，（式中 2×10^{-6} 为 80C51 的机器周期），得 X = 3CB0H，即 TH0 和 TH1 初始化为 3CH，TL0 和 TL1 初始化为 0B0H。

② 8255A 自检模块　主要用来检查拨码盘和 8255A 的接口状态是否处于正确工作状态。

根据系统硬件电路图，很容易求得 8255A 方式控制字的地址为 FBFFH，PA 口和 PC 口的地址分别为 FFPEH 和 FBFCH；8255A 控制字为 9BH，并设计一个子程序，用来读取 8255A 的值，并把它存放在 24H、25H 中。8255A 自检模块程序框图如图 6-44 所示。

③ 数据采集和滤波函数模块　考虑到各种使用环境，虽然 ICL7109A/D 转换器有很好的抗干扰作用，但由于小信号放大时干扰有可能通过高输入阻抗的 7650 进入系统，为了保障称重精确，有必要采用适当的数据处理方法，以消除各种随机因素的影响。本设计采用了滤波函数：

$$Y(K) = \frac{1}{2}\left[Y(K-1) + U_0 - (K)\right]$$

Z 变换为：

$$Y(Z) = \frac{0.5}{1 - 0.5Z^{-1}}U_0(Z)$$

式中，$Y(K)$ 为滤波后输出值。

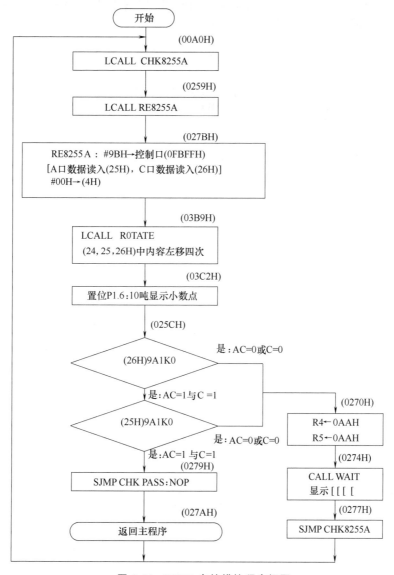

图 6-44　8255A 自检模块程序框图

而 $U_0(K)$ 为一个输出间隔中的两次采样的平均值，即：

$$U_0(K) = \frac{1}{2}[U(K) + U(K-1)]$$

式中，$U(K)$ 为一次的实际采样值。

滤波函数模块就是把实际采样值 $U(K)$ 经上述函数由微机进行快速计算处理后，输出滤波后的输出值 $Y(K)$，编程简单，容易实现，滤波效果相当好。

④ 校准模块　根据天车电脑秤称量精度指标的要求，在滤波之后又增加了一个校准数值真伪及是否能满足精度容限的判断函数。即只有当判断函数式：

$$\begin{cases} |Y(K) - Y(K-1)| < \varepsilon \\ |Y(K-1) - Y(K-2)| < \varepsilon \\ |Y(K-2) - Y(K-3)| < \varepsilon \end{cases}$$

成立时，才认为 $Y(K-1)$ 为真或满足测量精度要求，以它为校准值 G0，而任何不符合上式的结果，都在相应的此步基础上重新开始计算，并一直检查到满意的结果为此。ε值视称重精度要求而定，其校准模块程序框图如图6-45所示。

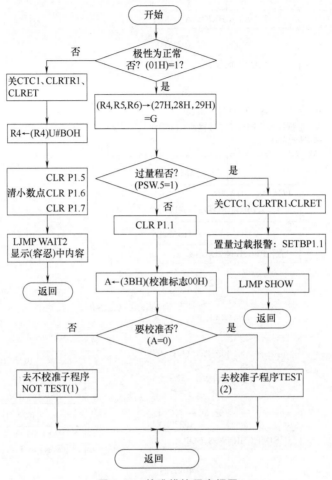

图 6-45 校准模块程序框图

⑤ 称重判断模块 主要用来判断称量实际值（G－G0）是否小于称重下限值 G 下，并判断是否到预置重量；然后显示物重，并接受累积按键的键入，以实现累积并显示累计值。其称重判断模块程序框图见图6-46。

⑥ 称重显示模块 主要用来显示校准值：8255A 输入的预置重量值、实际称重值、累积值及 8255A 出错提示等。其中物量的值含 "－" 号时，用 "［" 来表示，用于调零过程；累积值及 8255A 出错提示由 "］］］］" 表示。

按照上述模块的程序设计流程图，即可用汇编语言编制出该新型实用天车电脑秤的源程序。学用单片机编程技术，主要是掌握它的编程思想，死记硬背一些应用系统的源程序是没有太大用处的，限于篇幅，该系统的源程序省略。

本节所介绍的新型实用天车电脑秤采用分体结构，压力称重传感器直接安装在吊车的定滑轮和小车车体的支撑点间，采用 80C51 单片机进行控制，电脑监控显示器放在吊车驾驶室内，功能齐全、安装简单、使用方便安全，而且配有适当的低温措施，适用于室外及寒冷地区工作，是笔者所成功研制的科研课题。该系统中的传感器安装极其方便简单，可在原天车上直接进行安装；硬件系统的设计采用了标准器件和电路组合而成；软件采用模块化，设计调试极

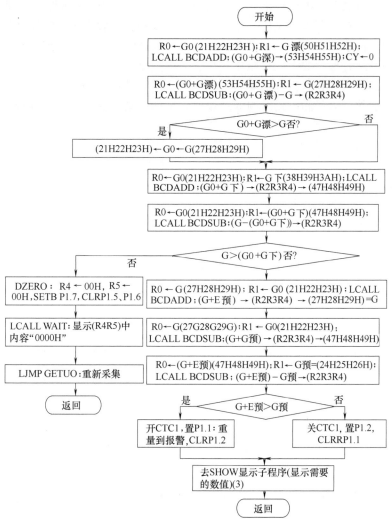

图 6-46　称重判断模块程序框图

为方便。该新型实用天车电脑秤在某钢厂现场实用证明：稳定性较好、抗干扰性较强、控制功能强、测量精度高、使用方便、价格便宜、安装维护简单，具有很高的推广应用价值。

6.4　交流电动机电脑控制柜的设计实例

6.4.1　交流电动机电脑控制柜的组成和主要功能

　　交流电动机电脑控制柜是一种大功率电子开关设备，它主要用于冶金、化工、纺织等工业电气传动系统。与交流接触器相比，具有操作频率高、在接通和断开电路时不产生电弧、无磨损、噪声小、节能、运行可靠、维修方便等优点；尤其是在频繁启动的交流电动机上，它代替交流接触器开关柜，具有明显的经济效益。

　　该系统的控制主回路是由五只双向晶闸管来实现可逆运行的，电路图如图 6-47 所示。S1、S3、S5 导通为正转，S2、S3、S4 导通为反转。S3 为公用。S1、S2、S4、S5 四只晶闸管不能有导通错误，否则会引起相闸短路，造成事故。

本装置的操作控制及保护回路利用 80C51 单片机运算判断的快速性，实现对交流电动机的启动、停止、正反转换向以及欠压、过压、漏电、缺相、过载、短路等综合保护，使得电动机的操作规程和保护装置在体积、重量和价格上都大大地降低，而且提高了控制精度，实现了电动机操作控制及综合保护的人工智能化和完全无触点化。

通过电压互感器 TV 和电流互感器 TA 分别测取出主回路的电压与电流，仿真信号经整流、滤波、稳压后作为电压和电流控制的动作值，根据电动机的过载倍数进行分割划段，分别选取运转时特性曲线上两个不同的过载倍数作为相应的过载临界值。经过 A/D 转换后的 8 位数字量直接送入 CPU 进行判断（包括确认延时），以判别结果来决定电动机是否能继续运行。当电网电压超过 $1.3u_N$ 或者将至 $0.5u_N$ 时，以及某相电流大过 $7I_N$ 或为 0 时，电动机立即停止运行。

按照电动机工作反时限特性要求，选择 $1.0u_N$，将 A/D 转换后的数字量作为过载倍数的比较判断值，并根据与其比较后的过载倍数大小来确定延时动作的时间。即一旦过载倍数发生变换，CPU 就以"积累"形式将电机过载所产生的"热量"累加起来，直到达到电动机所能承受的热容限为止。所有这些临界值以及操作的控制命令都是通过软件编辑来智能化设定的，无须调整硬件线路，系统组成如图 6-47、图 6-48 所示。

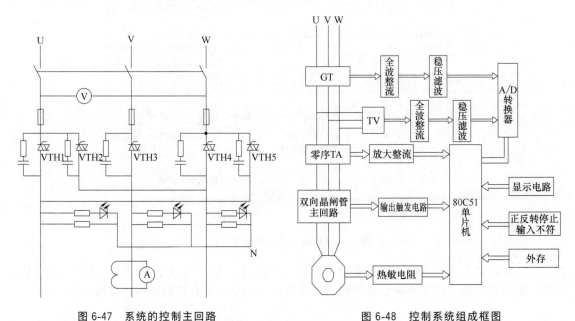

图 6-47　系统的控制主回路　　　　　图 6-48　控制系统组成框图

6.4.2　交流电动机电脑控制柜的硬件系统设计

本系统硬件设计主要包括 80C51 单片机、程序存储器 2732A、A/D 转换器 ADC0809、单片机外围电路等，至于其他的主要接口电路见 6.4.4 节。

80C51 是无 ROM 存储器的单片机，必须外接 EPROM 程序存储器，其硬件资源如下：

① 8 位 CPU。

② 128 字节的内部 RAM 数据存储器。

③ 32 位双向输入线。

④ 一个全工的异步串行口。

⑤ 五个中断源，两个中断优先级。

⑥ 两个 16 位定时器/计数器。

⑦ 时钟发生器。

⑧ 一些特殊功能寄存器，用于对片内各功能模块进行管理、控制、监视。实际上是一些控制寄存器，是一个特殊的功能区。

紫外线擦除可编程只读存储器 EPROM 是作为单片机的外部存储器，2732A 是英特尔（INTEL）公司的典型产品，其芯片上有一个玻璃窗口，在紫外光下照射 20min 左右，存储器中各个信息均变为"1"，可以通过编程器将用户工作程序固化到这些芯片中。

2732A 是 4K×8 位的只读存储器，单一＋5V 供电，最大静态工作电流为 100mA，维持电流为 35mA，读出时间最大为 250ns。

ADC0809 在同一个芯片上设计一个 A/D 转换器和 8 通道模拟采样开关，因此可以直接输入 8 个单端的模拟信号。其主要性能如下：

① 采用单一＋5V 电源逐次逼近式 A/D 转换，工作时钟典型值为 100ms。

② 分辨率为 8 位二进制码，总失调误差为 −1LSB～＋1LSB。

③ 模拟量的输入电平范围为 0～5V，不需要零点和满度调节。

④ 具有 8 通道门锁开关控制，可以直接接入 8 个单端模拟量。

⑤ 数字量输出采用三态逻辑输出，符合 TTL 电平。

⑥ 容易与各种微处理器连接，可以独立工作。

MCS-51 单片机通常采用上电自动复位和按键复位两种形式。本系统使用综合的上电按键复位方式，如图 6-49 所示。上电瞬间或按钮瞬间，RC 电路充电，RESET 引脚端出现正脉冲，只要 RESET 端保持 10ms 以上高电平，就能使单片机有效复位。图中：$T=0.1s\gg10ms$，如果按键复位，则 a 点与低电平相连，通过 74LS04 在 RESET 端出现高电平，使单片机复位。为使单片机能正常工作，在每次启动前都要对内存手动复位或上电自动复位，一定要防止单片机错误复位或其内部寄存的错误复位，上述电路可有效防止，在工程应用中是应用较广泛的复位电路。单片机虽然有内部振荡电路，但要形成时钟，必须外接附加电路，时钟的产生有两种：一种是内部时钟方式；一种是外部时钟方式。在内部时钟方式中，外接晶体以及电容 C1、C2 并构成并联谐振电路，接在放大器反馈回路中。内部产生自激振荡，一般晶振在 2～12MHz 之间任选。对外接电容值虽然没有严格要求，但电容值的大小会影响振荡频率的高低、

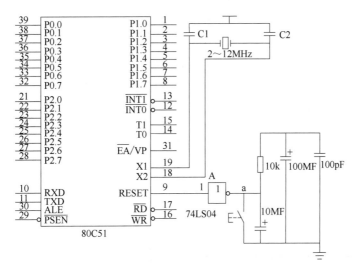

图 6-49　单片机复位电路

振荡器的稳定性、起振的快速性和温度的稳定性。外接晶体时，C1 和 C2 通常选 30PF；外接陶瓷谐振时，C1 和 C2 的典型值为 47PF。

用 EPROM 作为单片机外部程序存储器是最为常用的程序存储器方法。随着集成电路的发展，EPROM 的容量也越来越大，通常只需要一片或两片 EPROM 芯片，大大简化了扩展电路的结构。

本系统采用一片 2732EPROM 来扩展程序存储器，2732EPROM 内部地址共 12 位，其低 8 位由 80C51 P0 口提供，高 4 位由 80C51 P2 口提供。因为只采用一片 2732，所以无需进行片选控制，2732 的片选端 CE 直接接地即可。扩展 EPROM 外部程序存储器时，必须锁存 P0 口低 8 位地址。本设计采用 74LS373 芯片作为锁存器，它是一种三态缓冲输出的 8 位锁存器，锁存信号由 80C51 ALE 端提供。单片机扩展程序存储器是最通常、最基本的扩展。

6.4.3　交流电动机电脑控制柜的软件系统设计

交流电动机电脑控制柜系统编程使用的输入输出接口主要为 P1 口，P1.0～P2.0 接使用指示灯，表示目前电动机所处的状态；P1.3～P1.4 接正反转输入口；P1.5～P1.7 接正反转和停机输出口。系统软件总体设计流程图如图 6-50 所示。每个环节的具体设计见 6.4.4 节。

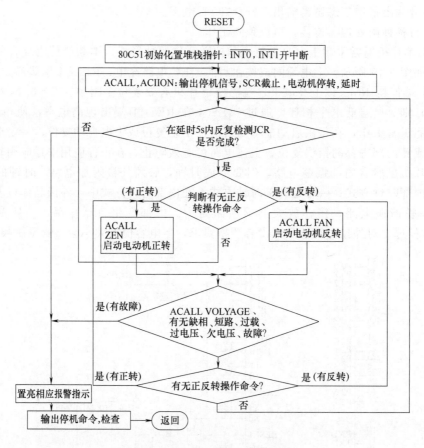

图 6-50　系统总体设计流程图

6.4.4　交流电动机电脑控制柜整体系统设计

在本节中将详细地介绍交流电动机电脑控制柜系统的硬件部分与软件部分设计思想。

（1）按键控制接口线路

交流电动机电脑控制柜正反转控制表见表 6-25。

表 6-25　正反转控制表

端口	正转	反转
P1.3	1	0
P1.4	0	1

　　按键控制是直接进行的人工操作控制部分，本接口线路如图 6-51 所示。

　　该系统最基本、最主要的操作是使电动机能正反转启动运行和停机，因为正反转所用的按键开关不能同时启动，故在线路中加了一个非门，保证了正反转不在同一时间动作。停机信号是在 P3.3 即外部中断入口，输入系统操作简单，响应执行由软件编程实现。

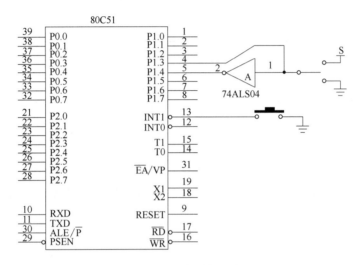

图 6-51　按键控制接口电路

（2）控制显示电路

　　在一个系统中，为了增加系统的直观性，便于了解内部结构工作时状态，往往在系统中设置控制显示电路。本系统显示电路如图 6-52 所示。

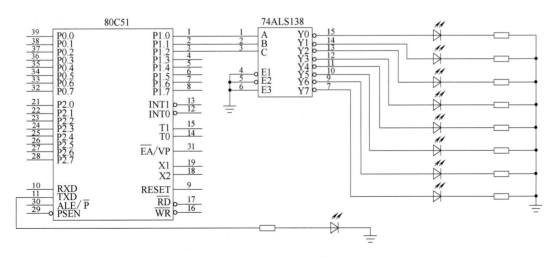

图 6-52　控制显示电路

在该接口线路中，由 P1.0～P1.2 输出控制显示信号，经过 74ALS138 八选一译码器选通端，输出低电平。采用 LED 液晶显示，共有九只 LED 显示管，显示代号见表 6-26。

表 6-26 LED 显示表

灯号	LED1	LED2	LED3	LED4	LED5	LED6	LED7	LED8	LED9
代表意义	短路及过载	反转	正转	漏电	断相	过电压	欠电压	停机	报警

这里 74ALS138 起到选通作用，把 P1.0～P1.2 三位送来的值，经编译后，在 Y0～Y7 中的某位将输出一个低电平，使 LED 发光，具体显示码如表 6-27 所示。

表 6-27 LED 显示代码表

端口	短路及过载	反转	正转	漏电	断相	过电压	欠电压	停机
P1.0	0	0	0	0	1	1	1	1
P1.1	0	0	1	1	0	0	1	1
P1.2	0	1	0	1	0	1	0	1

报警显示直接由 P1.3 驱动，如表 6-28 所示，其动作过程见软件。

表 6-28 报警显示表

端口	灭	亮
P1.3	0	1

（3）电动机触发接口控制电路

本系统的控制触发电路采用完全无触发触点，即使用全固态无触点继电器，其特点是以半导体 P-N 结取代传统电机接点来进行切换，且可以由单片机直接驱动。其电路图如图 6-53 所示。

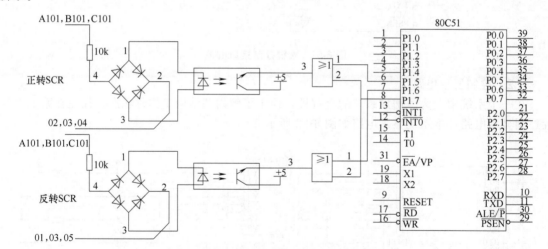

图 6-53 电动机触发接口控制电路

表 6-29 电动机状态显示表

端口	停机	正转	反转
P1.5	0	0	0
P1.6	0	1	0
P1.7	1	0	0

触发线路主要控制电动机的正反转和停机，是由 P1.5～P1.7 发出信号控制的，表 6-29 为

电动机控制状态表。其工作过程：当 P1.5、P1.7 为零时，正转控制回路发光二极管工作，使该回路通电，则无论从 A101（B101、C101）来的是何种方式的电流，都有电压加在 02（03、04）触发端，使双向晶闸管导通工作，而反转和正转的工作过程是相同的。停机只需将 P1.7 置 1，则控制线路的发光二极管都不导通，线路不通，晶闸管截止，电动机不工作。

（4）过热保护电路

三只热敏电阻 RT1～RT3 选用铂丝电阻，RT1、RT2、RT3 分别嵌在电动机的三个绕组中，电动机启动后，如绕组温度正常，热敏电阻阻值较小，VP1～VP3 组成的或门电路均不导通，单接晶体管 V 和 C、R 组成的振荡器不工作。几个绕组的增大达到一定值时，热敏电阻阻值随之增大，它的分压值增大，达到单结晶体管的峰点电压值时，单结晶体管 V 导通，P3.5 端输入低电平，单片机开始工作，见图 6-54。

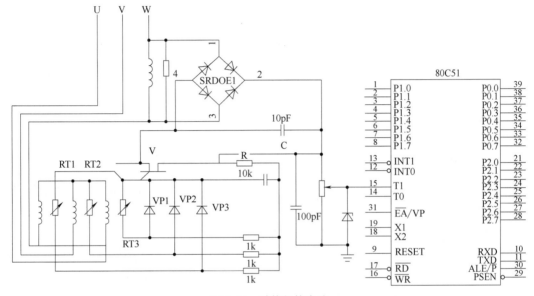

图 6-54　过热保护电路

（5）缺相保护接口

为防止电机在启动时发生某相的缺相，甚至损坏电机，故在线路中接装了缺相保护装置，如图 6-55 所示。

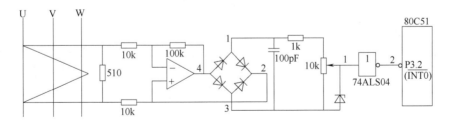

图 6-55　缺相保护接口电路

本系统采用了零序电流互感器，它是根据电动机而定的。二次侧的阻抗取得略大些，零序电流互感器得到的零序电流信号临界值，可根据运算放大器的放大倍数加以调整，甚至可以在线路绝缘电阻小于 2Ω 时就有反应，并且通过 CPU 的中断使其停机及报警显示，具有较高的灵敏度。

在正常情况下，三相电流平衡，彼此相位正好相消，在零序电流互感器中感应出的电流近似为零，则经过74ALS04反相器后，在P3.2口一直输出高电平，单片机不工作；当有缺相时，在零序电流互感器中将产生一定的感应电流，将在P3.2口输入低电平，产生中断使其动作。

（6）A/D转换接口电路

本系统A/D转换器为ADC0809芯片，主要是对三相电动机的每相电流以及各项电压采样，以防止电动机漏电，并对其进行过载和短路、过压和欠压保护。

ADC0809与80C51的接口方案如图6-56所示。由硬件电路可知：在编写软件时应令P2.7=P2.5=0；A0、A1、A2给出被选择的模拟信道地址；执行一条输入指令，读取转换结果。

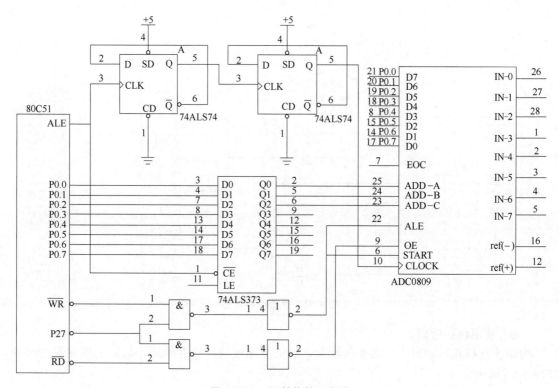

图6-56　A/D转换接口电路

（7）电流电压采样接口电路

对电动机的电流采样主要是防止漏电，并运行过载及短路保护，电流采样采用电流互感器，选用的是标准定型生产的产品，本系统使用的LQD-0.5（）A/0.1，其精度为0.5级；（）A为主边电流，有若干个不同规格，其副边电流定为0.1A。中间还加了全波桥式线路及稳压滤波线路，三相接线如图6-57所示。

（8）$\overline{INT0}$漏电中断服务子程序框图

漏电中断服务子程序框图见图6-58。

（9）$\overline{INT1}$停机中断服务子程序框图

停机中断服务子程序框图见图6-59。

（10）T1过热保护中断服务子程序框图

过热保护中断服务子程序框图见图6-60。

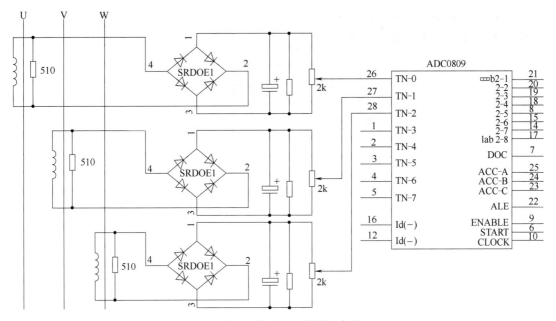

图 6-57　电流电压采样接口电路

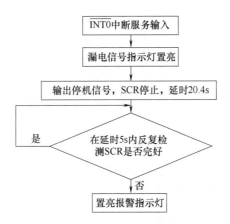

图 6-58　漏电中断服务子程序框图

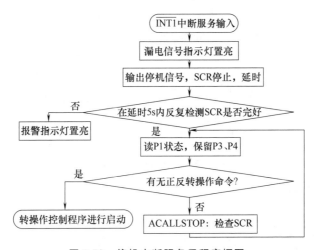

图 6-59　停机中断服务子程序框图

（11）检验 SCR 故障子程序框图

检验 SCR 故障子程序框图见图 6-61。

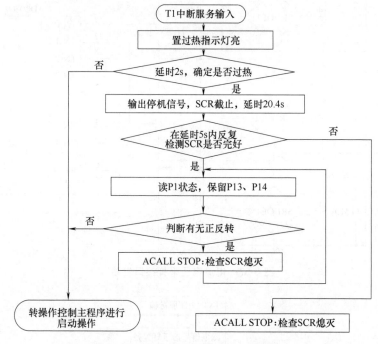

图 6-60　过热保护中断服务子程序框图

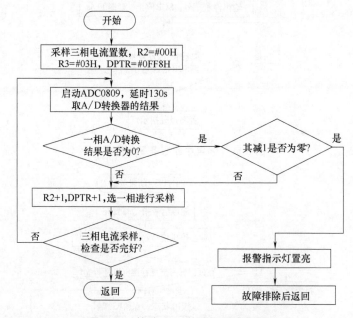

图 6-61　检验 SCR 故障子程序框图

（12）延时子程序框图

延时子程序框图见图 6-62。

（13）采样子程序框图

采样子程序框图见图 6-63。

（14）判断缺相子程序框图

判断缺相子程序框图见图 6-64。

（15）按照从小到大编排子程序框图

按照从小到大编排子程序框图见图 6-65。

（16）二次采样比较子程序框图

二次采样比较子程序框图见图 6-66。

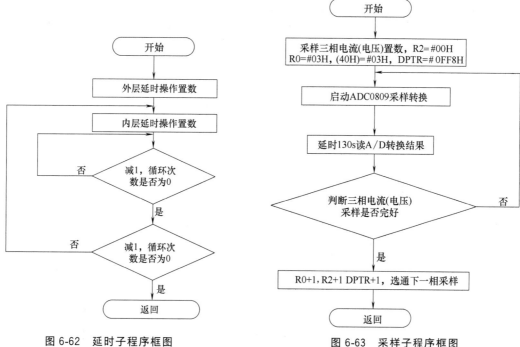

图 6-62　延时子程序框图

图 6-63　采样子程序框图

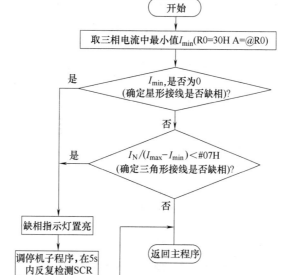

图 6-64　判断缺相子程序框图

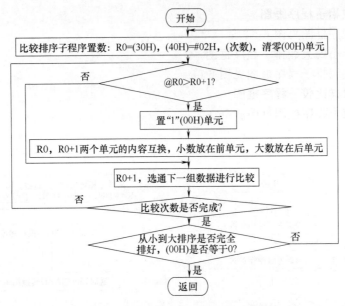

图 6-65　按照从小到大编排子程序框图

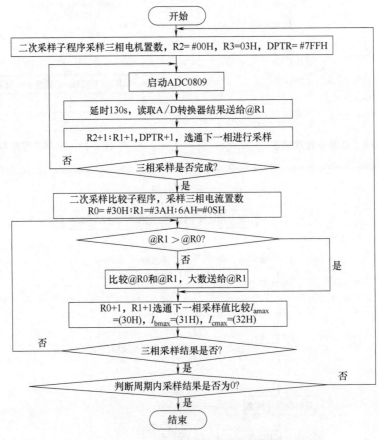

图 6-66　二次采样比较子程序框图

（17）缺相/短路/过载/欠压/过压等综合保护程序框图

缺相/短路/过载/欠压/过压等综合保护程序框图见图 6-67。

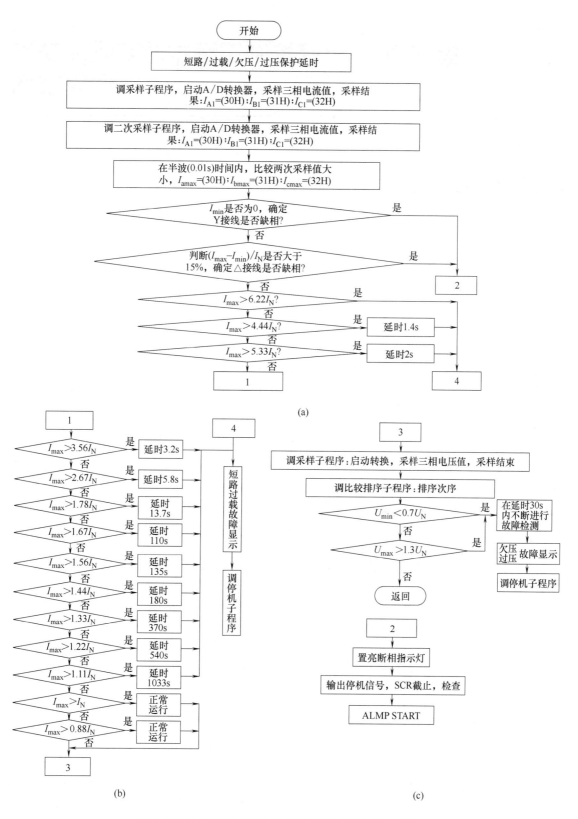

图 6-67　缺相/短路/过载/欠压/过压等综合保护程序框图

第7章 电气控制工程中的变频器交流调速技术

7.1 变频器的现代交流调速技术

变频器调速是通过改变电动机定子供电频率 f_1 来改变电动机同步转速 n_1，从而实现交流电动机调速的一种方法，是一种理想的高效率、高性能的调速手段。变频装置工作时，随着输出频率的变化，输出电压也要配合改变，因此，变频器调速系统常被称为变压变频（Variable Voltage Variable Frequency，VVVF）调速系统。

7.1.1 变频调速的基本控制方式

异步电动机在变频调速时，一个重要的因素是希望保持每极磁通 Φ_m 为额定值不变。磁通太弱，没有充分利用电机的铁芯，是一种浪费；若要增大磁通，又会使铁芯饱和，从而导致过大的励磁电流，严重时会因绕组过热而损坏电机。在交流异步电动机中，磁通是定子和转子磁动势合成产生的，怎样才能保持磁通恒定是异步电动机在变频调速时应首先解决的问题。对于三相异步电动机，其定子每相电动势的有效值是

$$E_1 = 4.44 f_1 N_1 K_{N1} \Phi_m \tag{7-1}$$

式中，E_1 为气隙磁通在定子每相中感应电动势有效值；f_1 为定子频率；N_1 为定子每相绕组串联匝数；K_{N1} 为基波绕组系数；Φ_m 为每极气隙磁通量。

这样，为了在实现变频调速时能够控制磁通量 Φ_m 恒定，由式（7-1）可知，就要控制好 E_1 和 f_1。对此，需要考虑基频以下和基频以上两种情况。

（1）在基频以下调速时的电压控制方式

异步电动机在变频调速时，主导变量是频率 f_1，f_1 是变频调速的核心改变量。频率 f_1 在他控式变频调速系统中是控制系统的主控变量，在自控式变频调速系统及矢量控制变频调速系统中，是与气隙旋转磁动势自动保持同步变化的自控式变量。当频率 f_1 在基频 f_{1N} 以下变化时，常用的电压配合控制方式有如下三种。

① 恒压频比控制（$U_1/f_1 = C$） 由式（7-1）可知，要保持 Φ_m 不变，当频率 f_1 从额定值 f_{1N} 向下调节时，必须同时降低 E_1，使 $E_1/f_1 = C$，即采用恒定的电动势频率比的控制方式。然而绕组中的感应电动势难以直接测量，所以当电动势值较高时，可以忽略定子绕组的阻抗压降，而认为 $U_1 \approx E_1$，则 $U_1/f_1 = C$。这就是恒压频比控制方式。这种控制方法的优点是容易实现，缺点是当频率 f_1 逐步降低时，定子电阻 R_1 上的压降所占的比重越来越大，使 $U_1 \approx E_1$ 的关系被破坏。当频率 f_1 较低时，尽管 U_1/f_1 仍不变，E_1/f_1 与 E_{1N}/f_{1N} 相比却小了很多，磁通 Φ_m 也比额定时要小许多，因此，在这种控制方式下，异步电动机在低频时的性能很差，输出的转矩很小。通常的解决办法是在低频时使变频器的输出电压抬高一些，用来补偿定子电阻上的压降，以维持磁通 Φ_m 基本不变，这种方法称"定子压降低频补偿的恒压频比控制"。恒压频比控制时的控制特性曲线 $U_1 = f(f_1)$ 如图 7-1 中的 Ob 直线段，带定子压降补偿的恒压频比控制的控制特性如图 7-1 中的 ab 直线段。补偿量的大小应视负载的不同而不同。

② 恒气隙磁通控制（$E_1/f_1=C$）调速时控制特性　为使气隙磁通 Φ_m 保持恒定，应使 E_1/f_1 等于常数。在这种控制方式下可以使气隙磁通 Φ_m 保持恒定，然而电动机中的 E_1 是难于直接测量的，所能控制的仍是变频器的输出电压 U_1。所以在不同的频率下，用额定负载时的定子电流计算出漏阻抗的压降可提高 U_1 的值，所得的 $U_1=f(f_1)$ 曲线与带定子压降补偿的恒压频比控制的 $U_1=f(f_1)$ 是同一条曲线，如图 7-1 中的 ab 线段。但当负载变化时，例如负载较轻时，为使 $E_1/f_1=C$，应使 $U_1=f(f_1)$，如图 7-1 中的 $a'b$ 线段。因此，在一般的通用变频器中，应有一组不同补偿的曲线，在不同的负载下自动选用不同的曲线。

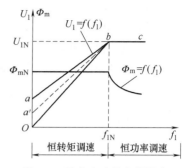

图 7-1　异步电动机变频调速

③ 恒转子全磁通控制（$E_r/f_1=C$）　若在低频时把电压 U_1 的补偿再抬高一点，补偿掉在转子漏阻抗上的压降，使 $E_r/f_1=C$，这时异步电动机的机械特性与直流电动机的机械特性类似于一条直线，没有最大转矩 T_{max} 的限制。这种状态下，电动机的特性最好，是高性能交流调速系统追求的目标，可采用后面介绍的"矢量控制"来实现。E_r 与转子产生转矩的磁通相对应，是气隙磁通 Φ_m 减去转子漏感所产生的磁通，称为"转子全磁通"，所以这种控制也称"恒转子全磁通控制""恒转子磁链控制"。

（2）在基频以上调速时的电压控制方式（$U_1=U_{1N}$）

当变频器的输出频率 f_1 高于基频 f_{1N} 时，若仍要基本保持 Φ_m 不变，按式（7-1）的关系，则应使变频器的输出电压 U_1 在 U_{1N} 的基础上继续升高。但升高 U_1 会遇到两个难题，一是电动机及元器件的耐压，它们一般都是以 U_{1N} 为设计、考核目标的，当 $U_1>U_{1N}$ 时，可能会使电机及元器件损坏；二是变频器的直流母线电压一般都是交流电源经整流得到的，是一个基本恒定不变的值，经逆变桥输出的交流电压最大值也是确定的，要想再升高也很困难。所以在基频以上调速时应保持 $U_1=U_{1N}$ 不变。

当 $f_1>f_{1N}$，$U_1=U_{1N}$ 时，电动机气隙磁通 Φ_m 将与 f_1 成反比地降低，与直流电动机的弱磁升速情况类似。在转子有功电流 $I_2\cos\phi$ 保持不变的情况下，根据 $T=C_m\Phi_m\cos\phi_2$ 和式（7-1）可知，电磁转矩 $T\propto\Phi_m\propto 1/f_1$，而电动机的电磁功率 $P_{em}\approx\Omega_1 T\approx\dfrac{2\pi f_1}{p}T=C$，可见，电动机能输出的最大功率近似不变，基本上属于"恒功率调速"。

7.1.2　变频器简介

变频器是对交流电动机实现变频调速的装置，它将电网提供的恒压恒频的交流电变换为可同时控制电压幅值和频率的交流电，用以驱动交流电动机，实现对异步电动机的现代变频调速。

（1）变频器的分类

① 按变换方式分为交-交变频器与交-直-交变频器　交-交变频器可将工频交流电直接变换成频率、电压均可调节的交流电，又称为直接变频器。而交-直-交变频器是先把电网的工频交流电通过整流器变成直流电，经过中间滤波环节后，再把直流电逆变成频率、电压均可调节的交流电，因此又称为间接变频器。

② 按电源特性分为电压源型与电流源型　按变频电路最后一级变换器电源特性分，可分为电压源型与电流源型两类。交-交变频器只有一级变换，所以就以该交-交变换器的电源特性分为电流源型交-交变频器及电压源型交-交变频器。在交-直-交变频器中，当中间直流环节的

滤波元件是电容时，逆变器呈现电压源型的特性；当滤波环节是大电感（平波电抗器）时，逆变器呈现电流源型的特性。

（2）电压型与电流型交-直-交变频器的构成

交-直-交变频器是应用最多的一种变频器，由主电路和控制电路组成。主电路包括整流器、中间直流环节和逆变器，其基本构成如图7-2所示。

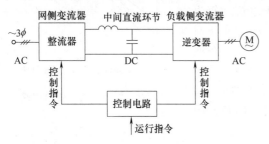

图 7-2　交-直-交变频器的构成

① 整流器　整流器也称为网侧变流器，其作用是把三相或单相交流电整流成直流电。整流电路又分为可控整流电路和不可控整流电路，可控整流电路的功率因数比较低，不可控整流电路的功率因数比较高。

② 逆变器　逆变器也称为负载侧变流器，最常见的结构形式是利用 6 个半导体主开关器件组成的三相桥式逆变电路。有规律地控制逆变器中主开关器件的通与断，可以得到任意频率的三相交流电输出。

③ 中间直流环节　由于逆变器的负载为异步电动机，是电感性负载，无论电动机工作在电动状态还是制动状态，功率因数总是不可能为 1 的。因此，在中间直流环节和电动机之间存在无功功率的交换。这种无功能量需要靠中间直流环节的储能元件来缓冲，所以中间直流环节又称为中间储能环节或中间滤波环节。按照这个中间环节处理无功能量的方式是电容性的还是电感性的，相应地将交-直-交变频器分为电压源型和电流源型两种。

④ 控制电路　控制电路通常由运算电路、检测电路、控制信号的输入输出电路和驱动电路等构成。控制电路完成对逆变器的开关控制和频率控制、对整流器的电压控制，并解决电压控制与频率控制的协调问题，同时具备各种保护功能等。

控制方法可以采用模拟控制或数字控制。目前高性能的变频器采用微型计算机进行全数字控制，配以简单实用的集成硬件电路来实现，整个控制主要靠软件来完成。由于微型计算机强大的计算功能和软件的灵活性，数字控制方式常可以实现模拟控制方式难以完成的功能。

（3）变频器主电路的控制方式

① 电压控制和电流控制　根据控制目的的不同，主电路的控制可分为电压控制和电流控制，不管主电路是电压型还是电流型都可以适用。

通用变频器多采用电压控制，为了维持磁通恒定，保证电动机的最大转矩不变，一般采取与输出频率成比例地控制输出电压的方法；对于需要快速响应的场合，为了快速控制异步电动机的转矩，则必须控制输出电流，采用电流控制方式。

② PAM 和 PWM 方式

a. 脉冲幅值调制（Pulse-Amplitude Modulation，PAM）方式，是通过改变电压源的电压或电流源的电流的幅值，来控制输出电压或电流。调制时采取对晶闸管变流器进行相位控制，实现对逆变器输出电压或电流的控制，而输出频率的控制则在逆变器中实现。晶闸管换流时间需要 $100\mu s$ 至数百微秒，其开关频率有限，难以实现脉冲宽度调制，故 PAM 方式多用于晶闸管变频器。用 PAM 方式控制回路简单，实现大容量化、多重化较为容易。

b. 脉冲宽度调制（Pulse-Width Modulation，PWM）方式。在该方式中电压源的电压或电流源的电流幅值不变，在输出波形半个周期内使开关元件多次通、断产生多个脉冲，通过改变各脉冲宽度来调节平均电压或平均电流的大小，以控制输出电压或电流值。

PWM 方式可由二极管变流器对逆变器提供恒定的直流电压或电流，而在逆变器中同时对输出电压或电流的有效值及频率进行协调控制。

大功率晶体管（GTR）、门极关断晶闸管（GTO）、电力场效应晶体管（MOSFET）、绝缘栅双极晶体管（IGBT）是自控元件，有自关断能力，在输出频率的一个周期中可进行多次通、断，由它们组成的变频器可用于 PWM 控制方式。

PWM 与 PAM 方式相比具有如下优点：逆变器用可控功率级，而交流输入侧用不可控整流，系统主电路简单，功率因数和效率都高；由于电压或电流的调节是在逆变器中完成的，避免了大惯性直流滤波环节对电压或电流响应的影响，所以电压或电流调节速度快；采用高频调制后可获得高质量的输出波形，减少谐波，使电动机工作的稳定性好，谐波损耗小；可将多个逆变器接到一个公用整流电源上，易于实现多电机拖动。

7.1.3 正弦波脉宽调制变频器

（1）正弦波脉宽调制（SPWM）

脉宽调制方法来源于通信系统中的载波调制技术。由于交流异步电动机主磁极的磁通是按照正弦规律来设计和运行的，为了使电动机的运行性能优良，电动机变频调速技术通常采用正弦波脉宽调制 SPWM（Sinusoidal PWM）方法。

如图 7-3（a）所示正弦半周，将波形分成 N 等份，即把正弦半周看成由 N 个彼此相连脉冲所组成。这些脉冲宽度相等，都等于 π/N，但幅值不等，且脉冲顶部不是水平直线，而是曲线，各脉冲的幅值按正弦规律变化。现在把上述脉冲序列用同样数量的等幅不等宽的矩形脉冲序列代替，使各矩形脉冲的中点和相应各正弦脉冲的中点重合，且使各矩形脉冲面积与相对应的正弦部分面积相等，从而得到如图 7-3（b）所示的脉冲序列。这样，由 N 个等幅不等宽的矩形脉冲所组成的波形就与正弦波的半周等效。对于正弦波的负半周，也可以用同样的方法得到相应的矩形脉冲序列。由图 7-3 可以看出，各矩形脉冲的宽度是按正弦规律变化的，当正弦波幅值发生变化时，各矩形脉冲在幅值不变的条件下，其宽度也随之发生变化。这种脉冲的宽度按正弦规律变化，和正弦波等效的矩形脉冲序列称为 SPWM 波形。

由上述分析可见，图 7-3（b）所示的矩形脉冲序列波就是所期望的变频器输出波形。

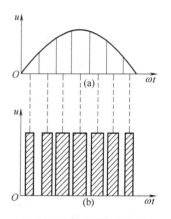

图 7-3　等效的等幅脉冲序列波的正弦波形（a）和等效的 SPWM 波形（b）

通常将输出为 SPWM 波形的变频器称为 SPWM 型变频器。当逆变器各开关器件工作在理想状态下时，驱动相应开关器件的信号也应为与图 7-3（b）形状相似的一系列脉冲波形。由于变频器输出的脉冲幅值相等，因此逆变器可由恒定的直流电源供电，一般采用不可控的二极管整流器。

从理论上讲，在给出了正弦波频率、幅值和半个周期内的脉冲数后，按照上述原理，SPWM 波形各脉冲的宽度和间隔就可以准确地计算出来。按照计算结果控制逆变器中各开关元件的通断，就可以在逆变器的输出得到与正弦波等效的所需要的 SPWM 波形。但是，这种计算是很烦琐的，较为实用的方法是采用调制的概念，即把所希望的波形作为调制信号，把接受调制的信号作为载波，通过对载波的调制得到所期望的波形。通常采用等腰三角波作为载波，因为等腰三角波是上下宽度线性对称地变化。当它与任何一个平缓变化的调制信号波相交时，如在交点时刻控制逆变器中开关元件的通断，在逆变器的输出就可以得到宽度正比于调制信号波幅值的脉冲，这恰好符合 PWM 型变频器的要求。而当调制信号波为正弦波时，调制后所得到的就是 SPWM 波形。以此波控制逆变器中开关元件的通断即可在逆变器的输出获得 SPWM 波。

（2） SPWM 电压型变频器的工作原理

图 7-4（a）是 SPWM 电压型变频器的主电路，图中 VTR1～VTR6 为 6 个功率开关元件 [这里采用的是电力晶体管（GTR），VD1～VD6 为用于处理无功功率的反馈二极管，VTR0 为能耗制动三极管。逆变器中所需要的恒定直流电压 U_d 由三相整流器提供。

图 7-4（b）是 SPWM 电压型变频器的控制电路。一组三相对称的正弦参考电压信号 u_{ru}、u_{rv}、u_{rw} 由参考信号发生器提供。其频率决定逆变器输出的基波频率，并且应在所要求的输出频率范围内可调；参考信号的幅值也可在一定范围内变化，以决定输出电压的大小。三角波载波信号 u_c 是共用的，分别与每项参考电压比较后，给出"正"或"零"的饱和输出，产生 SPWM 脉冲序列，u_{du}、u_{dv}、u_{dw}，作为逆变器 6 个功率开关元件的控制信号。调制方法可以是单极式，也可以是双极式。

① 单极式调制　单极式调制时，在正弦波的半个周期内每相只有一个开关元件开通或关断。例如，U 相正半周时 VTR1 的反复通断，如图 7-5 所示，表示了此时的调制情况。当参考电压 u_{ru} 高于三角波电压 u_c 时，相应比较器的输出电压为"正"电平，反之为"零"电平。只要正弦调制波的最大值小于三角波的幅值，根据图 7-5（a）的调制结果必然形成图 7-5（b）所示的等幅不等宽的 SPWM 波形。负半周是用同样的方法调制后再倒相而形成的。

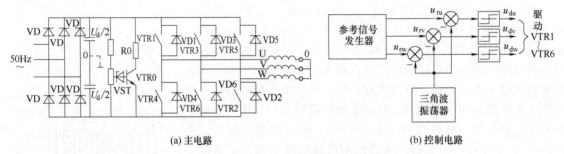

(a) 主电路　　　　　　　　　　　　(b) 控制电路

图 7-4　SPWM 电压变频器原理框图

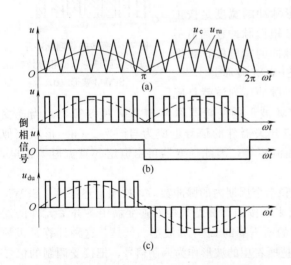

图 7-5　单极式脉宽调制的方法与波形

图 7-5（c）中 u_{du} 的"正""零"两种电平分别对应于功率开关元件 VTR1 的通和断两种状态；"负""零"两种电平分别对应于功率开关元件 VTR4 的通和断两种状态。由于 VTR1、VTR4 在正、负半周内反复通断，故在逆变器的输出端可获得重现 u_{du} 形状的相电压 $u_{UO} = f(t)$（u_{UO} 为 U 点对直流电压源假想中点 O 间的电位差），其幅值为 $U_d/2$，其脉冲宽度按正弦规律变化，如图 7-6 所示。V、W 两相的相电压 u_{VO}、u_{WO} 的获得与此类似。δ 为脉冲宽度。

② 双极式调制　双极式调制时，其调制方法与单极式相同，只是功率开关器件通断的情况不一样。逆变器同一桥臂上下两个开关元件交替通断，处于互补的工作方式。

例如，在 U 相正半周时 VTR1 与 VTR4 交替反复通断，如图 7-4（b）及图 7-7（a）所示。当 $u_{ru} > u_w$ 时，u_{du} 为"正"电平，VTR1 导通，$u_{UO} = U_d/2$；当 $u_{ru} < u_w$ 时，u_{du} 为"负"电平，VTR4 导通，$u_{UO} = -U_d/2$。故 $u_{UO} = f(t)$ 是在 $+U_d/2$ 和 $-U_d/2$ 之间跳变的脉冲波形，如

图 7-7（b）所示。同理，图 7-7（c）中的 u_{VO} 波形是 VTR3 与 VTR6 交替通断得到的；图 7-7（d）中的 u_{WO} 波形是 VTR5 与 VTR2 交替通断得到的。由 u_{UO} 减 u_{VO} 即可得到如图 7-7（e）所示的线电压波形 $u_{UV}=f(t)$，其值在 $+U_d$ 与 $-U_d$ 之间跳变。负载各相的相电压可由下式求出：

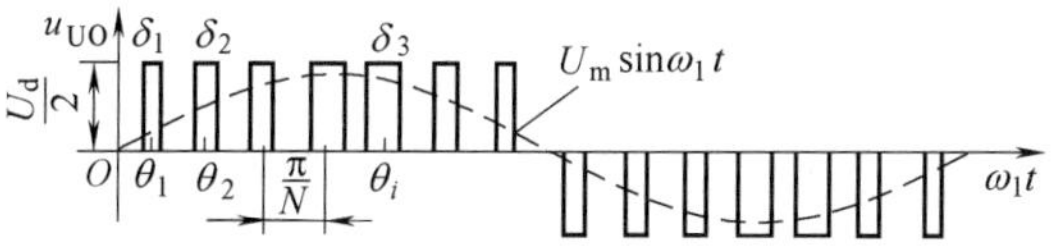

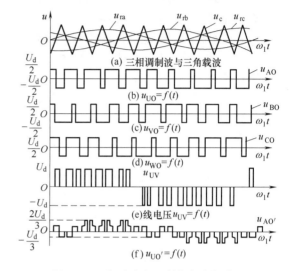

图 7-7　双极式脉宽调制的方法与波形

图 7-6　双极式 SPWM 输出的电压波形

$$因而\quad \begin{cases} u_{UO'}=u_{UO}-u_{O'O} \\ u_{VO'}=u_{VO}-u_{O'O} \\ u_{WO'}=u_{WO}-u_{O'O} \\ u_{O'O}=\dfrac{1}{3}(u_{UO}+u_{VO}+u_{WO})-\dfrac{1}{3}(u_{UO'}+u_{VO'}+u_{WO'}) \end{cases}$$

设负载为三相对称负载，则有　　　　　　　$u_{UO'}+u_{VO'}+u_{WO'}=0$

故　　　　　　　$$u_{UO'}=u_{UO}-\frac{1}{3}(u_{UO}+u_{VO}+u_{WO}) \tag{7-2}$$

负载相电压 $u_{UO'}$ 的波形如图 7-7（f）所示。

（3）　SPWM 型逆变器的调制方式

在 SPWM 逆变器中，载波频率 f_c 与调制波频率 f_τ（即逆变器输出电压的频率 f_1）之比 $N=f_c/f_\tau$ 称为载波比，也称调制比。根据载波比的变化与否，SPWM 逆变器可以有同步调制和异步调制两种控制方式。而为了使输出波形保持三相对称且谐波少，可采用同步调制与异步调制相结合的分段同步调制方式。

① 同步调制　载波比 N 等于常数，并且在变频时使载波信号的频率与调制波信号的频率保持同步变化的调制方式称为同步调制。在该调制方式中，调制波信号频率变化时载波比 N 不变，因而，逆变器输出电压半个周期内的矩形脉冲数是固定的。在三相 SPWM 逆变器中取 N 为 3 的整数倍，以便三相输出波形严格对称。

当逆变器输出频率很低时，由于在半周期内输出脉冲的数目是固定的，因此，相邻两脉冲间的间距增大，谐波会显著增加，使负载电动机产生较大的脉动转矩和较强的噪声，给电动机的正常工作带来不利影响。

② 异步调制　为了消除上述同步调制的缺点，可以采用异步调制方式。这种载波信号和调制波信号不保持同步关系的调制方式称为异步调制。异步调制方式中，在逆变器的整个变频

范围内，载波比 N 是不等于常数的。一般在改变调制波信号频率 f_r 时保持三角载波频率 f_c 不变，提高了低频时的载波比。这样逆变器输出电压半周期内的矩形脉冲数可随输出频率的降低而增加，相应地可减少负载电机的转矩脉动与噪声，改善了低频工作特性。

异步调制在改善低频特性的同时，又会失去同步调制的优点，当载波比随输出频率的改变而连续变化时，势必会使逆变器输出电压的波形及其相位都发生变化，很难保持三相输出间的对称关系。另外，当逆变器的输出频率增高时，载波比减小，在半个周期内输出的脉冲的数目减少，输出脉冲的不对称性影响就变大，同时，输出波形和正弦波之间的差异也变大，从而使输出特性变坏，引起电动机工作的不平稳。

③ 分段同步调制　在一定频率范围内，采用同步调制，保持输出波形对称的优点。当频率降低较多时，使载波比分段有级地增加，又发挥了异步调制的优势，这就是分段同步调制。具体地说，将逆变器输出的整个变频范围划分成若干个频段，在每个频段内都保持载波比 N 为恒定，不同频段的载波比不同。在输出频率为高频段时，采用较低的载波比，使载波频率不致过高，以满足功率开关元件对开关频率的限制。在输出频率为低频段时，采用较高的载波比，以使载波频率不致过低而对负载产生不利影响。

表 7-1 给出了一个变频器实际系统的频段和载波比分配。图 7-8 是相应的 f_c 与 f_1 的关系图。由图 7-8 可见，在逆变器输出频率的不同频段内，用不同的载波比进行同步调制，而各频段载波频率的变化范围基本一致，以满足功率开关元件对开关频率的要求。

表 7-1　分段同步调制的频段和载波比

逆变器输出频率 f_1/Hz	载波比 N	开关频率 f_c/Hz
7～9.5	201	1407～1909
10～14	147	1470～2058
15～21	99	1485～2079
22～31	69	1518～2139
32～45	45	1440～2025
46～61	33	1518～2013
62	21	1302

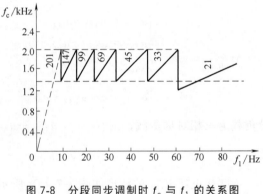

图 7-8　分段同步调制时 f_c 与 f_1 的关系图

载波比 N 值的选取与逆变器的输出频率、功率开关元件的允许工作频率及所采用的控制手段都有关系。为了使逆变器的输出波形更接近正弦形，应尽可能增大载波比。但从逆变器本身来看，载波比又不能太大，应受到下式的限制。即

$$N \leqslant \frac{逆变器功率开关元件的允许开关频率}{频段内最高的参考频率}$$

分段同步调制虽然比较麻烦，但利用现代电子技术很容易实现，利用微型计算机实现 SPWM 脉冲波形时，要注意使三角载波的周期大于微机的采样计算周期。

（4）　SPWM 波的实现

SPWM 波就是根据三角载波与正弦调制波的交点而得到的一系列脉冲，其幅值不变，而宽度按正弦规律变化。SPWM 波可以通过模拟电子电路、数字电子电路或专用的大规模集成电路芯片等硬件实现，也可以用微型计算机通过软件来生成。

① 自然采样法　根据 SPWM 逆变器的工作原理，在正弦波和三角波的自然交点时刻控制功率开关元件的通断，这种生成 SPWM 波的方法称为自然采样法。由于正弦波在不同相位角

时其幅值不同，因而与三角波相交所得到的脉冲宽度也不同。另外，当正弦波频率变低或幅值变低时，各脉冲的宽度也会发生相应变化。故要准确生成 SPWM 波，就要准确地计算出正弦波与三角波的交点，即功率开关元件的导通时刻 t_A 和关断时刻 t_B。功率元件导通的区间就是脉冲宽度 t_2，其关断区间就是脉冲的间隙时间 t_1 及 t_3，如图 7-9 所示。图中正弦调制波 $u_r = M\sin\omega_1 t$。

图 7-9 生成 SPWM 波的自然采样法

由图 7-9 所示的几何关系可知

$$\frac{2}{T_c/2} = \frac{1 + M\sin\omega_1 t_A}{t_2'}$$

$$\frac{2}{T_c/2} = \frac{1 + M\sin\omega_1 t_B}{t_2''}$$

$$t_2 = t_2' + t_2'' = \frac{T_c}{2}\left[1 + \frac{M}{2}(\sin\omega_1 t_A + \sin\omega_1 t_B)\right] \tag{7-3}$$

在式（7-3）中，除 ω_1、T_c、M 为已知外，t_A 和 t_B 都是未知的，该式是一个超越方程，求解时需花费较多的计算时间。

综上所述，自然采样法虽然能真实反映脉冲产生与结束的时刻，却难以实现实时控制。当然也可事先把计算出的数据存入计算机内存中，控制时利用查表法来获取数据。但当调速系统的频率变化范围较大时，这样做又将占用较多的内存空间。所以，此法仅适于调速范围有限的场合。

② 规则采样法 自然采样法生成的 SPWM 波很接近正弦波，但这种方法计算量过大，因而在工程上实际使用得并不多。规则采样法是一种应用较广的工程实用方法，它的效果接近自然采样法，但计算量却比自然采样法小得多。

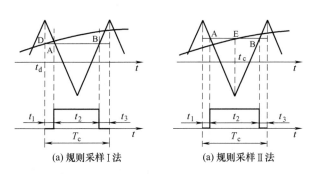

(a) 规则采样Ⅰ法   (a) 规则采样Ⅱ法

图 7-10 生成 SPWM 波的规则采样法

在图 7-9 所示的自然采样法中，每个脉冲的中点并不和三角波中点（即负峰值点）重合，规则采样法则使两者重合，即每个脉冲的中点都以相应的三角波中点为对称，这样就使计算大为简化，如图 7-10 所示。

图 7-10（a）中的开关点 A、B 位于正弦调制波的同一侧，这样使所得的脉冲宽度明显地偏小，从而造成较大的控制误差。而图 7-10（b）中的开关点 A 和 B 位于正弦调制波的两侧，这样减少了脉宽生成误差，使所得的 SPWM 波更为准确。

在规则采样法中，每个载波周期的开关点都是确定的，所生成的 SPWM 波的脉冲宽度和位置可预先计算出来。由图 7-10（b）所示的几何关系可得：

脉宽时间

$$t_2 = \frac{T_c}{2}(1 + M\sin\omega_1 t_e) \tag{7-4}$$

式中，t_e 为采样时刻。

间隙时间

$$t_1 = t_3 = \frac{1}{2}(T_c - t_2) \tag{7-5}$$

三相正弦调制波在时间上互差 $2\pi/3$ 电角度，故三相脉宽时间的总和

$$t_{u2} + t_{v2} + t_{w2} = \frac{3}{2}T_c \tag{7-6}$$

三相间隙时间的总和

$$t_{u1} + t_{v1} + t_{w1} = t_{u3} + t_{v3} + t_{w3} = \frac{3}{4}T_c \tag{7-7}$$

式中的角标 u、v、w 分别表示 U、V、W 三相。

利用式（7-5）～式（7-7）可计算出各相脉宽时间 t_2 及间隙时间 t_1、t_3。微机软件实现该法时，时间的获取可采用查表法，即事先在通用计算机上算出相应的脉宽 t_2 的值并存入 EPROM 中，然后在实际控制中通过查表求出各相脉宽时间并计算出间隙时间。还可以把正弦函数值 $M\sin\omega_1 t_e$ 及 T_c 值存入 EPROM 中，在实际控制时，根据控制中所需的 M 及 ω_1 值实时计算出各相脉宽时间及间隙时间。而波形的获得可利用定时器中断向接口电路送出相应的高、低电平，以此控制开关元件的通断形成 SPWM 波。对于开环控制系统，在某一给定转速下其 M 与 ω_1 都有确定值，宜采用查表法；对于闭环控制系统，在系统运行中其 M 及 ω_1 值随时被调整，宜采用实时计算法。

规则采样法是自然采样法的一种工程近似方法，则必然存在着一定的偏差，引起一些谐波。事实上，从 SPWM 波的概念出发，只要等幅不等宽的脉冲序列各区间的面积与该区域正弦调制波的面积相等，则等效后的谐波也就最少。由此得出了等面积法。

③ 等面积法　由图 7-11 显而易见，正弦波面积

$$S_1 = \int_{\theta_{i-1}}^{\theta_i} M\sin(\omega_1 t)\,\mathrm{d}(\omega_1 t) = M(\cos\theta_{i-1} - \cos\theta_i) \tag{7-8}$$

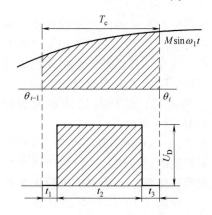

式中，$i = 1, 2, \cdots, n$。

方波面积　　　　$S_2 = t_2 U_D$

根据等效原则有 $S_1 = S_2$，则

$$t_2 = \frac{M}{U_D}(\cos\theta_{i-1} - \cos\theta_i)$$

$$t_1 = t_3 = \frac{1}{2}(T_c - t_2)$$

$$t_2 = \frac{T_c}{2}[1 + M\sin(\omega_1 t_e)]$$

图 7-11　生成 SPWM 波的规则采样法

式中，U_D 为脉冲序列的幅值（在通过微机接口输出时，可取 5V）；M 为正弦波幅值（由电压控制信号决定）；T_c 为与三角载波周期相对应的控制周期（由频率控制信号 f_1 及载波比 N 决定，$T_c = 1/Nf_1$）。

$$\theta_i = \int_0^t \omega_1 \,\mathrm{d}t = \sum_{j=1}^{i-1} \omega_1 T_{cj} + \omega_1 T_{ci} = \frac{2\pi}{N}i \quad (i = 1, 2, 3, \cdots, n)$$

微机软件实现该法可事先将余弦值做成表存于 EPROM 中，每当 T_c 周期到时（可由定时器完成）计算 θ_i，并根据 θ_i 值查表得 $\cos\theta_i$，将其与上一次 T_c 周期的 $\cos\theta_{i-1}$ 进行运算，即可求出脉冲宽度 t_2 及脉冲间隔 t_1。

由该法所得到的 SPWM 波精度高，同自然采样法；而且计算量小，类似于规则采样法。

④ 指定谐波消去法　以消去某些指定次数谐波（主要的低次谐波）为目的，通过计算来

确定各脉冲的开关时刻，这种方法称为低次谐波消去法。在该法中，已经不用载波和正弦调制波的比较，但其目的仍是使输出波形尽可能接近正弦波，因此，也算是 SPWM 波生成的一种方法。

例如，消去 SPWM 波中的 5 次、7 次谐波（三相电机无中线时，三次和三的倍数次谐波无通路，可忽略）。将某一脉冲列展成傅氏级数，然后令其 5 次、7 次分量为零，基波分量为所要求的值，这样可获得一组联立方程，对方程组求解即可得到为了消除 5 次、7 次谐波各脉冲所应有的开关时刻，从而获得所求的 SPWM 波。

该法可以很好地消除所指定的低次谐波，但是剩余未消去的较低次谐波的幅值可能会增大，但它们的次数已比所消去的谐波次数高，因而较易滤去。

7.1.4 异步电动机变频调速时的机械特性

异步电动机变频调速系统的基本控制方式是变压变频（VVVF），在基频以下采用恒压频比带定子压降补偿的控制方式，基本上保持磁通 Φ_m 在各级转速上都为恒值。这里将研究这种控制方式下的稳态机械特性，并进一步探讨电压和频率如何协调控制才能获得更为理想的稳态性能。

（1）恒压恒频时异步电动机的机械特性

由式（7-1）中的异步电动机转矩参数表达式，当定子电压 U_1 和角频率 ω_1 都为恒定值时，可以把它改写成如下的形式（本章用 r 表示电阻进行运算）

$$T=\frac{P_{em}}{\Omega_1}=\frac{P}{\omega_1}m_1(I_2')^2\frac{r_2'}{s}=\frac{m_1p}{\omega_1}\times\frac{U_1^2r_2'/s}{(r_1+r_2'/s)^2+x_K^2}=m_1p\left(\frac{U_1}{\omega_1}\right)^2\times\frac{s\omega_1r_2'}{(sr_1+r_2')^2+(sx_K)^2}$$

(7-9)

式（7-9）为异步电动机的机械特性方程式。

其中

$$x_K=x_{1\sigma}+x_{2\sigma}'$$

对式（7-9）中的 s 求导，并令 $dT/ds=0$，可得最大转矩 T_m 时的临界转差率 s_m 为

$$s_m=\frac{r_2'}{\sqrt{r_1^2+x_K^2}}$$

(7-10)

将 s_m 代入式（7-9）得到最大转矩 T_m

$$T_m=\frac{m_1p}{2\omega_1}\times\frac{U_1^2}{r_1+\sqrt{r_1^2+x_K^2}}$$

(7-11)

在式（7-9）中，当 s 很小时，可略去分母中的 s 项，则

$$T\approx m_1p\left(\frac{U_1}{\omega_1}\right)^2\times\frac{s\omega_1}{r_2'}\propto s \qquad (7-12)$$

说明 s 很小时，异步电动机的机械特性 $T=f(s)$ 是一条与转差率成正比的直线，这一段机械特性以下称之为机械特性的"直线段"，如图 7-12 中的"a"所示。

当 s 接近于 1，忽略式（7-9）分母中的 r_2'，则有

$$T\approx m_1p\left(\frac{U_1}{\omega_1}\right)^2\times\frac{\omega_1r_2'}{s(r_1^2+x_K^2)}\propto\frac{1}{s} \qquad (7-13)$$

由式（7-13）可见，s 接近于 1 时，异步电动机的机械特性 $T=f(s)$ 是对称于原点的一段双曲线，如图 7-12 中的

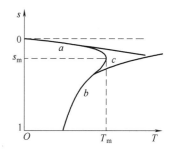

图 7-12 恒压恒频时异步电动机
的机械特性

"b" 所示。

当 s 为以上两段的中间数值时，机械特性从直线段过渡到双曲线段，如图 7-12 中的 "c" 所示。最大转矩 T_m、临界转差率 s_m 就在过渡线段的极值点上。

（2）恒压频比控制（$U_1/f_1=C$）时的机械特性

变频调速时，频率 f_1、电压 U_1 都是可变的量，定义变频比 α 为

$$\alpha=f_1/f_{1N}$$

则当 $U_1/f_1=C$ 控制方式时有

$$\begin{cases} f_1=\alpha f_{1N} \\ \omega_1=\alpha\omega_{1N} \\ U_1=\alpha U_{1N} \\ x_K=\alpha x_{KN} \end{cases} \tag{7-14}$$

把式（7-14）中的各量代入式（7-9）和式（7-11）可得

$$T=m_1 p\left(\frac{U_{1N}}{\omega_{1N}}\right)^2\times\frac{s\alpha\omega_{1N}r_2'}{(sr_1+r_2')^2+(s\alpha x_{KN})^2} \tag{7-15}$$

$$T_m=\frac{m_1 p}{2}\left(\frac{U_{1N}}{\omega_{1N}}\right)^2\times\frac{\alpha\omega_{1N}}{r_1+\sqrt{r_1^2+(\alpha x_{KN})^2}} \tag{7-16}$$

对不同频率 f_1，即不同 α（$\alpha<1$）时的机械特性分析讨论如下。

① 理想空载转速 n_1

$$n_1=\frac{60f_1}{p}=\frac{60-\alpha f_{1N}}{p}=\alpha\frac{60f_{1N}}{p}=\alpha n_{1N} \tag{7-17}$$

上式说明理想空载转速 n_1 随着频率 f_1 的下降按比例下降。此公式对变频调速的所有控制都适用。

② 直线段斜率 若略去定子电阻 r_1 的影响，即 $r_1\approx0$，则从式（7-15）可知，在电机参数（r_2'、x_{KN} 等）不变的情况下只要保持 $s\alpha$ 不变，等式右边就不会变。结论是，变频时若要输出转矩 T 不变，就应使 $s\alpha$ 不变。而 $s=\Delta n/n$，把此式及式（7-17）代入 $s\alpha$，有

$$s\alpha=\frac{\Delta n}{n_1}\alpha=\frac{\Delta n}{\alpha n_{1N}}\alpha=\frac{\Delta n}{n_{1N}} \tag{7-18}$$

上式说明，$s\alpha$ 保持不变，在同一负载转矩下的绝对转速降落值 Δn 不变，即机械特性曲线直线段的斜率不变。

若考虑到 r_1 的影响，当 α 下降时，若 $s\alpha$ 不变，则 s 增大。从式（7-15）中可以看出，改变的仅有分母中的 sr_1 项，sr_1 增大，T 略有下降，这定性地说明了若考虑到 r_1 的影响，则直线段的斜率略增大，即随着频率 f_1 的降低，机械特性曲线变软。

③ 最大转矩 T_m 若略去定子电阻的影响，即 $r_1\approx0$，从式（7-16）中可直接看到 $T_m=C$。若考虑到 r_1 的影响，从式（7-16）可定性看出分母的下降要比分子下降得慢，即最大转矩 T_m 是随着 α 的降低而减小的。

综合以上分析，可得到异步电动机在恒压频比控制（$U_1/f_1=C$）方式下的机械特性曲线族，如图 7-13（a）、（b）所示。图（b）是不考虑定子电阻 r_1 影响时的曲线族，是一组平行下移的曲线，图（a）是考虑 r_1 影响时的曲线族，随着频率 f_1 的降低，其最大转矩 T_m 逐步减小，其直线段的斜率逐步增大。从图（a）中也可看到，采用恒压频比控制的异步电动机变频调速系统在低频时其机械特性很软，最大转矩很小，即低频性能不好。定子漏阻抗 $x_{1\sigma}$ 随 f_1 的下降而成比例减小，所以 $x_{1\sigma}$ 上的压降比例是不变的；而定子电阻 r_1 则始终不变，定子电

阻 r_1 上的压降比例随 f_1 的下降而增大，低频性能不好正是定子电阻 r_1 上的压降比例增大引起磁通 Φ_m 下降而造成的。

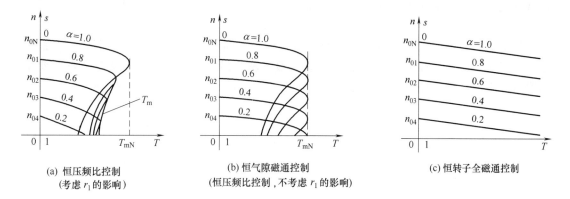

(a) 恒压频比控制	(b) 恒气隙磁通控制	(c) 恒转子全磁通控制
(考虑 r_1 的影响)	(恒压频比控制，不考虑 r_1 的影响)	

图 7-13　异步电动机在基频以下变频调速的机械特性

（3）恒气隙磁通控制（ $E_1/f_1 = C$ ）时的机械特性

类比式（7-9）～式（7-16）的推导过程，用 E_1 取代 U_1 求得的异步电动机在 $E_1/f_1 = C$ 控制方式时的转矩 T、最大转矩 T_m 的表达式为

$$T = \frac{m_1 p}{\omega_1}(I_2')^2 \frac{r_2'}{s} = \frac{m_1 p}{\omega_1} \times \frac{E_1^2 r_2'/s}{(r_2'/s)^2 + x_{2\sigma}'^2} = m_1 p \left(\frac{E_1}{\omega_1}\right)^2 \times \frac{s\alpha\omega_{1N}r_2'}{(r_2')^2 + (s\alpha x_{2\sigma N}')^2} \quad (7\text{-}19)$$

$$T_m = \frac{m_1 p}{2} \times \left(\frac{E_1}{\omega_1}\right)^2 \times \frac{\omega_1}{x_{2\sigma}'} = \frac{m_1 p}{2} \times \left(\frac{E_1}{\omega_1}\right)^2 \times \frac{\omega_{1N}}{x_{2\sigma N}'} \quad (7\text{-}20)$$

从式（7-19）可推知：当频率变化后（ α 不同），若转矩 T 不变，则 $s\alpha$ 不变，由式（7-17）可知 Δn 不变，所以机械特性曲线直线段的斜率不变。由式（7-20）可看到，最大电磁转矩 T_m 与变频比 α 无关，是一个固定不变的常数。所以，这种控制方式下的机械特性曲线与恒压频比控制不考虑 r_1 影响时的机械特性曲线一致，机械特性曲线是随着频率 f_1 降低而平行下移的一组曲线族，如图 7-13（b）所示。从物理概念上也很容易理解，当维持 E_1/f_1 为恒值时，保证了气隙磁通 Φ_m 不变，它完全消除了定子电阻 r_1 的影响，所以在式（7-19）和式（7-20）中也不再出现含 r_1 的项，这就使得机械特性曲线的几何形状保持不变，只是随着 f_1 的下降而平行下移。

（4）恒转子全磁通控制（ $E_r/f_1 = C$ ）时的机械特性

当变频调速时，若能使 $E_r/f_1 = C$，则由电机的电路关系可直接得到电机的电磁转矩 T 为

$$T = \frac{m_1 p}{\omega_1}(I_2')^2 \frac{r_2'}{s} = \frac{m_1 p}{\omega_1} \times \left(\frac{E_r}{r_2'/s}\right)^2 \frac{r_2'}{s} = m_1 p \left(\frac{E_r}{\omega_1}\right)^2 \times \frac{s\alpha\omega_{1N}}{r_2'} \quad (7\text{-}21)$$

从上式可看到，在某一个确定的 α 下，$T \propto s$。$T = f(s)$ 是一条直线，这时电机的机械特性曲线不再拐弯，最大转矩 T_m 也不再存在，没有了最大转矩 T_m 的限制。当频率 f_1 变化（ α 变化）时，若 T 要保持不变，则 $s\alpha$ 不变，Δn 不变，直线的斜率不变，所以这时的机械特性曲线族是一组随着频率 f_1 降低而平行下移的直线，如图 7-13（c）所示。

（5）基频以上恒电压控制（ $f_1 > f_{1N}$，$U_1 = U_{1N}$ ）时的机械特性

当频率升高超过基频 f_{1N} 时，若能使电压 U_1 跟着升高，则其机械特性将是平行上移的曲线，如图 7-14 所示，由固有机械特性 a 平行上移到 b 曲线（略去 r_1 的影响），在 b 曲线的基础上再把电压 U_1 从升高后的数值降到 U_{1N} 水平上，则从调压调速机械特性曲线变化的规律得

到 $f_1 > f_{1N}$、$U_1 = U_{1N}$ 时的机械特性曲线，如图中的 c 曲线所示。可推知，随着变频比的升高（α 升高，$\alpha > 1$），最大转矩 T_m 逐步下降，直线段斜率越来越大，特性曲线越来越软。其机械特性曲线族如图 7-14 中的曲线 c、d、e 所示。

（6）比较

异步电动机在不同电压控制方式下的机械特性画在同一图上，如图 7-15 所示，在采用不同控制方案时，要注意理想空载转速 n_0、直线段斜率、最大电磁转矩 T_m 这三个量的变化情况及原因。因前面都已详细分析，这里不再赘述。

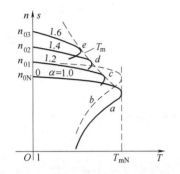

图 7-14　异步电动机变频调速在
$f_1 > f_{1N}$、$U_1 = U_{1N}$ 时的机械特性

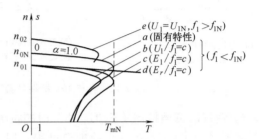

图 7-15　异步电动机在不同电压控制方式下
变频调速机械特性的比较

7.1.5　转速开环、电压闭环恒压频比控制的变频调速系统

采用电压-频率协调控制时，异步电动机在不同频率下都能获得较硬的机械特性线性段。如果生产机械对调速系统的静、动态性能要求不高，可以采用转速开环、电压闭环的恒压频比的控制系统，其结构最简单，成本也比较低，例如，风机、水泵等的节能调速就经常采用这一方案。这里主要介绍由交-直-交电压源和电流源晶闸管变频器组成的两种转速开环调速系统。

（1）转速开环的交-直-交电压源变频调速系统

如图 7-16 所示为晶闸管交-直-交电压源变频器供电的转速开环变频调速系统结构图。这种系统的特点是中间采用电容器滤波，逆变器输出电压为矩形波，而输出电流波形则由矩形波电压与电动机的正弦形反电动势之差形成，接近于正弦波。这种变频器由于没有测速反馈，其调速性能比转速闭环系统差，因此适用于调速要求不高的单电动机或多电动机传动系统，且一般采用能耗制动。

调速时对变频器的要求如下：

① 在额定频率 f_{1N} 以下对电动机进行恒转矩调速时，在调速过程中要求变频器必须保证提供 $E_1/f_1 = C$ 进行协调控制。

② 在额定频率 f_{1N} 以上对电动机进行近似恒功率的调速时，变频器应保持输出电压为 U_{1N} 不变，只调节频率进行弱磁升速。

该系统的控制分两路，一路实现对晶闸管整流桥的电压控制，另一路实现对晶闸管逆变桥的变频控制。下面对结构图中各控制环节的作用概述如下：

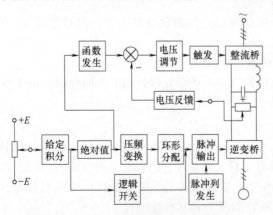

图 7-16　交-直-交电压源变频器的转速开环
调速系统结构图

① 给定积分器　又称为软启动器，当系统突加阶跃给定时，为了抑制转速开环系统启动冲击电流，设置了给定积分器。它可以将阶跃信号转换成按设定的斜率变化的斜坡信号，使电动机电压和转速都可以平缓升高和降低。给定积分器的原理图如图 7-17 所示。给定积分器由两级集成运算放大电路组成，第一级接成高倍数的比

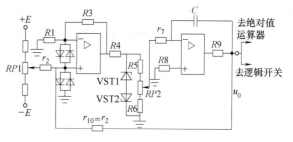

图 7-17　给定积分器的原理图

例器，给定信号由运算放大器的同相端输入，第二级接成积分器，由运算放大器的反相端输入，第二级输出信号经电阻 R10 反馈至第一级同相输入端，为负反馈。

由于第一级比例器的放大倍数很高，因此只要同相输入端有极小的输入，该级比例器就会达到限幅输出值。调节 RP2 的分压比得到的电压信号作为积分器的输入信号，积分器的输出则按线性规律变化。积分器输出达到给定值时，由于负反馈作用将使第一级比例放大器输入偏差为零，其输出也为零，积分器停止积分。积分器的输出达到给定值时，除非给定信号变化，否则积分器输出不变。可见软启动器并不改变给定的大小，而仅仅改变加减速时上升、下降沿的斜率，避免了电动机的直接启动冲击与减速冲击，节省了整流逆变装置容量。

给定积分器电路的输入输出信号关系如图 7-18 所示。

给定积分器在瞬态过程中的输出表达式为：

$$u_\circ = -\frac{1}{T}\int_0^t \rho u_{\text{VST}} \mathrm{d}t$$

式中，ρ 为电位器 RP2 的滑动端分压比；u_{VST} 为稳压管的稳压值；T 为积分时间常数 $r_7 C$。

② 绝对值运算器　只反映给定信号的绝对值大小，不管正负。其输入输出关系为 $u_\circ = |u_\text{i}|$。

绝对值运算器电路如图 7-19 所示。其工作原理是，输入信号为正，则经二极管 VD1 正信号直接输出；如输入为负，则 VD1 截止，给定信号经运算放大器反相端输入，其输出仍为正。如果选取 $r_3 = r_1$，则输入、输出信号的绝对值相等。

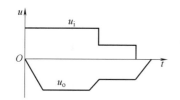

图 7-18　给定积分器的实际输入输出波形

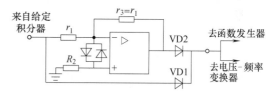

图 7-19　绝对值运算器原理图

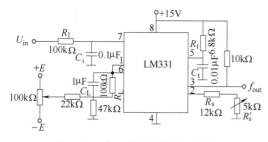

图 7-20　电压-频率变换器原理图

③ 电压-频率（U/f）变换器　转速给定信号是以模拟电压形式给出的，逆变桥开关管的驱动信号是一定频率的脉冲列，脉冲列的频率与给定电压信号成正比，从而达到恒压频比的控制目的。实现变频就必须将电压转换成频率的形式，U/f 变换器用来将模拟电压给定信号转换成脉冲信号；给定电压越高，振荡频率越高；给定电压越低，则振荡频率越低。

电压-频率变换器的种类很多，有单结晶体管压控振荡器、时基电路 555 构成的压控振荡器，还有各种专用集成芯片构成的压控振荡器。如图 7-20 所示为一种专用集成块 LM331 所构

成的电压-频率变换器电路。其工作原理是，LM331 的 7 端输入模拟电压信号，3 端为输出端，其输出为脉冲列，脉冲列的频率与输入的模拟电压信号大小成正比。所以给定信号可以通过这个环节控制逆变器的交流电输出频率。LM331 的电压-频率转换比值可以通过调节 2 端的外接电位器进行调整。

④ 环形分配器　又称为六分频器，将 U/f 转换器送来的压控振荡脉冲，每六个为一周期，分频为六路输出，去依次触发逆变桥的六个晶闸管元件。环形分配器的输出脉冲特征是：相邻脉冲的时间间隔为 $60°$ 电角度；脉冲的宽度为 $120°$ 电角度（因为带感性负载的晶闸管元件需要宽脉冲触发）。如图 7-21 所示是由一个六 D 触发器和一个三输入或非门构成的环形分配器电路，该电路的输入输出信号对比波形如图 7-22（a）、（b）所示。

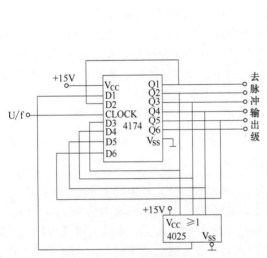

图 7-21　环形分配器原理图

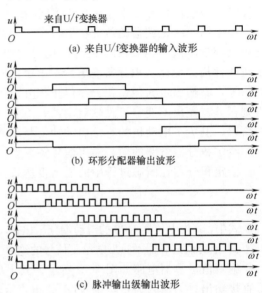

(a) 来自 U/f 变换器的输入波形

(b) 环形分配器输出波形

(c) 脉冲输出级输出波形

图 7-22　环形分配器与脉冲输出级的波形

⑤ 脉冲输出级　该环节的作用是，根据逻辑开关的要求改变正反相序；将环形分配器送来的脉冲进行功率放大；将宽脉冲调制成触发晶闸管所需的脉冲列（用脉冲列发生器进行脉冲列调制）；用脉冲变压器隔离输出至晶闸管的门极。脉冲输出级的原理电路如图 7-23 所示。

脉冲输出级的正反相序改变靠图中 1～8 各点所接的正反向二极管来实现。K1 与 K2 为来自逻辑开关的正反转控制信号，当需要电动机正转时 K1＝1，K2＝0；需要电动机反转时 K1＝0，K2＝1；需要停车时 K1＝K2＝0。参照图 7-23，如 K2＝0，电路中有 2、4、6、8 四个点被钳在零位，输入信号不能通过，于是 Q1 去 VT1，Q2 经 1 点去 VT2，Q3 经 3 点去 VT3，Q4 去 VT4……这就是正相序触发。如 K1＝0，则电路中的 1、3、5、7 四个点被钳位于零电位，输入信号不能通过，于是 Q1 去 VT1，Q2 经 8 点去 VT6，Q3 经 6 点去 VT5，Q4 去 VT4……触发相序为 VT1→VT6→VT5→VT4→VT3→VT2，为反相序触发，电动机会反转。当 K1＝K2＝0 时，则正反相序均封锁，电动机停转。

脉冲输出级获得的 $120°$ 宽的触发脉冲信号，要与脉冲列发生器所发出的高频脉冲列经 D1～D6 六个与门分别进行脉冲列调制，使宽脉冲变成脉冲列，再去 VT1～VT6 晶体管进行功率放大，最后才由脉冲变压器 T1～T6 隔离输入至逆变桥六个主晶闸管的门极。其输出波形见图 7-22（c）。

⑥ 函数发生器　其作用有两个，一是在调频范围内，为确保恒转矩调速，将给定信号正比例转换为电压调节器给定信号，低频时将电压给定信号适当提升，进行低频电压补偿，以保

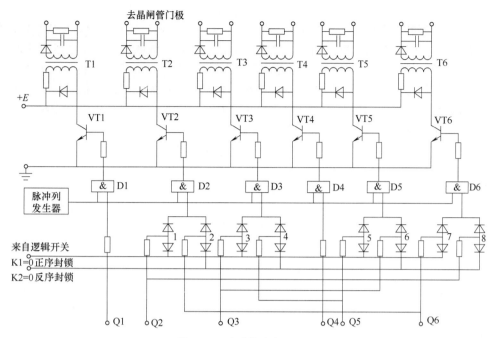

图 7-23　脉冲输出级原理图

证 $E_1/f_1=C$；二是在基频以上，无论频率给定信号如何上升，电压给定信号都应保持不变，使整流器输出电压 U_1 保持 U_{1N} 不变。

函数发生器电路如图 7-24 所示。

图 7-24 所示函数发生器的输入输出关系实际曲线如图 7-25 所示。

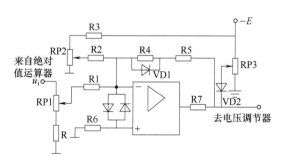

图 7-24　函数发生器原理图

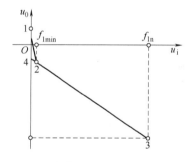

图 7-25　函数发生器的实际输入输出关系曲线

函数发生器的输入信号来自给定积分器，因此与频率信号成正比。该环节给出了与频率相应的补偿电压，系统只要按函数发生器的要求进行闭环电压调节，就能实现恒磁通调速。调节电位器 RP1、RP2 与 RP3，能使系统实现不同的电压补偿曲线，从而获得不同的机械特性。

其工作原理分析如下。

当输入 $u_i=0$ 时，$-E$ 通过电位器 RP2 向运放的反相端提供负电流输入，于是集成运放有一定正输出，二极管 VD1、VD2 均截止。

当 $u_i>0$ 但数值很低（对应于 f_{1min} 以下）时，随着 u_i 的升高，集成运放的输入电流由负向正逐渐升高，但不足以使 VD1 导通，这段输入输出特性如图 7-25 中的 1—2 段所示。

当 $u_i>0$ 且数值较高（对应于 $f_{1min}\sim f_{1n}$）时，集成运放的正输入负输出差值增大，VD1 将被短路，比例运放的 u_0-u_i 特性曲线斜率变平缓，输入输出关系如图 7-25 中的 2—3 段所示。

当 $u_i > 0$ 且为更高正值时（对应于 f_{1n} 以上），运放器会输出更高负值，使 VD2 导通，于是 u_0 只能输出由 RP3 调定的负限幅值，这个限幅值将限定系统的最高工作电压不超过 U_{1N}。

⑦ 逻辑开关 逻辑开关电路的作用是根据给定信号为正、负或零来控制电动机的正转、反转或停车。如给定信号为正，则控制脉冲输出级按正相序触发；如给定信号为负，则控制脉冲输出级按负相序触发，相应控制调速电动机的正反转；如给定信号为零，则逻辑开关将脉冲输出级的正负相序都封锁，使电动机停车。

系统中的其余环节，如电压反馈、电压调节、整流桥晶闸管触发等，作用均与直流调速系统类似。

如图 7-26 所示为一种逻辑开关的原理图。如给定积分器送来的信号为正，且有一定的数

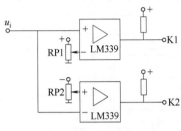

图 7-26 逻辑开关原理图

值（f_{1min} 以上，大于电位器 RP1 调定的比较电压）时，比较器 1 输出高电平 K1＝1，其余情况下 K1＝0；如给定积分器送来的信号为负，且有一定负值（$-f_{1min}$ 以下，低于电位器 RP2 调定的比较电压）时，比较器 2 输出高电平 K2＝1，其余情况下 K2＝0。这就保证了正转时 K1＝1、K2＝0，反转时 K1＝0、K2＝1，死区之内 K1＝0、K2＝0，给脉冲输出级提供了合适的逻辑信号。

（2）转速开环的交-直-交电流源变频调速系统

如图 7-27 所示为交-直-交电流源变频器供电的转速开环变频调速系统结构框图。该系统的整流桥控制部分采用电压、电流双闭环控制，逆变桥控制部分则为频率开环控制。为保证动态变化时仍满足协调控制的条件，该系统在电压控制通道和频率控制通道之间增加了一个瞬态校正环节。其工作原理是当电动机电压发生变化时，逆变桥的输出频率也产生相应变化。由于主电路为电流源变频器，负载干扰会引起电动机端电压的波动，瞬态校正环节对电压偏差信号做瞬态微分运算，将电压通路的波动及时反映至频率通道，可以保证在过渡过程中电动机端电压与频率的比值基本保持不变。

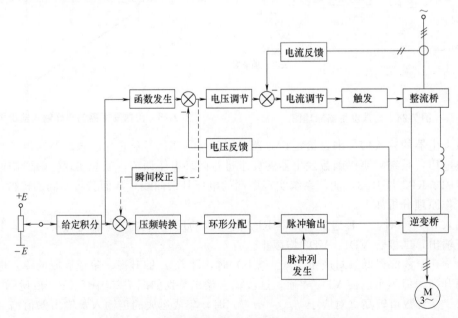

图 7-27 电流源变频器的转速开环调速系统结构图

需要注意的是，无论电压源还是电流源晶闸管变频调速系统，由于逆变器的输出波形为矩形波，谐波分量较大，电动机的损耗也较大，尤其是在低速恒转矩情况下，冷却效果变差，温升增高，因此应注意电动机容量的选择。另外，系统启动、制动应通过软启动器进行调整以确保其平滑性。启、制动时间应根据负载转矩及系统飞轮矩计算确定，通过软启动器进行调整。合适的加减速时间设定有利于利用异步电动机机械特性中的低转差率范围，提高电动机的转矩和效率等指标。

7.1.6 转差频率控制的转速闭环变频调速系统

(1) 转差频率控制的基本思想

转速开环、电压或电流闭环的变频调速系统只能用于调速精度不太高的调速场合，要提高系统的静、动态性能，就必须进行转速闭环控制。由于异步电动机的电磁转矩与气隙磁通、转子电流、功率因数等有关，其中的主要参变量——转差率又难以直接测量，增加了通过异步电动机变频调速系统的闭环控制来进一步提高系统动态性能的难度。这里论述的转差频率控制系统是一种模拟控制拖动转矩，近似保持控制过程中磁通恒定的转速闭环变频调速方案，理论上可以获得与直流电动机闭环调速系统相似的调速性能。

在交流异步电机中，都习惯于使用转差率 s，但在变频调速系统中，电机输入频率在改变，理想空载转速 n_1 也是随着频率的变化而变化的，因此对于同样的转差 $\Delta n = n_1 - n$，其转差率 s 在不同的频率下是不同的。从前面的分析中也已经知道，变频调速的机械特性曲线基本上是一组平行下移的曲线，其特性的硬度基本不变（$E_1/f_1 = C$ 时），负载相同时，在高频及低频下的转差是相同的，而转差率则相差甚远。为讨论方便，用与转差直接对应的转差频率 f_s、转差角频率 ω_s 就更直观一些。定义转差角频率 ω_s（有时也简称为转差频率）为

$$\omega_s = \frac{2\pi p}{60} \Delta n = \frac{2\pi p}{60}(n_1 - n) = \omega_1 - \omega \tag{7-22}$$

且有

$$\omega_s = s\omega_1$$
$$f_s = sf_1$$

将式（7-1）和式（7-18）代入式（7-19），经整理可得到

$$T = m_1 p \left(\frac{E_1}{\omega_1}\right)^2 \frac{s\alpha\omega_{1N} r_2'}{(r_2')^2 + (s\alpha x_{2\sigma N}')^2} = C_T'' \Phi_m^2 \frac{\frac{\Delta n}{n_{1N}} \omega_{1N} r_2'}{(r_2')^2 + \left(\frac{\Delta n}{n_{1N}} x_{2\sigma N}'\right)^2} \tag{7-23}$$

式中，C_T'' 为一个只与电机结构参数有关的常数。

当实际转差 Δn 与额定空载转速 n_{1N} 相比很小时（注意，转差率 s 不一定要很小，低频时即使 $s = 1$ 也无妨），式（7-23）分母中的 $\left(\frac{\Delta n}{n_{1N}} x_{2\sigma N}'\right)^2 \ll (r_2')^2$ 可略去，则式（7-23）近似为

$$T \approx C_T'' \Phi_m^2 \frac{\Delta n \omega_{1N}}{r_2' n_{1N}} = C_T' \Phi_m^2 \frac{\omega_s}{r_2'} \tag{7-24}$$

式中，C_T' 是一个只与电机结构参数有关的常数。

式（7-24）说明，若能满足两个条件：绝对转差角频率 ω_s 较小（一般使 $\omega_s/\omega_{1N} < 0.1$），$\Phi_m$ 恒定，则电机的电磁转矩 T 与 ω_s 成正比，只要控制转差频率 ω_s 就能控制转矩，即可以用转差角频率控制来代表转矩控制，从而实现对速度的控制。这就是转差频率控制的基本原理。

（2）转差频率控制规律

在控制系统中，要使 ω_s 不太大是很容易做到的，条件是要有异步电动机的实际转速反馈量，即必须实现转速闭环。因此问题又回到前面讨论的如何使磁通 Φ_m 保持不变上。自然，$U_1/f_1=C$ 加补偿的办法是可行的，但缺点是补偿量调节困难。而在现在讨论的系统中，其控制系统增加了一个转差角频率 ω_s 的物理量可加以利用，在这个物理量上是否能找到一些办法呢？

为了使 Φ_m 恒定，从图 7-28 所示的等效电路可知，只要控制励磁电流 I_0 不变即可。又因为

$$\dot{I}_0 = \dot{I}_1 + \dot{I}_2 \tag{7-25}$$

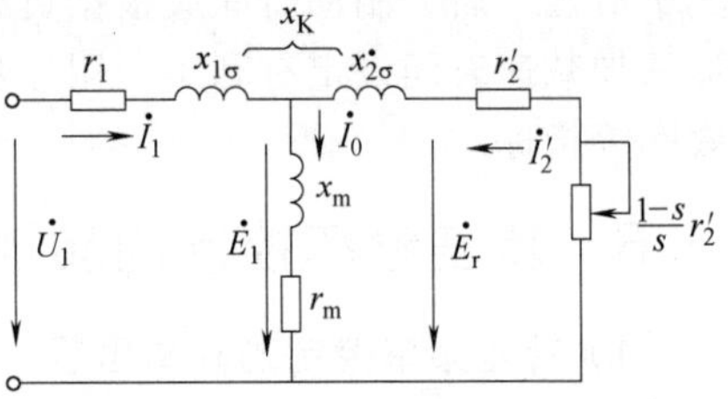

图 7-28 异步电动机稳态等效电路

在广泛使用的笼型异步电动机中，定子电流 I_1 可测可控，但转子电流 I_2 无法直接测量和控制，但有

$$\dot{I}_2 = \frac{\dot{E}_1}{\dfrac{r_2'}{s}+\mathrm{j}x_{2\sigma}'} = \frac{-\mathrm{j}\dot{I}_0 x_m s}{r_2'+\mathrm{j}sx_{2\sigma}'} = \frac{-\mathrm{j}\dot{I}_0 x_m \left(\dfrac{\omega_s}{\omega_1}\right)}{r_2'+\mathrm{j}\left(\dfrac{\omega_s}{\omega_1}\right)x_{2\sigma}'} = \frac{-\mathrm{j}I_0 L_m \omega_s}{r_2'+\mathrm{j}\omega_s L_{2\sigma}'}$$

把上式代入式（7-25）中，从而得

$$\dot{I}_1 = \dot{I}_0 \left(1+\frac{-\mathrm{j}\omega_s L_m}{r_2'+\mathrm{j}\omega_s L_{2\sigma}'}\right) \tag{7-26}$$

写成标量形式

$$I_1 = I_0 \sqrt{\frac{(r_2')^2+\omega_s^2(L_m+L_{2\sigma}')^2}{(r_2')^2+(\omega_s L_{2\sigma}')^2}}$$

当 Φ_m 或 I_0 不变时，I_1 与转差频率 ω_s 的函数关系如式（7-26），画成曲线如图 7-29 所示。

可以看出，只要 I_1 与 ω_s 的关系符合图 7-29 或式（7-26）的规律，就能保持 Φ_m 恒定。这样，用转差频率控制代表转矩控制的前提也就解决了。

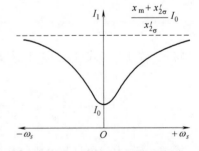

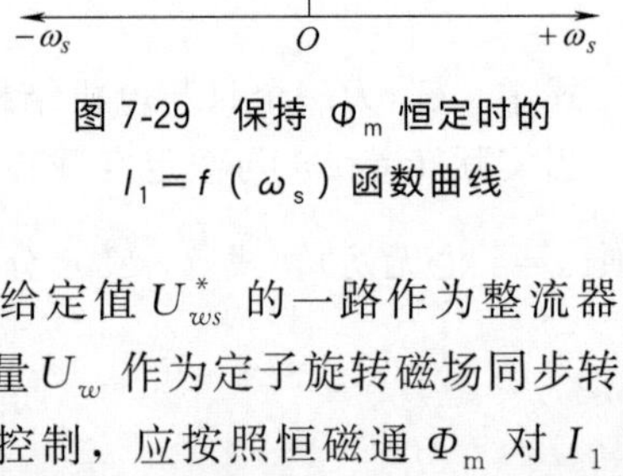

图 7-29 保持 Φ_m 恒定时的 $I_1=f(\omega_s)$ 函数曲线

（3）转差频率控制的转速闭环变频调速系统

转差频率控制的转速闭环变频调速系统结构如图 7-30 所示，该系统为了获得较好的动态响应，而且便于回馈制动，主电路采用了交-直-交电流型变频器。

在控制回路中，给定值 U_w^* 通过给定积分与测速反馈信号 U_w 比较后得到偏差信号，经转差率调节器进行 PI 调节运算后，得到系统所需的转差频率给定值 U_{ws}^*。转差频率给定值 U_{ws}^* 的一路作为整流器的控制信号，另一路转差频率给定值 U_{ws}^* 加上实际转速的反馈量 U_w 作为定子旋转磁场同步转速的给定值 U_{w1}^*，用来控制变频器的供电频率。对于整流器的控制，应按照恒磁通 Φ_m 对 I_1 的要求实施对 I_1 的调节，它是由函数发生器来完成的。该系统限制转差角频率 ω_s 的方法更为简单，只要限制转差率调节器的输出幅值 U_{wsm} 即可。

综上所述，闭环变频调速系统实现了转差频率控制的基本思想。它能够在控制过程中保持磁通 Φ_m 的恒定，能够限制转差频率的变化范围，且通过调节转差率达到调节异步电动机的电磁转矩的目的。类似于不变励磁，调节电枢电流 I_d 来调节拖动转矩的转速、电流双闭环直流

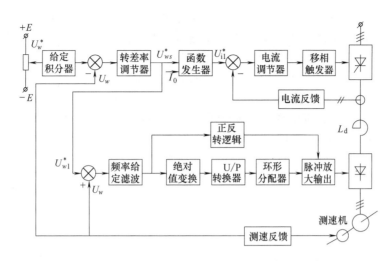

图 7-30 转差频率控制的变频调速系统结构图

调速系统。但这种转差频率控制的闭环变频调速系统并不能完全达到直流双闭环系统的静、动态性能水平，主要原因是：

① 转差频率控制思想的获得，是从异步电动机的稳态等效电路和稳态转矩公式出发的，因此 Φ_m 恒定的条件只在稳态情况下成立，而在动态中该条件是不成立的，因此该系统无法维持动态过程中的 Φ_m 恒定。

② 电流调节器所控制的 I_1 只是电流幅值，无法控制电流相位，因此动态过程中转矩并不与 I_1 的相位同步，这样会延缓动态转矩的变化过程。

③ 函数 $I_1 = f(\omega_s)$ 是非线性的，而且是电动机参数的函数，若采用模拟运算放大器分段模拟存在一定误差，所以计算所得的 $I_1 = f(\omega_s)$ 的关系只是近似的。

④ 实际转速检测信号 U_w 的误差会以正反馈的方式影响同步转速的给定值 $U_{w1}^* = U_w + U_{ws}^*$。

鉴于上述转差频率控制的转速闭环变频调速系统所存在的问题，目前已有多种改进方案。其中最突出的方案是采用矢量变换控制系统，这方面内容将在下面讨论。

7.1.7 异步电动机矢量控制的变频调速系统

近年来，交流电动机的调速技术飞速发展，其成果之一就是矢量控制的实用化。矢量控制的异步机变频调速是交流电动机比较理想的调速系统，具有良好的传动控制特性，因而获得了广泛的应用。

（1）矢量控制的基本概念

直流电动机的调速性能之所以很好，是因为其磁通 $\boldsymbol{\Phi}_m$ 和电枢电流 $\boldsymbol{I}_a$ 是两个相互垂直的量，可以分别控制，同时 Φ_m 与励磁电流 I_f 成正比，故分别调节 $\boldsymbol{I}_f$ 和 $\boldsymbol{I}_a$ 即可很容易地控制直流电动机的转矩。而异步电动机的转矩和转子电流关系为 $T = C_m \Phi_m I_2' \cos\varphi_2$，式中气隙磁通 Φ_m、转子电流 I_2' 和转子功率因数角 φ_2 都是转差率 s 的函数，难以直接控制。异步电动机比较容易控制的是定子电流 $\boldsymbol{I}_1$，但 $\boldsymbol{I}_1$ 又是 $\boldsymbol{I}_2'$ 和励磁电流 $\boldsymbol{I}_0$ 的矢量和，因此在动态中精确控制异步电动机的转矩显然是比较困难的。

异步电动机矢量控制的基本思想就是把异步电动机的转矩控制模拟成直流电动机的转矩控制。在异步电动机三相坐标系上，将定子电流空间矢量分解为产生磁场的电流分量和产生转矩的电流分量。磁场电流、转矩电流与直流电动机磁场电流、电枢电流相当。

如图 7-31 所示，以产生同样的旋转磁动势为准则，可建立三相静止坐标系 U、V、W，二

相静止坐标系 α、β 和二相以同步速度 ω_1 旋转的旋转坐标系 M、T。通过三相/二相变换将异步电动机交流定子电流 i_U、i_V、i_W 变换成二相静止坐标系下的交流电流 i_α、i_β；再通过旋转变换将 i_α、i_β 变换成同步旋转坐标系下的直流电流 I_M、I_T。如果观察者站到 M-T 绕组上与坐标系一起旋转，所看到的便是一台直流电动机。原交流电动机的转子总磁通 Φ_2 就是等效直流电动机的磁通，M 绕组相当于直流电动机的励磁绕组，I_M 相当于励磁电流，T 绕组相当于伪静止的电枢绕组，I_T 相当于与转矩成正比的电枢电流。这样在旋转坐标系中对直流电流 I_M、I_T 进行独立控

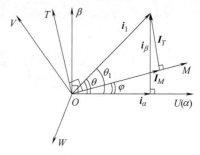

图 7-31　不同坐标系中电流分量的等效关系

制，就可以和直流电动机一样实现励磁电流和电枢电流的独立控制。如图 7-32（a）所示，从整体上看，U、V、W 三相输入，转速 ω 输出，是一台异步电动机。从内部看，经过三相/二相（简称 3/2）变换和同步旋转变换，变成一台 I_M、I_T 输入，ω 输出的直流电动机。

上述进行坐标变换的是电流的空间矢量，电流的空间矢量可以表示磁动势，这样通过坐标变换实现的控制系统称为矢量控制系统。在设计矢量控制系统时，可以将控制器后面的反旋转变换器与电动机内部的旋转变换环节相抵消，2/3（即二相/三相）变换器与电动机内部的 3/2 变换环节相抵消，同时将电流控制变频器看成是一个比例环节，这样异步电动机的控制问题就变为直流电动机的控制问题。如图 7-32（b）所示，将图中中间框内的部分删除，则为一个直流调速控制系统。

（2）坐标变换和变换矩阵

既然异步电动机经过坐标变换可以等效成直流电动机，那么模仿直流电动机的控制方法，求得直流电动机的控制量，经过相应的坐标反变换，就能够控制异步电动机了，如图 7-32（b）所示。下面介绍两种变换矩阵。

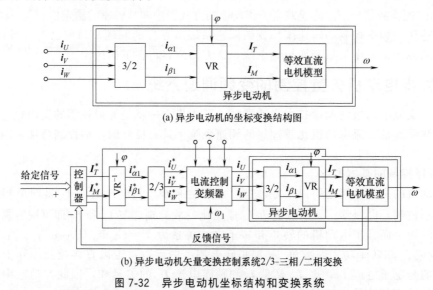

(a) 异步电动机的坐标变换结构图

(b) 异步电动机矢量变换控制系统2/3-三相/二相变换

图 7-32　异步电动机坐标结构和变换系统

VR—同步旋转变换；α—M 轴与 U 轴的夹角；VR^{-1}—同步旋转反向变换

① 三相/二相变换及二相/三相变换

坐标变换必须根据不同电动机模型在不同坐标系下产生的磁动势完全一致、彼此等效的原则进行。所谓 3/2 或 2/3 变换，就是把交流三相绕组电流与交流二相绕组电流相互等效变换。

图 7-33 给出了三相绕组 U、V、W 和二相绕组 α、β 各相磁动势矢量的空间位置。为了方便起见，令 α 轴与 U 轴重合。设三相电机、二相电机每相绕组的有效匝数为 N_3、N_2，各相磁动势均为有效匝数与其瞬时电流的乘积，其空间矢量均位于相应相的坐标轴上。

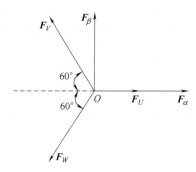

图 7-33　三相绕组和二相绕组磁动势矢量的空间位置

根据磁动势等效的原则，有

$$N_2 i_\alpha = N_3 i_U - N_3 i_V \cos 60^\circ - N_3 i_W \cos 60^\circ$$
$$= N_3 \left(i_U - \frac{1}{2} i_V - \frac{1}{2} i_W \right)$$

$$N_2 i_\beta = N_3 i_V \sin 60^\circ - N_3 i_W \sin 60^\circ = \frac{\sqrt{3}}{2} N_3 (i_V - i_W)$$

为便于求反变换，在二相系统上人为地增加一项零轴磁动势 $N_2 i_0$，并定义为

$$N_2 i_0 = K N_3 (i_U + i_V + i_W)$$

则

$$
\begin{bmatrix} i_\alpha \\ i_\beta \\ i_o \end{bmatrix}
= \frac{N_3}{N_2}
\begin{bmatrix}
1 & -\dfrac{1}{2} & -\dfrac{1}{2} \\
0 & \dfrac{\sqrt{3}}{2} & -\dfrac{\sqrt{3}}{2} \\
K & K & K
\end{bmatrix}
\begin{bmatrix} i_U \\ i_V \\ i_W \end{bmatrix}
= \boldsymbol{C}_{3/2}
\begin{bmatrix} i_U \\ i_V \\ i_W \end{bmatrix}
$$

当满足功率不变的条件时，有 $\boldsymbol{C}_{3/2}^{-1} = \boldsymbol{C}_{3/2}^{\mathrm{T}}$，显然 $\boldsymbol{C}_{3/2} \boldsymbol{C}_{3/2}^{-1}$ 应为单位矩阵，即

$$
\boldsymbol{C}_{3/2} \boldsymbol{C}_{3/2}^{-1} = \left(\frac{N_3}{N_2} \right)^2
\begin{bmatrix}
\dfrac{3}{2} & 0 & 0 \\
0 & \dfrac{3}{2} & 0 \\
0 & 0 & 3K^2
\end{bmatrix}
= \boldsymbol{E}
$$

因此，$\dfrac{3}{2} \left(\dfrac{N_3}{N_2} \right)^2 = 1$，则 $\dfrac{N_3}{N_2} = \sqrt{\dfrac{2}{3}}$，且 $2K^2 = 1$，$K = \dfrac{1}{\sqrt{2}}$，这样三相/二相变换阵（3/2）为

$$
\boldsymbol{C}_{3/2} = \sqrt{\frac{2}{3}}
\begin{bmatrix}
1 & -\dfrac{1}{2} & -\dfrac{1}{2} \\
0 & \dfrac{\sqrt{3}}{2} & -\dfrac{\sqrt{3}}{2} \\
\dfrac{1}{\sqrt{2}} & \dfrac{1}{\sqrt{2}} & \dfrac{1}{\sqrt{2}}
\end{bmatrix}
$$

二相/三相变换阵（2/3）为

$$
\boldsymbol{C}_{2/3} = \sqrt{\frac{2}{3}}
\begin{bmatrix}
1 & 0 & \dfrac{1}{\sqrt{2}} \\
-\dfrac{1}{2} & \dfrac{\sqrt{3}}{2} & \dfrac{1}{\sqrt{2}} \\
-\dfrac{1}{2} & -\dfrac{\sqrt{3}}{2} & \dfrac{1}{\sqrt{2}}
\end{bmatrix}
$$

② 矢量旋转变换　矢量旋转变换就是在二相静止坐标系 α、β 和二相旋转坐标系 M、T 之

间的变换，它是一种静止的直角坐标系与旋转的直角坐标系之间的变换，简称 VR 变换。把两个坐标系画在一起，如图 7-34 所示。静止坐标系的两相交流电流 i_α、i_β 和旋转坐标系的两个直流电流 I_M、I_T 产生同样的以同步转速 ω_1 旋转的合成磁动势 F_1。由于各绕组匝数相等，故可消去匝数，而直接标上电流，例如，F_1 可直接标上 i_1。但须注意，这里矢量 i_1 及其分量 i_α、i_β、I_M、I_T 所表示的实际上是空间磁动势矢量，而不是电流的时间相量。

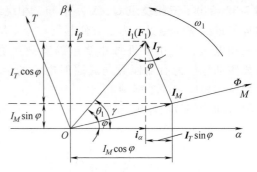

图 7-34　静止与旋转坐标系及
其绕组磁动势空间矢量

在图 7-34 中，M 轴、T 轴及矢量 i_1（F_1）都以 ω_1 转速旋转，因此分量 I_M、I_T 的长短不变，相当于 M、T 绕组的直流磁动势。但 α、β 轴是静止的，α 轴与 M 轴的夹角 φ 随时间而变化，因此 i_1 在 α 轴和 β 轴上的分量 i_α 和 i_β 的长短也随时间变化，相当于 α、β 绕组交流磁动势的瞬时值，由图可见，i_α、i_β 和 I_M、I_T 之间有如下关系

$$i_\alpha = I_M \cos\varphi - I_T \sin\varphi$$
$$i_\beta = I_M \sin\varphi + I_T \cos\varphi$$

两相旋转坐标系到两相静止坐标系的矩阵形式为

$$\begin{bmatrix} i_\alpha \\ i_\beta \end{bmatrix} = \begin{bmatrix} \cos\varphi & -\sin\varphi \\ \sin\varphi & \cos\varphi \end{bmatrix} \begin{bmatrix} I_M \\ I_T \end{bmatrix}$$

而两相静止坐标系到两相旋转坐标系的逆变换为

$$\begin{bmatrix} I_M \\ I_T \end{bmatrix} = \begin{bmatrix} \cos\varphi & -\sin\varphi \\ \sin\varphi & \cos\varphi \end{bmatrix}^{-1} \begin{bmatrix} i_\alpha \\ i_\beta \end{bmatrix} = \begin{bmatrix} \cos\varphi & \sin\varphi \\ -\sin\varphi & \cos\varphi \end{bmatrix} \begin{bmatrix} i_\alpha \\ i_\beta \end{bmatrix}$$

则

$$\boldsymbol{VR} = \begin{bmatrix} \cos\varphi & \sin\varphi \\ -\sin\varphi & \cos\varphi \end{bmatrix}, \; \boldsymbol{VR}^{-1} \begin{bmatrix} \cos\varphi & -\sin\varphi \\ \sin\varphi & \cos\varphi \end{bmatrix}$$

矢量控制的关键是找到以定子频率同步旋转的坐标系 M、T。若选择转子磁链 $\boldsymbol{\Psi}_2$，矢量方向为 M 轴方向，那么就有下式成立

$$\boldsymbol{\Psi}_2 = \frac{L_M}{1 + T_2 s} \times I_M \tag{7-27}$$

$$\boldsymbol{\omega}_s = \frac{\boldsymbol{L_M}}{\boldsymbol{T_2 \Psi_2}} \times \mathrm{I}_T \tag{7-28}$$

$$\mathrm{T} = \mathrm{C} \times \frac{\mathrm{L}_M}{\mathrm{L}_2} \times \boldsymbol{\Psi}_2 \mathrm{I}_T \tag{7-29}$$

式中，$\mathrm{T}_2 = \mathrm{L}_2 / \mathrm{L}_1$，为转子励磁时间常数；C 为时间常数。

以上说明，选择转子磁链的空间矢量方向为 M 轴方向进行定向，并控制 $\boldsymbol{\Psi}_2$ 的幅值不变，可实现磁场、转矩之间的去耦，这样控制转矩电流就能达到对转矩的控制。

以磁场进行定向的 M 轴与定子绕组 U 轴间的夹角 φ 可看作是从定子观测的磁通位置，它是一个空间变量，需通过磁通检测器或磁通运算回路随时检测出来。

根据以上分析，按照 $\boldsymbol{\Psi}_2$ 的方向对 I_1 进行定向控制，可以从根本上改造异步电机暂态转速-转矩的控制特性。这样，只要能随时监测 M 轴，并通过 M、T 控制直流电流，就可实现对交流电机的去耦控制。

M 轴的位置 φ 为 $\int_0^t \omega_1 \mathrm{d}t = \int_0^t (\omega_s + \omega_2)\mathrm{d}t$，即按转子磁链方向定向的定向角。

根据需要的磁场和转矩控制直流电流 I_M、I_T 即可。

由于 I_M、I_T 之比可任意选择，能分别控制，因而可以实现与直流电动机分别控制磁场电流和电枢电流相同的控制效果。这种控制方式将磁场方向作为旋转坐标系的 M 轴方向，故称这种控制为磁场定向的矢量控制。

异步电动机磁场定向控制根据获得定向角的方法不同，可分为磁通检测型和转差型两大类。前者是将异步电动机旋转坐标系定向于转子磁通轴线上，利用电动机的电压、电流及进度等参数计算磁通或用磁通检测装置直接检测构成磁通反馈的控制方式，该方式的控制精度取决于对磁通观测的精度。后者不需要复杂的磁通检测和坐标变换，而是利用电动机参数计算转差角频率的一种前馈控制方式，控制性能取决于对转差角频率计算的精度和对电动机参数估计的准确性。

（3）实现原理

在对速度进行控制时，根据 $T - T_L = J\dfrac{\mathrm{d}n}{\mathrm{d}t}$，可将速度调节器的输出作为转矩指令值，在矢量控制时，需要控制对异步电动机供电的定子电流矢量，故需采用电流调节器进行控制。这种电流控制法使用电压型变频器和使用电流型变频器的效果不同。电压型变频器对于负载电动机而言是可变电压源。PWM 逆变器由于高速开关使输出电压控制的快速响应性优良，可实现输出电压的瞬时值控制。而电流型变频器对于负载电动机而言是可变电流源，采用 PAM 方式。在变流器中采用相位控制调节直流电流 I_d，利用逆变器的开关把它变为交流电流。直流电流 I_d 的大小与输出电流的基波值相对应，而逆变器的开关频率决定了电流矢量的相位。故定子电流矢量的指令值分为幅值 $|I_1|$ 和相位 θ，分别控制变流器和逆变器。可将电流调节器的输出作为变流器触发指令，控制变流器输出直流电流的大小，定子电流矢量的相位作为逆变器触发指令，控制逆变器输出电流的频率（相位），从而使定子电流在电机内部分解为规定值。

定子电流的幅值 $|I_1| = \sqrt{I_M^2 + I_T^2}$

定子电流的相位 $\theta = \varphi + \arctan\dfrac{I_T}{I_M}$

（4）系统组成

① 磁通检测型异步电机矢量控制系统　磁通检测型是通过直接或间接的方法检测出转子磁链的瞬时变化，求出定向角和转子磁链的幅值。

如图 7-35 所示为磁通检测型异步电机矢量控制系统的结构框图。

a. 在磁通检测型矢量控制中，在基速下需保持转子磁通恒定；在基速以上，转子磁通减小，进行弱磁控制；而这可以通过调节磁场电流 I_M 实现，故可将转子磁通调节器的输出作为磁场电流指令值。

b. 磁通观测器根据定子电压、电流的检测值估算 $\dot\psi$ 的大小和方向（φ）。

c. 系统通过磁通观测器和磁通调节器完成磁场定向，通过速度调节器和转矩电流调节器 $\mathrm{AI_TR}$、磁场电流调节器 $\mathrm{AI_MR}$ 完成对转矩的去耦控制及转速的调节。

② 转差型异步电机矢量控制系统　转差型是通过对转差的运算求得磁场定向角 φ，实现按照 $\dot\psi_2$ 的方向对 $\dot I_1$ 进行定量控制。如图 7-36 所示为转差型异步电机矢量控制系统结构框图。

a. 该系统通过对转差的运算，准确地控制了定子电流 $\dot I_1$ 的大小和相位角，从而保持 I_M 恒定，进而使 ψ_2 恒定不变，故磁场电流指令值 I_M^* 由磁场电流给定器设定。

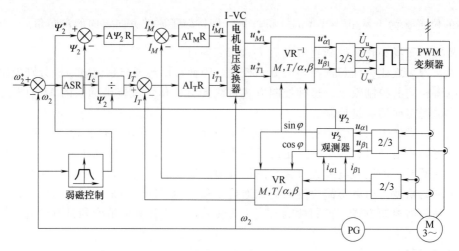

图 7-35　磁通检测型异步电机矢量控制系统结构框图

b. 通过光码盘测出转子角频率，经过运算求得转差角频率和负载角 $\arctan\dfrac{I_T}{I_M}$，从而可得到定子电流矢量的瞬时相位角 θ，根据需要的磁场和转矩得到定子电流矢量的幅值 $|\boldsymbol{I}_1|$。通过对定子电流矢量的幅值、相位进行控制即可实现磁场与转矩的去耦控制。

需要说明的是，矢量控制使感应机去耦和线性化，从而能获得很高的系统性能。其中的转差型异步电机矢量控制系统是基于给定励磁电流、转矩及电机参数来运算的，没有直接或间接的磁链观测。在运行过程中，如果感应机参数改变但控制关系未变，那么感应机就不能去耦和线性化，系统性能将恶化。在感应机的各个参数中，转子电阻 r_2 对温度敏感，较易变化。当其设定值与实际值有差异时，电机的实际电流跟随给定电流变化，但实际的励磁电流和转矩电流将有别于其设定值，即破坏了矢量控制对瞬态过程中电机励磁电流和转矩电流的去耦。稳态时会出现欠磁或过磁，使控制的性能和精度下降。但转子电阻会影响机械特性的硬度，电阻越大，产生同样转矩需要的转差越大，故可通过对转差角频率的补偿达到补偿电机转子电阻变化的目的。由于 $\Delta\omega_s\propto\Delta r_2\propto\Delta I_M$，故可采用图 7-36 的虚线框中的补偿电路实现瞬态过程中磁场

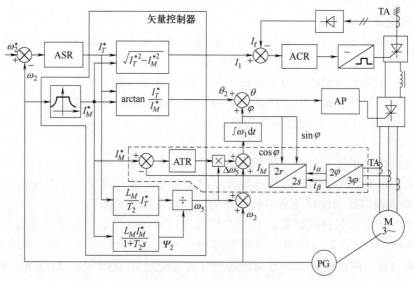

图 7-36　转差型异步电机矢量控制系统结构框图

电流和转矩电流的去耦。

7.2 实用富士变频器调速系统

这里将以日本富士变频器为例分析交流调速系统的结构原理、电路分析、应用设计、调试方法以及构成计算机控制系统-集散系统的技术，简要介绍高压变频器的实现原理。

7.2.1 富士变频器结构

作为一种电气设备，变频器的电路构成可分为主回路部分和控制回路部分，共同完成变频器的功能。

（1）主回路的构成原理

主回路是承担能量的传递、转换的电路。如图 7-37 所示为变频器主回路的基本原理图。从图中可以看出，变频器的主回路是以绝缘栅双极晶体管（Insulated Gate Bipolar transistor，IGBT）为核心构成的整流-逆变电路。由于主回路工作在大电流和高电压下，各元件的参数必须慎重选择。

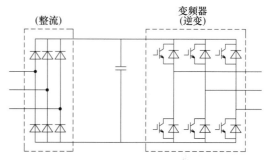
图 7-37 变频器主回路的基本原理图

① 整流二极管的选择

a. 确定电压额定值 U_{RRM}。整流二极管的耐压按式（7-30）确定，根据电网电压，考虑到其峰值、波动、闪电雷击等因素，取波动系数为 1.1，安全系数 $\alpha = 2$，并由此得参考表 7-2。

$$U_{RRM} \geq U_{AC} \times \sqrt{2} \times 1.1\alpha \qquad (7-30)$$

表 7-2 二极管耐压选择

系列	输入交流电压 U_{AC}/V	直流电压峰值/V	耐压 U_{RRM}/V
200V 系列	200	622	800
	220	684	800
	240	746	800
400V 系列	400	1244	1600
	440	1369	1600
	480	1498	1600

b. 确定电流额定值 I_P。整流二极管额定电流按式（7-31）确定。

$$I_P \geq I_R \times \sqrt{2} \times 1.1\alpha \qquad (7-31)$$

式中，I_R 为冲击电流值；α 为安全系数，常取 $\alpha = 2$。

② IGBT 模块选择

a. 确定电压额定值 U_{CEP}。选择 IGBT 与选择整流二极管的最大不同是整流二极管的输入端直接与电网相连，电网易受到外界的干扰，特别是雷电干扰，因此，选择的安全系数 α 较大；而 IGBT 位于逆变桥上，其输入端与电力电容并联，起到缓冲波动和干扰的作用，因此，安全系数不必取得很大。假定电网电压为 440V，平波后的直流电压 E_d 由式（7-32）确定，式中 1.1 为波动系数，一般安全系数 $\alpha = 1.1$。

$$E_d = 440 \times \sqrt{2} \times 1.1\alpha \qquad (7-32)$$

关断时的峰值电压按式（7-33）计算。

$$U_{CESP} = (753 \times 1.15 + 150) \times \alpha \approx 1118V \tag{7-33}$$

式中，1.15 为过电压保护系数；α 为安全系数，一般取 1.1；150 为由 $L\dfrac{di}{dt}$ 引起的尖峰电压。

令 $U_{CEP} \geqslant U_{CESP}$，并向上靠拢 IGBT 的实际电压等级，取 $U_{CEP} = 1200V$。

b. 确定电流额定值 I_C。设电网电压 U_{in} 为 440V，负载功率为 45kW，变频器容量为 67kV·A。则

$$P = \sqrt{3} U_0 I_0 \tag{7-34}$$

$$U_0 = 0.9 U_{in} \tag{7-35}$$

$$I_0 = I_C / (\sqrt{2} \times 1.5 \times 1.4) \tag{7-36}$$

式中，P 为变频器容量；I_0 为变频器电流；U_0 为变频器电压；0.9 为电网电压向下的波动系数；$\sqrt{2}$ 为 I_0 的峰值；1.5 为允许 I_{min} 过载容量；1.4 为 I_C 减小系数。

因为 IGBT 器件手册上给出的 I_C 是在结温 $T_j = 25℃$ 的条件下，在实际工作时，由于热损耗，T_j 总要升高，I_C 的实际允许值将下降（$1/1.4 \rightarrow 70\%$）。由式（7-34）、式（7-35）及式（7-36）可求出

$$I_C = \frac{\sqrt{2} \times 1.5 \times 1.4 \times P}{\sqrt{3} \times 0.9 \times U_{in}} \approx 290A \tag{7-37}$$

根据 IGBT 的等级，实取 300A，即 300A/1200V。

（2）控制回路相关技术

① 避免 dU/dt 造成的误触发 如图 7-38 所示，在 IGBT2 的栅极上加上 $-10V$ 偏压使 IGBT2 处于截止状态，而在 IGBT1 的栅极加触发脉冲。当 IGBT1 导通时，直流电源经 IGBT1、负载 L 构成回路。此时 IGBT2 不应该导通，但它还存在导通的可能性。为什么在 IGBT2 上加负偏压还会导通呢？当 IGBT2 C-E 两端的电压突然升高时，该突变电压经器件内部电容 C_{rea} 形成充电电流 $i_d = C_{res} dU/dt$。当 $-U_{GE2}$ 负偏压较大时，该电流还

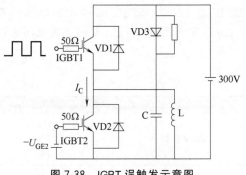

图 7-38 IGBT 误触发示意图

不足以使栅极电位升得太高，而当 $-U_{GE2}$ 负偏压较小时，栅极电压将升高，并足以使 IGBT2 导通，从而造成误触发。为了使上下桥臂 IGBT 可靠换相，所以在 IGBT 关断时加上 $-5V$ 以上的负偏压。

② 栅极驱动电路 IGBT 是电压驱动的功率模块，但要驱动 IGBT 导通，栅极不但要有足够的电荷量，而且必须有足够的电压幅值。此外，还必须考虑到控制信号与主回路强电之间的电位隔离。如图 7-39 所示为栅极驱动电路的原理图。

图中 IC1 为光电耦合器，对 15、14 端的输入控制电路与 3、1 端的输出电路及电源 2、9 端进行隔离。当 15、14 端有正脉冲时，IC1 导通，晶体管 V2、V3 截止，V5 导通，3、1 端之间有触发脉冲输出。如果 2、9 端之间的电源电压为 $+20V$，1 号端子的正偏压为 $+5V$，则上述脉冲幅值为 $+15V$。当 15、14 端没有正脉冲时，IC1 截止，晶体管 V2、V3 导通，V5 截止，V6 导通，3、1 端子间处于 $-5V$ 偏压。V3、V4 等用于短路保护。

上述驱动电路已制成标准件，称混合驱动模块（Hybrid IC），富士公司的混合驱动模块为

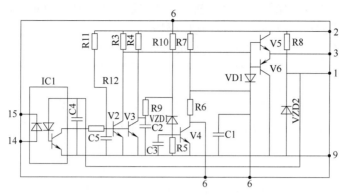

图 7-39　栅极驱动电路原理图

EXB840、EXB841、EXB844 等，图 7-40
是富士变频器的实用驱动电路。其中 2、9
和 1、9 端之间的电容用于触发电源和 1 号
输出端的平波。快速二极管 ERA34-10 用
于 IGBT 的短路保护。

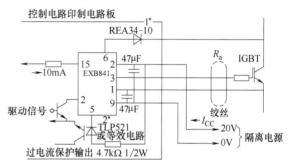

图 7-40　富士变频器的实用驱动电路

1* —快速恢复二极管；2* —光耦合器

③ 短路（过电流）保护　图 7-40 中 6
号端子经 ERA34-10 接至主回路 IGBT 的
集电极。当 IGBT 发生短路（过电流）故
障时，由 IGBT 输出特性可知，U_{CE} 将随
I_C 的急剧增大而增大。本来处于导通状态
的 ERA34-10 因此反向截止，图 7-39 中的
VZD1 击穿，V4 导通。二极管 VD1 阳极电位下降（由 R7、R6 分压比确定），V5 的输出电压
（3 号端子）也因此被钳位在 R7、R6 的分压电平上。根据 IGBT 的特性，随着触发电压 U_{GE}
的降低，IGBT 能承受短路的时间增长，从而允许变频器装置内硬件、（特别是）软件能有充
分的时间去执行关断保护。与此同时，5 号端子所接的光电耦合器动作，耦合器的输出端接至
控制电路，使之封锁住触发信号，保护了 IGBT 不继续导通。

④ 短路（过电流）的检测方法

a. 过电流发生的原因。过电流发生的原因如图 7-41 所示。图（a）为晶体管或二极管损
坏；图（b）为控制电路或驱动电路故障，或由于干扰引起的误动作；图（c）为输出线接错或
绝缘击穿造成短路；图（d）为输出端对地短路或电机绝缘损坏。

一般来说，双极型晶体管 BJT 过电流允许值为 4 倍额定值，允许时间≤50μs。IGBT 的允
许值为 2 倍额定值，允许时间≤20μs。考虑到过电流发生和硬件保护电路动作需要一定的时

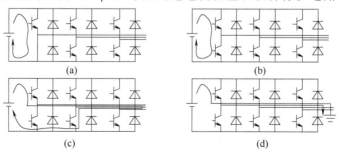

图 7-41　过电流发生的原因

间，特别是用微处理机软件保护时，由于软件处理需要若干微秒，因此，通常要求过电流检测的电流互感器（一般用霍尔组件）的响应速度要快。

b. 电流互感器的安放位置。功率容量小的变频器由于输出电流小，一般把电阻直接串入检测部位最为经济实惠。但大容量的变频器因电流很大，必须使用交流或直流互感器。检测方式和精度随着检测部位的不同而不同。

在图 7-42 中，①与滤波电容串联，用一个电流互感器可检测出图 7-41 中各种过电流原因，由于是间接测试流经 IGBT 中的电流，因此，测量精度较差，因为负载电流不单由支路①提供。②与直流电源母线串接，与①项相同，可以检测出图 7-41 中各种过电流原因，测量精度较差。③串接在三相输出端，由于能直接反映 IGBT 中流过的电流，测量精度高，但仅能测出图 7-41 中（c）、（d）两种短路情况，对图 7-41 中（a）、（b）的桥臂短路无能为力。④与每个 IGBT 直接串联，最能直接反映 IGBT 中流过的电流，测量精度高，对图 7-41 中的四种原因都能检测，效果最好，但使用的电流互感器数量多，成本高。

⑤ 对地短路保护　在一些容易发生电机对地短路的场合，如加工轴承内圆的高速磨床，由于加工工艺需要，一般都要加水冷却。这种加工车间，充满金属粉尘和水蒸气，极易发生电机绕组对地短路的现象，如图 7-43 所示。

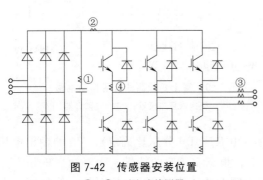

图 7-42　传感器安装位置
①～④—过电流检测器

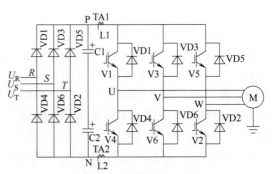

图 7-43　电机绕组对地短路

如果运行过程中发生电机绕组短路适逢电网线电压的正半周，则急剧增加的电流将沿着整流桥的任一上桥臂，直流排 P 和逆变桥的某一上桥臂（假定该桥臂三极管正在导通）[或电容 C1、电容 C2（假定逆变桥上桥臂都未触发导通）、逆变桥下桥臂的任一续流二极管]，及电机绕组、大地形成回路。若电机绕组短路适逢电网电压的负半周，则急剧增加的电流将沿着大地、电机绕组，逆变桥的任一下桥臂（假定该桥臂正在导通）和直流排 N [或逆变桥上桥臂的任一续流二极管（因为下桥臂的三极管都未触发导通）、直流排 P、电容 C1、电容 C2]，及整流桥下桥臂的任一续流二极管、电网形成回路。若对地短路故障发生在刚启动时，此时 V1～V6 尚未被触发，则在电网线电压的正半周，短路电流将沿着 VD1（或 VD3、VD5）、电容 C1、电容 C2、VD2′（或 VD4′、VD6′）、电机绕组、大地形成回路；若在电网线电压的负半周，则短路电流将沿着大地、电机绕组 VD1′（或 VD3′、VD5′）、电容 C1、电容 C2 及 VD2（或 VD4、VD6）、电网形成回路。由上述分析可以看出，无论在运行过程中还是在启动阶段，如果发生电机绕组对地短路，或在电网线电压的正半周内，或霍尔电流互感器 TA1 内流过正向短路电流（如果 V1 或 V3、V5 被触发导通），或 TA2 内流过反向短路电流（如果 V1 或 V3、V5 未触发导通）；反之，在电网线电压的负半周内，或 TA1 内流过反向短路电流（如果 V2 或 V4、V6 没被触发），或 TA2 内流过正向短路电流（如果 V2 或 V4、V6 被触发）。

上述 TA1 和 TA2 对逆变桥臂的上下直通、相间短路也是很有效的，例如，当 U、V、W

的任一桥臂发生上下直通，或任意两相间发生短路，则 TA1 中必流过较大正向电流，TA2 中必流过较大反向电流。由于短路保护采用的是快速霍尔电流互感器（响应速度≤1μs），故能及时保护变频器主电路。

图 7-44 为对地短路、桥臂直通及相间短路的保护电路原理。正常运行时，因为 TA1 和 TA2 的输出端上 L1 和 L2 的电流经二极管整流后形成的电压 U_A 低于比较器 CP1 反相端的正电压整定值，而高于比较器 CP2 同相端的负电压整定值，CP1 和 CP2 的输出都为低电压，VD1 和 VD2 都截止，三极管不导通，保护继电器 J 不动作，同时封锁脉冲信号也无效，变频器正常运行。如果发生对地短路、桥臂直通或相间短路故障，则 L1 和 L2 端的电流不是正得太大就是负得太大。如果正得太大，则 U_A 高于比较器 CP1 反相端的正电压整定值，CP1 输出为高，二极管 VD1 导通；如果负得太大，则 U_B 低于比较器 CP2 同相端的负电压整定值，CP2 输出为高，二极管 VD2 导通。VD1 或 VD2 的导通都导致三极管 VT 导通，保护继电器 J 动作，切断有关电路，且封锁脉冲信号为低电平，封锁了主电路各 IGBT 的触发，从而保护了桥臂的 IGBT 模块。

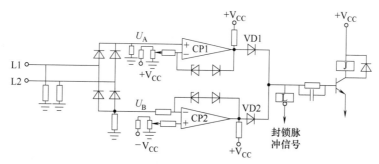

图 7-44　对地短路、桥臂直通及相间短路的保护电路原理

（3）富士变频器实际结构

① 主回路结构　实际的变频器主回路如图 7-45 所示。三相交流电源经断路器（QF）、零序电抗器 LZ、交流电抗器 L1、滤波器 LF1 到达三相整流桥，整流后脉动电压经直流电抗器 LD 和电力电容 C 平滑后成为稳定的直流电压。三相逆变桥对该直流电压进行斩波，形成电压和频率可调的三相交流电，经滤波器 LF2 和交流电抗器 L2 后进入三相电动机。快速熔断器 FU 用于保护整流桥和逆变桥，万一逆变桥发生短路故障，能及时切断整流和逆变之间的关系，以防事故扩大。电阻 R 用于刚通电时对电容 C 的充电限流，冲击电流过后，短路开关 Q 闭合，将其短路。通常 LD 和 R 是两者择一，而不是同时采用。

零序电抗器 LZ 用于抑制变频器向周边的无线电接收机或仪器仪表发出的电波干扰。通常

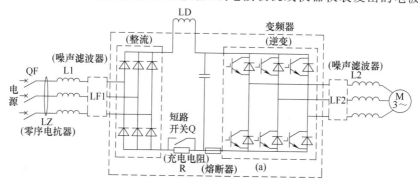

图 7-45　实际变频器主回路

把谐波中 1kHz 以下的称为谐波，1MHz 左右的称为电波噪声。零序电抗器使用的是高频铁芯，把它套在变频器交流输入端（和输出端）时，对于电波噪声来说具有很高的阻抗，从而阻止变频器内部的高频谐波电压经变频器的输入、输出电缆及这些电缆与地之间的分布电容等所构成的高频通路形成高频电流，造成对周围电波的干扰。交流电抗器 L1 用于协调三相电网电压的不平衡，并提高变频器的输入阻抗，抑制输入电流的谐波成分，提高功率因数。L2 用于抑制电流的谐波成分，提高变频器的功率因数。滤波器 LF1 和 LF2 用于抑制外部进入变频器或变频器内部对外产生的高频干扰。这几种设备可作为变频器的选件。

② 接线端子与功能　图 7-46 是富士电机 FRENIC5000G7/P7 系列变频器基本接线。

a. 主回路接线端子。

R、S、T 为主回路电源输入端，接三相电源。

U、V、W 为变频器输出端，接三相电动机。

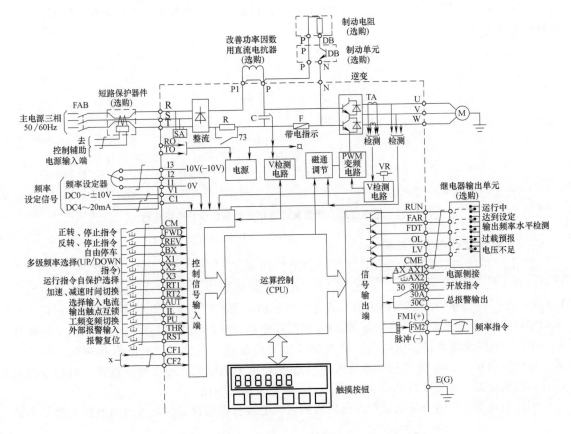

图 7-46　富士电机 FRENIC5000G7/P7 系列变频器基本接线

[带「符号的走线要用屏蔽线，或用塑胶线胶合]

P、N 为直流高压输出，接制动单元的对应端，制动单元的 P、DB 端接制动电阻。

P、P1 接直流电抗器，在需要改善功率因数时使用。

E（G）为接地端子，必须与大地相连，提高变频器抗外来共模干扰能力，并防止感应电动势侵害人体。

b. 控制回路接线端子。

· 控制辅助电源输入端。RO、TO 为控制辅助电源输入端，需要后备控制电源时，将其接至电网。变频器内部的控制电源通常由主回路直流高压变换得到，不过一旦发生故障，

FAB 开关断开，变频器与电网脱离，变频器就会失去电源，因而内部控制电源也失电。这样，原来的故障显示和报警信号也不能保持下来。为此，有时另外增加控制电源辅助输入端。由 RO、TO 输入的单相交流电压经整流后作为 DC/DC 变换器的后备电源。本电源仅在变频器停止工作时向 CPU 等控制回路提供后备电源，但不能提供变频器正常工作时的控制电源。当主回路的直流高压低于后备电源的直流高压时，主回路无法向 DC/DC 变换器提供电源，此时如果由后备电源提供变频器运行时的控制电压，将损坏后备电源。

· 频率设定与监视端。11 为 0V 端，与内部 IC 的直流电源负极共电位，是频率设定的公共端。13 为电源频率设定电位器，电位器的中心头接 12，提供频率给定，称主设定。通过内部设定开关 SW1 的切换，也可以用－10V（DC）作频率给定。

V1 为频率给定的电压输入辅助端子。0～±10V（DC）输入阻抗为 22kΩ。±10V 时给出最高频率。一般在使用 12 时，不用 V1，或反之。12、V1 都用时，给定的频率由两者之和决定。如果 12 和 V1 极性相反，则按两者之差给定，差值为正时，电机正转；差值为负时，由可逆设定模式决定。模式设定置于"有"时，电机反转；置于"无"时，电机先减速至零，然后重新加速正转，转速由差值的绝对值决定。C1 为 4～20mA（DC）的输入端，输入阻抗为 250Ω，4mA 时给定频率为 0Hz，20mA 时为最高频率。使用电流输入时，AUT-CM 必须连接，如图 7-47 所示。

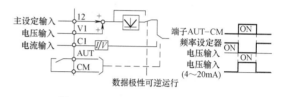

图 7-47　12、V1、C1 的选择使用

FM1、FM2 为外接频率计表头，FM1 为＋端，FM2 为－端。输出 0～10V（DC）电压，对应零到最高频率。可接内阻为 10kΩ 的电压表头两个，如图 7-48 所示。改变内部开关 SW2 的位置，也可输出数字信号，如图 7-49 所示。SW2 的短路片置于 2、3 时，输出与输出频率成正比的脉冲，其占空比为 50%，脉冲数为 nf。f 为输出频率，n 可根据功能码 40 在 6～100 范围内调整，输出电流最大为 2mA。

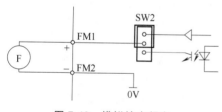

图 7-48　模拟输出频率

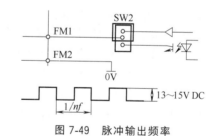

图 7-49　脉冲输出频率

· 运行控制端。CM 为外部控制信号的公共端（与 11 完全隔离）。

AUT 为 AUT-CM 短接时，频率由 C1 给定，12 不起作用；AUT-CM 开路时，频率由 12 或 V1 给定，C1 不起作用。

FWD 为 FWD-CM 短接时，电机正转（此时 REV-CM 开路）。

REV 为 REV-CM 短接时，电机反转（此时 FWD-CM 开路）。FWD 与 REV 同时接 CM 或同时不接 CM 时，电机不转。

X1、X2、X3 为三个端子与 CM 的通、断组成 0～7 共 8 种不同级别的速度选择。另外，当变频器监控系统处于功能设定（或称编程）时，若 X1-CM 短接，频率上升（UP）；若 X2-CM 短接，频率下降（DOWN）；若 X3-CM 短接，FWD 或 REV 端子只要有 50ms 以上的脉冲信号（即正转或反转指令）输入，该指令信号能自动保持到内部，而不必使用电平作为 FWD 或 REV 信号。

RT1、RT2 两端子与 CM 短接可组成 0～3 共四种不同的加减速时间选择。

BX 为 BX-CM 短接，变频器停止输出电压，但不报警，电机处于自由停车运行状态。BX-CM 开路，若 FWD 或 REV 与 CM 处于短接状态，变频器又输出电压，使电机运行。

PU 在将工频电源供电切换为变频电源供电时用。PU-CM 接通的上升沿指令使变频器作运行准备。过一段时间后，若 PU-CM 断开，变频器进入运行。

IL 为输出触点互锁。当变频器与电动机之间设有接触器触点时，使用接触器辅助触点控制 IL。IL-CM 接通，变频器停止运行；IL-CM 断开，变频器继续运行。

THR 为外部热继电器常闭触点与 CM 相连。正常时 THR-CM 接通，变频器运行。电机过载时，THR-CM 断开，变频器停止运行，并故障报警。

RST 为故障复位。变频器因故障而停止运行并报警，在排除故障原因之后，RST-CM 接通，解除报警，系统重新启动运行。

• OC 门输出。CME 为 OC 门输出公共端。

RUN 为在启动频率以上运行时，RUN-CME 接通（用于正常运行指示或控制）；而停止运行、自由停车或直流制动时，RUN-CME 断开。

FAR 为变频器输出频率到达设定频率范围（$f \pm \Delta f$）以内时，FAR-CME 接通，$\Delta f =$ 0.5～5Hz 可调，Δf 的设定范围由功能码 36 决定。

FDT 为输出频率水平检测。变频器输出频率高于指定频率时，FDT-CME 接通，由功能码 35 设定要检测的频率。设定频率为 1～400 Hz 内可调。

OL 为变频器输出电流，高于设定负载值时，OL-CME 接通。与电子热继电器一样，具有反时限特性。当设定输出电流值低于电子热继电器设定值时，预报变频器过载。设定值范围为 0.5%～105%，不用时设定为 0。

LV 为电压不足造成变频器停机时，LV-CME 接通。在刚接通电源、程序进入初始化时约 1.5s 内没输出，通过功能码 43 可以选择是否把欠电压作为变频器的保护功能之一，一同放入总报警信号里。如果把功能码 43 设为"一"，则欠电压停止，不包括在总报警信号里，但 LV 端子有输出，且触摸式面板上也有报警显示。由于信号无自保，复电后报警指示便消失。变频器控制电源失电后，LV 信号及报警信号也都消失。OC 门的输出功率为：DC 27V（max），50mA（max）。以上 OC 门输出端子根据功能设定，也能组成其他的一些报警信号。

• 接点输出。AX1、AX2 为变频器，接到运行指令后，AX1 和 AX2 接通（内部有触点闭合），再使变频器停止运行时，上述接通状态一直维持到变频器停止输出电压时为止。在过程控制中，有时通过通断交流输入侧电磁接触器来控制变频器运行，可以在变频器停止输出后断开该接触器，以确保变频器运行期间电网不失电，如图 7-50 所示。

在图 7-50 中，运行指令停止时，继电器 FX 失电，如果没有 AX1、AX2，则 MCX 也失电，接触器 MC-1 断开，电源输入 R、S、T 断开，相当于变频器失电，电机不能减速停止而是自由停车运行。用上 AX1、AX2 后，虽然 FX 指令停止，但接触器 MC-1 仍由 AX 吸合，直至电机速度减到零后，AX 断开，切断 MC-1。这样可以减少电网冲击，对延长变频器的寿命有好处。

30A、30B、30C 为 30A-30C 常开，30B-30C 常闭。故障时 30A-30C 闭合，30B-30C 断开。

• 保护端。GF1、GF2 为对地短路保护输入端，与对地短路检测单元的 GF1、GF2 相连，如图 7-51 所示。对地短路检测单元可采用通用的检测电路或装置，当三相电网中性点接地时，如果电动机的接线端子或输入接线裸铜或变频器本身不慎对地短路时，都将产生对地短路电流。在电源输入端设置对地短路检测单元，检测该短路电流，使变频器保护功能动作，并停止输出电压。对地短路单元与变频器间的检测信号连线要用屏蔽线，且接线尽量短，最好远离主

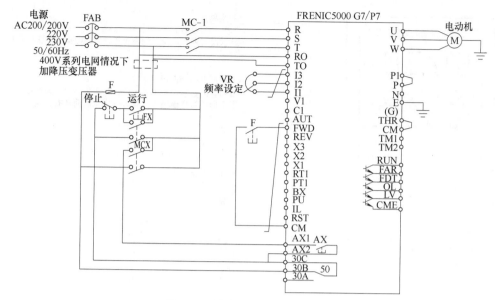

图 7-50　输出停止后断开接触器

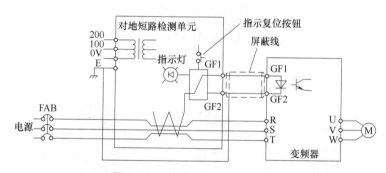

图 7-51　对地短路检测单元接线

回路的电力线。

如果检测到短路电流，则将显示过电流故障，并切断主回路接触器 MC。

7.2.2　富士变频器的实际应用

富士变频器的面板上有一个带有简单键盘和液晶显示器的人机接口操作装置，即键盘面板。富士变频器的应用主要是通过该装置输入各种参数，实现变频器的各种功能。该装置如图7-52 所示。各个键的功能如表 7-3 所示。

表 7-3　操作键的功能

操作键	主要功能
PEG	由现行画面转换为菜单画面，或者由运行/跳闸模式转换至其初始画面
FUNC DATA	LCD 监视更换，设定频率存入，功能代码数据存入
V	数据变更，光标上下移动（选择），画面轮换
SHIFT	数据变更时数位移动，功能组跳跃（同时按此键和增/减键）
RESET	数据变更取消，显示画面转换。报警复位（仅在报警初始画面显示有效）
STOP＋A	通常运行模式和点动运行模式相互更换。所选模式显示于 LCD 监视器
STOP＋RESET	键盘面板和外部端子信号运行方法的相互更换。同时，对应 F02 的数据 0 和 1 亦同时改变。所选模式显示于 LCD 监视器

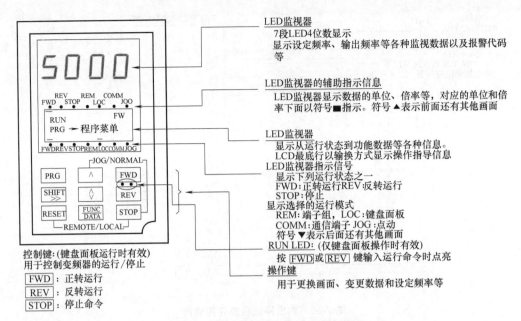

图 7-52 富士变频器人机接口操作装置

（1）键盘面板操作体系（LCD 画面、层次结构）

① 正常运行时 键盘面板操作体系（画面转换层次结构）基本组成如图 7-53 所示。其中流程线上下方的框所表示的是操作键。

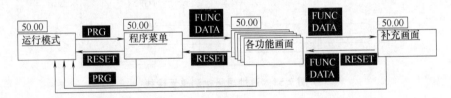

图 7-53 键盘面板操作体系

② 发生报警时 保护功能动作，即发生报警时，键盘面板将由正常运行时的操作体系自动转换为报警时的操作体系，如图 7-54 所示。报警发生时出现的报警模式画面显示各种报警

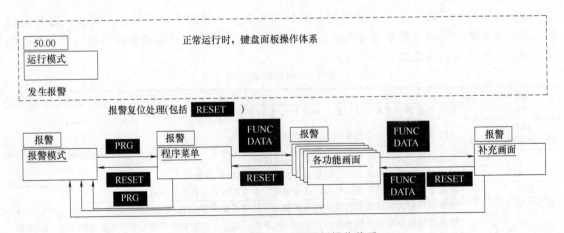

图 7-54 报警时的键盘面板操作体系

信息。至于程序菜单，各种功能画面和补充画面仍和正常运行时的一样。但是从程序菜单转化为报警模式只能通过操作 PRG 键。

在键盘面板操作体系中，各个画面层次显示的内容如表 7-4 所示。

表 7-4　各层次显示内容概要

序号	层次名	内容		
1	运行模式	正常运行状态画面，仅在此画面显示时，才能由键盘面板设定频率以及更换 LCD 的监视内容		
2	菜单程序	键盘面板的各功能以菜单方式显示和选择，按照菜单选择必要的功能，按 FNUC DATA 键，即能显示所选功能的画面，键盘面板的各种功能（菜单）如下所示		
		序号	菜单名称	概要
		①	数据设定	显示功能代码和名称，选择所需功能，转换为数据设定画面，进行确认并修改数据
		②	数据确认	显示功能代码和数据，选择所需功能，进行数据确认，可转换为和上述一样的数据设定画面，修改数据
		③	运行监视	监视运行状态，确认各种运行数据
		④	I/O 检查	作为 I/O 检查，可以对变频器和选件卡的输入/输出模拟量和输入/输出接点的状态进行检查
		⑤	维护信息	作为维护信息，能确认变频器状态，预期寿命、通信出错情况和 ROM 版本信息等
		⑥	负载率	作为负载测定，可以测定最大和平均电流以及平均制动功率
		⑦	报警信息	借此能检查最新发生报警时的运行状态和输入/输出状态
		⑧	报警原因	能确认最新的报警和同时发生的报警以及报警历史。 选择报警和按 FNUC DATA 键，即可显示其报警原因及有关故障诊断内容
		⑨	数据复写	能将记忆在一个变频器中的功能数据复写到另一个变频器中
3	各功能画面	显示按程序菜单选择的功能画面，借以完成各种功能		
4	补充画面	作为补充画面，在单独的功能画面上显示为完成功能（例如修改数据、显示报警原因）		

（2）键盘面板的基本操作方法

① 运行停止　当接好电源线、电机线后，在出厂状态下，按 RUN，变频器运行，电机按设定的频率数字运行；按 STOP 电机停止。变频器正常运行，画面显示变频器的运行状态和操作指导信息，如图 7-55 所示。其中显示的数字是输出频率。

图 7-55　运行状态

② 频率的数字设定方法　显示运行模式画面，按∧∨键，LED 显示设定频率值。开始时，按最小单位数增加或减少，如连续按∧∨键，则增加或减少的速度加快。

另外，可用 SHIFT≥键任意选择要改变数据的位，直接改变设定数据。需保存频率时，按 FUNC DATA 键将其存入存储器。

按 PRG 或 RESET 键，可恢复运行模式。

若不选择键盘板设定，则这时的频率设定模式将显示在 LCD 上。

当选用 PID 功能时，可根据过程值设定 PID 命令（详细可参阅有关技术资料）。

③ LCD 监视内容更换　在正常运行模式下，按 FUNC DATA 键，可更换 LCD 监视器的监视内容。电源投入时，LCD 监视器显示的内容由功能 E43 设定，如表 7-5 所示。

表 7-5 监视内容设定

E43	停止中		运行中	单位	备注
	E44 = 0	E44 = 1	E44 = 0, 1		
0	频率设定值	输出频率 1(转差补偿前)		Hz	
1	频率设定值	输出频率 2(转差补偿前)			
2	频率设定值	频率设定值			
3	输出电流	输出电流		A	
4	输出电压(命令值)	输出电压(命令值)		V	
5	同步转速设定	同步转速		r/min	大于 4 位数时丢弃位数,由指示器的 ×10、×100 作为标记
6	线速度设定值	线速度		m/min	
7	负载速度设定值	负载速度		r/min	
8	转矩计算值	转矩计算值		%	有 ± 指示
9	输入功率	输入功率		kW	
10	PID 命令值	PID 命令值		—	
11	PID 远方命令值	PID 远方命令值		—	仅当 PID 动作有效时才显示
12	PID 反馈量	PID 反馈量		—	

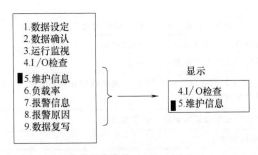

图 7-56 菜单画面显示内容

④ 菜单画面的显示 按 PRG 键,可显示以下的菜单画面,一个画面只能显示两个项目。

按 ∧ ∨ 键,可移动游标,选择项目。

按 FUNC DATA 键,显示相应的内容,如图 7-56 所示。

⑤ 功能数据的设定方法 操作变频器完成某种特定的功能,需要通过操作面板进行功能代码设定。功能代码由字母和数值构成,每一功能组有特定的字母标记,如表 7-6 所示。更详细的功能解释可参考产品说明书。

表 7-6 功能表

功能码	功能	说明
F00~F42	基本功能	用来进行基本参数的设定
E01~E47	扩展功能	设定端小和监视功能
C01~C33	频率控制功能	
P01~P09	电动机 1 参数	基本参数
H03~H39	高级功能	
A01~A18	电动机 2 参数	

由运行模式画面转换为程序菜单画面,选择"1. 数据设定"。按 FUNC DADA 键,展现功能选择画面,显示功能代码及其名称,选择所需功能,再按 FUNC DATA 键,展现数据设定画面,设定程序如图 7-57 所示。

⑥ 功能数据确定方法 由运行模式画面转换为程序菜单画面,选择"2. 数据确认",显示功能代码及其数据的功能选择画面,选择所需功能,按 FUNC DATA 键确认其数据。

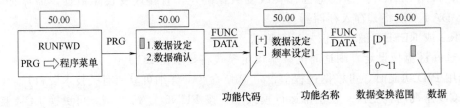

图 7-57 设定程序

⑦ 运行状态监视　由运行模式画面转换为程序菜单画面，选择"3. 运行监视"，显示变频器当时的运行状态。运行状态共有 4 幅监视画面，可用∧∨键进行更换。如图 7-58 所示。

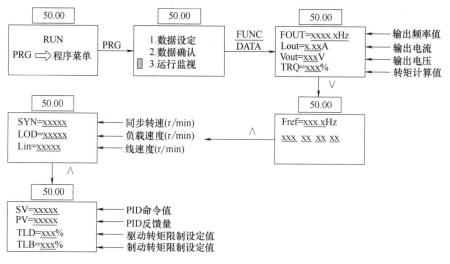

图 7-58　监视画面

⑧ I/O 检查　由运行模式画面转换为程序菜单画面，选择"4. I/O"，显示变频器和选件的模拟量输入/输出和接点输入/输出状态。I/O 检查共有 7 幅监视画面，可用∧和∨键进行更换，按各画面确认 I/O 状态。

（3）变频器联网应用方法

① 变频器联网配置　富士变频器与外界进行数据交换的最基本的通道是 RS485 通信接口，对应的端子如表 7-7 所示。

表 7-7　控制端子（反通信用）

端子符号	端子名称	功能说明
DXA	RS485 通信数据（＋）	RS485 通信的输入、输出端子。 按照多点连接方式，最多可连接 31 台变频器
DXB	RS485 通信数据（－）	
SD	通信电缆屏蔽层连接用	连接电源的屏蔽层、电气上浮层

与主机的接线如图 7-59 所示。

其通信规范如表 7-8 所示。

表 7-8　富士变频器通信规范

项目	规范
物理电平	EIA RS485（和 RS232C 主机连接时，应使用市售的通信电平变换器）
传送距离	最大 500m
推荐电缆	屏蔽双芯绞合电缆
连续号数	主机 1 号、变频器 31 号（站号 01～31，广播 99）
传送速度/(b/s)	19200、9600、4800、2400、1200
同步方式	起始－停止同步
传送方式	半双工
传送协议	查询/选择、广播
字符代码	ASCII 7 位
字符长	8 位、7 位可选
停止位长	1 位、2 位可选
帧长	一般固定传送 16 字节，高速传送 8 或 12 字节
奇偶校验	偶数，奇数或不用
错误检查方式	校验和（BCC）、超限错误、帧错误

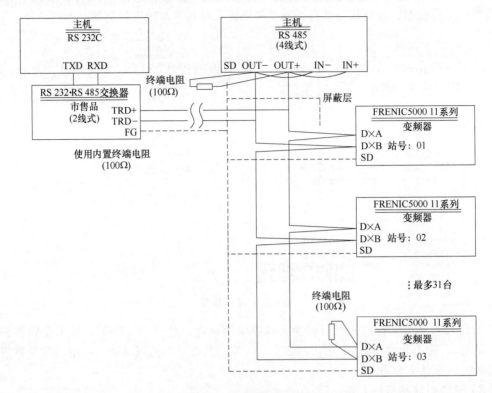

图 7-59　变频器联网接线

　　另外需要对每一个变频器进行功能设置。FRN7.5Gl1S 型变频器是富士公司的 5000 系列变频器中的一种，该系列变频器可以通过前面板上的按键进行本地控制，也可以通过开关量端子进行控制，还可以通过 RS485 端口进行远程控制。

　　在实现计算机与变频器通信之前，必须首先设置变频器的相关参数，根据实际需要，所设参数如下。

　　H30：RS485 连接功能。此参数为 3 时，从 RS485 口输入的频率设定和运行命令有效。

　　H31：用来设定变频器的站地址。

　　H34：传送速度，此参数为 2 时，为 9600b/s。

　　H35：数据长度，此参数为 0 时，为 8 位。

　　H36：奇偶校验，此参数为 1 时，为偶校验。

　　H37：停止位，此参数为 1 时，为 1 位停止位。

　　这样整个系统构成一个通信网络。

　　② 联网软件开发

　　a. 变频器及其他 485 接口设备与基础控制计算机之间的通信协议。微型计算机可作为集散系统中的基础控制计算机，它与变频器通过 RS485 总线构成了一个主从式的通信网络，基础控制计算机作为主站，向变频器发出控制指令，而变频器作为从站，收到控制指令后，执行指令并向主站发出回应信号，变频器及其他 485 接口设备统一编址，都是具有不同站号的从站，主站轮流向每个从站发出控制信号，并接收来自不同从站的返回信号，从而对每一个从站进行控制，并采集数据。所发的控制信号和返回信号叫报文。

　　由于向本系列变频器发送的命令种类很多，其报文也有多种格式，在此只列一种。

变频器启动、停止的报文格式如下：

SOH	ADR	ENQ	f	DATA	EXT	BCC

SOH 是单字节 ASCII SOH 字符，值为 O1H，用来表示报文的开始。

ADR 是双字节区域，它包含了从站变频器的地址。

ENQ 是单字节区域，表示主站发出命令。

f 是单字节 ASCII f 字符，控制变频器运行命令。

DATA 是四字节区域，"0000"表示停止，"0001"表示正转，"0002"表示反转。

EXT 是单字节 ASCII EXT 字符，值为 03H，用来表示报文的结束。

BCC 是双字节区域，用作报文校验，它的值是报文中从 LGE 到 HSW 所有字节之和的后两位，若变频器收到带有错误结果的报文，它将放弃此报文并拒绝应答。

b. 基础控制计算机通信软件的设计。采用 Visual Basic 编制基础控制计算机程序。MSComm 控件是 Microsoft 公司提供的 ActiveX 控件，它实现了从微机串口读数据和向微机写数据的功能，通过改变其属性，编写相应的程序代码，就能够比较方便地编出基础控制计算机的通信软件。MSComm 控件的主要属性说明如下。

CommPort：设置并返回通信端口号，设置为 1，即选择串口 1。

Settings：设置并返回波特率、数据位、奇偶校验位、停止位，统一设置为"9600，8，e，1"。

PortOpen：设置并返回通信端口状态，用来打开或关闭端口。

Input：从通信控件的缓冲区获取数据，运行时为只读。

Output：向传输缓冲区写数据，此数据可以是文本格式或二进制格式，运行时为只读。

InBufferCount：返回接收缓冲区的字符数，将其属性设置为 0，用来清除接收缓冲区。

InputMode：设置或返回 Input 属性取回的数据类型。置 0 为文本格式，置 1 为二进制格式。

以控制变频器为例，变频器地址为 6 时启动电机程序如下：

```
Dim X(7)as String
MSComm. Settings="9600,e,8,1"
MSComm. InBufferCount=0
MSComm. InputMode=comInputModeBinary
X(0)=Chr $ (O1H):X(1)="06":X(2)=Chr $ (05H):X(3)="f":X(4)
="0001":X(5)=Chr $ (03H)
X(6)="92"
X=X(0)+X(1)+X(2)+X(3)+X(4)+X(5)+X(6)
MSComm. Output=X
```

这样，就实现了变频器的联网运行。

第8章 电气控制工程的晶闸管直流调速系统

直流调速系统是目前电气传动领域应用最广泛的一种自动调速系统。它可以在一定范围内平滑调速，并且具有良好的静态和动态性能。由于直流电动机具有良好的运行性能和控制特性，长期以来直流调速系统一直在金属加工机床、轧钢机、矿井卷扬机、电梯、纺织机、造纸机、海洋钻机、电力机车等要求高性能可控电气传动的场合占据着垄断地位。由于交流电动机具有结构简单、制造和维护方便、价格低廉等显著优点，近年来交流调速系统发展较快。特别是计算机技术、电力电子技术和控制技术的不断完善，为交流调速的发展提供了强有力的技术支撑，这就为交流调速系统逐步取代直流调速系统奠定了基础。但就目前而言，直流调速系统所运用的控制理论和控制技术都是成熟的，它又是交流调速系统的基础，因此现代化电气控制设备晶闸管直流调速系统控制电路的识读分析仍具有重要的实用价值。

8.1 晶闸管直流调速系统概述

8.1.1 直流电动机的调速方法和可控直流电源

（1）直流电动机的调速方法

直流电动机的转速和其他参量之间的稳态关系表达式为

$$n = \frac{U - IR}{K_e \Phi} \tag{8-1}$$

式中，n 为电动机的转速，r/min；U 为电枢电压，V；I 为电枢电流，A；R 为电枢回路总电阻，Ω；Φ 为励磁磁通，Wb；K_e 为由电动机结构决定的电动势常数。

由式（8-1）可以看出，直流电动机调节转速的方法有三种：

①调节电枢供电电压 U；②改变励磁磁通 Φ；③改变电枢回路电阻。

其中第一种方法可以在一定范围内平滑调速；改变电阻是一种耗能调速方法而且是有级调速，很少用；弱磁虽然可以平滑调速，但只能和调压调速配合使用，且在基速以上范围调速。因此在实用中直流调速系统多以调压调速为主，必要时可结合调压和弱磁两种方法，以扩大调速范围，改变电动机的转速。

(2) 直流调速系统用可控直流电源

调压调速是直流调速系统采用的主要方法，调节电枢供电电压或者改变励磁磁通都需要专门的可控直流电源。常用的直流电源有两种：

① 旋转变流机组　用交流电动机和直流发电机组成机组，以获得可调的直流电压。但因其使用设备多、体积大、占地多、效率低、安装需要打基础、运行有噪声、维护麻烦等，在20 世纪 50 年代就开始逐步被静止变流装置，特别是晶闸管变流装置所取代。

② 静止变流装置　它包括晶闸管可控整流、直流斩波器或脉宽调制变换器及 20 世纪 60年代已被淘汰的水银整流器、离子拖动变流等装置。目前在应用得比较广泛的静止变流装置中，除频率很高（如微波）的大功率高频电源中还使用真空管外，基于半导体材料的电力电子

器件已成为电能变换的绝对主力。所以由大功率半导体全控和半控元件组成的变流装置，特别是晶闸管变流装置，是对直流电动机供电用得最多的可控直流电源。

按照电力电子器件能够被控制电路信号所控制的程度，可以将电力电子器件归为三类：

① 半控型器件　通过控制信号可以控制其导通，而不能控制其关断的电力电子器件，主要是晶闸管及其派生器件，器件的关断完全是由主电路中器件所承受的电压和电流决定的。

② 全控型器件　通过控制信号可以控制其导通和关断的电力电子器件。与半控器件相比，因为可以由控制信号关断，所以又称为自关断器件，常用的有绝缘栅双极晶体管（IGBT）和电力场效应管（MOSFET）及可关断晶闸管（GTO）等。

③ 不可控器件　不用控制信号控制其通断，因此不用驱动电路，这就是电力二极管（power diode）。

现以电力电子器件构成的静止变流装置为主，介绍可控直流电源及由它供电的直流调速系统。

① 静止可控整流器　如图 8-1 所示是晶闸管-电动机调速系统（简称 V-M 系统）的原理图。

在图 8-1 中，VT 是晶闸管整流器，通过调节触发装置 GT 的控制电压 U_c 来移动触发脉冲的相位，则可以改变整流电压值 U_d，从而实现平滑调速。晶闸管整流的功率放大倍数大约在 $10^4 \sim 10^5$ 之间。因为控制功率小，所以有利于用微电子技术控制强电。在控制的快速性上，晶闸管整流器是毫秒级的，有利于改善系统的动态性能。

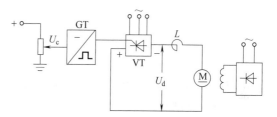

图 8-1　晶闸管-电动机调速系统（V-M 系统）原理图

晶闸管整流器也有它的缺点，主要表现在四个方面：

a. 它不允许电流反向，给系统可逆运行造成困难。如要可逆运行，则必须组成可逆系统。由半控整流电路构成的 V-M 系统只允许单象限运行；带位势负载时，全控桥式整流电路可以实现有源逆变；四个象限运行时必须选用可逆系统。

b. 晶闸管元件对过电压、过电流及过高的电压、电流变化率十分敏感，其中任何一项指标超标都可能在短时间内损坏晶闸管，因此必须有可靠的保护电路和符合要求的散热条件（小功率器件可用散热器，大功率器件可用风冷或水冷）。同时选择器件容量时必须留出一定余量。现代的晶闸管应用技术已经非常成熟，只要选择质量过关的元件，设计合理，保护电路齐备，晶闸管装置的运行是十分可靠的。

c. 由于 V-M 系统是感性负载，当系统处于深调速时，转速较低，晶闸管的导通角很小，整流装置输出电压与电流之间的相位差变大，使得系统功率因数很低，并产生较大的谐波电流，引起电网电压畸变，造成"电力公害"。在这种情况下必须添置无功补偿和谐波滤波装置。

d. 在 V-M 系统中，因为整流电压是从电网电压上截取的片段，所以是脉动的。当负载较小或平波电抗器电感量不是足够大时，电流也是脉动的，可能引起电流断续。所以 V-M 系统的机械特性也有连续和断续两段。电流连续时机械特性为一条直线，特性较硬。电流断续时特性较软，呈现明显的非线性。

② 直流斩波器或脉宽调制变换器　直流斩波又称直流调压，用在有恒定直流电源的场合。它是利用开关器件的通断实现调压的。通过通断时间的变化改变负载上直流电压的平均值，将恒定的直流电压变成平均值可调的直流电压，也叫直流-直流变换器。它具有效率高、体积小、重量轻、成本低的特点，现在广泛应用在电力机车、无轨电车、电瓶车等电力牵引设备的变速拖动中。

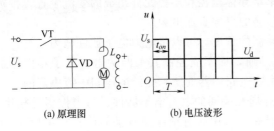

(a) 原理图　　　　　　　(b) 电压波形

图 8-2　直流斩波器-电动机系统原理图和电压波形

图 8-2 (a) 为直流斩波器-电动机系统的原理图。图中 VT 为开关器件，VD 为续流二极管。当 VT 导通时，U_s 加到电动机电枢两端。VT 断开时，直流电源与电枢断开。电枢中滞后电流经二极管 VD 续流，这样电枢两端经 VD 短接，电压为零，如此反复得到电压波形 $u(t)$，如图 8-2 (b) 所示。

由图 8-2 (b) 可得到电机电枢两端的电压平均值为

$$U_d = \frac{t_{on}}{T}U_s = \rho U_s \tag{8-2}$$

式中，T 为开关器件的通断周期；t_{on} 为开关器件的导通时间；$\rho = \dfrac{t_{on}}{T} = t_{on}f$，为占空比；$f$ 为开关频率。

由式 (8-2) 可知，直流斩波器输出的电压平均值 U_d，可以通过改变开关器件的通断时间和开关频率调节，即改变占空比可以调节。常用的改变输出电压平均值的调制方法有以下三种：

　　a. 脉冲宽度调制 (PWM)。保持通断周期 T 不变，只改变开关导通时间 t_{on}，即定频调宽，也称为脉宽调制。

　　b. 脉冲频率调制 (PFM)。保持开关导通时间 t_{on} 不变，只改变通断周期 T，即定宽调频。

　　c. 两点式调制。开关通断周期 T 与开关导通时间 t_{on} 均可改变，即可调宽又可调频，称为混合调制。当负载电流或电压低于某一值时，开关器件导通；当电流或电压高于某一值时，开关器件关断，导通和关断时间以及通断周期都是不固定的。

　　构成直流斩波器的开关元件一般都采用全控元件，如 GTO、GTR、IGBT、P-MOSFET 等，由它们组成的主回路是多种多样的，但基本控制方式是一致的。

　　图 8-3 (a) 为一种可逆脉宽调速系统的基本原理图，由 VT1～VT4 四个电力电子开关器件构成的桥式 (或称 H 型) 可逆脉冲宽度调制 (PWM) 变换器。VT1 和 VT4 同时导通或关断，VT2 和 VT3 同时导通或关断，使电动机 M 的电枢两端承受 $+U_s$ 或 $-U_s$。改变两组开关器件导通时间，也就改变了电压脉冲宽度，达到调压目的。图 8-3 (b) 所示为电枢两端的电压波形。

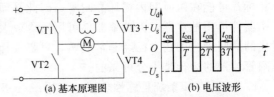

(a) 基本原理图　　　　　(b) 电压波形

图 8-3　桥式可逆脉宽调速系统基本原理图和电压波形

如果开关周期为 T、导通时间为 t_{on}，电动机电枢两端的电压平均值为

$$U_{d0} = \frac{t_{on}}{T}U_s - \frac{T-t_{on}}{T}U_s = \left(\frac{2t_{on}}{T}-1\right)U_s = \rho U_s \tag{8-3}$$

这里定义 $\rho = \dfrac{2t_{on}}{T}-1$。

与 V-M 系统相比，PWM 系统有以下优点：

　　a. 采用全控型器件构成的 PWM 调速系统，其脉宽调制电路的开关频率高，一般为几千赫兹。因此系统频带宽，响应速度快，动态抗干扰性强。

b. 由于开关频率高，仅靠电动机电枢电感，就可以获得脉动很小的直流电流，使得电枢电流容易连续，系统低速性能好，调速范围宽，可达 10000 以上。

c. 在 PWM 系统中，主回路的电力电子器件处于开关工作状态，损耗小，装置效率高。如果选用的恒定直流电源是由不可控装置提供的，功率因数将会大大提高。

d. 主电路所需的功率元件少，线路简单，控制方便。

但因受电力电子器件容量的限制，直流 PWM 调速系统目前还多限于在中小功率的直流调速系统使用。

8.1.2 直流调速系统的技术要求和调速性能指标

任何一台需要控制转速的设备，其生产工艺对拖动系统的调速性都有一定的要求。例如，最高转速和最低转速的调节范围、是平滑调速还是有级调速、稳态时允许的静态速降、扰动发生时克服的能力、动态变化时的系统控制能力等，所有这些要求都可以归纳为生产设备要求的技术指标。经过一定折算，可以转换为电气传动自动控制系统的稳态和动态性能指标，作为设计调速系统时的依据。

(1) 直流调速系统的技术要求

各种生产机械对调速系统提出不同的转速控制要求，归纳起来有以下三个方面：

① 调速　在一定的最高转速范围和最低转速范围内，有级（分挡）或无级（平滑）地调节转速。

② 稳速　以一定精度在所需转速上稳定运行，不因各种可能发生的外来干扰（如负载变化、电网电压波动等）而产生过大的转速波动，以保证产品质量。

③ 加减速控制　对频繁启动、制动的设备，要求尽快地完成加减速，缩短启动、制动时间以提高效率。对不宜经受剧烈速度变化的生产机械，则要求启动、制动平稳。

以上三方面有时都要求具备，有时只需要一两项，有些方面的要求可能还会有矛盾。为了定量地分析，一般规定几种性能指标以便衡量系统的调速性能。

(2) 直流调速系统的性能指标

① 稳态指标　运动控制系统稳态运行时的指标称为稳态指标或静态指标。为了分析方便，根据调速要求，定义具有普遍意义的两个调速指标，那就是"调速范围"和"静差率"。这是衡量系统稳态性能的指标。

a. 调速范围。将生产机械要求拖动系统能达到的最高转速 $n_{\max}$ 和最低转速 $n_{\min}$ 之比称为调速范围，用字母 D 表示，即

$$D = \frac{n_{\max}}{n_{\min}} \tag{8-4}$$

其中 $n_{\max}$ 和 $n_{\min}$ 一般指额定负载时的转速，对少数负载轻的机械也可以用实际负载时的转速。一般在设计调压调速系统时常令 $n_{\max} = n_N$。

b. 静差率。当系统在某一转速下稳定运行时，将负载由理想空载到额定负载时所对应的转速降落 Δn_N 与理想空载转速 n_0 之比称为静差率，即

$$S = \frac{\Delta n_N}{n_0} \tag{8-5}$$

或用百分数表示
$$S = \frac{\Delta n_N}{n_0} \times 100\% \tag{8-6}$$

静差率表征负载变化引起调速系统的转速偏离原定转速的程度，它和机械特性的硬度有

关，特性越硬，静差率越小，说明系统稳态性能好。

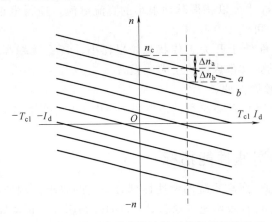

图 8-4 PWM 调速系统电流连续时的机械特性曲线

然而，静差率和硬度又有区别。一般变压调速时在不同电压下的机械特性是互相平行的，如图 8-4 所示。图中曲线 a 和 b 平行且 $\Delta n_{Na} = \Delta n_{Nb}$，这时说两条曲线表示的机械特性硬度相同，但它们的静差率却不同，原因是理想空载转速不同。对于同样硬度的机械特性，理想空载转速较低时静差率能满足要求，高速时一定满足要求。因此调速系统静差率指标应以最低转速能达到的数值为准，所以

$$S = \frac{\Delta n_N}{n_{0min}} \tag{8-7}$$

在 $n_0 = 1000 \text{r/min}$ 时，速降 $\Delta n_N = 10 \text{r/min}$，$S = 1\%$；如果 $n_0 = 100 \text{r/min}$，在相同的速降下，$S = 10\%$；如果 n_0 降到 10r/min，仍然是 $\Delta n_N = 10 \text{r/min}$，这时电机已停转。

由此可见，D 和 S 这两项指标并非完全孤立，必须同时考虑才有意义。因此静差率制约调速范围，反过来调速范围又影响了静差率。

c. 调压调速系统中 D、S 和 Δn_N 之间的关系

$$D = \frac{n_N S}{\Delta n_N (1-S)} \tag{8-8}$$

式（8-8）表达了调速范围 D、静差值 S、额定速降 Δn_N 之间应满足的关系。对于同一调速系统，其特性硬度一样，如果对静差率 S 要求严格，则调速范围一定受到影响。

② 动态性能指标　直流调速系统在过渡过程中的性能指标称为动态指标。动态指标包括跟随性能指标和抗扰性能指标两类。

a. 跟随性能指标。典型的跟随性能过程是指在零初始条件下，系统输出量 $C(t)$ 对给定输入量（或称参考输入信号）$R(t)$ 的响应过程。可以把系统输出量 $C(t)$ 的动态响应过程用跟随性能指标描述。当给定信号的变化方式不同时，输出响应也不一样。一般以系统对单位阶跃输入信号的输出响应为依据。如图 8-5 所示为单位阶跃响应跟随过程和跟随性能指标。常用的单位阶跃响应跟随性能指标有上升时间、超调量和调节时间。

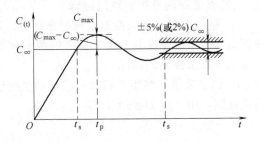

图 8-5　典型的阶跃响应过程和跟随性能指标

· 上升时间 t_r。单位阶跃响应曲线从零开始第一次达到稳态值 C_∞ 所用时间称为上升时间，它表示动态响应的快速性。

· 超调量 σ 与峰值时间 t_p。在阶跃响应过程中，输出量达到稳态值，再上升，达到峰值 C_{max} 后再回落。达到 C_{max} 时所用的时间 t_p 为峰值时间。C_{max} 超过稳态值 C_∞ 的部分与稳态值之比叫作超调量，即

$$\sigma = \frac{C_{max} - C_\infty}{C_\infty} \times 100\% \tag{8-9}$$

超调量反映出系统过渡过程的稳定性，超调量越小，相对稳定性越好，动态响应比较平稳。如果超调量大，一个稳定系统可能要经过明显的振荡才能稳定下来。

• 调节时间 t_s。调节时间又称过渡过程时间。它用于衡量系统动态响应的快慢。理论上，线性系统输出的过渡过程要到 $t=\infty$ 才稳定。实际上由于诸多非线性因素的存在，过渡过程到一定时间就结束了。通常在应用中，一般将单位阶跃响应曲线进入到某一误差范围（通常取 $\pm 5\%C_\infty$ 或 $\pm 2\%C_\infty$）之内，并且不再超出时所用的时间称为调节时间 t_s。显然 t_s 可以衡量系统动态响应的快速性，也包含它的稳定性。

b. 抗扰性能指标。调速系统在稳定运行中，会因为受到各种扰动量的干扰而偏离给定值。即便是无静差调速系统，在出现扰动或扰动发生变化时都会使输出量发生改变。输出量的变化大小和恢复到稳态时所用的时间可以反映系统的抗扰能力。一般以阶跃扰动发生以后的过渡过程为典型的抗扰过程来研究。常用的抗扰指标为动态速降和恢复时间。图 8-6 所示为突加扰动的动态过程和抗扰性能指标。

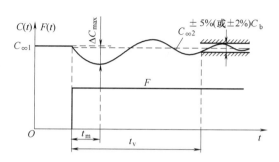

图 8-6　突加阶跃扰动的动态过程和抗扰性能指标

• 动态变化量 ΔC_{max}。系统稳定运行时，突加定值扰动后，将引起输出量的变化。输出量的最大变化量称为动态变化量 ΔC_{max}。一般用 ΔC_{max} 占某基准值 C_b 的百分数表示动态变化量的大小。输出量经动态变化后趋于稳定，达到新的稳态值。

由于系统结构不同，扰动前后稳态值可能相等也可能不等。

• 恢复时间 t_v。从阶跃扰动开始，到输出量基本恢复稳态，其值进入新的稳态值 $C_{\infty 2}$ 的某一误差范围，即 $\pm 5\%$（或 $\pm 2\%$）C_b 值时并且不再超出，所用的时间 t_v 为恢复时间。C_b 为抗扰指标中输出量的基准值，其值视扰动情况而定。

上述动态指标是时域的性能指标，它能比较直观地反映出生产要求。但在工程设计时，需解决系统参数与时域指标之间的关系，这二者之间并无对应，需借助频域指标加以解决。

实际调速系统对于各种性能指标的要求不尽相同，各有侧重。这是由生产工艺要求决定的。例如，可逆轧机连续正反向轧制，因而对动态跟随性能和抗扰性能都有一定要求。而不可逆连轧系统对抗扰性要求较高。一般说调速系统的动态指标侧重抗扰性。

8.1.3　直流调速系统的分类及特性

（1）开环控制的调速系统

开环控制的调速系统是最基本的调速系统，它是在手动的基础上发展起来的。图 8-1 所示的 V-M 系统即为开环调速系统。图 8-7 是图 8-1 的框图。

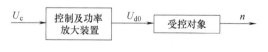

图 8-7　开环控制调速系统框图

开环控制调速系统输入量 U_c 可以由手动调节，也可以由上级控制装置给出，系统的输出量是电动机的转速 n。该系统只有输入量在前向通道的控制作用，输出量（被调量）没有反馈影响输入量，即输出量不参与控制。输入量的控制作用是单方向传递的，所以是开环控制。因为没有对被调量的检测和反馈，所以被调量的过去、现在及将来的状态无从获得，无法参与控制，因此得不到较好的控制效果。

开环控制调速系统的优点是结构简单、调试方便、成本低廉。在系统内部参数变化不大、外界扰动规律预知、调速性能要求不高的前提下，采用开环控制也能实现一定范围的无级调速。但在生产实践中许多无级调速的生产机械，常常对静差率和调速范围有一定的要求，而且扰动也是多样和随机的，是不可预知的。因此开环系统的应用受到一定的限制。例如，热连轧机每个道次的轧辊由单独的电动机拖动，电动机的速度必须保持严格的比例关系，才不至于造成拉钢和堆钢。因为每个轧辊承受的负载不同，所以对静态速降的要求较高，开环系统是很难满足要求的。

（2）转速负反馈直流调速系统

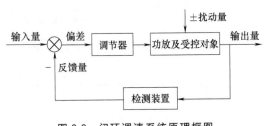

图 8-8　闭环调速系统原理框图

开环调速系统不能满足较高性能指标的要求。根据反馈控制的原理，要想控制哪个量，就必须引入这个量的负反馈。对于调速系统来说，主要是控制转速，所以引入转速的负反馈参与控制以提高系统的性能，克服开环系统的缺点，提高系统的控制质量。闭环调速系统原理框图如图 8-8 所示。

在闭环系统中，把系统输出量通过检测装置（传感器）引向系统的输入端，与系统输入量进行比较，从而得到给定量与输出量的偏差信号。利用偏差信号通过控制器（调节器）产生控制作用，使系统自动朝着减少偏差的方向调节。因此带输出量负反馈的闭环控制系统具有提高系统抗扰性、改善控制精度的性能，广泛用于各类自动调节系统中。

根据系统的结构组成，常用的闭环系统又可以分为单闭环、双闭环及三双闭环直流调速系统。

（3）开环机械特性与闭环静特性的关系

① 比较开环机械特性和闭环静特性，就能清楚地看出反馈控制的优越性。

在相同电流条件下它们的关系是

$$\Delta n_{c1} = \frac{\Delta n_{op}}{1+K} \tag{8-10}$$

显然，因为 $K = K_p K_s \alpha / C_e \gg 1$，即在同样负载条件下，闭环系统的静特性比开环系统的机械特性硬得多。

② 在 $n_{0op} = n_{0c1}$ 且在相同负载条件下

$$S_{c1} = \frac{S_{op}}{1+K} \tag{8-11}$$

结论：在相同条件下，闭环系统静差率是开环系统静差率的 $1/(1+K)$。

③ 如果要求的静差率一定，则闭环系统可以大大提高调速范围。

$$D_{c1} = (1+K)D_{op} \tag{8-12}$$

需要指出式（8-12）成立的条件是开、闭环系统最高转速都是 n_N，低速静差率也相同。

④ 闭环系统要取得上述三项优势，系统必须增加放大器和转速检测装置。上述优点是否有效，取决于闭环系统开环放大倍数是否足够大。在闭环系统中，采用偏差控制，输出量越接近给定要求值，其偏差量就越小。而要得到足够大的控制信号 U_c，必须设置有足够大的放大倍数的放大器。在开环系统中一般由给定直接控制，U_n^* 与 U_c 是同一数量级，所以无需加放大器。

概括起来得到如下结论：闭环调速系统可以获得比开环调速系统硬得多的稳态特性，从而能够在保证一定静差率的要求下提高调速范围。为此所付出的代价是，须增加电压放大器和检测被控制量的反馈装置。

（4）闭环调速系统改善稳态性能的物理解释

调速系统的静态速降是由电枢回路电阻压降决定的，闭环系统使静态速降减小，并非闭环

后电枢回路总电阻 R 自动减小，而是由于闭环系统中反馈的自动调节作用。开环时给定信号 U_n^* 为定值，U_{d0} 为恒值，它不随电动机电枢电流 I_d 的改变而变化。当负载增大时，I_d 增大，电枢回路电阻压降也增大，由电压平衡方程式 $U_{d0}=C_e n+I_d R$ 可知，转速必然下降，而无调节能力，电动机运行在同一条机械特性曲线上。而闭环系统不同，它对转速的变化有调节作用。当转速变化时，转速反馈电压也随着改变。它与给定电压比较后的偏差电压也一定会改变，经放大器放大后，控制电压也要改变，电力电子变换器输出电压 U_{d0} 随着 I_d 的变化而改变。因此闭环后电动机在负载改变时运行在不同机械特性曲线上，把这些点连在一起则构成闭环系统静特性曲线，如图 8-9 所示。

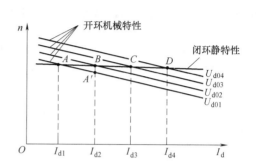

图 8-9　开环机械特性与闭环静特性

综上所述，闭环调速系统能够减小稳态速降的实质，在于闭环系统的自动调节作用。它能随着负载改变相应地改变电力电子变换器的输出电压，以平衡由负载电流变化而引起的电阻压降的变化。

（5）单闭环调速系统的基本特征

转速负反馈闭环调速系统是一种基本的反馈控制系统，它有三个基本特征，也就是反馈控制的基本规律。

① 只有比例放大器的单闭环系统有静差系统。根据闭环系统静特性方程可得，稳态误差为

$$\Delta n_{c1}=\frac{I_d R}{C_e(1+K)} \tag{8-13}$$

只有当 K 趋于无穷大时，Δn_{c1} 才为零，而这是不可能的。另外 K 无限制增大可能会引起系统不稳定，这也是不允许的。因此用比例放大器的单闭环调速系统是有静态差的，这种系统正是靠偏差来进行控制的，这种系统称为有静差调速系统。

② 闭环系统具有较强的抗干扰能力和较好的跟随性。反馈控制系统具有良好的抗扰性能，它能有效抑制一切被负反馈环所包围的前向通道的扰动作用，但对给定信号却唯命是从。作用在控制系统上，一切可能使被调量发生变化的因素（给定信号除外）都是"扰动作用"，如图 8-10 所示，所有这些因素的作用最终都会影响到转速，但也都会被检测出来，再通过转速负反馈的控制作用，减小它们对系统转速的影响。例如，电网电压增大时，将使转速上升，转速负反馈电压也上升，因为给定信号不变，所以二者偏差减小使控制信号减小。电力电子变换器输出电压会减小，以抵消电网电压的增大。因此凡是被反馈环所包围的前向通道的扰动作用对输出量的影响都可以抑制。这是闭环控制系统最突出的特征。但对给定信号及反馈通道参数变

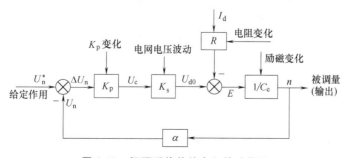

图 8-10　闭环系统的给定和扰动作用

化的影响却无能为力。

③ 系统的精度通常取决于给定和检测的精度。如果给定电压发生波动，反馈控制系统只能无条件地跟随，因为它没有能力判定是波动还是正常给定。因此高精度的系统应有更高精度的给定稳压电源。对于反馈检测装置本身的误差，反馈控制系统无法调节。因为通过检测装置反馈到系统输入端参与控制的信号与给定信号的作用是一致的，所以系统的精度通常取决于给定和反馈元件的精度。

8.1.4　几种常用闭环直流调速系统的结构组成

（1）带转速负反馈的单闭环直流调速系统

① 带转速负反馈单闭环直流调速系统原理及结构框图　带转速负反馈单闭环直流调速系统的原理框图如图 8-11 所示。

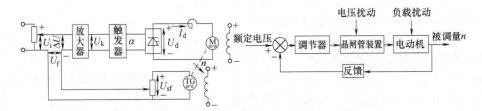

图 8-11　转速负反馈的单闭环直流调速系统原理框图

该系统主要由直流电动机、晶闸管装置、调节器（放大器）和电压比较环节（$U_i - U_f$）组成。直流电动机的励磁恒定，电枢由晶闸管装置供电。系统的给定电压 U_i 与反馈电压 U_f 串联进行比较，它们的差值 ΔU 经比例放大后，作为触发器的控制信号 U_k，只要调整给定电位器，改变 U_i，就能改变 U_k，从而改变控制角 α，使晶闸管整流器的输出电压 U_d 随 α 而改变，进而获得不同的转速，所以这种系统称为转速负反馈的单闭环直流调速系统。

② 比例调节器　当在某一给定值的转速上需要稳定运转时，闭环调速系统是按给定量 U_i 与反馈量 U_f 的偏差 ΔU 进行调节的。由于所采用的调节器为比例放大〔故又称为比例调节器（P）〕，晶闸管控制角 α 及整流电压 U_d 的大小由偏差量来决定，因而偏差始终存在且其大小应自动改变才能维持被调量不变。这种系统属于有静差调速系统。要提高系统的调速精度，就要尽量减小偏差量，这可通过加大系统的放大倍数来实现。比例调节器（P）的结构框图和控制关系如图 8-12 所示。其放大倍数 $K_p = U_{sc} / U_{sr} = R_1 / R_0$，故有输出与输入的关系：$U_{sc} = K_p U_{sr}$。

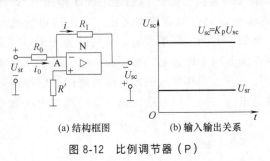

(a) 结构框图　(b) 输入输出关系

图 8-12　比例调节器（P）

在系统运行过程中，负载、电动机的励磁电流及电压等波动会引起转速变化，只要这些扰动量在闭环之内，系统就能进行自动调节，使转速稳定。但是对于那些由在闭环之外的扰动量（如给定电压 U_i 不稳、测速发电机有误差等）引起的转速不稳定，调速系统是无法补偿的。

③ 限流保护——电流截止负反馈环节　单闭环直流调速系统在启动和工作过程中常常发生工作过电流（非极限保护的过电流），多采用电流截止负反馈环节来进行这种限流保护，如图 8-13 所示。电流截止反馈信号取自串入电动机电枢回路的小阻值电阻 R_e，$I_d R_e$ 正比于电

流 I_d。设 I_{dj} 为临界截止电流，当电流大于 I_{dj} 时，将电流负反馈信号回送到放大器输入端；在电流小于 I_{dj} 时，将电流反馈切断。为了实现这一作用，引入了比较电压 U_{bj}。图 8-13（a）中利用独立的直流电源作为比较电压，其大小可用电位器调节。在 I_dR_e 与 U_{bj} 之间串一个二极管。当 $I_dR_e > U_{bj}$ 时，二极管导通，电流负反馈信号 U_{fj} 加到放大器上去；当 $I_dR_e \leqslant U_{bj}$ 时，二极管截止，U_{fj} 消失。在这一电路中，截止电流 $I_{dj} = U_{bj}/R_e$。图 8-13（b）中利用稳压管的击穿电压 U_W 作为比较电压，电路比较简单，但不能平滑地调节截止电流。

（2）单闭环无静差直流调速系统

① 积分调节器（I） 图 8-11 所示的有静差直流调速系统是靠偏差电压 ΔU 来控制的。如果 $\Delta U = 0$，整流电压就为零，电动机就转不起来。这是因为用了比例反馈控制。如果把比例控制的放大器改为积分控制的积分调节器（I），就可以将有静差变为无静差了。积分调节器 I 的结构框图和控制关系如图 8-14 所示。

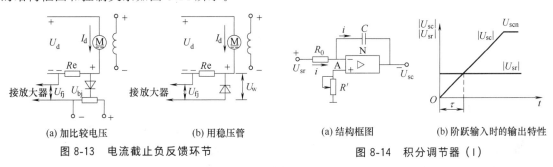

(a) 加比较电压　　　(b) 用稳压管

图 8-13　电流截止负反馈环节

(a) 结构框图　　　(b) 阶跃输入时的输出特性

图 8-14　积分调节器（I）

其输出与输入的关系可表示为：

$$|U_{sc}| = \frac{1}{\tau}\int |U_{sr}|\,dt \tag{8-14}$$

式中，τ 为积分时间常数（$\tau = R_0C$）；其传递函数：

$$W_I(s) = \frac{1}{\tau s} \tag{8-15}$$

② 比例积分调节器（PI） 积分控制虽然优于比例控制，但在控制的快速性上，积分控制又不如比例控制。如果既要稳态精度高，又要动态响应快，就需要把这两种控制规律结合起来，这就是比例积分控制。比例积分调节器（PI）的结构框图和控制关系如图 8-15 所示。其输出与输入的关系可表示为：

$$|U_{sc}| = K_p|U_{sr}| + \frac{K_p}{\tau_1}\int |U_{sr}|\,dt \tag{8-16}$$

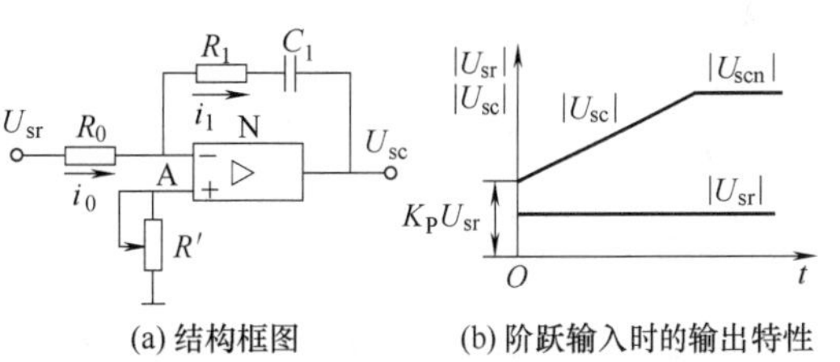

(a) 结构框图　　　(b) 阶跃输入时的输出特性

图 8-15　比例积分调节器（PI）

PI 调节器传递函数为：

$$W_{PI}(s) = K_p\frac{\tau_1 s + 1}{\tau s} \tag{8-17}$$

③ 单闭环无静差直流调速系统的原理及结构框图 单闭环无静差直流调速系统的原理及结构框图如图 8-16 所示。该系统是在原有的转速负反馈基础上，增设了比例积分调节器和限流保护的电流截止负反馈。有时为了避免较大的零点漂移，在 R_1 和 C_1 两端再并联硬反馈电阻 R_1'，使放大倍数降低一些，构成近似的 PI 调节器。这时，调节器的传递函数变为：

$$W_{PI}'(s) = K_p'\frac{\tau_1 s + 1}{\beta\tau_1 s + 1} \tag{8-18}$$

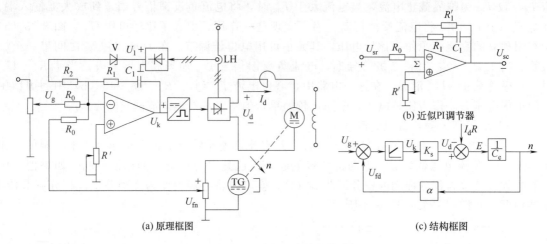

(a) 原理框图　　　　　　　　　　　　　　(c) 结构框图

(b) 近似PI调节器

图 8-16　单闭环无静差直流调速系统

$$K'_p = R'_1 / R_0$$
$$\beta = (R_1 + R'_1) / R_1 > 1$$

（3）双闭环无静差直流调速系统

① 单闭环调速系统存在的问题　带电流截止负反馈的单闭环调速系统能获得较好的启动特性和稳定性。采用了 PI 调节器后，既保证了动态稳定性，又能做到转速无静差，很好地解决了系统中动、静态之间的矛盾。但对于运行性能要求更高的生产设备，这种系统还存在某些不足之处。系统中只靠电流截止环节来限制启动电流，其特性的下降段还有一定的斜率，不能在充分利用电动机过载能力的条件下，获得最快的动态响应。这是因为电流截止负反馈只能限制最大电流，在过渡过程中，电流一直是变化着的，达到最大值后，由于负反馈作用的加强和电动机反电动势的增长，又迫使电流减小，电动机转矩也随之减小，使启动和加速过程延长。调速系统启动过程的电流和转速波形如图 8-17（a）所示。

② 理想启动过程　对于启动频繁的系统，如龙门刨床，要尽量缩短过渡过程以提高生产

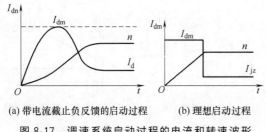

(a) 带电流截止负反馈的启动过程　　(b) 理想启动过程

图 8-17　调速系统启动过程的电流和转速波形

效率。为此，希望充分利用电动机的过载能力，在过渡过程中一直保持着最大允许电流，使系统以最大的加速度启动，到达稳定转速时，电流立即降下来，转入稳速运行。这样的理想启动过程波形如图 8-17（b）所示。

③ 转速、电流双闭环调速系统的特点　要想得到理想的启动特性，关键是如何获得一段使启动电流始终保持为最大值 I_{dm} 的恒流过程。根据反馈控制规律，采用电流负反馈能得到近似恒流的特征。但如果在同一个调节器的输入端同时引入转速和电流负反馈，则双方会互相牵制，不但得不到理想的过渡过程波形，而且稳速的静态特性会被破坏。所以在单闭环系统中，必须在运行段把电流反馈截止住。在转速、电流双闭环调速系统中设置两个调节器，分别调节转速和电流，两者实行串级连接，即以转速调节器的输出作为电流调节器的输入，再把电流调节器的输出作为晶闸管触发装置的控制电压，使两种调节作用互相配合，不仅能得到较为理想的过渡过程波形，而且能使动、静态特性更加理想。从双闭环反馈的结构上看，电流调节环是内环，转速调节环是外环。转速、电流双闭环调速系统

原理框图如图 8-18 所示。

④ 两个调节器的作用　系统的两个调节器一般都采用 PI 调节器。在图 8-18 中标出了两个调节器输入输出电压的实际极性。

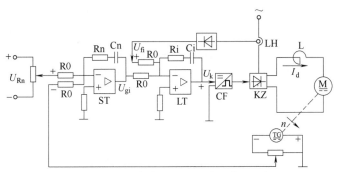

图 8-18　转速、电流双闭环调速系统原理框图

它们是按照触发装置的控制电压 U_k 需要正电压的情况标出的，并考虑到运算放大器的倒相作用。转速给定电压 U_{gn} 与转速反馈电压 U_{fn} 比较后，得到的偏差电压，送到速度调节器 ST 的输入端，ST 的输出电压作为电流调节器 LT 的给定电压 U_{gi}，LT 的输出电压 U_k 才是触发器 CF 的输入信号。两个调节器的输出都是带限幅的，转速调节器 ST 的输出限幅电压决定了电流调节器 LT 给定电压的最大值；电流调节器的输出限幅电压限制了晶闸管输出电压的最大值，也就是外环调节器的输出幅值决定了内环被控量的最大值（即电枢电流的最大值）。其稳态结构框图如图 8-19 所示。

a. 转速调节器的作用：使转速 n 跟随给定值 U_{gn} 变化，对负载的变化起抗扰作用，其输出限幅值决定最大电流。

b. 电流调节器的作用：在转速调节过程中使电流 I_d 跟随给定值 U_{gi} 变化，启动时保证获得允许的最大电流；对电网电压的波动起到及时抗扰作用；当电动机过载，甚至堵转

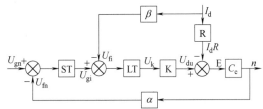

图 8-19　转速、电流双闭环调速系统稳态结构框图

时，限制电枢电流的最大值 I_{dm}，从而起到快速的安全保护作用。如果故障消失，系统就能够自动恢复正常工作。

（4）三环直流调速系统

① 带电流变化率调节器的三环调理系统

a. 系统的组成及工作原理。为了延缓电流的跟随作用，压低电流变化率，又不影响系统的快速性，在电流内环再设一个电流变化率环，构成转速、电流、电流变化率三环系统，如图 8-20 所示。

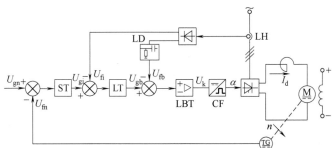

图 8-20　转速、电流、电流变化率三环直流调速系统

在该系统中，ST 的输出仍是 LT 的给定信号，并用限幅值 U_{gim} 限制最大电流；电流调节器 LT 的输出不是直接控制触发信号，而是作为电流变化率调节器 LBT 的给定输入。LBT 的负反馈信号则由电流检测通过微分环节 LD 得到，ST 的输出限幅值 U_{gim} 限制最大电流变化率。LBT 的输出限幅值 U_{km} 决定触发脉冲最小控制角 α_{min}，但在转速调节过程中不应饱和。简单的电流变化率调节器如图 8-21 所示。LBT 一般采用积分调节器（I）或比例系数较小的比例积分调节器（PI），以保证其输出电压 U_{k} 按需要逐渐上升。

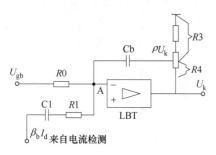

图 8-21　电流变化率调节器

b. 电流变化率内环的作用。在电流调节器不饱和时，电流环起着主要的调节作用，而电流变化率环可以看作是电流环内的一个局部反馈环节，也就是电流微分负反馈环节，它起着改造电流调节对象并加快电流调节过程的作用。

② 带电压调节器的三环调速系统

a. 系统的组成及工作原理。转速、电流、电压三环系统的结构原理图如图 8-22 所示。电压反馈信号取自晶闸管整流装置的输出电压 U_{d}，通过电阻分压和电压变换器 YB，电压信号 U_{fu} 和电流调节器 LT 的输出电压 U_{gu} 进行比较后，送入电压调节器 YT，由 YT 控制触发电压 U_{k}。

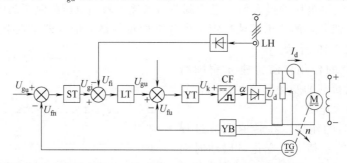

图 8-22　转速、电流、电压三环直流调速系统

b. 电压调节器的主要作用。电压调节器一般也采用积分调节器，其主要作用为：

• 增设电压调节器可改造控制对象的特性和加快电压调节时间。

• 增设电压环可防止当电流断续时，由于晶闸管整流器等效内阻加大，引起的整流电源外特性上翘。增设的电压负反馈环节能力图维持整流电压随电压给定而成比例变化，使整流电压与电压调节器的给定量之间有线性关系。这样就能抑制电流断续时外特性上翘的非线性现象，大大减小电流连续与断续所引起的结构参数的变化。

• 电压环对电压波动的抗扰作用比电流调节器更为及时。

（5）PWM 直流调速系统

采用全控式电力电子器件组成的直流脉冲宽度调制（PWM）型的调速系统，近年来不断发展，用途越来越广，与 V-M 系统相比，在很多方面具有较大的优越性。PWM 直流调速系统与 V-M 支流调速系统之间的区别主要在主电路和 PWM 控制电路。而系统的闭环控制方法以及静、动态分析和设计，基本上一样。

PWM 变换器有不可逆和可逆两类。可逆 PWM 变换器主电路的结构形式有 H 型、T 型等。H 型变换器在控制方式上分双极式、单极式和受限单极式三种。限于篇幅，这里仅着重分析常用的双极式 H 型可逆 PWM 变换器，然后再简要地说明其他方式的特点。

① 双极式 H 型可逆 PWM 变换器　双极式 H 型可逆 PWM 变换器的电路原理图如图 8-23 所示，它是由四个电力晶体管和四个续流二极管组成的桥式电路。四个电力晶体管的基极驱动电压分为两组。VT1 和 VT4 同时导通和关断，其驱动电压 $U_{b1}=U_{b4}$；VT2 和 VT3 同时导通和关断，其驱动电压 $U_{b2}=U_{b3}=-U_{b1}$；它们的波形示于图 8-24。

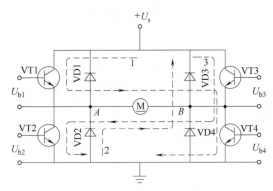

图 8-23　双极式 H 可逆 PWM 变换器的电路原理图

在一个开关周期内，当 $0 \leqslant t < t_{on}$ 时，U_{b1} 和 U_{b4} 为正，晶体管 VT1 和 VT4 饱和导通；而 U_{b2} 和 U_{b3} 为负，VT2 和 VT3 截止。这时 $+U_s$ 加在电枢 AB 两端，$U_{AB}=U_s$，电枢电流 i_d 沿回路 1 流通。当 $t_{on} \leqslant t < T$ 时，U_{b1} 和 U_{b4} 变负，VT1 VT4 截止；U_{b2}、U_{b3} 变正，但 VT2、VT3 并不能立即导通，因为在电枢电感释放储能的作用下，i_d 沿回路 2 经 VD2、VD3 续流，在 VD2、VD3 上的压降迫使 VT2、VT3 的 c（引脚）及 e（引脚）两端承受反压，这时，$U_{AB}=-U_s$。U_{AB} 在一个周期内正负相同，这是双极式 PWM 变换器的特征，其电压、电流波形示于图 8-24 中。

由于电压 U_{AB} 的正负变化，使电流波形存在两种情况，如图 8-24 中的 i_{d1} 和 i_{d2}。i_{d1} 相当于电动机负载较重的情况，这时平均负载电流大，在续流阶段电流仍维持正方向，电机始终工作在第一象限的电动状态。i_{d2} 相当于负载很轻的情况，平均电流小，在续流阶段电流很快衰减到零，于是 VT2 和 VT3 的 c、e 两端失去反压，在负的电源电压（$-U_s$）和电枢反电动势 E 的合成作用下导通，电枢电流反向，沿着回路 3 流通，电机处于制动状态。与此相仿，在 $0 \leqslant t < t_{on}$ 期间，当负载轻时，电流也有一次倒向。

双极式可逆 PWM 变换器的"可逆"作用，由正负脉冲电压宽窄而定。当正脉冲较宽时，$t_{on} > T/2$，电枢两端的平均电压为正，在电动运行时电动机正转；当正脉冲较窄时，$t_{on} < T/2$，平均电压为负，电动机反转；如果正负脉冲宽度相等，$t_{on}=T/2$，平均电压为零，则电动机停止。图 8-24 所示的电压电流波形是电动机正转时的情况。

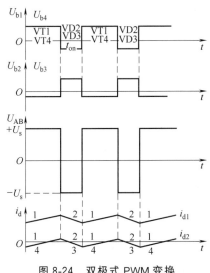

图 8-24　双极式 PWM 变换器电压和电流波形

双极式可逆 PWM 变换器电枢平均端电压为：

$$U_d = \frac{t_{on}}{T}U_s - \frac{T-t_{on}}{T}U_s = \left(\frac{2t_{on}}{T}-1\right)U_s \qquad (8\text{-}19)$$

以 $\rho = U_d/U_s$ 来定义 PWM 电压的占空比，则：

$$\rho = \frac{2t_{on}}{T}-1 \qquad (8\text{-}20)$$

调速时，ρ 的变化范围为 $-1 \leqslant \rho < 1$。当 ρ 为正值时，电动机正转；当 ρ 为负值时，电动机反转；$\rho=0$ 时，电动机停止。在 $\rho=0$ 时，虽然电动机不动，电枢两端的瞬时电压和瞬时电流却都不是零，而是交变的，会增大电机的损耗，产生高频噪声。但交变电流能使电机高频微振，消除正反向时的静摩擦死区，起着"动力润滑"的作用。

对于双极式可逆 PWM 交换器，电压方程在 $0 \leqslant t < t_{on}$ 期间，为：

$$U_s = Ri_d + L\frac{di_d}{dt} + E_d \qquad (8\text{-}21)$$

在 $t_{on} \leqslant t < T$ 期间，电源电压为：

$$-U_s = Ri_d + L\frac{di_d}{dt} + E_d \tag{8-22}$$

双极式可逆 PWM 变换器在工作过程中，四个电力晶体管都处于开关状态，容易发生上、下管直通的事故，降低了装置的可靠性。为了防止这种事故，在一管关断和另一管导通的驱动的脉冲之间，应设置逻辑延时。

② 单极式可逆 PWM 变换器　单极式可逆 PWM 变换器电路和双极式一样，不同之处仅在于驱动脉冲信号有异。在单极式变换器中，左边两管的驱动脉冲 $U_{b1} = -U_{b2}$，具有和双极式一样的正负交替的脉冲波形，使 VT1 和 VT2 交替导通。右边两管 VT3 和 VT4 的驱动信号改成因电机的转向而施加不同的直流控制信号。当电机正转时，U_{b3} 恒为负，U_{b4} 恒为正，则 VT3 截止而 VT4 常通。当电机反转时，则 U_{b3} 恒为正而 U_{b4} 恒为负，使 VT3 常通而 VT4 截止。当负载较重而电流方向连续不变时，各管的开关情况和电枢电压的状况列于表 8-1 中，同时列出双极式变换器的情况以便比较。负载较轻时，电流在一个周期内也会来回变向，这时各管导通和截止的变化要多些。

表 8-1　双极式和单极式可逆 PWM 变换器的比较（当负载较重时）

控制方式	电机转向	$0 \leqslant t < t_{on}$		$t_{on} \leqslant t < T$		占空比调节范围
		开关状况	U_{AB}	开关状况	U_{AB}	
双极式	正转	VT1、VT2 导通 VT2、VT3 截止	$+U_s$	VT3、VT4 截止 VD2、VD3 续流	$-U_s$	$0 \leqslant \rho \leqslant 1$
	反转	VD2、VD4 导通 VT2、VT3 截止	$+U_s$	VT1、VT4 截止 VT2、VT3 导通	$-U_s$	$-1 \leqslant \rho \leqslant 0$
单极式	正转	VT1、VT4 导通 VT2、VT3 截止	$+U_s$	VT4 导通、VD2 续流 VT2、VT3 截止 VT2 不通	0	$0 \leqslant \rho \leqslant 1$
	反转	VT3 导通、VD1 续流 VT3、VT4 截止 VT3 不通	0	VT2、VT3 导通 VT1、VT4 截止	$-U_s$	$-1 \leqslant \rho \leqslant 0$

表 8-1 中单极式变换器的 U_{AB} 一栏表明，在电动机朝一个方向旋转时，PWM 变换器只在一个阶段中输出某一极性的脉冲电压，在另一阶段中 $U_{AB} = 0$，这是它所以称为"单极式"变换器的原因。

由于单极式变换器的电力晶体管 VT3 和 VT4 两者之间总有一个常导通，一个常截止，运行中无须频繁交替导通，因此与双极式变换器相比，开关损耗可以减小，装置的可靠性有所提高。

③ 受限单极式可逆 PWM 变换器　单极式变换器在减少开关损耗和提高可靠性方面要比双极式变换器好，但还是有一对晶体管 VT1 和 VT2 交替导通和关断，仍有电源直通的危险。研究表 8-1 中各晶体管的开关状态可以发现，当电机正转时，在 $0 \leqslant t < t_{on}$ 期间，VT2 是截止的；在 $t_{on} \leqslant t < T$ 期间，由于经过 VD2 续流，VT2 也不通。

受限单极式可逆变换器在电机正转时，U_{b2} 恒为负，VT2 一直截止；在电机反转时，U_{b1} 恒为负，VT1 一直截止，其他驱动信号都和一般单极式变换器相同。如果负荷较重，电流 i_d 在一个方向内连续变化，所有的电压、电流波形都和一般单极式变换器一样。但是，当负载较轻时，由于有两个晶体管一直处于截止状态，不可能导通，因而不会出现电流变向的情况，在续流期间电流衰减到零时（$t = t_d$），波形便中断了，这时电枢两端电压跳变到 $U_{AB} = E$，如图 8-25 所示这种轻载电流断续的现象将使变换器的外特性变软，和 V-M 系统中的情况十分相似。它会使 PWM 调速系统静、动态性能变差，但换来的好处是可靠性的提高。

电流断续时，电枢电压的提高把平均电压也提高了，成为：

$$U_d = \rho U_s + \frac{T - t_d}{T} E_a \qquad (8\text{-}23)$$

令 $E_a = U_d$，则 $U_d \approx \left(\dfrac{T}{t_d}\right) \rho U_s = \rho' U_s$，由此可求出新的负载电压系数：$\rho' = \dfrac{T}{t_d} \rho$

由于 $T \geqslant t_d$，因而 $\rho' \geqslant \rho$，但 ρ' 的值仍在 $-1 \sim +1$ 之间变化。

④ 脉宽调速系统的控制电路 一般动、静态性能较好的调速系统都采用转速、电流双闭环控制方案，脉宽调速系统也不例外。双闭环脉宽直流调速系统的原理框图及原理图如图 8-26 所示，其中属于脉宽调速系统的特有部分是脉宽调制器 UPW、调制波发生器 GM、逻辑延时环节 DLD、电力晶体管的驱动器 GD 和保护电路 FA。其中最关键的部件是脉宽调制器 UPW。

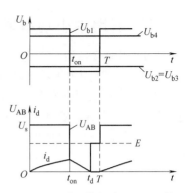

图 8-25 受限单极式 PWM 可逆变换器轻载时的电压电流波形

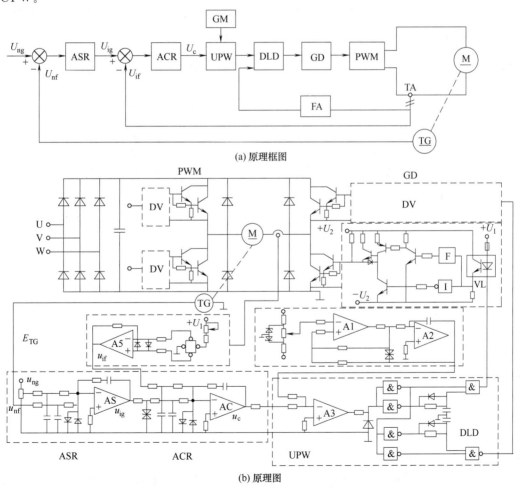

(a) 原理框图

(b) 原理图

图 8-26 双闭环脉宽直流调速系统原理框图及原理图

8.1.5 通用中小功率晶闸管直流拖动系统的选用

（1）用途及性能

① 用途 通用中小功率晶闸管直流拖动系统，容量范围为 $0.4 \sim 200kW$，是以作为一般工业用的 Z_2、Z_3 系列直流电动机供电电源为主要用途的成套电气控制设备，用于一般工业中直流电气传动的调速、稳速。有些机床也可以直接选用适合的型号作为调速用。

在选用时，根据机床的电动机容量及拖动控制系统的要求，对照表 8-2～表 8-7 和基本性能及型号说明，选用合适的型号规格。

表 8-2 通用中小功率晶闸管直流拖动系统基本性能

系列	功率范围 /kW	线路型号	输出电流 /A	输出电压 /V	连线电源 /V	冷却方式
ZCA1	0.4～4	单相全控桥不可逆	5、10、25	110、160	单相 220	自冷
ZCB1		单相全控桥有环流可逆		160		
ZCC1	5.5～200	三相全控桥不可逆	50、80、100、125、160、200、300、400、500	200、400	三相 380	50A、80A、100A 为自冷；125A、160A、200A、300A、400A、500A 为风冷
ZCD1		三相全控桥无环流可逆		220、400、440		
ZCE1		三相全控桥有环流可逆		220、440		

表 8-3 单相全控桥不可逆系统规格

型号	规格	型号	规格
ZCA1-5/110BGD	主电路整流变压器，磁场不带整流变压器	ZCA1-5/160KGD	主回路和磁场均不带整流变压器
ZCA1-10/110BGD		ZCA1-10/160KGD	
ZCA1-25/110BGD		ZCA1-25/160KGD	

表 8-4 单相全控桥有环流可逆系统规格

型号	规格
ZCB1-5/160BGD	主电路带整流变压器 磁场不带整流变压器
ZCB1-10/160BGD	
ZCB1-25/160BGD	

表 8-5 三相全控桥不可逆系统规格

序号	型号		种类
	220V	440V	
1	ZCC1-50/220	ZCC1-50/440	
2	ZCC1-80/220	ZCC1-80/440	
3	ZCC1-100/220	ZCC1-100/440	BGD、BRD
4	ZCC1-125/220	ZCC1-125/440	KRD、KGD
5	ZCC1-160/220	ZCC1-160/440	BGZ、BRZ
6	ZCC1-200/220	ZCC1-200/440	KGZ、KRZ
7	ZCC1-300/220	ZCC1-300/440	
8	ZCC1-/400/220	ZCC1-400/440	
9	ZCC1-/500/220	ZCC1-500/440	

② 基本性能

a. 系统适用于连续工作制的负载。

b. 在长期额定负载下允许的最大过载能力为 150%额定负载，持续时间为 2min，其重复周期不小于 1h。

c. 当交流进线端的电压为 380V（+5%、−10%）时可保证系统输出额定电压、额定电流；电网电压下降超过 10%时，系统的额定电压将同电源电压成比例下降。

表 8-6　三相全控桥无环流可逆系统规格

序号	型号		种类	型号		种类	型号		种类
	220V			400V			440V		
1	ZCD1-50/220		BGD KGD BRD KRD RGZ KGZ BRZ KRZ	ZCD1-50/400		KGD KRD KGZ KRZ	ZCD1-50/440		BGD BRD BGZ BRZ
2	ZCD1-80/220			ZCD1-80/400			ZCD1-80/440		
3	ZCD1-100/220			ZCD1-100/400			ZCD1-100/440		
4	ZCD1-125/220			ZCD1-125/400			ZCD1-125/440		
5	ZCD1-160/220			ZCD1-160/400			ZCD1-160/440		
6	ZCD1-200/220			ZCD1-200/400			ZCD1-200/440		
7	ZCD1-300/220			ZCD1-300/400			ZCD1-300/440		
8	ZCD1-400/220			ZCD1-400/400			ZCD1-400/440		
9	ZCD1-500/220			ZCD1-500/400			ZCD1-500/440		

表 8-7　三相全控桥有环流可逆系统规格

序号	型号		种类
	220V	440V	
1	ZCE1-50/220	ZCE1-50/440	每种型号又可分为 BGD、BRD、BGZ、BRZ
2	ZCE1-80/220	ZCE1-80/440	
3	ZCE1-100/220	ZCE1-100/440	
4	ZCE1-125/220	ZCE1-125/440	
5	ZCE1-160/220	ZCE1-160/440	
6	ZCE1-200/220	ZCE1-200/440	
7	ZCE1-300/220	ZCE1-300/440	
8	ZCE1-400/220	ZCE1-400/440	
9	ZCE1-500/220	ZCE1-500/440	

d. 当采用转速负反馈时，调速范围为 20：1，电动机负载在 10%～100% 额定电流变化，转速变化率在最高时为 0.5%。

e. 当采用反电动势反馈（电压负反馈、电流正反馈）时，调速范围为 10：1，负载电流在 10%～100% 额定电流变化，转速变化率在最高转速时为 5%（最高转速包括电动机弱磁后的转速）。

f. 系统要求的给定电源精度，在电源电压波动 -10%，温度变化 ±10℃ 时，其精度为 1%。

g. 在自带进线电抗器进线时，允许直接接入电网的晶闸管拖动装置的容量为接入端短路容量的 1%，约为前级变压器容量的 1/5；在换向时，电源电压波形下降，瞬时值不超过 20% U_m（U_m 为电源电压峰值）。

（2）型号说明

型号说明如图 8-27 所示。

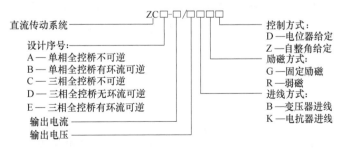

图 8-27　通用中小功率晶闸管直流传动系统型号说明

8.2 晶闸管直流调速系统中常用的电力器件及其所组成的控制环节

8.2.1 晶闸管及其所组成的可控整流电路

(1) 晶闸管

① 晶闸管的概念　晶闸管（thyristor）又称晶体闸流管，曾用名为可控硅整流器（silicon controlled rectifier，SCR），是一种既具有开关作用又具有整流作用的大功率半导体器件。它的出现开辟了电力电子技术迅速发展和广泛应用的崭新时代。近年来又开始被性能更好的全控型器件所取代，但由于它所能承受的电压和电流容量在目前电力电子器件中是最高的，而且工作可靠，因此在大容量的场合仍具有重要地位。晶闸管包括普通晶闸管、双向晶闸管、逆导晶闸管、光控晶闸管等多种类型的派生器件，但习惯上往往把晶闸管专指为普通晶闸管。

晶闸管具有三个 PN 结的四层结构，其外形、结构和图形符号如图 8-28 所示。由最外的

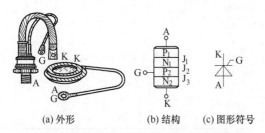

(a) 外形　　　(b) 结构　　(c) 图形符号

图 8-28　晶闸管的外形、结构和图形符号

P_1 层和 N_2 层引出两个电极，分别为阳极 A 和阴极 K，由中间 P_2 层引出的电极是门极 G（也称控制极），三个 PN 结称为 J_1、J_2、J_3。与功率二极管类似，常用的晶闸管有螺栓式和平板式两种外形，如图 8-28（a）所示。晶闸管在工作过程中会因损耗而发热，因此必须安装散热器。螺栓型晶闸管是靠阳极（螺栓）拧紧在铝制散热器上，可采用自然冷却或风冷却

方式。额定电流大于 200A 的晶闸管一般采用平板式外形结构，由两个相互绝缘的散热器夹紧晶闸管，可以使用风冷却、通水冷却、通油冷却等多种冷却方式。

② 晶闸管的导通和关断条件　晶闸管的导通和关断条件可由图 8-29 所示的实验得出。

a. 晶闸管导通条件。通过实验可知，要使晶闸管导通必须同时具备两个条件：晶闸管 A、K 两端加正向电压；晶闸管控制极有正向控制电流。

b. 晶闸管关断条件。晶闸管一旦导通，控制极失去作用，要使晶闸管关断必须具备两个条件中的任一条件：晶闸管 A、K 两端加反向电压；使流过晶闸管的电流降低至维持电流以下（一般通过减小 E_A，直至 $E_A < 0$）。

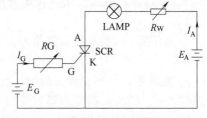

图 8-29　晶闸管导通和关断的实验电路

③ 晶闸管的工作原理　为了说明晶闸管的工作原理，可把晶闸管看成是由一个 PNP 型和

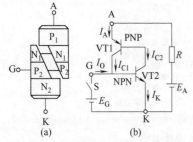

图 8-30　晶闸管工作原理示意图

一个 NPN 型晶体管连接而成，如图 8-30 所示。阳极 A 相当于 PNP 型晶体管 VT1 的发射极，阴极 K 相当于 NPN 型晶体管 VT2 的发射极。

当晶闸管阳极承受正向电压，控制极也加正向电压时，晶体管 VT2 处于正向偏置，E_G 产生的控制极电流 I_G 就是 VT2 的基极电流 I_{B2}，VT2 的集电极电流 $I_{C2} = \beta_2 I_G$。而 I_{C2} 又是晶体管 VT1 的基极电流，VT1 的集电极电流 $I_{C1} = \beta_1 I_{C2} = \beta_1 \beta_2 I_G$（$\beta_1$ 和 β_2 分别是 VT1 和 VT2 的电流

放大系数）。电流 I_{C1} 又流入 VT2 的基极，再一次放大；……如此循环下去，形成了强烈的正反馈，使两个晶体管很快达到饱和导通，这就是晶闸管的导通过程。开通后，晶闸管上的压降很小，电源电压几乎全部加在负载上，晶闸管中流过的电流即负载电流。

在晶闸管导通之后，它的导通状态完全依靠管子本身的正反馈作用来维持，即使控制极电流消失，晶闸管仍将处于导通状态。因此，控制极的作用仅是触发晶闸管使其导通。导通之后，控制极就失去了控制作用。要想关断晶闸管，最根本的方法就是必须将阳极电流减小到使之不能维持正反馈的程度，也就是将晶闸管的阳极电流减小到小于维持电流。可采用的方法有：将阳极电源断开；改变晶闸管的阳极电压的方向，即在阳极和阴极间加反向电压。

④ 晶闸管的静态伏安特性　晶闸管阳极与阴极间的电压 U_{AK} 和阳极电流 I_A 的关系称为晶闸管伏安特性，如图 8-31 所示。晶闸管的伏安特性包括正向特性（第 1 象限）和反向特性（第 3 象限）两部分。

晶闸管的正向特性又有阻断状态和导通状态之分。在正向阻断状态时，晶闸管的伏安特性是一组随门极电流 I_G 的增加而不同的曲线簇。当 $I_G = 0$ 时，逐渐增大阳极电压 U_{AK}，只有很小的正向漏电流，晶闸管正向阻断；随着阳极电压的增加，当达到正向转折电压 U_{bo} 时，漏电流突然剧增，晶闸管由正向阻断状态突变为正向导通状态。这种在 $I_G = 0$ 时，依靠增大阳极电压而强迫晶闸管导通的方式

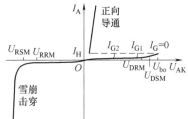

图 8-31　晶闸管的静态伏安特性

称为"硬开通"。"硬开通"使电路工作于非控制状态，并可能导致晶闸管损坏，因此需要加以避免。

随着门极电流 I_G 的增大，晶闸管的正向转折电压 U_{bo} 迅速下降；当 I_G 足够大时，晶闸管的正向转折电压很小，可以看成与一般二极管一样，只要加上正向阳极电压，管子就导通了。此时晶闸管正向导通的伏安特性与二极管的正向特性相似，即当流过较大的阳极电流时，晶闸管的压降很小。

晶闸管正向导通后，要使晶闸管恢复阻断，只有逐步减小阳极电流 I_A，使 I_A 降到小于维持电流 I_H，则晶闸管又由正向导通状态变为正向阻断状态。

晶闸管的反向特性与一般二极管的反向特性相似。在正常情况下，当承受反向阳极电压时，晶闸管总是处于阻断状态，只有很小的反向端电流流过。当反向电压增加到一定值时，反向漏电流增加较快，再继续增大反向阳极电压会导致晶闸管反向击穿，造成晶闸管永久性损坏，这时对应的电压称为反向击穿电压 U_{RO}。

综上所述，晶闸管的基本特点可以归纳如下：

a. 承受反向电压时（$U_{AK} < 0$），不论门极是否有触发电流，晶闸管都不导通，反向伏安特性类似于二极管。

b. 承受正向电压时，只有门极有正向触发电流的情况下晶闸管才能导通（即 $U_{AK} > 0$ 时，$I_G > 0$ 才能导通）。可以看出，晶闸管是一种电流控制型器件，导通后的晶闸管特性和二极管的正向特性相仿，正压降在 1V 左右；晶闸管一旦导通，门极就失去控制作用。

c. 要使晶闸管关断，必须使晶闸管的电流下降到某一数值以下（$I_A < I_H$）。

d. 晶闸管的门极触发电流从门极流入晶闸管，从阴极流出；为保证可靠、安全地触发，触发电路所提供的触发电压、电流和功率应限制在可靠触发区，既保证有足够的触发功率，又确保不损坏门极和阴极之间的 PN 结。

(2) 晶闸管组成的几种常用可控整流电路

① 单相桥式全控整流电路

a. 带电阻负载。单桥式全控整流电路及带电阻负载的工作波形如图 8-32 所示，晶闸管 VT1 和 VT4、VT2 和 VT3 分别成组工作，把晶闸管近似视为理想的开关，即忽略其开关时间、器件的导通压降、器件关断时的漏电流，其电路的稳态工作过程分析如下。

• 在 $0 \sim \omega t_1$ 时段。交流电源 $u_2 > 0$（即图中 a 点电位高于 b 点电位），晶闸管 VT1 和 VT4 承受正向电压，晶闸管 VT2 和 VT3 承受反向电压，但此时四个晶闸管上均不施加触发信号，四个晶闸管都不导通，负载电流、电压均为零。一组管子串联起来承受电源电压，假设各个晶闸管的参数都相同，则 VT1 和 VT4 串联各承受一半电源电压，即 $u_{VT1} = u_{VT4} = u_{ab}/2 > 0$，见图 8-32（f）；VT2 和 VT3 串联各承受一半电源电压，$u_{VT2} = u_{VT3} = u_{ba}/2 < 0$，图中未画出。

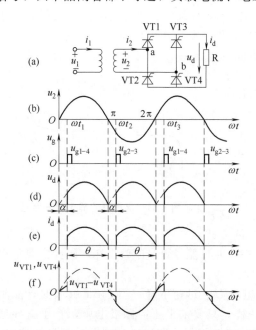

图 8-32 带电阻负载时的单相桥式全控整流及波形

• $\omega t_1 \sim \pi$ 时段。在 ωt_1 时刻，VT1 和 VT4 承受正压，VT2 和 VT3 承受反压，设在 ωt_1 时刻给 VT1 和 VT4 同时送上触发信号，则 VT1 和 VT4 导通，电源电压加在了负载上，负载电压 $u_d = u_{ab}$。电流从电源 a 端经 VT1、负载电阻 R 和 VT4，回到电源 b 端。到 π 时刻，u_2 为零，负载电流也降为零，流过晶闸管的电流也降为零，晶闸管 VT1 和 VT4 关断，输出电压为零。

• $\pi \sim \omega t_2$ 时段。进入电源电压的负半周，b 点电位高于 a 点电位，VT1 和 VT4 承受反向电压，VT2 和 VT3 承受正向电压，但此时没有触发信号，四个晶闸管均关断，输出电压、电流为零。与前述类似，一组管子串联起来均分电源电压。

• $\omega t_2 \sim 2\pi$ 时段。为使电源负半周输出电压与正半周相同，在交流电源进入负半周的 a 时刻（即 ωt_2 时刻）给 VT2 和 VT3 同时送上触发信号，则 VT2 和 VT3 导通，把负的电源电压倒相后加在负载上，负载上得到与正半周相同的电压和电流。电流从电源 b 端经 VT3、负载电阻和 VT2，回到电源 a 端，直到电源电压再次过零，VT2 和 VT3 关断，完成一个周期交流到直流的变换。在电源的下一个周期，电路重复前面的过程，负载得到一系列脉动的直流电压。

从上面的分析可以看出，由于在交流电源的正、负半周都有整流输出电流流过负载，在 u_2 一个周期里，变压器二次绕组正、负两个半周电流方向相反且波形对称，平均值为零，即直流分量为零，变压器不存在直流磁化的问题，变压器绕组的利用率也较高。从图 8-33 中可以看到，改变晶闸管触发导通的时刻（即改变 α 的大小），输出电压 u_d 也随之发生变化。晶闸管承受的最大反向电压为交流电压的峰值，即 $\sqrt{2}U_{2rms}$，晶闸管承受的最大正向电压为交流电压峰值的一半，即 $\dfrac{\sqrt{2}}{2}U_{2rms}$。带电阻负载整流电压平均值为 $0.9U_{2rms}\dfrac{1+\cos\alpha}{2}$（式中，$U_{2rms}$ 表示变压器二次电压的有效值）。

结合以上分析，可给定晶闸管可控整流电路的以下 5 个重要名词术语：

• 触发延迟角 α。从晶闸管自然换流点开始到施加触发脉冲时刻所对应的电角度叫作触发延迟角，也叫控制角，用 α 表示。

• 导通角 θ。晶闸管在一个交流电源周期内导通时间所对应的电角度叫作导通角，也叫导电角，用 θ 表示。上述电路中，$\theta = \pi - \alpha$。

• 移相。改变触发脉冲出现的时刻，即改变 α 的大小，叫作移相。改变 α 的大小，也就控制了整流电路输出电压的大小，这种方式也叫作"相控"。

• 移相范围。改变 α 使输出整流电压平均值从最大值降到最小值（零或负最大值），α 的变化范围叫作移相范围。上述电路中，α 的移相范围为 $180°$。

• 同步。为了使整流电路输出电压波形周期性地重复，触发脉冲与整流电路的交流电压在频率和相位上必须保持某种固定的协调关系（即必须同时满足晶闸管导通的两个条件），这种关系就叫作同步。触发脉冲与交流电源电压保持同步是可控整流电路正常工作必不可少的条件。

b. 带阻感负载。在实际生产中，纯电阻负载是不多的，很多负载既有电阻又有电感，例如各种电机的励磁绕组、交流电源的电抗、整流装置的平波电抗器等。一般把负载中的感抗 ωL 与电阻 R 相比其值不可忽略时的负载叫作阻感负载。实际上纯电感负载是不存在的（因为构成电感的线圈其导线本身就存在电阻），若负载的感抗 $\omega L \gg R$（一般认为 $\omega L > 10R$），电阻可以忽略不计，整个负载的性质主要呈感性，把这样的负载叫做大电感负载。

电感与电阻的性质完全不一样。由电路理论可知电感的特点：电感上的电流相位滞后电压相位；流过电感的电流不能发生突变，电感有抗拒电流变化的特性；电感产生感应电动势的大小与电感中电流的变化率成正比，其极性是阻碍电流的变化；纯电感不消耗能量，可以储存能量，电感储存的能量与电感量的大小、电感中电流的大小成正比，为 $\dfrac{1}{2}Li^2$。了解电感的这些特性是理解整流电路带阻感负载工作情况的关键之一。

图 8-33（a）所示的是单相桥式全控整流电路带阻感性负载电路图，为了分析上的方便把阻感负载看成是一个纯电感和电阻的串联。阻感负载电感量的大小对电路的工作情况、输出电压、输出电流的波形影响很大。假定电感 L 很大，即为大电感负载状态，则由于电感的储能作用，负载 i_d 始终连续且电流近似为一直线。

可以看出，电路的自然换流点为正弦波 u_2 的过零点。假定电路的触发延迟角为 α，晶闸管近似为理想开关，现在来分析其稳态工作过程。

• $0 \sim \alpha$ 时段。电路工作于稳态时具有周期性，该时段是 VT2、VT3 导通过程的延续。虽然此时段 $u_2 > 0$，但由于电感的续流作用，VT2、VT3 仍维持导通，输出电压 $u_d = -u_2$。

• $\alpha \sim \pi$ 时段。在 α 时刻 VT1、VT4 的触发脉冲出现，由于前面 VT2、VT3 的导通，使得晶闸管 VT1、VT4 承受正向电压，即 $U_{\mathrm{VT1AK}} = u_{\mathrm{VT4AK}} = u_2 > 0$，因此 VT1、VT4 满足导通条

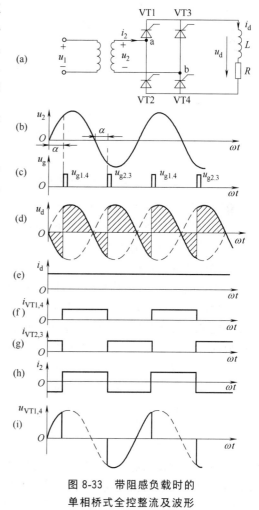

图 8-33　带阻感负载时的
单相桥式全控整流及波形

件，输出电流由 VT2、VT3 向 VT1、VT4 转移，完成换流，输出电压 $u_d = u_2$。

• $\pi \sim \pi + \alpha$ 时段。虽然此时段 $u_2 < 0$，但由于电感的续流作用，VT1、VT4 仍维持导通，输出电压 $u_d = u_2$。

• $\pi + \alpha \sim 2\pi$ 时段。在 $\pi + \alpha$ 时刻 VT2、VT3 的触发脉冲出现，由于前面 VT1、VT4 的导通，使得晶闸管 VT2、VT3 承受正向电压，即 $u_{VT2AK} = u_{VT3AK} = -u_2 > 0$，因此 VT2、VT3 满足导通条件，输出电流由 VT1、VT4 向 VT2、VT3 转移，完成换流，输出电压 $u_d = -u_2$。

• $2\pi \sim 2\pi + \alpha$ 时段。由于电路工作的周期性，该时段即为 $0 \sim \alpha$ 时段，由于电感的续流作用，VT2、VT3 仍维持导通，输出电压 $u_d = -u_2$。

该电路完整的工作波形如图 8-33 所示。带大电感负载整流电压平均值为 $0.9U_{2rms}\cos\alpha$。

c. 带反电动势负载。在生产实践中的晶闸管整流电路，除了电阻、电感性负载之外，还有一类具有反电动势性质的负载。比如：给蓄电池充电，带动直流电动机运转。这一类负载的共同特点是工作时会产生一个极性与电流方向相反的电动势，把这一类负载叫作反电动势负载。反电动势负载对整流电路的工作会产生影响。

反电动势负载可看成是一个电势源与电阻的串联，电势源的极性与电流方向相反，电阻是电流回路的等效电阻（包括反电动势和导线等的电阻），见图 8-34。

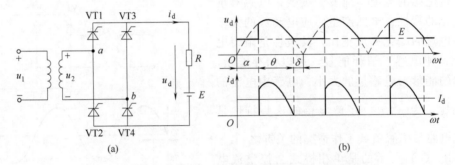

图 8-34 带反电动势负载时的单相桥式全控整流及波形

晶闸管整流电路带反电动势负载时，会使晶闸管导通角减小，电流断续，电流波形的底部变窄。而电流平均值是与电流波形的面积成比例的。要增大电流的平均值，必须增大电流的峰值，电流的有效值也随之大大增加。有效值的增大，使得器件发热量增加，交流电源的容量增加，功率因数降低。

如果反电动势负载是直流电动机，由图 8-34 (b) 可以看出，要增大负载电流，必须增加电流波形的峰值，这要求大量降低电动机的反电动势 E，从而电动机的转速也要大量较低。这就使得电动机的机械特性很软，相当于整流电源的内阻增大。此外，较大的电流峰值还会使电动机换向容易产生火花，甚至造成环火短路。

为了克服以上缺点，一般在反电动势负载的直流回路中串联一个平波电抗器，如图 8-35 所示，用来抑制电流的脉动和延长晶闸管导通的时间。有了平波电抗器，当 u_2 小于 E 时，甚至 u_2 值变负时，晶闸管仍可导通。只要电感量足够大甚至能使电流连续，达到 $\theta = 180°$。这时整流电压 u_d 的波形和负载电流 i_d 的波形与单相桥式全控整流电路带电感负载电流连续时的波形相同，整流电压平均值的计算公式亦相同。当然如果电感量不够大，负载电流也可能不连续，但电流的脉动情况会得到改善。根据图 8-35 所示的负载电流临界连续的情况，可计算出保证负载电流连续所需的电感量。

② 三相桥式全控整流电路　在各种可控整流电路中，应用最为广泛的是三相桥式全控整

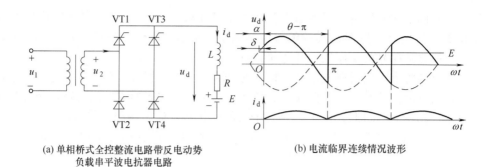

(a) 单相桥式全控整流电路带反电动势
负载串平波电抗器电路

(b) 电流临界连续情况波形

图 8-35　带反电动势负载串平波电抗器时的单相桥式全控整流及波形

流电路。它可以看成是两组三相半波可控整流电路串联起来同时工作，一组是共阴极接法，另一组是共阳极接法，其电路原理图如图 8-36（a）所示。图中共阴极组的晶闸管分别编号为

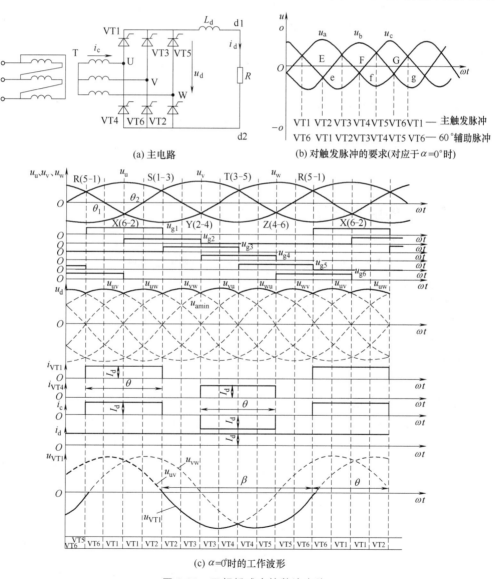

(a) 主电路

(b) 对触发脉冲的要求(对应于 $\alpha=0°$ 时)

(c) $\alpha=0°$ 时的工作波形

图 8-36　三相桥式全控整流电路

VT1、VT3、VT5，共阳极组的晶闸管分别编号为 VT4、VT6、VT2。之所以这样编号，完全是为了便于分析电路。按照这样的编号，晶闸管是以 VT1→VT2→VT3→ VT4→VT5→VT6→VT1······自然序号的顺序依次导通和关断的。

三相桥式全控整流电路对触发脉冲有特殊的要求。由于三相桥式全控整流电路工作时必须有一个共阴极组的晶闸管和一个共阳极组的晶闸管同时导通才能形成电流通路，触发脉冲按照管子的编号依次间隔 60°，即每 60°有一个管子被触发导通，似乎按照编号每隔 60°发出一个脉冲即可。但是，在整流电路合闸启动过程中或电流断续时，所有的管子均不导通，这时每隔 60°发出一个脉冲并不能保证相应的共阴、共阳两个管子同时触发导通。为确保电路的正常工作，需保证在任何时刻同时导通的两个晶闸管均得有触发脉冲。为此，可采用两种方法：一种方法是使脉冲宽度大于 60°（一般取 80°～100°），称为宽脉冲触发；另一种方法是，在触发某个晶闸管的同时，给序号前一号的晶闸管补发一个脉冲，即用两个窄脉冲代替宽脉冲，两个窄脉冲的前沿相关 60°，脉宽一般为 18°～36°，称为双脉冲触发。这两种方法都是在触发某个晶闸管的同时，使与之配对导通的另一个晶闸管也有触发信号，以保证这两个管子不管在此之前是什么状态（导通或关断），都应该被触发导通。双脉冲电路较复杂，但要求的触发电路输出功率小。宽脉冲触发电路虽可少输出一半脉冲，但为了不使脉冲变压器饱和，需将铁芯体积做得较大，绕组匝数较多，导致漏感增大，脉冲前沿不够陡，对于晶闸管的串、并联使用不利。虽可用去磁绕组改善这种情况，但又使触发电路复杂化。因此，常用的是双脉冲触发。三相桥式全控整流电路 $\alpha=0$ 时的脉冲及工作波形如图 8-36（b）、（c）所示。

同样，调节 α 角的大小，可得到三相桥式全控整流电路输出直流电压的平均值 U_{dav} 为：

$\alpha \leqslant 60°$，输出电流连续，$U_{dav} = 2.34U_{2rms}\cos\alpha$；$\alpha > 60°$，输出电流断续，$U_{dav} = 2.34U_{2rms}\left[1+\cos\left(\alpha+\dfrac{\pi}{3}\right)\right]$。

8.2.2 晶闸管的触发电路

晶闸管要导通，除加正向阳极电压外，还需在控制极和阴极之间加正向控制电压，即触发电压。触发电压可以是直流信号，也可以是交流信号，或者是脉冲信号。

(1) 晶闸管对触发电路的要求

① 触发信号应有足够的功率（电压和电流）。

② 触发脉冲应有一定的宽度。

③ 触发脉冲上升沿要尽可能陡。

④ 触发脉冲要能在一定范围内移相。

⑤ 触发脉冲必须与晶闸管的阳极电压同步。

(2) 几种常用的晶闸管触发电路

① 阻容移相桥　阻容移相桥为具有中心抽头的同步变压器与 RC 组成的移相桥，如图 8-37 所示。它利用移动 O、D 两点电压相位来控制晶闸管导通角的大小，实现对输出负载电压的调节。电路中同步变压器一次侧与晶闸管阳极接在同一个交流电源。因此同步变压器二次侧电压 U_{AB} 与晶闸管阳极电压同相位。

由图 8-37 可见，变压器二次侧电压 $\dot{U}_{AB}$ 等于电阻电压 $\dot{U}_{DB}$ 与电容电压 $\dot{U}_{AD}$ 的相量和，

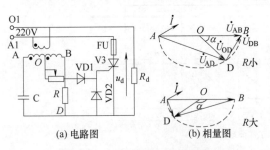

(a) 电路图　　　(b) 相量图

图 8-37　阻容移相桥触发电路

即 $\dot{U}_{AB}=\dot{U}_{DB}+\dot{U}_{AD}$。$\dot{U}_{DB}$ 与 $\dot{U}_{AD}$ 互成直角,所以,改变电阻 R 的值时,D 点沿着以 AB 为直径的半圆运动。

移相桥输出电压 $\dot{U}_{OD}$ 与 $\dot{U}_{AB}$ 的相位差为 α,且滞后于 $\dot{U}_{AB}$。$\dot{U}_{OD}$ 为晶闸管控制极电压,因此,晶闸管控制极电压滞后阳极电压 α 角,使晶闸管在阳极电压正半周上的电角度为 α 时触发。改变 R 的大小,α 也随之改变,可在 $0°\sim180°$ 范围内变化。

移相桥接上控制极后,由于控制极电流经电阻产生压降,移相范围要小于 $180°$,输出最大幅值也将小于 U_{AB} 最大值的一半。

移相桥的各参数可以变化,同步变压器二次侧两个绕组的电压均应大于控制极的最大触发电压。流过移相桥电阻和电容的电流应大于控制极的最大触发电流,可调电阻值应为电容器容抗的几倍以上。

阻容移相桥中 R、C 的取值范围分别为:

$$R \geqslant K_R \frac{U_{OD}}{I_{OD}} \quad (\Omega);\qquad C \geqslant \frac{3I_{OD}}{U_{OD}} \quad (\mu\text{F})$$

式中,U_{OD}、I_{OD} 为移相桥输出电压、电流;K_R 为电阻系数,可由表 8-8 查得。

表 8-8　电阻系数(K_R)(经验数据)

整流电路输出电压的调节倍数	2	2～10	10～50	50 以上
要求移相范围	90°	90°～144°	144°～164°	164° 以上
电阻系数 K_R	1	2	3～7	>7

使用阻容移相桥触发时,需注意如果把 R 和 C 位置调换或把 $\dot{U}_{OD}$ 反相,或将同步变压器一、二次侧同名端弄反,都会发生晶闸管控制极电压和阳极电压不同步,使电路失控。

阻容移相桥触发电路结构简单、工作可靠、调节方便,但触发电压为正弦波,前沿不陡,直接受电网电压波动影响大。它的管耗大,调节范围受限制,所以只用于小容量或要求低的整流电路中。

② 单结晶体管触发电路

a. 单结晶体管的结构与伏安特性。单结晶体管又称为双基极二极管,其结构及基本电路等如图 8-38 所示。

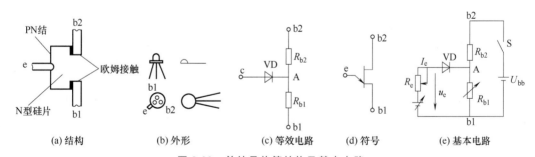

图 8-38　单结晶体管结构及基本电路

当 b1 和 b2 之间未加电压(S 断开)时,e 与 b1 构成普通二极管。b1 和 b2 之间加电压 U_{bb},A 点电位取决于 R_{b1}、R_{b2} 所形成的分压比,即:

$$\eta = \frac{R_{b1}}{R_{b1}+R_{b2}}$$

A 点对 b1 的电位为:$U_A = \eta U_{bb}$

当发射极电位 U_e 从零逐渐增加,但 $U_e < \eta U_{bb}$ 时,有很小的反向漏电流,等效于二极管

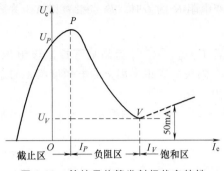

图 8-39　单结晶体管发射极伏安特性

反偏，单结晶体管处于反向截止状态；当 U_e 高出 ηU_{bb} 一个二极管压降时，即 $U_e \geqslant \eta U_{bb} + U_v$，此时单结晶体管导通，这个电压称为峰点电压 U_P。单结晶体管导通后，I_e 显著增大，发射极向 N 区注入大量空穴，使靠近 b1 一边的硅片载流子数目大大增加，R_{b1} 迅速减小，导致 U_A 电位下降。U_A 减小相当于 PN 结正向偏置增大，空穴注入量更多。I_e 进一步增大，R_{b1} 进一步减小，形成正反馈，U_e 随 I_e 的增加而减小，使单结晶体管呈负电阻特性，图 8-39 所示的 PV 段称为负阻区，从截止区转变为负阻区的转折点 P 称为峰点。I_e 增加，使空穴注入量增加，达到一定程度时，会出现空穴来不及与基区电子复合，产生空穴储存现象。要使 I_e 增大，必须加大电压 U_e，即单结晶体管转化到饱和区，从负阻区到饱和区的转折点 V 称为谷点。谷点电压 U_V 是维持管子导通的最小电压，一旦出现 $U_e < U_V$，管子重新截止。上述特性曲线是在 U_{bb} 一定时获得的，改变 U_{bb} 的大小，峰点电压 U_P 以及谷点电压 U_V 也将随之改变。

b. 单结晶体管自激振荡电路。利用单结晶体管的负电阻特性及 RC 电路的充放电功能可以组成自激振荡电路，如图 8-40 所示。

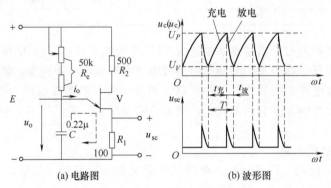

(a) 电路图　　　　　　　(b) 波形图

图 8-40　单结晶体管自激振荡电路

接通电源后，电容 C 经 R_e 充电，电容两端电压逐渐升高，当 U_e 达到峰值电压 U_P 时，单结晶体管导通，e-b1 之间的电阻突然变小，电容 C 上的电压不能突变，电流能突然跳变，电容上的电荷通过 e-b1 迅速向 R_1 放电，由于放电回路电阻很小，放电时间很短，所以 R_1 上输出一个很窄的尖脉冲。当电容 C 上的电压降至谷点电压 U_V 时，由 R_e 供给的电流小于谷点电流，不能满足单结晶体管的导通条件，因而 e—b1 之间的电阻迅速增大，单结晶体管由导通转为截止，电容又重新充电，重复上述过程。电容的放电时间常数 τ_1 远小于充电时间常数 τ_2，即：

$$\tau_1 = (R_1 + R_{b1}) \leqslant \tau_2 = R_e C$$

电容 C 上得到的是锯齿波电压，R_1 上的脉冲电压是尖脉冲，其振荡频率与 R_e、C 及单结晶体管分压比 η 有关。忽略电容放电时间，自激振荡的频率为：

$$f = \cfrac{1}{R_e C \ln \cfrac{1}{1-\eta}}$$

所以振荡周期为：

$$T = R_e C \ln \frac{1}{1-\eta}$$

改变 R_e 的大小可以改变触发电路的振荡频率。但 R_e 不可过大或过小。R_e 值太大，管子无法从截止区转到负阻区；R_e 值太小，e—b1 导通后，仍然使 I_e 一直大于谷点电流，单结晶体管关不断，不能振荡。因此，欲使电路保持振荡状态，R_e 值必须满足下列条件：

$$\frac{E-U_P}{I_P} \geqslant R_e \geqslant \frac{E-U_V}{I_V}$$

式中，U_P、I_P 为峰点电压、电流；U_V、I_V 为谷点电压、电流。

带脉冲变压器输出脉冲的晶闸管触发电路如图 8-41 所示。

③ 同步电压为正弦波的触发电路

由晶体管组成的触发电路适用于触发要求高、功率大的场合，它由同步移相和脉冲形成放大两部分组成。同步移相可采用正弦波同步电压与控制电压叠加来实现。

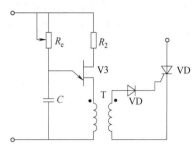

图 8-41　脉冲变压器输出脉冲

脉冲形成放大环节可利用电容充放电及晶体管开关特性，受同步移相信号的控制，产生符合要求的触发脉冲。

a. 同步移相环节。正弦波触发电路的同步移相环节一般都是采用正弦波同步电压与一个

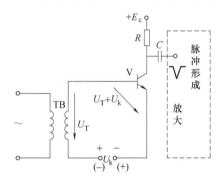

图 8-42　串联垂直控制电路

控制电压或几个电压的叠加，通过改变控制电压的大小来改变晶体管翻转时刻，这种方式称为垂直控制或正交控制。最简单的是一个同步电压 U_T 与一个控制电压 U_k 的叠加。根据信号叠加的方式，又可分为串联控制与并联控制两种。

串联垂直控制电路如图 8-42 所示。同步电压是由变压器二次侧供给的正弦波电压 U_T 串联直流控制电压 U_k，二者叠加后的信号在由负变正时控制晶体管 V 的翻转导通。改变控制电压 U_k 的大小和正负，就可以改变晶体管导通的时刻，从而达到移相的目的，以此通过微分电路送出负脉冲去控制脉冲形成放大电路，使输出的触发脉冲在 $0°\sim180°$ 之间移动。

并联垂直控制电路如图 8-43 所示。控制方式是将控制电压经过电阻变成电流后与同步电压经过电阻变成的电流进行并联，接在晶体管基极上，控制信号以电流形式与同步信号叠加。在图 8-43 中，要使 NPN 型晶体管 V 导通，必须使 $I_b > 0$，否则晶体管截止。而 I_b 是由同步电压与控制电压经过电阻变换为电流叠加而得到的，与串联叠加效果相同。并联垂直控制电路比较简单，且有公共接点，各信号串有较大的电阻，调整时互不影响，实际使用较多。

某正弦波移相触发电路如图 8-44 所示。在同步移相环节送出脉冲时，使单稳态翻转，输出脉宽可调的、幅值足够的触发脉冲，起到脉冲整形与放大作用，其工作过程如下：

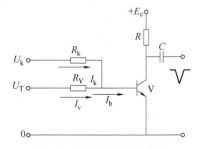

图 8-43　并联垂直控制电路

• 稳态。在 V1 截止时使 V2 处于饱和导通状态，V3、V4 处于截止状态，电容 C4 经电阻 R9 给二极管 VD4 充电到电源电压，极性为左正右负。

• 暂态。当控制电压 U_k 与同步电压 U_T 产生的电流叠加使 $I_{b1} > 0$ 时，V1 立即饱和导

通，经 C4 给基极输送负脉冲，V2 由饱和导通变为截止，V3、V4 由截止变为饱和导通。脉冲变压器二次侧输出触发脉冲，由于 R12 和 C6 组成阻容正反馈电路，使 V4 翻转加快，提高输出脉冲的前沿陡度。V4 导通经正反馈耦合，使 V2 基极 b 点维持负电位，经 R9、R12、V4 的饱和压降放电，同时 b 点电位升高，当 $U_b > 0.7V$ 时 V2 导通，V3、V4 截止，暂态结束，恢复稳态，输出脉冲终止。电路自动返回后，电容 C6 充电到稳定值，为下一次翻转做准备。

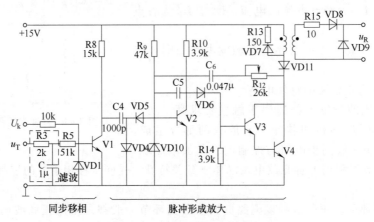

图 8-44 某正弦波移相触发电路

图 8-44 中的 C5 起微分负反馈作用，能够提供触发电路的抗干扰能力。VD7、R13 防止 V3、V4 截止时在脉冲变压器一次侧感应下正上负的高压，引起 V3、V4 击穿，同时起续流作用。R14 对 V3、V4 基极电流产生分流，有利于提高抗干扰能力，在电路中增加二极管 VD10 防止电源端进入负脉冲，引起误翻转。R15 为限流电阻，防止烧毁晶闸管控制极。二极管 VD9、VD8 可避免控制极承受反压。其中，V1～V3 为 3DG12B，V4 为 3DD4，VD8、VD9 为 2CP2IF，其余为 2CP12。电路输出脉冲宽度 $\tau = C_6(R_9 + R_{12})$，改变 R_{12} 就可调节脉宽。

　　b. 正弦波移相触发电路的优缺点。

　　• 优点：控制电压 U_k 与输出电压 U_d 呈线性关系，可以看成是一个线性放大器，对闭环系统有利；能补偿电源电压波动对输出电压 U_d 的影响。如电源电压下降，同步电压随之下降，U_k 不变，过零时左移控制 α，减小为 α'，补偿了电压的下降，使输出电压基本不变；线路简单，容易控制。

　　• 缺点：由于同步电压直接受电网电压的波动及干扰影响大，特别是电源电压波形畸变时，U_k 与 u_T 波形交点不稳定，导致整个装置工作不稳定。

　　由于正弦波顶部平坦与 U_k 交点不明确，无法工作。电源电压波动，导致 U_k 与 u_T 无交点，不发脉冲，所以，实际移相范围最多只能达 0°～150°。为了防止各种可能出现的意外情况，电路中必须设置最小控制角 α_{min} 与最小逆变角 β_{min} 的限制。

　　④ 同步电压为锯齿波的触发电路　锯齿波触发电路如图 8-45 所示。它由移相环节、脉冲形成和放大环节、双脉冲及脉冲输出环节等组成。这种触发电路抗干扰、抗电网波动影响的性能好，得到了广泛的应用。

　　a. 同步及移相环节。图 8-46（a）为图 8-45 中同步变压器 T 的二次绕组输出交流电压 u_T（其有效值为 7V 左右）的波形。由 R1、C1 组成的滤波器，用以清除干扰，并使这个交流电压相位后移 60°，如图 8-46（b）所示。经滤波的交流电压 u_{c1} 作用在晶体管 V1 的基极、发射极之间，设 u_{c1} 的极性上正下负时为正方向，则 u_{c1} 为负值时晶体管导通，电容 C2 被晶体管短接，忽略 V1 的管压降，a 点电位等于直流控制电压 u_k，u_k 的变化范围为 0～6V。当 $\omega t =$

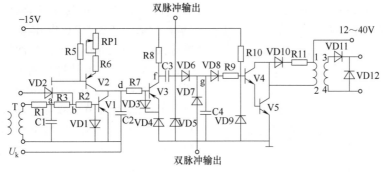

图 8-45　锯齿波触发电路

θ_1 时，u_{c1} 过零变正，V1 由导通转为截止。控制电压 u_k 经晶体管 V2、电阻 R6 和电位器 RP1 到 −15V 电源给电容 C2 充电，u_k 为正值，C2 两端电位极性是上负下正；又因为 R4、R5、R6 和 RP1 及晶体管 V2 组成了恒流源，所以 d 点电位是线性变化的。随着 C2 充电，d 点电位线性下降，到了 d 点电位低于 0V 时，V3 导通，d 点破 V3 发射结钳位，接近 0V。当晶体管 V1 再次导通时，d 点电位又为 u_k。重复上述过程，d 点形成线性良好的锯齿波。

改变电位器 RP1 的值，即改变 C2 的充电时间，就改变了锯齿波的斜率。改变直流控制电压 u_k 大小，就改变了触发脉冲产生的时刻，从而达到脉冲移相的目的。

b. 脉冲形成和放大环节。图 8-45 中，当 V3 截止时，−15V 电源经二极管 VD5 和电阻 R8 给电容 C3 充电，充电结束后，C3 左端电压为 −15V，右端电压略低于 0V，所以 V4、V5 截止。当 d 点电位下降至 0V，V3 由截止变为导

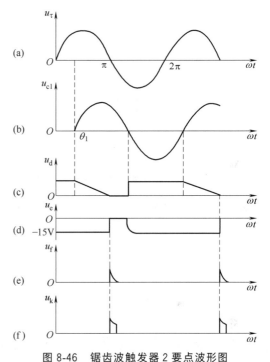

图 8-46　锯齿波触发器 2 要点波形图

通，f 点电位由 −15V 跳变到 0V，电容 C3 两端电压不能突变，所以其右端电位由 0V 升到 15V。V4、V5 导通，脉冲变压器输出脉冲信号。V4、V5 导通后，通过 VD6、VD8、R9、V4、V5、VD4、V3 形成的回路放电。C3 放电结束，f 点电位降至 0V，V4、V5 由导通变为截止，脉冲结束。因此，脉冲宽度取决于 C3 放电回路的时间常数。

c. 脉冲输出环节。要使脉冲开通时间缩短，改善串并联元件的动态均压、均流，改善触发可靠性，可以采用强触发环节，图 8-47 为强触发电源电路。

在没有电流输出时，两个电源由二极管 8V17 相隔离，电压为 12V 和 40V。当触发导通时，40V 电压立即对脉冲变压器的一次侧供电，由于 40V 电源有 60Ω（8R1）的内接电阻，电流便在其内阻上产生很大压降，而使

图 8-47　强触发电源电路

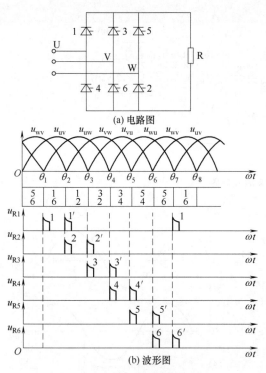

(a) 电路图

(b) 波形图

图 8-48　三相全控桥式电路双脉冲安排顺序

40V 电压很快下降到小于 12V，此时二极管 8V17 导通，于是 12V 电压继续对脉冲变压器进行供电，从而输出带尖脉冲的、前沿很陡的强触发脉冲。由于脉冲电源供给六个触发器，所以它每隔 60°将有一次电流输出。

d. 双脉冲环节。双脉冲环节是三相全控桥式或带平衡电抗器反星形电路的特殊要求。三相全控桥式电路双脉冲安排顺序如图 8-48 所示。六个晶闸管的脉冲在相位上依次相差 60°。脉冲 1、2、3、4、5、6 由各晶闸管的触发器本身产生。如对 1 号触发器应在 θ_1 发出脉冲 1 触发晶闸管 V1，而在 θ_2 时，与 V6 换流。2 号触发器本身应发出触发脉冲 2 触发晶闸管 V2，同时再对 V1 触发一次，即要求 1 号触发器此时再补发一个脉冲 1'。脉冲 1 和 1'在相位上相差 60°。以此类推，就得到要求的双脉冲。图 8-49 为双脉冲环节各触发器间的连线示意图。当 1 号触发器在 θ_1 发出脉冲时，由 1 号触发器的 f 点输出一个正脉冲经 VD7 接至 6 号触发器的 g 点，使 6 号触发器的 V4、V5 导通一次，从而

6 号触发器在 θ_1 时刻产生一个脉冲 6'，就发出了双脉冲。

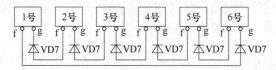

图 8-49　双脉冲环节各触发器间的连线示意图

8.2.3　直流调速线路中的各种电路调节器

(1) 晶体管电压放大器

运用晶体管的放大特性可构成晶体管放大电路，常用的电压放大电路就是将微弱的信号电压放大成幅度较大的信号电压。完成电压放大的电路叫电压放大器。研究电压放大时，不太注重电流信号的放大。基本电压放大电路中的晶体管常呈现共发射极接法，其电路如图 8-50（a）所示；基本电压放大电路工作原理分析如图 8-50（b）所示。

图 8-50 中基极电流 I_b、集电极电流 I_c、集-射电压 U_{ce} 都是电路的直流值（静态值），称为放大电路的静态工作点。

当有交流信号电压 $\tilde{u}_i$ 经过耦合电容 C1 叠加到晶体三极管的发射结上时，将引起基极脉动电流 i_b，经晶体三极管放大后又产生放大了的集电极脉动电流 i_c，由于集电极电阻 Rc 的作用又将变换为集电极-发射极脉动电压 u_{cc}，该电压经耦合电容 C2 的隔直作用后，将输出一个放大的且反相的输出电压 $\tilde{u}_o$，其电路的电压放大倍数等于电压 $\tilde{u}_o$ 和 $\tilde{u}_i$ 的幅值之比或有效值之比，即：

$$A_u = \frac{\tilde{u}_{om}}{\tilde{u}_{im}} = \frac{\tilde{u}_o}{\tilde{u}_i}$$

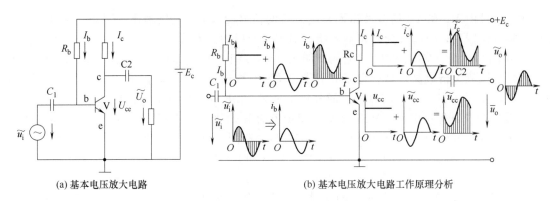

(a) 基本电压放大电路　　　　　　　(b) 基本电压放大电路工作原理分析

图 8-50　基本电压放大电路及其工作原理分析

(2) 集成运算放大器

集成运算放大器是电子模拟解算装置的基本单元，它由高放大倍数的放大器加上强反馈电路所构成，是一种高放大倍数的直接耦合放大器。其放大倍数可高达 10^7 倍（140dB）以上，输入阻抗为 $100\text{k}\Omega \sim 10\text{M}\Omega$，输出阻抗为 $75 \sim 300\Omega$。集成运算放大器可用来作加法、减法、乘法、除法、积分、微分等运算，可方便地组成比例、积分、微分等各种电路调节器。

现以 F007 运算放大器为例，简要介绍其电路的组成及工作原理。

① 基本组成部分　运算放大器的内部电路一般由输入级、中间增益级、输出级及其保护电路和偏置电路四部分组成。通用单片集成运算放大器 F007（μA741）电路如图 8-51 所示。

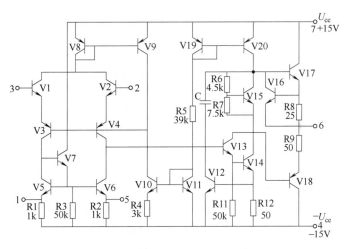

图 8-51　F007 运算放大器电路

a. 输入级。输入级由 V1～V10 组成，这是 F007 的第一级——电压增益级。对输入级的要求是：输入失调电压小、输入偏置电流小、放大倍数高、共模抑制比高和容许的差模与共模输入信号范围大。几乎所有的运算放大器输入级都采用差动放大电路。图 8-51 中，V1 和 V3、V2 和 V4 组成互补差分放大器，其中 V1 和 V2 为 NPN 型晶体管，β 值很大，又是共集组态，起到减小基极电流和提高放大器输入阻抗的作用。V3 和 V4 为横向 NPN 管，β 值较小，组成共基极组态，使频率响应得到改善。这两种组态所组成的共集电极-共基极放大级，能够承受较高的输入电压。

V5～V7 以及 R1～R3 组成的改进型镜像恒流源，用作差分放大器的有源集电极负载，同时将差分放大器的双端输出变为单端输出，从而提高了输入级的增益。

输入信号由 V1 和 V2 的基极输入，放大后的信号由 V4 集电极输出。引脚 1 和引脚 5 供外接调零电位器用，引脚 2 为同相输入端，引脚 3 为反相输入端。

b. 中间增益级。V13、V14 及它的有源负载 V20 组成 F007 的第二电压增益级，对这一级的要求是电压放大倍数高，具有直流电平移动及变双端输入为单端输出的功能。为了保证该级稳定工作，在 V13 的集电极与基极之间外接了一只 30pF 的相位校正电容 C。

c. 输出级及其保护电路。V17 和 V18 组成互补输出级。输出级要求有较大的额定输出电压和电流，有较低的输出电阻，同时还具有输出过载保护电路。该级工作在甲乙类状态，静态电流由 V15、R6 和 R7 组成的倍增电路提供。V16 和 R8 组成正向保护电路。当输出管 V17 的电流增加时，R8 上的压降随着增大。当 R8 上的压降增大到 V16 的导通电压时，V16 导通并分流流入 V17 的基极，从而使 V17 的发射极电流下降，起到保护作用。V12 与 R12 组成负向保护电路。当输出负向信号时，信号电流经负载和 R18 流入 $-U_{cc}$。如果信号电流很大，V18 的基极电流必定很大，流过 R14 发射极的电流也必然很大，使 R12 上的压降增大。当 R12 上的压降为 0.5V 时，V12 开始导通，并分流 V13 的基级电流，从而限制了输出电流，达到保护的目的。

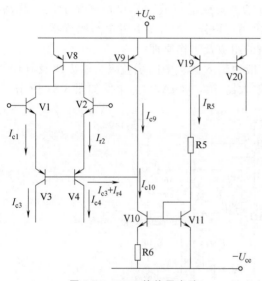

图 8-52 F007 的偏置电路

d. 偏置电路。F007 的偏置电路如图 8-52 所示。主要要求是产生稳定的偏置电流。这是一个闭环系统，有电流负反馈作用，稳定了相应级的工作点。例如，当温度升高时，I_{c3} 和 I_{c4} 均随之增加，流过 V8 的电流增加，根据镜像关系，流过 V9 的电流必定增加。若 I_{c10} 不变，则 $I_{b3} + I_{b4}$ 必定减小，从而使 I_{c3} 和 I_{c4} 下降，稳定了静态的工作点。

温度的升高使 I_{c3} 和 I_{c4} 增加，相当于在 V1 和 V2 基极加有共模信号，这个闭环电流反馈使共模信号降低，常称其为共模反馈电路。

② 集成运算放大器组成的各种电路调节器 在运算电路中，集成运算放大器应工作在线性区，因此都必须引入深度负反馈。集成运算放大器引入各种不同的负反馈网络，便可实现各种不同的运算功能。

a. 加法运算电路。能实现输出电压与几个输入电压之和成比例的电路，称为加法运算电路。按输入信号均从反相端或均从同相端输入，可分为反相加法电路和同相加法电路。由于同相加法电路调试不便，且有共模输入，故较少采用，这里仅介绍反相输入加法电路。

图 8-53 为具有 3 个输入端的反相输入加法运算电路。根据反相输入"虚地"和"虚断"的特点可见：

$$i_1 + i_2 + i_3 = i_f \tag{8-24}$$

即：

$$\frac{u_{i1}}{R_1} + \frac{u_{i2}}{R_2} + \frac{u_{i3}}{R_3} = -\frac{u_o}{R_f} \tag{8-25}$$

由此可得输出电压：$u_o = -R_f\left(\dfrac{u_{i1}}{R_1} + \dfrac{u_{i2}}{R_2} + \dfrac{u_{i3}}{R_3}\right)$ (8-26)

若 $R_1 = R_2 = R_3 = R_f$，则：$u_o = -(u_{i1} + u_{i2} + u_{i3})$

(8-27)

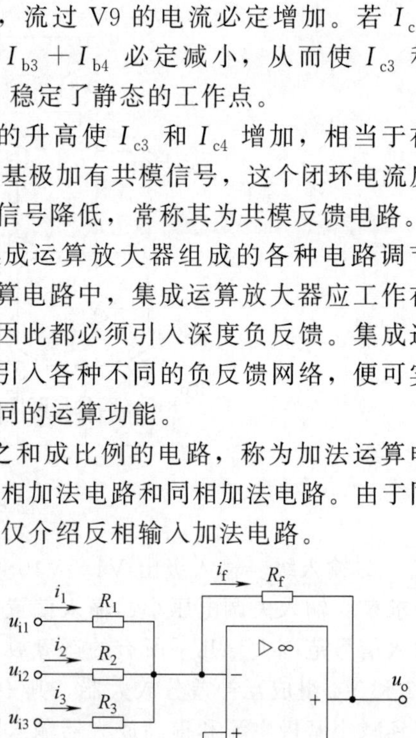

图 8-53 具有 3 个输入端的
反相输入加法运算电路

表明该电路实现了输入电压求和，即输出电压是多个输入信号叠加的结果。式中负号是由于信号从反相端输入引起的。若在图 8-53 的输出端加接一级反相器，则可消去负号。

为了保证运放输入端参数对称，提高运算精度，设计时应取：

$$R_4 = R_1 // R_2 // R_3 // R_f \tag{8-28}$$

反相输入加法运算电路设计和调试方便，因为当改变某一信号回路的输入电阻时，仅影响该回路输入电压与输出电压之间的比例关系，而不影响其他回路输入电压与输出电压之间的比例关系。另外，由于"虚地"，故共模输入电压可视为零，其实际应用广泛。

b. 减法运算电路。由上所述，若先将某一信号 u_{i1} 加至反相器中倒相为 $-u_{i1}$，然后与另一输入信号 u_{i2} 一起加入反相输入加法电路中相加，则输出与两输入信号之差成比例，就实现了减法运算，但这需要运用 2 个运放。而差动输入式减法运算电路只需用 1 个运放。下面对它进行介绍。

在图 8-54 中，将运算的信号分别从两个输入端输入，反馈信号仍然加至反相端。该电路输出电压与两输入电压之差成比例，实现减法运算，称为差动输入式减法运算电路。

由图 8-54 可见，运放外接负反馈，因而工作于线性状态，即该电路属于线性电路，故叠加定理适用。u_{i1} 单独作用时的输出用 u_{o1} 表示，u_{i2} 单独作用时的输出用 u_{o2} 表示，则由叠加定理可得：

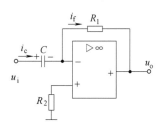

图 8-54　差动输入式减法运算电路

$$u_o = u_{o1} + u_{o2} = \left(-\frac{R_f}{R_1}\right)u_{i1} + \left(1 + \frac{R_f}{R_1}\right) \times \left(\frac{R_3}{R_2 + R_3}u_{i2}\right) \tag{8-29}$$

若 $R_1 = R_2$，并且 $R_3 = R_f$，则：$u_o = -\dfrac{R_f}{R_1}(u_{i1} - u_{i2})$

$$\tag{8-30}$$

若 $R_1 = R_2 = R_3 = R_f$，则：　　　$u_o = -(u_{i1} - u_{i2})$ \qquad (8-31)

由此可见，该电路是对输入端的差模输入电压进行放大，因此又称"差动放大器"。由于"虚短"，$U_- = U_+ = \dfrac{R_3}{R_2 + R_3}u_{i2}$，因此差动电路也存在共模输入电压。

由于加减法运算电路输出电压与输入电压呈比例关系，亦称比例调节器（P）。

c. 积分运算电路。反相比例运算电路中的反馈电阻 R_f 由电容 C 取代，便构成了积分运算电路，亦称积分调节器（I）。其电路如图 8-55 所示。

积分运算电路主要用于延迟电路、波形变换等电路中。积分调节器（I）常与比例调节器（P）配合使用，组成 PI 调节器。

d. 微分运算电路。微分是积分的逆运算。将图 8-55 积分运算电路中电阻 R_1 与电容 C 的位置互换，即构成微分调节器（D）。其电路如图 8-56 所示。

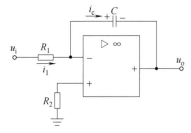

图 8-55　积分运算电路

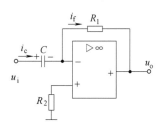

图 8-56　微分运算电路

微分运算电路对高频噪声和突然出现的干扰（如雷电）等非常敏感，故它的抗干扰能力很差，限制了其应用。微分调节器（D）常与比例调节器（P）和积分调节器（I）配合使用，组成 PID 调节器。

8.3　XF-014 轧辊磨床晶闸管直流调速系统

XF-014 轧辊磨床最大磨削直径为 1600mm，最大磨削长度为 4000mm，轧辊的旋转运动由交流电动机拖动，砂轮的旋转运动和拖板的进给往复运动，由两套晶闸管供电的直流调压调速系统分别拖动（SCR-200A 晶闸管负责主拖动）；调速范围 D 为 10～40，低速时的静差率应小于 10%；主拖动与拖板进给均为恒转矩负载。

8.3.1　SCR-200A 晶闸管通用直流调速系统的概述

该系统主要用于各类大型磨床的主拖动，适合于电压为 400～440V 的直流电动机的调速系统。系统的电路简单，安装维修方便。

（1）拖动控制方案

这类机床对动、静特性的要求较高，控制方案采用单闭环无静差调速系统，其原理框图如图 8-57 所示。主回路采用三相半控桥式不可逆电路，使用了各类常规保护环节，如 R-C 吸收网络、硒堆过电压吸收等措施。控制回路采用速度反馈的单闭环系统，用光电耦合器组成电流截止环节，以限制启动时的冲击电流及主回路出现的各种不正常的冲击电流，在负载堵转的情况下能得到一种安全可靠的挖土机特性。主放大器采用了 FC3 集成放大器组成的 PI 调节器，用射极输出器与触发电路匹配连接。采用正弦触发器，由脉冲变压器输出移相脉冲，以达到移相控制的目的。

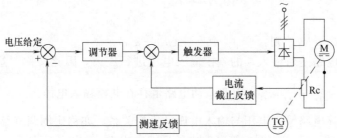

图 8-57　SCR-200A 调速系统原理框图

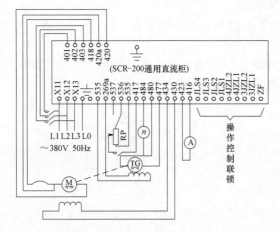

图 8-58　直流控制柜外部连接

（2）直流控制柜外部连接

如图 8-58 所示，控制柜的上排输出线板号表示柜背面的接线端子，下排线号表示柜正面的接线端子，控制柜内部与外部的连接关系可参阅电气原理图。控制柜中的过电流、欠电流及超速继电器的引出联锁触点是用于联锁保护的，可按不同拖动要求选择使用。当控制柜连接完成后，在通电之前，必须对控制柜接地情况作认真检查，避免控制柜外壳带电，确保操作人员的安全。

（3）系统各环节原理简介

系统的原理电路图如图 8-59 所示。

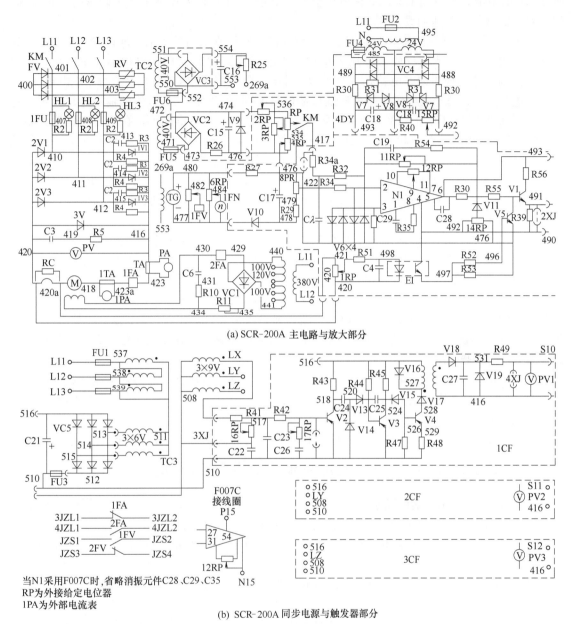

图 8-59 XF-014 轧辊磨床主拖动电气原理图

　　① 主电路 　三相交流电源由 L11、L12、L13，经接触器 KM 引入，并由二极管 2V 及晶闸管 1V1～1V3 组成三相半控桥，3V 为续流二极管。直流电压由 420、416 号线端引出，经过电流继电器 1FA 线圈等给直流电动机 M 供电。为了保护晶闸管免受浪涌电压的冲击，在交流侧设有硒堆吸收器 FV 及浪涌吸收器 RV。C2、R3 组成关断过电压吸收器。为了判别是否断相，设有断相指示灯 HL1～HL3。在直流侧，由 R5、C3 织成 R-C 吸收网络。另外，快速熔断器 1FU 作短路保护，1FA 及 1FV 分别为过电流和 C2、R3 超速继电器。

　　② 给定电压及调节器电路 　系统的给定电压由变压器 TC2 的二次侧（交流 40V）经整流器 VC2 全波整流，由 R26、C15 与 V9 滤波稳压，以 2RR 降压，最后由电位器 RP 分压取得。

改变 RP 的阻值，可得到不同的直流电压信号。电位器 3RP 是为控制柜用于砂轮电动机调速，解决新、旧砂轮的限速而设置的。

调节器 N1 采用的是 FC3-C 型集成运算放大器，利用它的高放大倍数配以相应的阻容反馈网络，组成了 PC 调节器。放大器输入端的 V6 起着输入限幅作用；电位器 14RP 及二极管 V11 组成调节器的输出限幅电路，调节 14RP 可改变限幅值。12RP 是放大器的调零电位器。

当电位器 RP 送来的给定信号电压及反馈信号电压都为零时，调节器的输出电压为零，电阻 R39 上的电压为电源电压的 1/2（约为 15V），在此负电压的作用下，在同步电压的正负峰值之间，V1 一直处于截止状态。因此，触发器无触发脉冲输出。当给定有信号时，与反馈信号比较后的差值信号将对放大器的反向输入端（2 引脚）起作用。其输出端（6 引脚）的电压变负，使三极管 V1 的射极输出（R39 上的电压）减小。当同步电压大于一定值时，V2 由截止变为导通，触发器输出脉冲。V1 的输出越小，V2 由截止变为导通的时间越提前，晶闸管的触发时间也越提前，从而达到移相控制的目的。

③ 速度反馈及电流截止控制　由原理图可知，速度信号自测速发电机经阻容滤波及稳压后，由电位器 8RP 取出反馈极性，正好与给定电压相反，以构成速度负反馈。

电流截止环节的电流信号由电动机串励绕组取出，并由电位器 1RP 分压，以 R51、C4 阻容滤波，使其成为较平直的检测信号。当信号幅值高于 E1 管的阈值电压时，光电管 E1 的 1-2 端便趋于饱和导通，V5 基极经 R52 取得正偏压而进入饱和区，使 V1 的基极电压被钳位于零，触发器无脉冲输出，从而达到电流截止的目的。若要调整截止电流的起始值，只需调节电位器 1RP 即可。

该系统电流截止环节的特点是截止信号通过光电管 E1 加到放大器的输出端。这种电路的优点是 E1 的输入和输出电压可以是不同级别的，便于控制；只要电流不超过截止值，E1 的输出端始终是开路；电流截止信号不通过放大器，减小了调整的时间。

④ 正弦波触发器　正弦波触发器的工作原理，参见 8.2 中的介绍，不再赘述。

8.3.2　SCR-200A 晶闸管通用直流调速系统的调整

（1）放大器与触发器的调整

① 拆除部分元件　拆除熔芯 1FU、电动机引出线 418 和 420、速度反馈线 477 和 480、电流截止反馈线 420a。拔出印刷板 1FD、1CF～3CF。

图 8-60　电位器接线图

② 接入电位器　用一个 4.7～10kΩ 的电位器按图 8-60 接入控制柜接线板。

③ 测量电源电压　用相序表确定电源相序，按 L11-U、L12-V、L13-W 连接好，在控制柜背面接线板上测量的各点电压，应为表 8-9 中所列数值。

表 8-9　各控制电源电压

电压类别	测试点	电压值/V
放大器电源	476～493	15～17
放大器电源	476～492	－17～－15
给定电压	474～476	20 左右
测速反馈电压	554～553	130～140
触发电源	512～516	12～15

如果电压不正常，应检查各相应点的交流电压、整流器及熔断器是否正常。如果各部分电压正常，插入 1FD 印刷板。

④ 放大器调零　把 RP 旋至零位，测量放大器中 N1 的输出电压，调节 12RP 使该电压为零，此时 R39 两端的电压应为 15V。11RP 是为了防止放大器有过大的零点漂移而设的硬反馈电阻，调节 11RP 可减小放大器的放大倍数，当放大器调不到零时，可改变它的数值。

⑤ 调整放大器的输出限幅值　调整 RP 直接给调节器输入控制电压，R39 两端的电压应由 15V 逐渐减小。同时调节 14RP 使该电压降至 5～7V，直至不再变化为止。

⑥ 调整同步电压　插入触发板 1CF，置 RP 于零位，由 3XJ 插孔检查同步电压波形应为正弦波。其幅值应随 16RP 的调节而变化，调节 16RP 使该电位器两端电压为 3V 左右。

⑦ 调整触发脉冲　调节 RP 增大输入控制电压，同步电压波形应向下移至限幅值。此时检查 4XJ 插孔的波形应为整齐的脉冲，在接入晶闸管控制极的情况下，脉冲高度为 2V 左右。如果输入电压波形正常而无触发脉冲输出时，应逐级检查三极管的工作状态。

⑧ 调整触发板 2CF 和 3CF 的同步电压和触发脉冲　分别插入另外两相的触发板 2CF 和 3CF，用⑥、⑦的方法进行同样检查。

（2）晶闸管的检查

① 耐压检查　将所用晶闸管逐个从设备上拆下进行检查。检查的方法是用几只 220V 的 10～15W 的白炽灯泡与晶闸管串联（控制极空着）后，用调压器加上两倍使用的交流电压，串联的灯泡数应使其额定电压之和小于或等于试验电压，若灯泡不亮则表示晶闸管可用。如果灯泡亮，则表示晶闸管击穿；如果灯泡的灯丝微红，则表示晶闸管漏电流较大，应更换好的晶闸管。

② 触发电压及控制极的检查　在作上述检查的同时，用 1.5～3V 的直流电压，负极接晶闸管的阴极，用其控制极碰触电源的正极，此时若灯泡是正常亮度，则表示管子可用；若碰触时灯泡不亮，则表示管子失控或断路，应更换好的晶闸管。

将检查合格的晶闸管逐个装到原来位置。

（3）触发器的检查

① 检查各部分波形　将晶闸管主回路断开，触发器加上电源，按电源、移相、脉冲形成、脉冲整形放大各部分的先后次序，用示波器观察各部分的波形是否正常。改变移相电压，观察脉冲能否随着移相。

② 确定相序　不同的整流电路，各触发脉冲的相位差不同。若为三相全控桥，6 个触发脉冲依次相差 60°。检查方法与确定主电源相序的方法相同。如发现相序不对，可调换同步变压器电源进线接头。

③ 调对称度　调整各相的触发脉冲，使之在同一控制电压下，移相角度一致。改变控制电压使整流输出电压为额定电压 U_N 的 1/2，用示波器观察整流电压波形。若波形不对称时，调整有关触发器，使之尽量对称，要在不同输出电压下反复调整。

（4）输出直流电压波形的调整

① 装好晶闸管，插入 1FU 的熔芯，用 2 只 220V、100～200W 的灯泡串联接入主回路作为假想负载。

② 由 RP 输入控制电压，用示波器检查主回路输出的直流电压波形。调整 17RP 和 16RP，使三相波头随 RP 的调节而整齐地上下变化。当出现波头参差不齐或有的相不触发时，应仔细调整各触发板上的上述各电位器（主要是 17RP），使三相波形尽量整齐一致，并能从小到大向上调整（不是突跳），否则属于调整不当；也可以通过调换触发板或三极管 V2 和 V3 来达到调整目的。

③ 拆去假想负载接入电动机引线，调节 BP 使电动机在某一低速下运转。用万用表检查转速反馈电压极性，把正极性端接入 480 号端子，负极性端接入 477 号端子。

（5）调节器的调试

① 检查电源电压　用万用表检查调节器的电源电压值和极性。稳压电源的电压稳定误差应小于$\pm 1\%$（包括交流分量在内）。

② 调零　对于直流调速系统中所用的调节器，一般其闭环放大倍数K_p不太大，为了调整简便，将调节器全部输入端接零，在输出输入端跨接一个电阻，使调节器变为$K_p = 1$的反号器，调节调零电位器使调节器的输出电压等于零。

③ 调对称性及输出限幅　调零后，仍使调节器保持$K_p \approx 1$，输入端从零断开，接入一个$0 \sim 15V$的可调直流输入电压U_r，将U_r由零逐渐增大，用万用表逐点测量U_r及与之对应的输出电压U_c的数值，直至U_c达到限幅值为止。然后用同样的方法测量U_r为负时的输入-输出特性。两个方向的特性合起来，应是一条过零且正反向对称的直线，如图 8-61 所示特性的 BC 段。

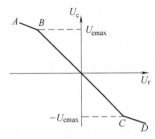

图 8-61　PI 的输入-输出特性

④ 检查输出特性的波形　经过以上调试后，将调节器的电路恢复到原来的状态（工作状态），在输入端加一个阶跃信号，使输出值不超过限幅值，用示波器观察其输出电压波形，应符合要求的波形。

⑤ 检查有无自激振荡　调节器与触发器连接后，其输出电压的交流分量应小于 0.1V，否则判为振荡。如果将输入端接零后振荡消除，则表明是外界干扰，应设法排除干扰源。如振荡仍然存在，则表明调节器本身产生自激振荡，可改变其校正参数加以消除。

（6）速度环的调试

① 静态调试　将调节器接成$K_p \approx 1$的反号器，并将速度反馈信号回路断开，然后从输入端加入一个$0 \sim 10V$的可调直流电压，由零逐渐增大，使电动机在$(10 \sim 15)\%$的n_N下低速空载运转，测量反馈信号极性及大小，使其与给定电压相等，然后使电动机停转。将反馈线接好，并使调节器处于工作状态，增大给定输入，使其为 4V，电动机转速应为 50% 的n_N。如不对，调节反馈信号电压也为 4V，然后将给定输入增为 8V，电动机转速应为额定值。

② 动态调试　在调节器输入端输入阶跃信号，按照系统设计规定的速度给定信号，用慢扫描示波器观察电动机转速及主回路电流的过渡过程波形，调整调节器的反馈系数，使过渡过程达到最满意的程度。当系统工作不稳定或出现振荡，调整调节器本身参数又不能解决时，应检查测量元件和测速发电机的安装质量。

（7）系统的调试

系统的调试是在组成系统和各环节经过上述调试检查后进行的，目的是将各环节连接起来进行统调，以保证调速系统的运行指标满足生产工艺的要求。

统调的原则是由后向前调，给定为前；先开环后闭环；先内环后外环；先静态后动态；先磁场后电枢；先基速后弱磁；先正向后逆向；先空载后负载；先单机后多机联动；先主动后从动。判断各种反馈信号的极性时，最好不要接死，采取一端接死一端碰触的方法。若碰触瞬间调节器的输出增大，则是正反馈；如果输出减小，则是负反馈。

（8）电流截止环节的调试

通常是在某一转速下突加给定，观察电动机的启动电流，其数值应按电动机的过载能力来定，一般为$(2 \sim 2.5) I_N$。若数值不符合要求，则适当调节电流截止反馈量。

调节给定电压，使电动机在中速运行，观察电流幅值，测量 420a 和 420 号线端之间的电压，若数值很小即可接入 420a 号线。给定电位器置于同一转速处突加给定，启动电动机，观察电流波形。调节 1RP（从输出最大位置向下调）直至启动电流在电动机额定电流的 2～2.5

倍左右为止。如果出现 BP 为零位而已有脉冲输出时，可调整偏移电位器 15RP。

（9）带负载调试

负载试验的目的是考核调速系统在负载扰动下的运行性能，可以检验系统的静、动态指标，必要时对各环节的参数进行细调。当冲击速度降太大且恢复时间太长时，应在保证系数稳定的条件下加大转速调节的比例放大系数 K_P 值，减小积分量。必要时可增加转速微分环节。另外，还要注意电动机的换向和发热、各部分的润滑、运行中是否有振动等。若发现问题，立即停车检查。

可在各级转速下和各种负载下使系统运行，观察其稳定性。同时可测试其机械特性。

（10）系统中的各元件参数

该系统的电气原理图中元件的参数见表 8-10，可供调试和维修中参考。

表 8-10　XF-014 轧辊磨床（SCR-200A）电气元件参数表

序号	符号	名称	型号	规格	数量
1	FV	硒整流管	XL40C-19A	40mm×40mm，19A	3 组
2	2V1～2V3，3V	硅整流管	2CZ-200A	200A，1000V	4
3	VC3，VC5	硅整流管	2CZ-1	1A，600V	10
4	VC1	硅整流管	2CZ-10A	10A，700V	4
5	VC2，VC4，V6，V8，V10……V19	硅二极管	2CP-14	100mA，200V	37
6	V9	硅稳压管	2CW114	47mA，18～21V	1
7	V7	硅稳压管	2CW112	58mA，13.5～17V	2
8	1V1～1V3	晶闸管	3CT-200	200A，1200V	3
9	N1	中增益运算放大器	FC3-C	β＞20000	1
10	V1	三极管	3DG12B		1
11	V2，V3，V5	三极管	3DG7D		7
12	V4	三极管	3AD6C		3
13	RV	压敏电阻	MY-31	720V，5kA	3
14	R2	电阻	ZG11-15	2kΩ，15W	3
15	R3	电阻	ZG11-15	30Ω，15W	3
16	R4	电阻	ZG11-15	10kΩ，15W	3
17	R5	电阻	ZG11-150A	40Ω，150W	1
18	R10	电阻	ZG12-50A	25Ω，50W	1
19	R11	电阻	ZG12-150A	10Ω，150W	1
20	R25	电阻	ZG11-50A	300Ω，50W	1
21	R26	电阻	RT-2	510Ω，2W	1
22	R27	电阻	RT-2	5.1Ω，2W	1
23	R29，R31	电阻	RT-2	1kΩ，2W	3
24	R30	电阻	RT-2	150kΩ，2W	2
25	R39	电阻	RT-2	3kΩ，2W	1
26	R40	电阻	RT-0.5	1.3kΩ，1/2W	1
27	R35	电阻	RTX	1.5kΩ，1/8W	1
28	R41，R52	电阻	RTX	15kΩ，1/8W	4
29	R49	电阻	RTX	51Ω，1/8W	3
30	R42	电阻	RTX	39Ω，1/8W	3
31	R43	电阻	RTX	33Ω，1/8W	3
32	R44	电阻	RTX	50Ω，1/8W	3
33	R36，R45，R55	电阻	RTX	1kΩ，1/8W	5
34	R47	电阻	RTX	300Ω，1/8W	3
35	R32，R33	电阻	RTX	10kΩ，1/8W	2
36	R46	电阻	RTX	15Ω，1/2W	3
37	1RP，14RP	电位器	WX3-11	680Ω，3W	2
38	RP，8RP	电位器	WX3-11	10kΩ，3W	2
39	15RP	电位器	WX3-11	4.7kΩ，3W	1

序号	符号	名称	型号	规格	数量
40	12RP	电位器	WX3-11	27kΩ，3W	1
41	11RP	电位器	WX3-11	220kΩ，3W	1
42	16RP	电位器	WTH-2	100kΩ，2W	3
43	17RP	电位器	WX3-11	33kΩ，3W	3
44	3RP，5RP，6RP	电位器	WTH-2	4.7kΩ，2W	3
45	4RP	电位器	WTH-2	680Ω，2W	1
46	2RP	电位器	WTH-2	2.5kΩ，2W	1
47	C3，C6	电容	CZJD-2A	10μF，630V	3
48	C16	电容	CZJD-2A	40μF，630V	1
49	C2	电容	CZJD-2A	0.47μF，630V	3
50	C17	电容	CDX-1	10μF，100V	1
51	C18，C21	电容	CDX-1	100μF，25V	6
52	C19	电容	CZTX	0.56μF，160V	1
53	C24	电容	CZTX	0.047μF，160V	3
54	C22，C25，C7	电容	CZTX	0.1μF，160V	9
55	C23，C26	电容	CZTX	0.47μF，160V	6
56	C28	电容	CCX1-11-20	20pF	1
57	C29	电容	CCX1-11-450	45pF	1
58	1FA	直流过流继电器	JL14-11Z	150A	1
59	2FA	直流欠流继电器	JL14-11ZQ	5A	1
60	1FU	熔断器	RL-100	芯子100A	3
61	FU1～FU7	熔断器	BHC1	芯子1A	9
62	1FN	转速表			1
63	1FV	电磁继电器	Y-16	48V，SRM400，0.75，1900Ω	1
64	TC3	三相同步变压器	BK-50/3	3×380V/3×6V（30VA）/3×9V（12VA）	1
65	TC4	脉冲变压器		QZ-φ0.31线，150T/100T	3
66	TC1	变压器	BK-1000	380V/0～250V	1
67	TC2	变压器	BK-50	220V/24V-0-24V（15VA）/140V（20VA）	1
68	HL1～3	小型信号灯	XDX1-H	红色	3
69	PV1～3	直流电压表	91C6-V	1V（无阻尼）	3
70	PA	直流电流表	85C1-A	200A（附分流器）	1
71	PV	直流电压表	85C1-V	450V	1
72	CF	电容器	CAJ-L	1μF，630V	1
73	1XJ～4XJ	小型电讯插头座	WC-1		8
74	R34a	电阻	RTX	10kΩ，1/8W	1
75	R34	电阻	RTX	20kΩ，1/8W	1
76	R53	电阻	RTX	5.1kΩ，1/8W	1
77	R56	电阻	RTX	560Ω，1/8W	1
78	R351	电阻	RTX	51Ω，1/8W	1
79	R37	电阻	RTX	2.5kΩ，1/8W	1
80	C4	电解电容	CDX-3	100μF，10V	1
81	Cλ	电解电容	CDX-3	100μF，25V	1
82	EI	光电耦合管	GD312		1
83	C15	电解电容	CDX-1	50μF，50V	1

8.3.3　SCR-200A晶闸管通用直流调速系统的常见故障与检修

（1）合闸启动，1FV断，指示灯HL亮

故障原因是主回路短路或误触发。

① 先用示波器检查各相触发器输出脉冲的相位是否正确。若不正确，进行调整。

② 若各相触发脉冲相位正确，则检查 1V～3V 是否被击穿。

③ 如果晶闸管没有损坏，对门极引线和脉冲变压器加以屏蔽。

（2）电动机启动失败

故障原因是电源电压未加上，或者没有励磁电源。

① 先用示波器检查各相触发器有无脉冲输出。若没有脉冲输出，则从给定电压开始逐级检查；看放大器、移相器有无电源；检查运算放大器 N1 有无损坏。

② 若触发脉冲有输出，晶闸管装置一定有直流电压输出。这时若电动机仍不启动，就应检查励磁电源 TC1 和 VC1。

③ 若以上检查均无问题，则一定是电动机本身有损坏，对电动机进行检查。

（3）电动机转速过高，超速继电器动作

故障原因是励磁电流太小或转速反馈信号消失。

① 先检查有无励磁电压。若没有电压，就检查整流桥 VC1 的二极管是否损坏；若无电压或电压低于正常值，则检查励磁回路的电阻值是否变大，或者是否已断路。

② 以上检查正常，再检查测速反馈回路是否断线，或者调节反馈信号大小的电位器 8RP 是否有接触不良的故障，V10 是否损坏。

③ 重新调整欠电流继电器 2FA 的动作值。

（4）电动机转速快慢不均匀

故障原因是整流电压不稳，或是速度反馈电路断路使机械特性变软。

① 首先用万用表测量电动机两端电压是否正常。若电压时高时低，再检查各给定电位器的输出电压是否正常。如果不正常，则是给定电位器变质或接触不良，同时检查晶体管 V9 及电容 C15 是否损坏。

② 若电动机两端电压正常，则应检查转速负反馈回路。检查速度反馈电位器及各插件的接触是否良好，检查测速发电机的机械连接、固定及电刷等部位。

（5）转速周期性快慢变化

原因是系统产生振荡。系统产生振荡，是由于校正环节有故障或者有机外干扰。首先应确定是外部干扰还是调节器本身自激而引起的故障。停车单独检查控制回路，断开主回路电源，用示波器观察触发器输出端。把放大器的输入端短路，振荡消除即可断定为机外干扰；若振荡未消除，则是校正环节有故障。这两种情况的解决方法是：

① 对于机外干扰，要设法找出干扰源，一般为附近的电子设备或变化较强的电磁场。这时应使设备远离干扰源。若无法远离就必须对控制回路的主要信号线和脉冲变压器进行屏蔽，或者在放大器输入端增加适当的滤波电路。

② 对于调节器本身的自励，可改变其校正参数加以消除。

a. 调整 2RP 以减小放大器的放大倍数，这样可减小反馈强度。

b. 检查电容 C28、C29 是否失效。

（6）电动机启动电流过大或启动缓慢

原因是电流截止负反馈环节有故障。

① 检查电流限幅是否过大或过小，重新调整 1RP。

② 检查光电隔离管 E1 是否工作正常。

（7）过电流继电器 1FA 动作，电动机过热

原因是电动机过载。

应检查传动机构是否被卡住或阻力增大，使电动机较长时间在限幅电流下工作。在这种情况下，可请有工作经验的钳工协助，共同排除故障。

8.4 T6216C 落地镗床晶闸管直流调速系统

8.4.1 T6216C 落地镗床晶闸管直流调速系统的概述

（1）T6216C 落地镗床对调速系统的一般要求

T6216C 落地镗床是一种大型精密加工机床。它所镗的孔要求有准确的坐标尺寸。除了镗孔外，还可以进行钻孔、铣平面、车外圆、车螺纹等多种加工。工艺范围广是镗床的特点。因此，镗床要求调速范围宽、运动方位多、运行稳定性好。

镗床的主拖动和进给拖动均为不频繁的正反转运行。主拖动是主轴的旋转或平旋盘的旋转，其转速为 8～1250r/min，进给量在 0.01～0.06mm 范围内变化。主拖动电动机选用 Z2-72-T2 型（方法兰盘式）他励直流电动机，进给拖动电动机选用 Z2S-52-T2 型（小法兰盘式）他励直流电动机。

（2）所选用直流调速系统的组成原理框图

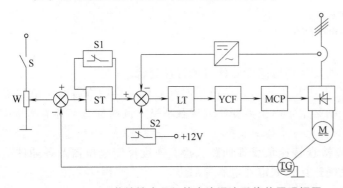

该镗床选用晶闸管电流、转速双闭环不可逆直流调速系统，其原理框图如图 8-62 所示。它用于他励直流电动机的电枢和磁场的供电系统，可实现单象限运行的控制，或者用接触器改变其供电极性，实现正反转可逆控制。

主回路是采用三相桥式全控整流电路。该系统的调速范围宽、稳定性好，可用于对制动要求不高、正反转不频繁的场合。其技术指标

图 8-62 T6216C 落地镗床晶闸管直流调速系统的原理框图

如下：

① 额定直流输出电压为 400～440V。

② 额定直流输出电流为 50A。

③ 交流电源为三相 380V，50Hz（当用 60Hz 时，α_{min} 和 β_{min} 要重新调整）。

④ 电网电压波动为 +10% 和 -5%。

⑤ 励磁电源为交流 220V，5A。

⑥ 调速范围 $D \geqslant 100$。

⑦ 静差率 $\delta \leqslant \pm 5\%$。

⑧ 使用环境为海拔 1000m 以下，环境温度为 0～145℃，空气相对湿度小于 85%，无腐蚀，无爆炸，无严重导电尘埃及灰尘等。

（3）系统各主要环节的原理识读

① 稳压电源 WY（见图 8-63） 控制单元用 ±12V 串联型稳压电源，负载能力为 ±500mA，设有保护装置。+16V 电源供给控制单元和功率单元有关部分使用，负载能力为 500mA，为单管串联稳压电源。该单元还设有三相整流桥（V22～V27），其作用是将来自电流互感器 1H、2H 的电流信号进行整流，在电阻 R13 上获得一个电信号，作为电流调节器的反馈信号。2RP 用来调节过电流信号的大小，将波段开关置于相应位置，电压表可指示过电流保护信号的大小及稳压电源电压值（见图 8-64）。

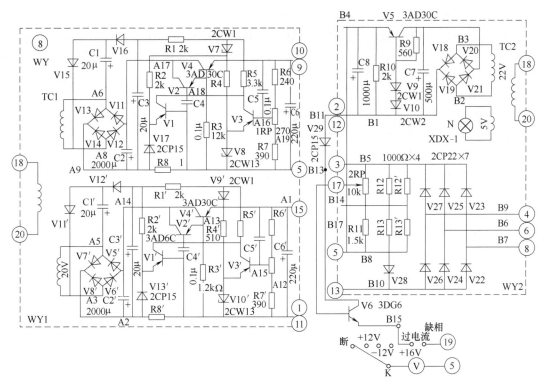

图 8-63 稳压电源 WY 原理图

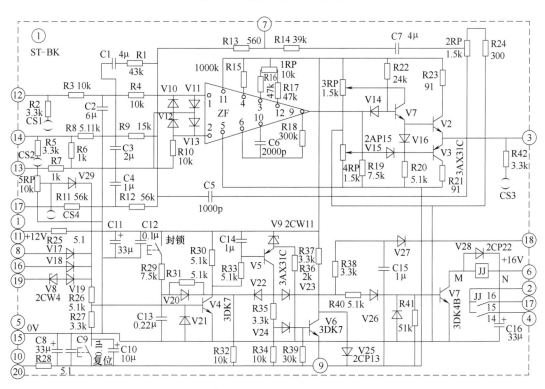

图 8-64 速度调节器及保护开关电路 ST-BK 原理图

R26 及 C7 的参数在调整中确定，其范围分别为 2～7.5kΩ 及 2～6μF

图中未标号的二极管均为 2CP15

② 速度调节器及保护开关电路 ST-BK 速度调节器为带并联校正电路的 PI 调节器,并联校正在此能减小速度超调,R1、C1 校正网络对抑制启动过程中的速度超调具有明显的效果。调节器输出的最大限幅值为 ±8V。电位器 3RP 和 4RP 分别为正限幅调节和负限幅调节。限幅绝对值的大小决定系统直流输出的最大电流。速度调节器的负向输出就是电流调节器的给定值。

2RP 为比例调节电位器,12 端为速度给定输入,13、14 端之间为测速反馈输入,R6、R7 作为测速反馈电压分压用。

保护环节的作用是:一旦过电流、超速、失磁,则系统被拉入 β 区,封锁脉冲,并使事故继电器 JJ 动作。拉入 β 区的信号由 9 端输出,JJ 的动断触点由 2、4 端作为事故信号输出。

③ 电流调节器 LT（见图 8-65） LT 是由主调节器和电流自适应开关两部分组成。主调节器是一个 PI 调节器,其正负限幅值分别由 2RP 和 3RP 调整,它决定了 $\alpha_{min}=30°$,$\beta_{min}=30°$。ZF2 构成的电平检测开关用来鉴别主回路电流的断续情况,开关的输出控制三极管 V4 的通断,以完成调节机构的自动切换,实现对电枢电流的自适应控制,使系统在整个负载范围内有良好的动特性。在 LT 的调节板上,1RP 为比例调节器电位器,2RP 为自适应电平调节器,3RP 为积分调节电位器。

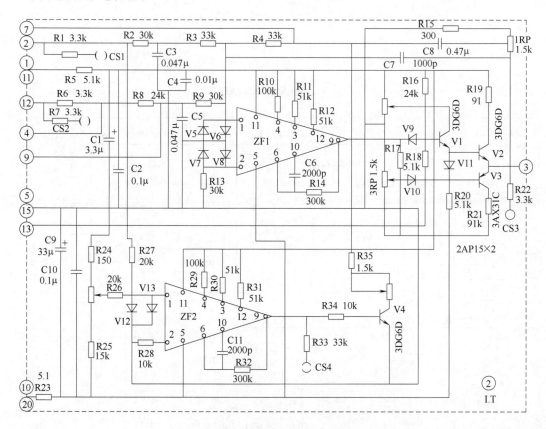

图 8-65 电流调节器 LT 原理图

④ 移相触发器 YCF（见图 8-66） 移相触发器采用双锯齿波形电路,即在一个周期内产生两个锯齿波（相位差 180°）。三相全控桥需要三个双锯齿波形电路,它们分别为 YCF（U）、YCF（V）、YCF（W）,其正负测试孔分别为 +U、-U、+V、-V、+W、-W。2、3 两端为同步输入端。

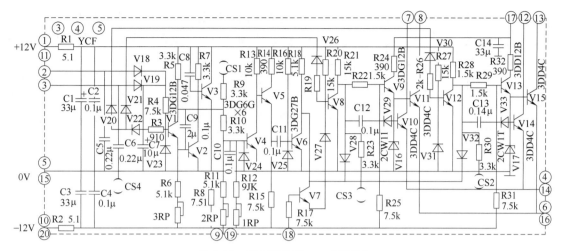

图 8-66　移相触发器 YCF 原理图

V4 的基极综合了下列三个输入：锯齿波电压输入（U_C）、以 9 端输入控制电压（U_S）、偏置电压输入。这三个信号综合的结果，决定了触发脉冲的出现时刻。为了满足整流电路的触发要求，在脉冲功率放大之前，还必须将这两个脉冲加以分段，通过 V8、V12 构成的两个门电路来实现。在脉冲变压器作为负载的情况下，通过功率放大后输出的两个脉冲（12 端与 7 端、13 端与 8 端）之间相差角为 180°。触发器 YCF 各点波形如图 8-67 所示。

⑤ 脉冲分配器 MCP　脉冲分配器 MCP 原理见图 8-62。脉冲分配器的作用是将来自移相触发器的脉冲进行适当分配，使之按照一定的规律依次触发两个晶闸管，触发间隔为 60°电角度。在一周内（360°电角度），要求触发的顺序见表 8-11。

脉冲分配器波形如图 8-68 所示。端子 13～18 波形基本相同，只是相位差 60°。

⑥ 给定电源 GD（见图 8-69）　本单元包括：3 与 5 端（输出速度给定信号）、4 与 12 端（输出速度反馈信号）、10 与 19 端（输出测速发电机励磁电流）、8 与 6、9 与 6 端（其通断分别控制正反转晶闸管的开或关）、锁零继电器 JS，用来调整主拖动电动机欠磁电流阈值的电位器 RP。

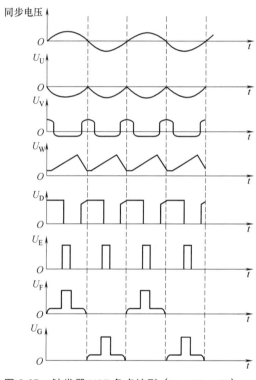

图 8-67　触发器 YCF 各点波形（U、V、W）

表 8-11　脉冲触发顺序表

触发脉冲相序	+U		−W		+V		−U		+W		−V	
晶闸管插件编号	6	1	1	2	2	3	3	4	4	5	5	6

⑦ 同步电源 BD（见图 8-70）　同步变压器的联结组别为 Dy1。本单元有相序指示电路，一旦相序有错，面板上的相序指示灯将熄灭。电流表用来指示输出电流的大小。

⑧ 主功率单元 CF（见图 8-71）　主要由 6 个功率晶闸管 V1～V6 组成三相桥式全控整流

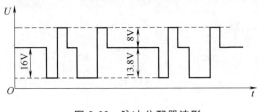

图 8-68 脉冲分配器波形

电路，向直流电动机提供调压调速的可控直流电源。改变三相桥式全控整流电路的输出电压，可实现无级平滑的调速。

⑨ T6216C 落地镗床电气控制原理总图识读　T6216C 落地镗床电气控制原理总图如图 8-72 所示。它是由各单元的方框图和主回路及脉冲分配器组成的，各单元的相互连接使用其各自的出线端子号。

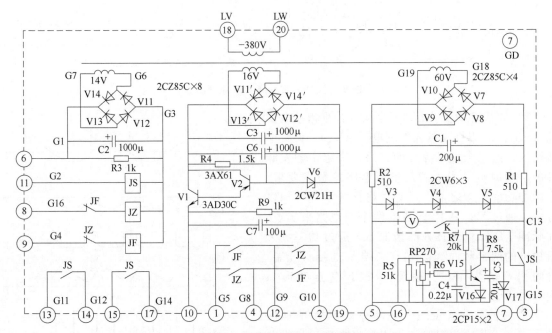

图 8-69　给定电源 GD 原理图

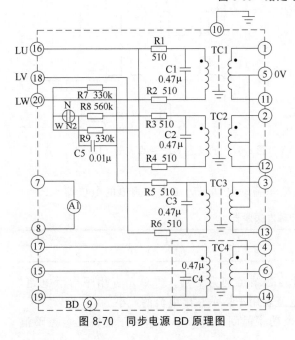

图 8-70　同步电源 BD 原理图

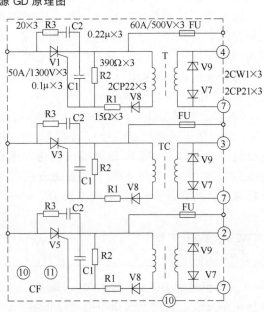

图 8-71　主功率单元 CF 原理图

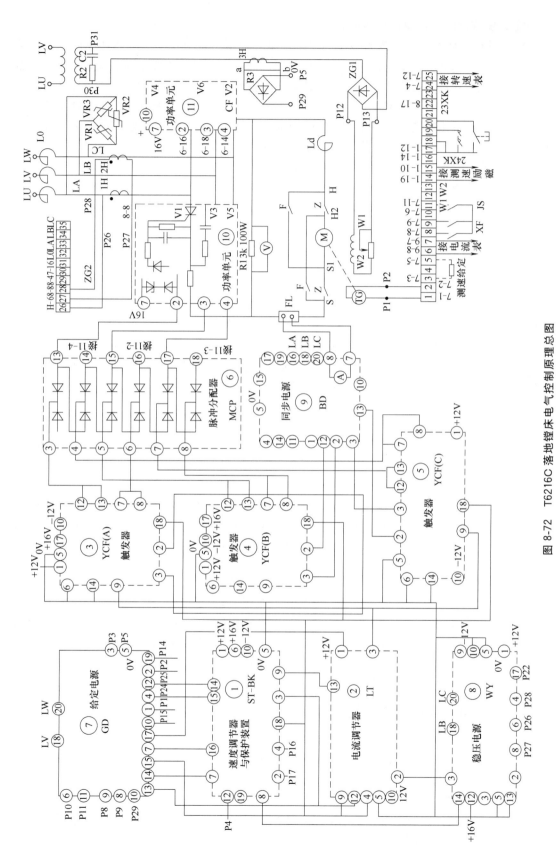

图 8-72 T6216C 落地镗床电气控制原理总图

（4）系统控制的动作原理识读分析

① 启动过程　启动时，动断触点 K1、K2 断开，速度给定电压 U_{gn} 加入速度调节器的输入端，其输出迅速达到限幅值。由于电动机的惯性，它的转速以及速度反馈电压 U_{fn} 的上升需一定时间。因此，在启动过程中，给定电压始终大于速度反馈电压，即 $\Delta U = (U_{gn} - U_{fn}) > 0$，速度调节器的输出便一直处于限幅值。速度调节器不起作用，相当于转速环处于开环状态。这时，速度调节器的输出就是电流调节器 LT 的给定，也就是电枢电流的给定。在这个最大允许电流的作用下，LT 的输出迅速上升，触发脉冲跟着前移（即 α 变小），使晶闸管整流装置输出电压迅速上升，电动机在最大限幅电流的作用下，以最大的加速度升速。随着转速的上升，给定电压 U_{gn} 和速度反馈电压 U_{fn} 的差值减小，但由于速度调节器 ST 的高放大倍数和积分作用，其输出始终保持在限幅值。当转速大于给定转速时（少有超调），速度反馈电压大于给定电压，ST 的输入电压之差为负，即 $\Delta U = (U_{gn} - U_{fn}) < 0$，ST 退饱和，其输出下降，在电流降到小于负载电流时，转速又下降，直到转速反馈电压回到给定值为止。这时电动机进入稳定运行状态。

② 稳定运行　这时电动机的转速等于给定转速，$\Delta U = 0$。但由于速度调节器 ST 的积分作用，其输出不为零，大小由负载决定，此值也就是电流调节器 LT 的给定，它和电流反馈电压之差为零。同样由于 LT 的积分作用，其输出稳定在一个数值。

③ 突加负载时的运行状态　当负载突然增加时，转速 n 下降，速度调节器的输入之差 $\Delta U > 0$，ST 的输出（即 LT 的给定）增加，整流电压增加，电动机转速回升，直到速度反馈电压重新等于速度给定电压为止。这时的电流给定对应于新的负载电流，系统又处于新的稳定状态。

④ 零点漂移问题　速度调节器 ST 和电流调节器 LT 都是具有静态放大倍数的放大器，零点漂移问题较为严重。为了克服这个问题，在 ST 的输出端和阻容反馈之间，增加了一个动断触点 K1。在停车时 K1 闭合，ST 的放大倍数为 1，在环境温度为 $-6 \sim 60 ℃$ 的范围内，性能十分稳定，始终保持零输出。当电动机启动及运行时，K1 又断开，ST 又正常工作。

⑤ 停车时的保护　对于电流调节器 LT，要求它在停车时的输出处于负向限幅值，因此，在其输入端 9 和正电源之间增加了动断触点 K2。在停车时，K2 闭合，在正的输入电压作用下，LT 的输出在负向限幅值，这时对应的触发脉冲处于 $\beta_{min} = 30°$ 的位置，系统被可靠地封锁住。当启动或运行时，K2 断开，LT 又恢复正常工作。

⑥ 速度超调问题　由于 ST 的积分作用，在启动过程中，当 $U_{fn} > U_{gn}$ 时，引起转速超调，这对机床是不利的。为了解决超调问题，在 ST 的输入端增设了电容 C1 和电阻 R1，构成了速度微分反馈。由于在启动过程中速度反馈电压不断对电容 C1 充电，因此在 C1 和 R1 中有充电电流，这一附加使 U_{fn} 还没有上升到速度给定电压，ST 的输出就提前下降了。如果适当选择 C1 和 R1 的参数可以使 U_{fn} 上升到等于给定电压，此时 ST 的输出正好下降到等于平衡负载电流所需要的值，这样就消除了速度超调。

8.4.2　T6216C 落地镗床晶闸管直流调速系统的调试

（1）调试前的准备工作

检查控制柜内部各元件、部件、紧固件的连接线是否有松动、脱焊、断线、发霉等情况，检查柜外接线端子板螺钉有否松动。按图接线，要求正确无误。把电动机轴与机床脱开。

（2）确定电源相序

抽出控制单元插件，合上电源，电源指示灯亮，则表示相序正确；指示灯不亮表示相序接错，须将三相交流进线交换任意两相。

（3）检查控制电源电压

测量各控制电源电压是否符合表 8-12 所规定的数值。

表 8-12 控制电源电压

电源	规定值/V	检查部位
稳压电源 WY	±12	WY 单元 1 对 5 端，10 对 5 端
触发脉冲电源	+16～+18	WY 单元 2 对 5 端
给定电源 GD	36	外接线端子 P3 与 P5 之间
主电机励磁电压	约 180	P13 与 P12 之间

（4）调整触发单元 YCF

抽下脉冲分配器，用一个模拟可调直流电源作为触发器的移相电压，断开电流调节器的输入端，用该电源作为输入，插上各触发单元，位置不能插错，接通控制电源。用同步示波器观察触发单元 YCF（U）、YCF（V）、UCF（W）的脉冲波，正常波形如图 8-67 所示。当未加给定时，β_{min} 为 $31°\sim34°$；当加上给定时，α_{min} 为 $22°\sim26°$，如图 8-73 所示。

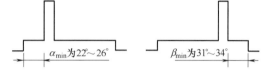

图 8-73 调整触发单元 YCF 脉冲波波形

如果人为调节模拟移相电压，其触发脉冲应能左右移动，以此改变控制角的大小。

（5）脉冲分配器 MCP 的调试

① 确定电流反馈极性 断开 2 号反馈线进行外环调试，将电动机转子堵住，把主调节器接成 $K_P\approx1$ 的反号器，即反馈电阻等于输入电阻。断开给定输入电路（即 ST 的输入），接一个可调直流电压作为模拟输入。合上主令开关，调节模拟给定，使电动机电枢有一定大小的电流，测量端子 2 的反馈信号电压，其极性应为正，因为给定输入为负极性。

② 闭环调试 将反馈线接好，主调节器接成正常状态。调节模拟给定使电枢电流逐渐增大，当电流达 $20\%I_N$ 时，调整反馈回路的参数，使之满足电流反馈系数 $K_I=U_{stmax}/I_{dmax}$ 的对应关系（U_{stmax} 为 LT 的最大输入，I_{dmax} 为电动机的堵转电流最大允许值）。

用示波器观察电枢电流波形，并检查自适应控制电路中 V4 的导通情况（见图 8-67）。当电流连续时，V4 截止；当电流断续时，V4 导通。这样才能使调节器在电流连续时起比例积分的作用，电流断续时起比例放大的作用。

此时可借助于示波器调整好调节器的正负限幅，调整 2RP 和 3RP，使 $\alpha_{min}=\beta_{min}=30°$。

（6）转速环的调试

转速环的调试主要是在开环状态下测定测速反馈信号极性。插上电流调节器和转速调节器插件，断开速度反馈进线端子 P2，将速度给定电位器放在最低位置，然后合上电源。按一下点动按钮，待电动机转起来后，测量速度反馈极性。测完后立即松开按钮，动作要快。如果 ST 的给定电压极性与反馈电压极性相反，则表示正确，否则必须倒换两根速度反馈线。

也可以用碰触法调试。断开一条反馈线，低速启动电动机，当转速基本稳定后，用转速表监视转速，将断开的线碰一下，如果转速降低表示正确，转速升高表示极性不对。按正确极性接好线。

（7）空载试验

① 用转速表检查速度上下限是否符合设计要求，即符合最大调速范围的要求。

② 用示波器观察在调整启动、制动时，电流的限值和过渡过程的波形是否符合规定值，若不符合要求，应该细调限幅环节。

③ 检查系统在高速运行时，有无超调、振荡。如果有，调整 ST 单元的微分反馈环节及各调节

器的有关参数。如果解决不了或者还有其他故障，则应进一步找出原因并加以排除后继续试车。

④ 检查 ST-BK 单元的"封锁"与"复位"按钮是否可靠。用示波器观察触发脉冲，当按下"封锁"按钮，脉冲应该消失，只剩下阶梯波；当再按下"复位"按钮，脉冲重现，则表示正确。

（8）负载试验

① 系统的抗扰能力。当突加或突减负载后，观察转速恢复时间及速降或速升的大小。

② 调速范围。在正常负载下，转速在 8~1250r/min 范围内连续平滑可调。

③ 稳定性即静差率的考核。在额定负载下，8r/min 时的静差率 $\delta \leqslant \pm 5\%$。

④ 过电流保护整定。调整 ST-BK 单元中的 2RP，根据负载情况，把过电流保护值整定在合适的数值，一般在额定负载电流的 2 倍左右。

⑤ 超速保护的整定。调节 ST-BK 中的 5RP，使超速保护值在 2400r/min 时为 51V，在 3800r/min 时为 80V。还可校核各种机械指标。

8.4.3　T6216C 落地镗床晶闸管直流调速系统的日常维护及常见故障与检修

（1）系统的日常维护

系统的日常维护可参照表 8-13 所列项目进行。

表 8-13　系统的日常维护项目

维护项目	晶闸管功率部件	控制单元部件	其余部件
清扫（每 3~6 个月一次，视环境情况而定）	用皮老虎吹去积尘	用皮老虎吹尘，用干净布轻抹或用无水乙醇擦拭	对过滤网罩小心清扫，勿使脏物堵塞网眼
连接线的检查（每年一次）	浪涌吸收回路有无断线	（1）三极管有无断脚 （2）各测试孔的连接有无断线 （3）各可调电位器有无断线	（1）交流侧浪涌吸收回路有无断线 （2）电流、电压表有无断线
紧固件的调紧（每年一次）	（1）浪涌吸收部件的螺钉 （2）功率部件接至母线的紧固件调整	电位器锁紧螺母（注意不要扭动电位器轴）	外部接线端子板螺钉的调紧
检查相间对称度（每年一次）	用示波器观察功率整流电路输出波形是否对称	检查各触发单元是否都工作正常	
每日维护内容	晶闸管有无过热现象或有的一点不热（可能不工作）	各部件有无移位或被人扭动	（1）电源指示灯是否亮 （2）冷却风扇是否转动，声音是否正常 （3）有无不正常杂音和不正常的气味

（2）系统的常见故障与检修

① 电动机不能启动　这种故障有可能是因为电动机被堵转，而且堵转时间稍长一点，过载保护元件就会动作。所以该故障多数是因为没有整流电压或无磁场电流。可以按下列步骤进行检查。

a. 先检查有无交流电压，熔断器是否完好，然后用示波器检查触发脉冲是否正常。

b. 如果触发脉冲正常，故障一定在主回路。检查各晶闸管及其有关电路。

c. 这种情况一般不会有脉冲输出。如果各触发板皆无触发脉冲，就应该首先检查控制回路的公共通道部分的元件。先查速度调节器是否有给定电压，测试点是 ST 单元的 12 端。若无给定电压，则检查：给定电源电压是否正常；继电器 K 是否动作，接触如何；调速电位器的进线是否脱掉；稳压电源电压是否为 ±12V。

d. 如果有给定电压，应检查转速调节器是否有输出，或是否只有正输出。若无输出，应检查主放大器；若只有正输出，应检查封锁按钮和复位按钮。

e. 若转速调节器有输出，应检查电流调节器的输出是否正常。若不正常，应检查电流调节器各端点的电压情况。

f. 若电源调节器输出也正常，则应确认故障在触发电源。应检查：触发电源回路有无断线；触发电源电压是否为16V；触发电源各整流元件是否工作正常。

② 电动机启动时声音异常　原因是整流电压波纹变大，交流成分增大。应从以下几个方面进行检查：

a. 用万用表检查二相交流电源是否因熔断器而缺相，或三相严重不对称。

b. 检查6个桥臂的熔断器是否有熔断的或损坏的晶闸管。

c. 触发器有故障，检查移相级的输出波形，检查7与12端是否有脉冲丢失。

d. 脉冲分配器故障，检查该单元的端子13与18的波形，检查是否有损坏的二极管。

③ 转速不稳定

a. 如果是非周期性的快慢变化，则有两种情况。一种情况是空载时不稳而加上负载后正常。这种不稳是因为电流不连续使机械特性非线性变软，禁不住负载扰动。应检查LT单元中的自适应控制电路。"适应"测试孔的波形为开关波形则属正常，为直线波形则为故障。检查4RP的接触是否良好，检查晶体管V4是否损坏。另一种情况是不论空载或负载时都不稳。这是因为速度反馈回路或给定电源有故障。可从以下两方面进行检查：检查测速发电机与主机的机械连接有无打滑、不同心或间隙过大等情况；检查速度反馈回路连接点是否松动，测速发电机电刷接触如何，其电枢回路中正反向接触器触点是否接触不良等。

b. 如果是周期性的快慢变化，则原因是系统产生振荡，有机内的，也有机外的。如何判断以及对机外干扰引起的振荡的处理方法，可参阅相关的内容资料。对于系统内部引起的振荡可以从以下两方面进行检查维护：

由于系统的超调引起的振荡，可改变ST单元微分环节的参数，加大C1或适当减小R1的参数值；由于放大器产生自激振荡引起系统不稳，可改变两个放大器的反馈参数，减小放大器的放大倍数。

④ 电动机超速或飞车　该故障的原因一般是速度反馈回路断线，或是电动机磁场太弱甚至消失。

a. 检查速度反馈是否有断线、接触不良等情况，测速发电机励磁电压是否为12V，其励磁回路有无断线。这些因素都能使反馈信号减小或中断。

b. 检查电动机的励磁回路，判断是励磁保护电器的整定位太小或失灵，还是欠磁电流阈值电位器RP调整不当。

c. 检查两个调节器的输出是否正常。

有些故障现象无法预料。一旦出现故障，不要盲目从事，应根据电气原理图，仔细分析故障产生的原因，估计发生故障的部位，逐渐缩小检查范围，最终排除故障。如果盲目检查试验，可能会使故障扩大，以致损坏其他部件。

8.5　全数字直流调速装置系统的识读实例

8.5.1　晶闸管智能控制模块

（1）概述

晶闸管自问世以来，随着半导体技术及其应用技术的不断发展，其在电气控制领域中发挥了重大的作用。但分立器件的晶闸管组成的电路复杂、体积大、安装调试麻烦，可靠性也较差。近年来，伴随着功率集成技术与新材料、新工艺的不断进步与成熟，一种晶闸管智能控制模块（ITPM）的出现，从根本上解决了上述问题。

模块化控制技术的发展，在电气控制领域中有逐步取代分立电气元件的趋势。作为维修电工或其他电气维修人员，熟悉和掌握这种新型器件，可以为应对全球性现代电气技术的革命打下一个坚实的基础。

① ITPM 概念　晶闸管智能控制模块就是利用陶瓷覆铜（DCB）技术将晶闸管主电路与移相触发电路以及具有控制功能的电路集成于一体，封装在同一外壳内的新型模块，它具有电力调节、自动控制的功能。按输入形式分为三相和单相，按输出形式分为交流和直流。ITPM可通过控制端口与外置的多功能控制板连接，实现电机软启动、双闭环直流电机调速和恒流恒压控制等功能。DCB工艺是将铜箔在高温下直接键合到氧化铝或氮化铝陶瓷基片表面，利用先进的焊接工艺使模块的绝缘电压达到 2.5kV 以上，并可保证模块的热阻低、热循环次数多、使用寿命长。

② ITPM 分类　晶闸管智能控制模块按其用途一般分为通用模块和专用模块两种。

通用模块由晶闸管主电路、移相触发电路和保护电路组成，具有电力调控功能和过热、过电压、过电流保护功能，可靠性、稳定性、智能化程度都较高，但体积并不大。通用模块有整流模块、交流模块等。

专用模块根据功能的不同，内部集成了晶闸管主电路、移相触发电路、反馈电路、保护电路、线性电压或电流传感器、转速与电流双闭环调速电路、功放电路、单片机等，主要用于电动机、发电机的励磁电源、前级调压、蓄电池充/放电及交流电机软启动等领域。具体产品有电机软启动模块、恒流恒压模块、双闭环直流调速模块、直流电机斩波调速模块及固态继电器等。

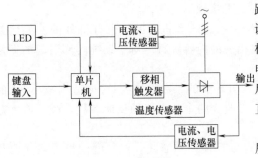

图 8-74　ITPM 结构

③ ITPM 结构　完整的 ITPM 结构如图 8-74所示。它一般由电力晶闸管，移相触发器，软件控制的单片机，电流、电压、温度传感器以及操作键盘，LED 或 LCD 显示等部分组成。

可以看出，除去受电力晶闸管容量的限制外，这样的 ITPM 已不是一般传统晶闸管装置所能比拟的，它具有相当高的智能水平和适应性。

（2）ITPM 的应用

ITPM 已广泛应用于各行各业，如调温、调光、励磁，电镀、电解、电焊、等离子拉弧，充放电、稳压、逆变等，还可用于交流电机软启动和直流电机调速等。

① 用于直流电动机的调速　单个 ITPM可组成一个不可逆双闭环直流调速器，两个ITPM 可以组成一个可逆四象限运行的调速器，如图 8-75 所示。双闭环直流调速模块内含晶闸管主电路、移相控制电路、电流传感器、转速与电流双闭环调速电路，可对直流电动机进行速度调节。它具有静动态性能良好、抗负载及电网电压扰动、稳速精度高、故障率低、可靠性高等优点。

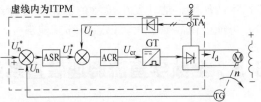

图 8-75　由 ITPM 组成的双闭环直流调速器

ASR—速度调节器；ACR—电流调节器；TA—电流传感器；
GT—触发器；TG—测速发电机；U_n^*、U_n—速度给定
与反馈电压；U_I^*、U_I—电流给定与反馈电压

② 用于低同步交流串级调速　见图 8-76。

③ 用于变频系统　使用 6 个 ITPM 可以非常方便地组成交-交变频系统，如图 8-77 所示。

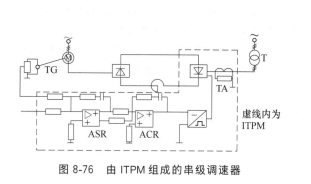

图 8-76　由 ITPM 组成的串级调速器

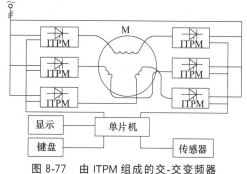

图 8-77　由 ITPM 组成的交-交变频器

④ 用于电源和控制　用 ITPM 组成的直流稳压稳流电源如图 8-78 所示。

软启动器、节能运行控制器应用由 ITPM 组成的交流电动机软启动器，如图 8-79 所示。

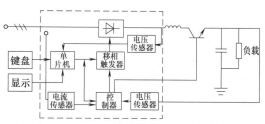

图 8-78　由 ITPM 组成的直流稳压稳流电源

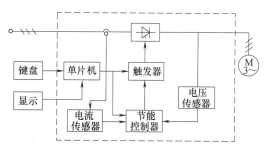

图 8-79　由 ITPM 组成的交流电动机软启动器

另外，在固态接触器、继电器，工业电热控温、各种半导体专用设备精密控温，中、高频处理电源，激光电源，机械电子设备电源，以及在城市无轨、电动牵引、港口轮船起货机、风机、水机、轧机、龙门刨床、大型吊车驱动、超低频钢水溶化电源、造纸、纺织、城市供水、污水处理等领域均有应用。可以说，ITPM 在配电系统内的各种电气控制领域都有所作为。

（3）ITPM 的应用意义

ITPM 是电力电子产品数字化、智能化、模块化的集中体现，展示了现代电力电子技术在电气控制中的作用。ITPM 不仅可以用在较为复杂的控制场合，而且用在一般开关控制场合更是它的一大优势，它所具有的极快的开关速度和无触点关断等特点，将会使控制系统的质量和性能大为改善。广泛和大量地应用 ITPM 可节省大量的金属材料，并使其控制系统的体积大大减少，还可使极为复杂的多个电气控制系统变得非常简单。另外，它采用计算机集中控制，可实现信息化管理，且运行维护费用很低。ITPM 节能效果非常明显，这对环保很有意义。随着低成本 ITPM 大规模进入市场，传统的电气控制产品和技术将会发生巨大变化。

8.5.2　全数字直流调速装置 SIMOREG DC-MASTER 6RA70 的识读

（1）系统概述

模拟式直流调速系统采用模拟元件，由于元件老化、干扰等原因，系统运行的可靠性难以保证，故障率相对较高，同时存在安装、调试、维护困难等缺点。全数字直流调速装置由于采用高精度、快速、稳定的 CPU 处理器以及利用软、硬件结合控制的方法，因而大大提高了系统运行的可靠性、稳定性，并且具有自诊断功能、抗干扰能力强、结构紧凑、使用维护方便、便于通信等优点，尤其在控制要求高、启动力矩大、现场环境差的情况下，全数字直流调速装置更显示出它的优越性。

西门子（SIEMENS）公司开发的 SIMOREG DC-MASTER 系列全数字直流调速装置具有良好的性能和集成的信息，运行可靠性良好。该系统采用四象限运行，转速较低时能够持续运转，有较高的启动转矩，在恒功率时有较大的调速范围，结构紧凑，占地面积较小。

SIMOREG DC-MASTER 系列产品包括各种型号，功率范围为 6.3～1900kW，用于电枢和励磁馈电、单/双或四象限传动。它具有高动态性能，电流或转矩上升时间远低于 10ms，而且具有良好的模块扩展能力，能够完全集成在每个自动化领域内，TIA-全集成自动化通过智能化的并联电路完成。通过全电子化的参数设置实现快速、简单的启动，具有统一的操作体系。

（2） SIMOREG 6RA70 系列产品的原理框图识读

① 不带风机的 SIMOREG 6RA70　不带风机的 SIMOREG 6RA70 原理框图如图 8-80 所示。

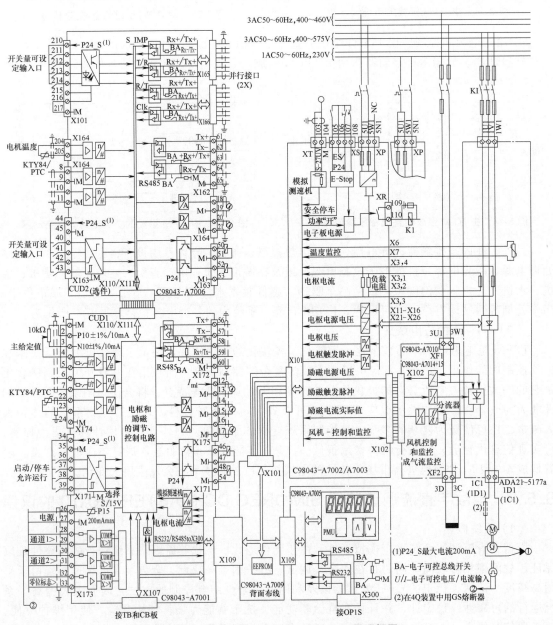

图 8-80　不带风机的 SIMOREG 6RA70 原理框图

② 带风机的 SIMOREG 6RA70　带风机的 SIMOREG 6RA70 原理框图如图 8-81 所示。

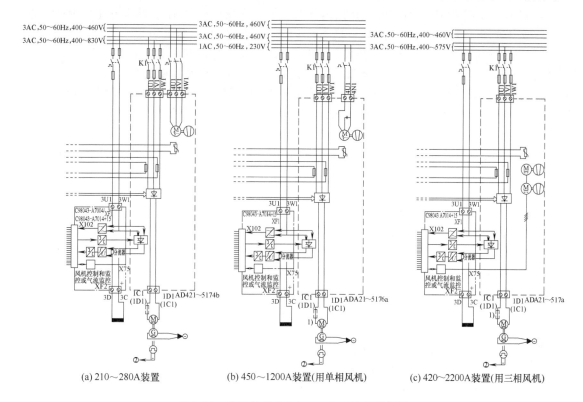

(a) 210～280A装置　　　　(b) 450～1200A装置(用单相风机)　　　　(c) 420～2200A装置(用三相风机)

图 8-81　带风机的 SIMOREG 6RA70 原理框图

（3）系统说明

SIMOREG 6RA70 系列整流装置为三相交流电源直接供电的全数字控制装置，用于可调速直流电动机电枢和励磁供电，装置额定电流范围为 15～2200A，并可通过并联 SIMOREG 整流装置进行扩展。根据不同的应用场合，可选择单象限或四象限工作的装置，装置本身带有参数设定单元，不需要其他的附加设备即可完成参数的设定。所有的控制、调节、监视及附加功能都由微处理器来实现，可选择给定值和反馈值为数字量或模拟量。

装置的门内装上一个电子箱，箱内装入调节板，电子箱内可装用于技术扩展和串行接口的附加板。外部信号的连接（开关量输入/输出、模拟量输入/输出、脉冲编码器等）通过插接端子排实现。装置软件存放在闪存（Flash）EPROM 中，使用基本装置的串行接口可以方便地使软件升级。

① 功率部分和冷却

a. 功率部分：电枢和励磁回路。电枢回路为三相桥式电路，单象限工作装置的功率部分电路为三相全控桥（B6）C，四象限工作装置的功率部分为两个三相全控桥（B6）A、（B6）C。

励磁回路采用单相半控桥 B2HZ。对于额定电流 15～1200A 的装置，电枢和励磁回路的功率部分为电绝缘晶闸管模块，其散热器不带电。对于额定电流大于或等于 1500A 的装置，电枢回路的功率部分为平板式晶闸管，这时散热器是带电的。

b. 冷却。额定电流小于或等于 125A 的装置采用自然风冷，额定电流大于或等于 210A 的装置采用强迫风冷（风机）。

② 参数设定单元

a. 基本操作板 PMU。所有装置在门内都有一个基本操作板 PMU。基本操作板 PMU 的 5 个七段数码管和 3 个发光二极管用于状态显示，3 个按键用于参数设定。借助基本操作板 PMU 可以完成运行要求的所有参数的设定和调整以及实测值的显示。3 个按键为切换键（用于参数编号和参数值显示之间的转换及故障复位）、增大键（在参数模式时用于选择一个更大的参数编号，在数值模式时增大所设定和显示的参数值，另外，利用该键可以增大有变址参数的变址）和减小键（在参数模式时用于选择一个较小的参数编号，在数值模式时用于减小所设定和显示的参数值以及减小有变址参数的变址）。

发光二极管显示设备的准备、运行或故障状态。5 个七段数码管显示被显示量，例如额定值的百分数、放大倍数、秒、安培或伏特等。

b. 操作面板 OP1S。OP1S 可装在装置的门上，也可装于装置之外，如柜门上。在此情况下，用一根长约 5m 的电缆与 OP1S 相连接。如用一个单独的 5V 电源，则导线最长可达 50m。经由 X300 插头，OP1S 与 SIMOREG 相连接。OP1S 可以作为一个经济的交替显示物理量的调速柜测量装置。在 OP1S 上有一个 4×16 个字符的液晶显示器，显示参数名称。OP1S 能存储参数组，通过写入可以很容易地传输到其他装置上。

c. 通过 PC 设定参数。为了通过 PC 启动装置和诊断，随机提供相应的软件——驱动监视器（Drive Monitor）。通过基本装置的 USS 接口实现 PC 与 SIMOREG 的连接。

③ 软件结构

a. 主体结构。两台微处理器（C163 和 C167）承担电枢和励磁回路所有的调节和传动控制功能。调节功能在软件中通过参数构成的程序模块来实现。

b. 连接器。调节系统中所有重要的量可用连接器来存取。经连接器获得的量与测量点相对应并作为可存取的数字值。连接器的标准标定为每 100%14 位（16384 级）。该值可在装置内部被使用，如控制给定值或改变限幅，还可通过串行接口输出。通过连接器可访问下列量：模拟输入/输出，传感回路的实际输入，斜坡函数发生器、限幅电路、触发装置、调节器、自由软件模块的输入和输出，数字量固定给定值，常用值如运行状态、电动机温度、晶闸管温度、报警存储器、故障存储器、运行时间、处理器容量等。

c. 开关量连接器。开关量连接器是能采用数值为"0"或"1"的数字控制信号，主要用于接入一个给定值或执行控制功能。开关量连接器也能通过操作面板、开关量输出或经串行接口被输出。经开关量连接器可访问下列状态：开关量输入状态，固定控制位，调节器、限幅电路、故障、斜坡函数发生器、控制字、状态字的状态。

d. 结合点。结合点由软件模块的输入通过相应的参数决定。在相应参数连接器信号的结合点上对所希望的信号引入连接器编号，以便确定哪些信号被作为输入量。这样，不仅模拟输入和接口信号，而且内部量都可用作给定值、附加给定值、极限值等。在开关量连接器信号结合点上引入作为输入量的开关量连接器编号，以便通过开关量输入、串行接口的控制位或调节中生成的控制位，执行控制功能或输出一个控制位。

e. 参数组的转换。参数号为 P100～P599 的参数及其他几个参数共分为 4 组，通过开关量连接器可选择哪一组参数有效。这样一台装置最多可交替地控制 4 台不同的电动机，即实现了传动转换。下列功能（器件）的设定值可转换：电动机和脉冲编码器的定义、调节系统的优化、电流和转矩限幅、转速调节器实际值处理、转速调节器、励磁电流调节、EMF 调节、斜坡函数发生器、转速极限、监控和极限值、数字给定值、工艺调节器、电动电位计、摩擦补偿、惯性力矩补偿、转速调节的适配。

f. BICO 数据组的转换。BICO 数据组可通过控制字（输入开关量连接器）进行转换。这时可选择在结合点哪些连接器量值或开关量连接器量值有效，使调节器结构或控制量灵活匹配。

g. 电动电位计。电动电位计通过控制功能"增大"或"减小""顺时针/逆时针""手动/自动"发挥作用，且本身带有加减速时间，可分别设定一个可调节的圆弧的斜坡函数发生器；通过参数对调节区域（最小和最大输出量）进行设定；通过开关量连接器施加控制功能。在自动状态时（"Auto"位置），电动电位计的输入由一个可自由选择量（连接器编号）确定。这时可以选择斜坡函数发生器的时间是否有效，或输入是否可直接加到输出。在"手动"位置时，给定值的调整借助"增大""减小"功能。此外，还可选择掉电时输出是否回零或最后一个数值是否被存储。该输出量通过一个连接器可任意使用，例如作为主给定值、附加给定值或极限值。

④ 电枢回路中的调节功能

a. 转速给定值。转速给定值和附加给定值的给定源可通过参数设定自由选择：模拟量给定 $0\sim\pm10V$、$0\sim\pm20mA$、$4\sim20mA$，通过内装的电动电位计给定，通过具有固定给定值、点动、爬行功能的开关量连接器给定，通过基本装置的串行接口给定，通过附加板给定。

一般情况下 100% 给定值（主给定值和附加给定值之和）对应电动机最大转速。给定值可由参数设定或由连接器限制其最大值和最小值。此外，软件中还有加法点，例如，为了能在斜坡函数发生器之前或之后输入附加给定值，通过开关量连接器可选择"给定值释放"功能，经过可参数设定的滤波（PT1-滤波器）以后，总的给定值作用于转速调节器的给定值输入端，这时斜坡函数发生器有效。

b. 转速实际值。转速实际值可选下列 4 种源中任意一种：

• 模拟测速机。测速发电机对应最大转速的输出电压允许在 $8\sim270V$ 范围内；需通过参数设置使电压/最大速度规格化。

• 脉冲编码器。脉冲编码器每转的脉冲数及最大转速由参数设定，脉冲信号处理电路能处理最大 27V 的差动电压。

• 具有反电动势控制的无测速机系统。反电动势控制不需要测速装置，只需测量 SIMO-REG 的输出电压，测出的电枢电压经电动机内阻压降补偿处理。

• 自由选择转速实际值信号。在这种工作方式下可任选一个连接器编号作为转速实际值信号，当转速实际值传感器由工艺附加板实现时，该方式为首选方案。

c. 斜坡函数发生器。斜坡函数发生器使跳跃变化的给定位输入变为一个随时间连续变化的给定信号。加速时间和减速时间可以分别设定。另外，斜坡函数发生器在加速时间开始和终了有效情况下，可设定初始圆弧和最终圆弧。

d. 转速调节器。转速调节器将转速给定位与实际值进行比较。根据它们之间的差值输出相应的电流给定值送电流调节器（带有电流内环的转速调节）。转速调节器是带有可选择的 D 部分的 PI 调节器。调节器的所有识别量都可分别设定。K_P 值（放大系数）向一个连接器信号（外部或内部）相适配。同时，转速调节器的 P 放大系数要与转速实际值、电流实际值、给定值-实际值的差值或卷径相匹配。为了获得更好的动态响应，在速度调节回路有预控器，例如可以通过在速度调节器输出附加一个转矩给定值来实现，该附加给定值与传动系统的摩擦及转动惯量有关，可通过一个自动优化过程确定摩擦和转动惯量的补偿。在调节器锁零放开后，速度调节器输出量的大小可以通过参数直接调整。通过参数设定可以把转速调节器旁路，整流装置作为转矩调节或电流调节的系统运行。此外，在运行过程中可通过选择功能"主动/随动转换"来切换转速调节/转矩调节。这个功能是通过开关量可设置端子或一个串行接口的开关量连接器来选择的。转矩给定值的输入既可以通过可选择连接器实现，也可由模拟量来设置端子输入口或串行接口输入。在"从动状态"下（转矩调节或电流调节），一个极限调节器投入运行。为了避免系统加速过快，可通过一个参数可调的转速限幅对限幅调节器进行干预。

e. 转矩限幅。根据有关参数的设定，转速调节器的输出为转矩或电流给定值。当处于转矩控制时，转速调节器的输出用磁通，计算后作为电流给定值进入电流限幅器。转矩调节模式主要用于弱磁情况下，以使最大转矩限幅与转速无关。转速调节器可提供下列功能：

- 通过参数分别设定正、负转矩极限。
- 通过参数设置的切换转速的开关量连接器实现转矩极限的切换。
- 通过一个连接器信号自由给定转矩极限，例如通过一个模拟输入或串行接口。最小设定值总是作为当时转矩限幅。转矩的附加给定可以加在转矩限幅之后。

f. 电流限幅。在转矩限幅器之后的可调电流限幅器用来保护整流装置和电动机。最小设定值总是作为电流限幅。下列电流极限值都可以设定：

- 由参数分别设定的正、负电流极限值（设定最大电动机电流）。
- 通过模拟量输入口或串行接口等连接器自由给定的电流限幅值。通过使用停车和急停参数分别设定电流限幅值。
- 通过参数设定可以实现当转速较高时，电流极限值随转速的升高按一定规律自动减小（电动机的极限换向曲线）。
- 在所有的电流值下计算晶闸管的温度，当达到有关参数设定的晶闸管极限温度，或者装置电流减小到额定电流值，或者装置使用故障信号断电时，该功能用于保护晶闸管。

g. 电流调节器。电流调节器是具有相互独立设定的 PI 调节器。P 或 I 部分可被切断（作为纯粹的 P 调节器或 I 调节器）。电流实际值通过三相交流侧的电流互感器检测，经负载电阻整流，再经模拟/数字变换后送电流调节器。电流限幅器的输出作为电流给定值，电流调节器的输出形成触发装置的控制角，同时作用于触发装置的还有预控制器。

h. 预控制器。电流调节回路的预控制器用于改善调节系统的动态响应，电流调节电路中的允许上升时间范围为 6～9ms。预控制与电流给定值和电动机的 EWF 有关，并确保在电流连续和断续状态或转矩改变符号时所要求的触发角的快速变化。

i. 无环流控制逻辑。无环流控制逻辑（仅用于四象限工作的装置）与电流调节回路共同完成转矩改变符号时的逻辑控制，必要时可借助参数设定封锁一个转矩方向。

j. 触发装置。触发装置形成与电源电压同步的功率部分晶闸管控制脉冲。同步信号取自功率部分，因此与旋转磁场和电子板供电无关。触发脉冲在时间上由电流调节器和预控制器的输出值决定，通过参数设定控制角极限。在 45～65Hz 频率范围，触发装置自动适应电源频率。通过合适的参数设置，可以适用于电源频率范围 23～110Hz。

⑤ 励磁回路的调节功能

a. EMF 调节器（反电动势调节器）。EMF 调节器比较反电动势的给定值和实际值，产生励磁电流调节器的给定值，从而进行与反电动势有关的弱磁调节。EMF 调节器为 PI 调节器，P 和 I 部分可分别设定，或作为纯粹的 P 调节器或 I 调节器被使用。与 EMF 调节器并联工作的还有预控制器，该控制器根据转速和自动测得的励磁特征曲线产生励磁电流预给定值。反电动势调节器后面有一个综合点，在此点，励磁电流的附加给定值通过连接器接入，如模拟输入或串行接口被输入。限幅器作用于励磁电流给定值，励磁电流的最大和最小给定值可分别限定。通过一个参数或一个连接器进行限幅，这时，最小值作为上限，最大值作为下限。

b. 励磁电流调节器。励磁电流调节器是一个 PI 调节器，K_p 和 T_n 可分别设定。此外尚可作为纯粹的 P 调节器和 I 调节器来使用。与励磁电流调节器并联工作的还有预控制器，该预控制器根据电流给定值和电源电压计算和设定励磁回路的触发角。预控制器支持电流调节器并改善励磁回路的动态响应。

c. 触发装置。触发装置形成与励磁回路电源同步的功率部分晶闸管控制触发脉冲,同步信号取自功率部分,与电子控制回路供电电源无关。控制触发脉冲在时间上由电流调节器和预控制器的输出值决定,通过参数设定触发极限。触发装置能自动适应频率为 $45 \sim 65\,\mathrm{Hz}$ 的电源。

⑥ 优化过程。SIMOREG 6RA70 系列整流装置出厂时已作了参数设定,选用自优化过程可支持调节器的设定。通过专门的关键参数进行自优化选取。下列调节器功能在自优化过程中得到设定:

a. 在电流调节器的优化过程中设定电流调节器和预控制器(电枢和励磁回路)。

b. 在转速调节器优化过程中设定转速调节器的识别量。

c. 自动测取用于转速调节器预控制器的摩擦和惯性力矩补偿量。

d. 自动测取与 EMF 有关的弱磁控制的磁化特性曲线和在弱磁工作时的 EMF 调节器的自动优化。

⑦ 监控与诊断

a. 运行数据的显示。整流装置约有 50 个参数用于显示测量值,另外还有 300 多个由软件(连接器)实现的调节系统信号,可在线显示单元输出。可显示的测量值有给定值、实际值、开关量输入/输出口状态、电源电压、电源频率、触发角、模拟量口的输入/输出、调节器的输入/输出、限幅显示。

b. 扫描功能。通过选择扫描功能,每 128 个测量点中最多有 8 个测量值可被存储,测量值或出现的故障信号可参数化为触发条件。通过选择触发延时提供了记录事件发生前后状态的可能性,测量值存储扫描时间在 $3 \sim 300\,\mathrm{ms}$ 之间,可通过参数设定。测量值可通过操作面板或串行接口输出。

c. 故障信号。每个故障信号都有一个编号,此外故障信息存储了事件发生的时间,以便能尽快找出故障原因。为了便于诊断,最后出现的 8 个故障信号包括故障编号、故障值及工作时间被存储。当出现故障时,设置为"故障"功能的开关量输出口输出低电平(选择功能),切断传动装置(调节器封锁,电流为零,脉冲封锁,继电器"主接触器合"接点断开),显示器显示带 F 的故障编号,发光二极管"故障"灯亮。

故障信息的复位可以通过操作面板、开关量设置端子或串行接口完成。故障复位后传动装置处于"合闸封锁"状态。"合闸封锁"只有"停车"(端子 37 加低电平信号)操作才能取消。

在参数设定的一段时间内($0 \sim 2\mathrm{s}$)允许传动系统自动再启动。如果时间设定为零,则立刻显示故障(电网故障)而不会再启动。出现下列故障时可选择自动再启动:缺相(励磁或电枢)、欠电压、过电压、电子板电源中断、并联的 SIMOREG 欠电压。

故障信息分为下列类型:

• 电网故障,包括缺相、励磁回路故障、欠电压、过电压、电源频率小于 $45\,\mathrm{Hz}$ 或大于 $65\,\mathrm{Hz}$。

• 基本装置接口或附加板接口故障。

• 传动系统故障包括传动系统封锁、无电枢电流。

• 电动机电子过载保护(电动机的 I^2t 监控)已经响应。

• 测速机监控和超速信号。

• 启动过程故障。

• 电子板故障。

• 晶闸管元件故障。

• 电动机传感器故障（带端子扩展板），包括监控电刷长度、轴承状态、风量及电动机温度的传感器的故障。

• 通过开关量可设置端子的外部故障，故障信息通过参数可逐个被"禁止"。

d. 警告。警告信号是显示尚未导致传动系统断电的特殊状态。出现警告时不需要复位操作，而是当警告出现的原因已经消除时立即自动复位。当出现一个或多个警告时，设置为"警告"功能的开关量输出端输出低电平（选择功能），同时发光二极管"故障"闪亮显示。

警告分为下列类型：

• 电动机过热：电动机 I^2t 计算值达到 100%。

• 电动机传感器警告（当选用端子扩展板时）：监控轴承状态，电动机风机、电机温度。

• 传动装置警告：封锁传动装置、没有电枢电流。

• 通过开关量可设置端子的外部警告。

• 附加板警告。

⑧ 输入和输出口功能

a. 模拟量输入口。模拟量输入口输入的值变换为数字值后可通过参数进行规格化、滤波、符号选择及偏置处理后灵活地输入。由于模拟输入量可用作连接器，所以它不仅可以作为主给定值，而且可以作为附加给定值或者极限值。

b. 模拟量输出口。电流实际值作为实时量在端子 12 输出。该输出量可以是双极性的量或者绝对值，并且极性可以选择。规格化、偏置、极性、滤波时间常数可通过参数设定。希望的输出量可通过输入该点的连接器号选择，可输出量值为转速实际值、斜坡函数发生器输出、电流给定值、电源电压等。

c. 开关量输入口。通过端子 37 启动/停止（OFF1）：此端子功能与串行接口控制位"AND"连接。当端子 37 为高电平信号时，经内部过程控制主接触器合闸。当端子 38（运行允许）加高电平信号时，调节器放开。传动系统按转速给定值加速到工作转速。当端子 37 为低电平信号时，传动系统按斜坡函数发生器减速到 $n < n_{min}$，在等待抱闸控制延时后，调节器封锁，$I = 0$ 时主接触器断开。主接触器断电后经一段设定时间，励磁电流减小到停车励磁电流。

通过端子 38 发出运行允许命令：此功能与串行接口控制位"AND"连接。在端子 38 加高电平信号时，调节器锁零放开，当端子 38 上为低电平信号时，调节器封锁，$I = 0$ 时，触发脉冲封锁。"运行允许"信号有高优先权，即在运行过程中，取消电平信号（低电平信号）导致电流总是变为零，使传动系统自由停车。

开关量输入口功能举例如下：

切断电源（OFF2）：当为"OFF2"（低电平信号）时，调节器立即封锁，电枢电流减小，$I = 0$ 时，主接触器断开，传动系统自由停车。

快停（OFF3）：快停时（低电平信号），转速调节器输入端的转速给定值置零，传动系统以电流极限值进行制动。$n < n_{min}$ 时，经等待制动控制延时后，电流减至零，主接触器断开。

点动：当端子 37 为低电平，端子 38 为高电平，且为点动工作模式时，点动功能有效。在点动工作模式下，主接触器合闸，传动系统加速到按参数设定的点动给定值。点动信号取消后传动系统制动到 $n < n_{min}$，然后调节器封锁，再经一段可设定参数的延时（0~60s）主接触器断开。

d. 开关量输出口。开关量输出端子（发射极开路）具有可选择信号功能，每个端子都可输出任何一个与选择参数相对应的开关量连接器值，输出信号的极性及延时值（0~15s）由参数设定。

开关量输出口功能举例如下：

- 故障：出现故障信号时输出低电平信号。
- 警告：有警告时输出低电平信号。
- $n < n_{min}$：转速低于 n_{min} 时输出高电平信号，此信号可作为零转速信号使用。
- 抱闸动作指令：该信号可控制电动机抱闸。当传动系统通过"启动"功能接通电源，并且"运行允许"时输出高电平信号用于打开抱闸，此时内部调节器的打开要经过参数设定的一段延时。当传动系统通过"停止"功能停车或"急停"时，在转速达到 $n < n_{min}$，输出低电平信号，以使抱闸闭合。同时内部调节器仍保持放开由参数设定的一段时间（等待机械抱闸闭合的时间）。然后，电流 $I = 0$，封锁触发脉冲，主接触器断开。

⑨ 安全停车（E-STOP） E-STOP 功能使控制主接触器的继电器接点（端子 109/110）在约 15ms 时间内断开，而与半导体器件和微处理器（主电子板）的功能状态无关。当主电子板工作正常时，经调节系统在 $I = 0$ 时输出命令使主接触器在电流为零时断开，启动 E-STOP 后，传动装置自由停车。下列 2 种方法可用于使 E-STOP 功能激活：

a. 开关操作。接在端子 105/106 之间的开关断开使 E-STOP 功能激活。

b. 按钮操作。接在端子 106/107 之间的动断触点断开使 E-STOP 功能激活，并带停车保持。接于端子 106/108 之间的动合触点闭合使该功能复位。

⑩ 串行接口

a. 下列串行接口可供使用。PMU 上 X300 插头是一个串行接口，此接口按 RS232 或 RS485 标准执行 USS 协议，可用于连接选件操作面板 OP1S 或通过 PC 的 Drive Monitor。对于在主电子板及端子扩展板端子上的串行接口，RS485 双芯线或 4 芯线用于 USS 通信协议或装置对装置连接。

b. 串行接口的物理特性。

- RS232：±12V 接口，用于点对点连接。
- RS485：5V 推挽接口，具有抗干扰性，此外，还用于与最多 31 台装置的总线连接。

c. USS 通信协议。USS 通信协议是西门子公司制定的一种通信协议，也可用于非西门子系统。例如，PC 上进行编程处理，或使用任意主站连接。传动装置在运行时作为一个主站的从站，通过使用从站编码选取传动装置。通过 USS 通信协议可以进行用于参数读写的 PKW（参数识别值）数据及 PZD 数据（过程数据，如控制字、给定值、状态字、实际值）的交换。发送的数据（实际值）通过输入的连接器号在参数中找出，接收的数据（给定值）以连接器号表示，在任意一个结合点都有效。

d. 装置对装置通信协议。通过装置对装置协议使装置与装置耦合。在这种工作方式下，通过一个串行接口进行装置间的数据交换，如建立给定值链。把串行接口作为 4 芯导线使用，即可以从前一个装置中接收数据并加以处理（例如通过乘法求值），然后再送到下一个装置，只有一个串行接口可用于这样的目的。

串行接口可同时工作，这样可通过第一个串行接口连接自动化系统（USS 协议），用于控制、诊断和给定主给定值；第二个串行接口通过装置对装置协议实现一个给定值链的功能。

⑪ 电动机接口

a. 电动机温度的监控。可以选择连接热敏电阻（PTC）或线性温度传感器（KTY84-130）。为此，可以使用基本装置电子板上的一个输入及选件端子扩展板上的一个输入。当选用热敏电阻时输出警告信号或故障信号可通过参数设定。当选用 KTY84-130 时，可输入警告或分断的阈值。极限值的输入和显示单位为℃。

b. 电刷长度监控。通过电位隔离的微型开关监控电刷长度，这样，总是处理最短的电刷。

如果电刷磨损严重，那么微型开关接点打开，这时，警告信号或故障信号可通过参数设定输出，通过选件端子扩展板上的可设置开关量输入口进行信号处理。

c. 电动机通风机的冷风流量监控。可在电动机气流通道中装一个风压继电器，当其动作时输出警备或故障信号，通过选件端子扩展板的可设置开关量输入口进行信号处理。

⑫ 控制和调节部分　CUD1 板框图如图 8-82 所示。

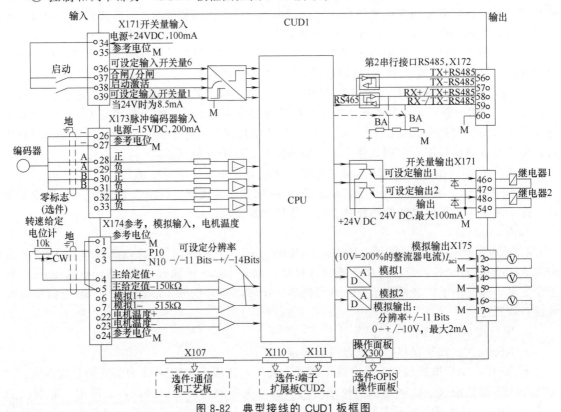

图 8-82　典型接线的 CUD1 板框图

8.5.3　全数字直流调速装置 SIMOREG 6RA70 装置的识读

（1）动态过载能力的要求

在运行过程中装置电流可以超过铭牌标出的额定直流电流值（允许的最大持续直流电流）。过载电流的绝对值上限为 1.8 倍的额定直流电流。最大允许过载时间不仅与过载电流的时间曲线有关，而且还与上一次的负载情况有关，并且每台装置情况不同。每次过载必须先有欠载时期（负载电流小于额定直流电流），最大允许的过载时间过后，负载电流至少要减小到小于额定直流电流。通过监控功率部分的发热情况（I^2t 监控）可以控制动态过载电流的持续时间，I^2t 监控由过载电流实际值的时间曲线计算出晶闸管等效结温时间曲线。该曲线与环境温度有关，每台装置本身的特性（加热阻和时间常数）也考虑在内。在整流装置刚刚开始运行时是以起始值为基础计算，即以上一次运行停止/电源故障的状态为基础计算。当算出的等效结温值超过了允许值时，I^2t 监控动作对此的反应有两种可能并可以由参数设定，一种方式为发出警告，使电枢电流的给定值减小到额定直流电流；另一种方式是装置发出故障信号，系统停止运行。

（2）整流装置的并联连接

为提高容量，SIMOREG DC-MASTER 整流装置可以并联连接，如图 8-83 所示。为进行并联连接，每台整流装置须选择端子扩展板（CUD2），在端子扩展板上使触发脉冲得以进一步传送，且载有通信所需的硬件和插接连接器。最多可并联连接 6 台装置。在多台装置并联连接时，为减小信号运行时间，主动装置应置于中央。主-从装置间并行接口导线长度在总线一个末端上最长为 15m。为了电流分配，每台装置需要用进线电抗器隔离（U_k 最小为 2%）。

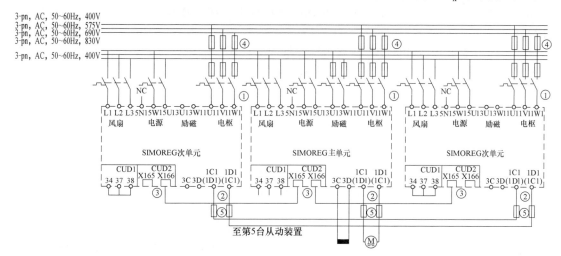

图 8-83　SIMOREG DC-MASTER 整流装置的并联连接电路图

作为并联连接特殊工作方式，SIMOREG DC-MASTER 也可使用冗余工作（$n+1$ 工作）方式。在这种工作方式下，当一台装置发生故障（如功率部分熔断器烧断）时，其余装置仍照常运行。

（3）用于 12 脉动运行

在 12 脉动运行时，两台 SIMOREG 装置的电压有 $30°$ 的相位差，这将导致高次谐波的减弱，每个装置都承受总电流的 1/2。其中一个 SIMOREG 装置工作在转速调节，而另外一个工作在电流调节。经装置对装置连接由第一个 SIMOREG 装置向第二个 SIMOREG 装置施加电流给定值。12 脉动运行要求直流电路内设有平波电抗器。

（4）用于给大电感供电

为了给大电感（如大型直流电动机或同步电动机的励磁或起重电磁铁）供电，触发装置经过参数设置被转换成宽脉冲。在大电感时，宽脉冲使晶闸管能可靠地触发，并且装置的电枢回路不向直流电动机的电枢供电，而是向大电感磁场绕组供电。

（5）凝露保护

在湿度等级 F 下，SIMOREG 装置不出现凝露。

（6）EMC 规则

① EMC 基础　EMC 代表"电磁兼容性"，定义为一台装置在电磁环境中不产生令其他电气设备不可接受的电磁干扰的情况下，具备令人满意的工作能力，即不同装置不应相互干扰。

EMC 取决于相关装置的两个特性：干扰发射与抗扰度。电气设备既可以是干扰源（发射机），也可以是干扰接收装置（接收机），一个装置也可能同时是干扰源和干扰接收装置。例如，一个整流装置的功率部分可以看作是干扰源，而控制部分可看作是干扰接收装置。对于传动装置，增强敏感部件的抗干扰能力比采用抑制干扰源的方法更为经济有效。所以，这种经济有效的方法常被选择使用。

② 按 EMC 规则安装传动装置　由于传动装置可能用于不同环境，并且使用的电气元件（控制元件、开关电源等）在干扰抑制与干扰发射上存在较大的区别，所有的安装指导都应以

实际情况为基础。为了在恶劣的电气环境中保证柜内的电磁兼容性，并满足相关规定中的相应标准，在设计、制造、使用传动柜的过程中，必须遵守下述的 EMC 规则。规则 1～10 普遍有效，规则 11～15 为可选执行，以满足干扰发射标准。

规则 1：柜体的所有金属部件彼此之间必须利用最大可能的表面电气连接（无漆层）。如需要的话，使用接触垫或爪垫。柜门与柜体间应用接地金属链连接（上、中、下），连接链尽可能短些。

规则 2：在柜体内或相邻柜内的接触器、继电器、阀、电磁计数器等应配有抑制单元，如 RC 元件、压敏电阻、二极管等。这些元件应直接与线圈连接。

规则 3：如可能的话，进入柜内的信号电缆应为同一电压等级。

规则 4：为防止耦合干扰，属于同一电路的非屏蔽电缆（输入与输出导体）应铰接，或进、出导体间距应尽可能小些。

规则 5：将备用导线两端连接到柜体（大地），可以起到附加的屏蔽作用。

规则 6：减少电缆/导体的无用长度，可降低耦合电容和电感。

规则 7：电缆布线接近柜体接地件时相互干扰较小。因此，不应在柜内随意布线，而应尽可能靠近柜壳和安装板，对备用导线也应如此。

规则 8：功率电缆与信号电缆应分开布线（以避免耦合干扰），其应保持最少 20cm 的间距。如电动机电缆与编码器电缆在空间上无法分开时，编码器电缆应使用金属隔离物或置于金属管道内。在其走线长度内，金属隔离物或管道应多次接地。

规则 9：数字信号电缆的屏蔽层必须用尽可能大的表面双端接地（信号源与信号接收侧）。如果屏蔽层间的电势差较大，为了减少屏蔽电流，应使用截面不小于 $10mm^2$、与屏蔽平行的补偿电缆。屏蔽层可在柜体上多点连接（接地），即使在柜体外，屏蔽层也可以多点接地。箔屏蔽层在屏蔽效果上不如金属网屏蔽层，效果至少相差 5 倍。

规则 10：如果等电位连接良好（即使用了最大可用表面），模拟信号电缆的屏蔽层可以双端接地。如果所有的金属部件连接良好，并且所有相关的电气元件使用同一电源，可认为等电位连接良好。屏蔽层单端接地可防止由耦合引起的低频容性干扰（如 50Hz 交流声）。屏蔽连接应在柜内，屏蔽线可用于连接屏蔽层。

规则 11：将无线电干扰抑制滤波器安装在干扰源近处，滤波器必须用最大可用表面安装在柜体或安装板上，输入输出电缆必须空间上隔离。

规则 12：无线电干扰抑制滤波器用于维持 A1 级极限值。其他负载必须安装在滤波器前边（电源侧）。是否需要安装一台附加的进线电抗器，取决于控制方式和柜内其他布线形式。

规则 13：励磁供电电路中应加进线电抗器。

规则 14：整流装置电枢电路中应加进线电抗器。

规则 15：对于 SIMOREG 传动装置，电动机电缆可以不加屏蔽。电源电缆必须与电机电缆（励磁、电枢）之间保持至少 20cm 的距离。如果需要的话，使用金属隔离物。

第9章 电气控制工程中的现代智能控制技术

9.1 智能控制方法与应用

根据所承担的任务、被控对象与控制系统结构的复杂性以及智能的作用，智能控制系统可以分为直接智能控制系统、监督学习智能控制系统、递阶智能控制系统和多智能体控制系统四种主要形式。由这四种基本系统构建了面向工业生产、交通运输、日常家居生活等领域丰富多彩的实际智能控制系统。

9.1.1 直接智能控制系统

对于某些设备控制中的单机系统、流程工业中的单回路等实际被控对象，虽然该系统规模小，但该系统的机理复杂，导致系统的动力学模型呈现非线性、不确定性等复杂性，甚至采用传统数学模型难以描述与分析，导致传统的控制系统设计方法难以施展。针对这类底层被控对象的直接控制问题，出现了以模糊控制器、专家控制器为代表的直接智能控制系统。在直接智能控制系统中，智能控制器通过对系统的输出或状态变量的检测反馈，基于智能理论和智能控制方法求解相应的控制律/控制量，向系统提供控制信号，并直接对被控对象产生作用，如图9-1所示。

图9-1 直接智能控制系统结构图

在图9-1所示的直接智能控制系统中，智能控制器采用不同的智能控制方法，就形成各式智能控制器及智能控制系统，如模糊控制器、专家控制器、神经网络控制器、仿人智能控制器等。这些不同的直接智能控制方法，主要从不同的侧面、不同的角度模拟人的智能的各种属性，如人认识及语言表达上的模糊性、专家的经验推理与逻辑推理、大脑神经网络的感知与决策等。针对实际控制问题，这些智能控制方法均可以独立承担任务，也可以由几种方法和机制结合在一起集成混合控制，如在模糊控制、专家控制中融入学习控制、神经网络控制的系统结构与策略来完成任务。

（1）模糊控制器

1965年，扎德首次提出用"隶属函数"的概念定量描述事物模糊性的模糊集合理论，并提出了模糊集的概念。这个概念试图用连续变量测量对象在某类集合中的占有程度，而不像传统集合那样，只有"属于"和"不属于"两种状态。模糊集的思想反映了现实世界所存在的客观不确定性与人们在认识和语言描述中出现的不确定性。模糊集合的模糊性是针对在所划分的类别与类别之间无明显的隶属到不隶属的转折而提出的。事实上，客观世界的许多事物，说它们属于某一类或不属于某一类都不存在明显的分界线。

对于用传统控制理论无法建模、分析和控制的复杂对象，有经验的操作者或专家却能利用对被控对象和控制过程的模糊认识和丰富经验，取得比较好的控制效果。因此人们希望把这种经验指导下的行为过程总结成一些规则，并根据这些规则设计控制器。所谓模糊控制，就是在用模糊逻辑的观点充分认识被控对象的动力学特征所建立的模糊模型和专家经验的基础上，归纳出一组模拟专家控制经验的模糊规则，并运用模糊控制器近似推理，实现用机器去模拟人控制系统的一种方法。

1973 年，马丹尼提出了如图 9-2 所示的基本模糊控制器，并成功地应用于蒸汽锅炉的控

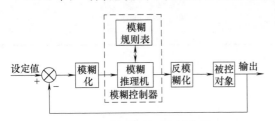

图 9-2　模糊控制系统结构图

制系统。模糊控制系统的实际运行过程是：首先，基于模糊逻辑与模糊隶属度函数对系统的设定值和反馈量的偏差及其相关的量进行模糊化，得到其模糊量；然后，模糊推理机将模糊量与模糊规则表中的模糊规则不断进行搜索、匹配与推理，寻求适用的模糊规则集；最后，基于适用模糊规则集综合计算处理并反模糊化求得控制量。

从诞生至今的近 40 年间，模糊控制得到迅猛发展，并成功走向实际工程应用。模糊控制的诞生是对传统线性控制方法的极大补充，并与 PID 调节、Bang-Bang 控制和自适应调节一起构成实际工程系统经典的控制方法。当然，模糊控制方法本身还存在不足，如缺乏严格的稳定性分析和设计方法，缺乏对系统的控制品质指标分析和设计，控制精度有待提高等。

（2）专家控制器

专家指的是那些对解决专门问题非常熟悉的人，其精深专业技术通常源于丰富的经验和专业技能。专家系统是一个智能计算机程序系统，其内部含有大量与所处理问题相关领域专家的知识与经验，能够利用专家的知识和经验、方法，结合智能理论与方法处理该领域的复杂问题。它具有启发性、透明性、灵活性、符号操作、不确定性推理等特点。

专家控制器是指以面向控制问题的专家系统作为控制器构建的智能控制系统。它有机地结合了人类专家的控制经验、控制知识和 AI 求解技术，能有效地模拟专家的控制知识与经验，求解复杂困难的控制问题，其基本结构如图 9-3 所示。

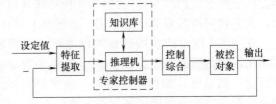

图 9-3　专家控制系统结构图

专家控制系统的基本原理是：基于对系统的动力学特性、控制行为和专家的控制经验的理解，剖析出与被控系统、环境与检测信号相关的特征及其特征提取的计算方法，建立这些特征与控制策略关系的知识，构建控制策略求解的相关控制知识库。

专家控制系统的实际运行过程是：首先，基于特征提取方法对系统的设定值和反馈量计算提取特征；然后，专家控制器基于提取的特征量与控制知识库中的知识进行搜索、匹配与推理，寻求适用的控制规则集；最后，控制综合环节总结出适宜的控制量。

由不同的定义特征，即产生不同的专家控制器，如奥斯特隆姆的专家控制器、周其鉴等人的仿人智能控制器等。仿人智能控制器根据对控制系统动态过程的深刻理解，定义了调节误差与其变化量、超调量、调节误差过零点次数等特征，以及对特征进行量化处理与计算的特征提取方法，总结出系统当前特征与系统的理想动态过程关系的控制策略。系统实际运行时，仿人智能控制器就可以根据系统设定值和反馈量提取特征，基于搜索、匹配和推理就可以得到理想的控制策略。实践表明，仿人智能控制器具有非线性控制的特征，能大大改善控制系统的超调量和调节时间。

（3）神经网络控制

人工神经网络是指由大量与生物神经系统的神经细胞类似的人工神经元互连组成的网络。

ANN 的神经元为具有一定独立性和自主性的信息处理单元，神经元之间的连接与生物神经网络的连接一样具有生长（学习）的特性，使得 ANN 成为规模巨大、功能强大的信息处理系统。ANN 的学习特性是 ANN 的主要特征，也是当前研究的主要课题。学习的概念来自生物模型，它是机体在复杂多变的环境中进行有效的自我调节。常用的 ANN 学习算法有 Hebb 学习算法、反向传播（BP）学习算法、Hopfield 网络学习算法等。

ANN 的优越性主要表现如下：

① ANN 可以处理那些难以用模型或者规则描述的过程或系统，例如人骑自行车。

② ANN 的本质是非线性系统。

③ ANN 采用并行分布式信息处理方式，具有很强的容错性。

④ ANN 具有较强的自学习与自组织能力。

⑤ ANN 具有很强的信息综合能力，可以同时处理不同类型的信息，具有很好的互补性与冗余性。

⑥ ANN 的硬件实现非常方便，大规模集成电路技术的发展为 ANN 硬件的实现提供了技术手段。

ANN 神经元（处理单元）及其神经元之间连接数量巨大，神经元的学习特性，信息处理的非线性、分布性，使得其具有某些拟神经网络的智能功能。

在现代自动控制领域，由于存在许多难以建模和分析、设计的非线性系统，对控制精度的要求也越来越高，因此需要新的控制系统具有自适应能力、良好的鲁棒性和实时性、计算简单、柔性结构和自组织并行离散分布处理等智能信息处理的能力，这导致了基于 ANN 模型和学习算法的新型控制系统结构——神经网络控制系统的产生。所谓神经网络控制系统，即利用 ANN 进行有效的信息融合达到运动学、动力模型和环境模型间的有机结合，并运用 ANN 模型及学习算法对被控对象进行建模与系统辨识、构造控制器及控制器的学习与适应算法、进行系统的状态估计、进行系统的故障诊断。

图 9-4 所示的是神经网络控制系统的基本结构图。神经网络控制器以 ANN 作为构建被控对象模型和控制器的工具，利用所设计 ANN 的学习结构和学习算法，使 ANN 获得对被控对象"好"的控制策略的知识，从而作为控制器对被控对象实施控制。

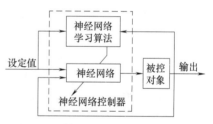

图 9-4　神经网络控制系统结构图

9.1.2　监督学习智能控制系统

在复杂的被控系统和环境中，存在着多工况、多工作点、动力学特性变化、环境变化、故障多等复杂因素，当这些变化超过控制器本身的鲁棒性规定的稳定性和品质指标的裕量时，控制系统将不能稳定工作，品质指标也将恶化。对于此类复杂控制问题。需要在直接控制器上设置对多工况和多工作点进行监控、对系统特性变化进行学习与自适应、对故障进行故障诊断与系统重构的承担监控与自适应的环节，以调整直接控制器的设定任务或控制器的结构与参数。这类对直接控制器具有监督和自适应功能的系统，称为监督学习控制系统。在传统控制理论中，自适应控制与故障系统的控制器重构属于这类的监督学习控制方法。在监督学习控制系统中，直接控制器或监督学习环节是基于智能理论和方法设计与实现的控制系统，即为监督学习智能控制系统，也称为间接智能控制系统。

根据智能理论的作用层级，监督学习智能控制系统可分为如图 9-5 和图 9-6 所示的两种类型。图 9-5 的直接控制器为常规控制器，其监督学习级为基于智能理论与方法，承担监控、自适应与自学习，或故障诊断与控制系统重构任务的智能控制器，如模糊 PID 控制等。图 9-6 的直接控制器为智能控制器，其监督学习级可以为基于常规优化与控制方法的监控与自学习、自适应系统，也可以为智能系统，如自适应模糊控制、模糊神经网络控制。

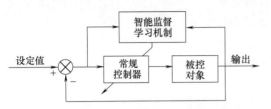

图 9-5 常规控制器的监督智能控制系统

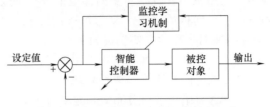

图 9-6 智能控制器的监督智能控制系统

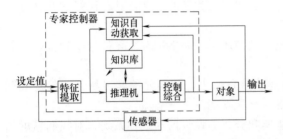

图 9-7 具有在线学习功能的专家控制系统结构

图 9-7 所示为具有在线学习功能的专家控制系统的基本结构。系统中的知识自动获取环节，根据收集到的大量有关当前状态、使用过的控制规则等信息，结合系统的控制目标，运用数据挖掘或其他知识获取工具，挖掘出有意义、有效的新控制规则，以对知识库进行增删、维护与更新，实现具有在线学习功能的智能控制。

9.1.3　递阶智能控制系统

对于规模巨大且复杂的被控系统和环境，单一直接控制系统和监督学习控制系统难以承担整个系统中多部件、多设备、多生产流程的组织管理、计划调度、分解与协调、生产过程监控、工艺与设备控制，所以各部分不能有机地结合达到整体优化与控制，不能共同完成系统管、监、控一体的综合自动化。递阶智能控制是在自适应控制和自组织控制等监督学习控制系统的基础上，由萨里迪斯提出的智能控制理论。递阶智能控制系统主要由三个智能控制级组成，按智能控制的高低分为组织级、协调级、执行级，并且这三级遵循"伴随智能递降精确性递增"原则。递阶智能控制系统的层级控制结构，非常适合于以智能机器人系统、工业生产系统、智能交通系统为代表的大型、复杂被控对象系统的综合自动化与控制，能实现工业生产系统的组织管理、计划调度、分解与协调、生产过程监控以及工艺与设备控制的管、监、控一体的综合自动化。

（1）递阶智能控制系统的一般结构

递阶智能控制系统是由三个基本层级递阶构成的，其层级交互结构如图 9-8 所示。图 9-8 中：f_E 为自执行级至协调级的在线反馈；f_C 为自协调级至组织级的离线反馈信号；C 为定性的用户输入指令集（任务命令），在许多情况下它为自然语言；U 为经解释器解释用户指令后的任务指令集。

这一递阶智能控制系统可视为一个整体，它把定性的用户指令变换为一个驱动底层设备的物理操作序列。系统的输出是通过一组控制被控对象的驱动装置的指令来实现的。一旦收到用户指令，系统就基于用户指令、被控系统的结构和机理、对系统及其环境的感知信息开始运行。感知系统与环境的传感器提供工作空间环境和每个子系统状况的监控信息，对于机器人系统，子系统状况主要有位置、速度和加速度等。智能控制系统融合这些信息，并作出最佳决策。

图 9-8 所示的三级递阶结构具有自顶向下和自底向上的知识（信息）处理能力。自底向上

的知识流取决于选取信息的集合，这些信息包括从简单的底层执行级反馈到最高层组织级的积累知识。反馈信息是智能控制系统中学习所必需的，也是选择替代动作所需要的。

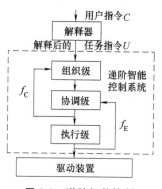

图 9-8　递阶智能控制系统的递阶结构

　　a. 组织级。组织级代表系统的主导思想，并通过人-机接口和用户进行交互，理解并解析用户的命令，作出达到目标的动作规划，执行最高决策的控制功能，监视并指导协调级和执行级的所有行为，其智能程度最高。由于组织级需要很好地理解并解释用户的任务，其动作规划的解空间大，因此主要由 AI 起控制作用。组织级的主体为规划与决策的专家系统，处理高层信息，用于机器推理、规划、决策、学习，如图 9-9 所示。

　　b. 协调级。协调级是上（组织级）下（执行级）级间的接口，主要进行任务分解与协调，它由 AI 和运筹学共同起作用。协调级由协调与调度优化的专家系统和多个协调器组成，其结构如图 9-10 所示。每个协调器根据各子系统的各种因素的特定关系执行协调，如多机械手、足的运动协调，力的协调，视觉协调，等。协调与调度优化的专家系统处理整个系统的调度与协调的优化。

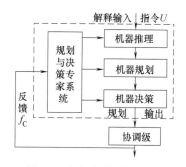

图 9-9　组织级的结构框图

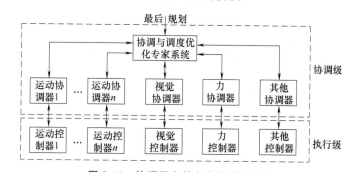

图 9-10　协调级和执行级的结构框图

　　c. 执行级。执行级是智能控制系统的最低层级，直接控制与驱动硬设备完成指定的动作。由于底层设备的动力学复杂程度低、刚性大，由传统控制方法辅之直接智能控制方法可以实现对相关过程和装置的直接控制，因此执行级的控制具有很高的精度，但其智能程度较低。

（2）系统精确性与智能程序的关系

　　萨里迪斯指出，智能系统的精确性随智能降低而提高。他深刻揭示了系统精确性与智能程度的关系，即所谓的 IPDI 原理，并可由概率公式表示为

$$p(\text{MI}, \text{DB}) = p(\text{R}) \tag{9-1}$$

　　式中，$p(\cdot)$ 为概率；MI 为进行问题求解的机器智能；DB 为与执行任务有关的数据库，代表任务的复杂性；R 为通过图 9-8 所示的递阶智能控制系统的知识流量。在这里，知识流量为已知数据库 DB 和进行问题求解的机器智能 MI 方法求解（推理）产生的新的结果（知识）。假定机器智能 MI 独立于数据库 DB，式（9-1）可以表示为如下信息熵：

$$H(\text{MI}) + H(\text{DB}) = H(\text{R}) \tag{9-2}$$

　　式中，$H(\cdot)$ 为信息熵函数。

　　对于如图 9-8 所示的递阶智能控制系统，在系统的每一个层级，求解问题所需的知识总量（知识流量）是不变的，即不管在哪个层级，求解并完成该控制系统的目标任务的知识流量 R 是不变的，只不过是求解策略（动作规划）在每个层级体现的形式不一样，有的体现为高层任务目标，有的体现为一系列的动作规划，有的体现为各驱动装置的驱动命令，但其内涵是一致

的。因此，式（9-2）表明，对于某些层级，如果其数据库 DB 的信息丰富，精确性高，即 DB 的信息熵大，则所需的问题求解的机器智能 MI 的智能程度要低，即 MI 的信息熵小；反之，如果其数据库 DB 的信息贫乏，精确性低，即 DB 的信息熵小，则所需的问题求解的机器智能 MI 的智能程度要高，即 MI 的信息熵大。这就是萨里迪斯的 IPDI 原理，即智能控制系统的精确性随智能程度降低而提高的原理。该原理适用于递阶系统的单个层级和多个层级。在多层情况下，知识流 R 在信息理论意义上代表系统的工作能力。

9.1.4　多智能体控制系统

目前的社会系统与工业系统正向大型、复杂、动态和开放的方向转变，传统的单个设备、单个系统及单个个体在许多关键问题上遇到了严峻的挑战。多智能体系统理论为解决这些挑战提供了一条最佳途径，如在工业领域广泛出现的多机器人、多计算机应用系统等都是多智能体控制系统。

所谓智能体，即可以独立通过其传感器感知环境，并通过其自身努力改变环境的智能系统，如生物个体、智能机器人、智能控制器等都为典型的智能体。多智能体系统即为具有相互合作、协调与协商等作用的多个不同智能体组成的系统。如多机器人系统，是由多个不同目的、不同任务的智能机器人所组成的，它们共同合作，完成复杂任务。再如，一个微环境中，来自不同或相同生物种属的生物个体和平共处，共创和谐环境。在工业控制领域，目前广泛采用的集散控制系统由分散的、具有一定自主性的单个控制系统，通过一定的共享、通信、协调机制，共同实现系统的整体控制与优化，亦为典型的多智能体系统。

对于多智能体系统，人们主要讨论：具有不同兴趣的智能体群落如何合作？多智能体系统有效的体系结构为何？它们如何面对冲突，如何达成解决冲突的协议？各自主智能体如何协调其活动以达到合作目标？它们如何通信？通信的语言是什么，多智能体系统的结构与分级递阶智能控制系统相比，重在研究其各智能体的合作、协调与协商的机制。

如图 9-11 所示为多移动机器人群集运动的避障控制的模型。图中，各移动机器人具有一定的自主控制能力、局部环境感知能力，它们之间的通信具有局部性。移动机器人群中，可以有掌控任务目标、具有一定全局能力的领导者。多移动机器人群集运动的任务目标为其在编队飞往指定目标过程中具有避障能力，并保持某个指定的队形，其避障编队飞行如图 9-12 所示。

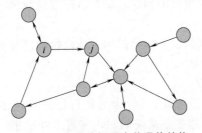

图 9-11　多移动机器人的通信结构

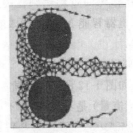

图 9-12　多移动机器人的避障编队飞行

与传统的采用多层和集中结构的多机器人、客机系统的体系结构相比，采用多智能体技术建立的分布式控制结构的系统有着明显的优点，如模块化好、知识库分散、容错性强和冗余度高、集成能力强、可扩展性强等。因而，采用多智能体系统的体系结构及技术正在成为多机器人系统、多机系统发展的必然趋势。

9.1.5　智能控制的应用领域

智能控制的研究和应用是一幅多姿多彩的图像，从实验室到工业现场、从家用电器到火箭制导、从制造业到采矿业、从飞行器到武器、从轧钢机到邮件处理机、从工业机器人到康复假肢等，到处都有智能控制的用武之地。下面简要介绍智能控制应用研究的几个主要领域。

① 智能机器人规划与控制　机器人学的主要研究方向之一是机器人运动的规划与控制。机器人在获得一个指定的任务之后，首先根据对环境的感知，做出满足该任务要求的运动规划；然后，由控制来执行规划，该控制足以使机器人适当地完成所期望的运动。目前，该领域已从单机器人的规划与控制发展到多机器人的规划、协调与控制。

② 生产过程的智能监控　化工、炼油、轧钢、材料加工、造纸和核反应等工业领域许多连续生产线，其生产过程需要监视和控制，以保证高性能和高可靠性。对于基于严格数学模型的传统控制方法无法应对的某些复杂被控对象，目前已成功地应用了有效的智能控制策略，如炼铁高炉的 ANN 模型及优化控制、旋转水泥窑的模糊控制、加热炉的模糊 PID 控制与仿人智能控制、智能 pH 值过程控制、工业锅炉的递阶智能控制以及核反应器的专家控制等。其中，工业锅炉的递阶智能控制可作为这方面的典型，图 9-13 所示的是该控制系统的混合控制系统方框图。从图中可知，其控制模式包括专家控制、多模式控制和自校正 PID 控制。

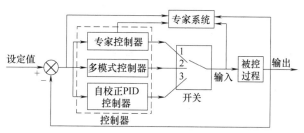

图 9-13　工业锅炉智能控制的混合控制框图

③ 制造系统的智能控制　计算机集成制造系统（CIMS）是近二十多年制造领域发展最为迅速的先进制造系统。它是在信息技术、自动化技术与制造技术的基础上，通过计算机技术把分散在产品设计与制造过程中的、各种孤立的自动化子系统有机地集成起来，形成适用于多品种、小批量生产，实现整体效益的集成化和智能化制造系统。在多品种、小批量生产，制造工艺与工序复杂的条件下，制造过程与调度变得极为复杂，其解空间也非常大。此外，制造系统为离散事件动态系统，其系统进程（动态）多以加工事件开始或完成来记录，并采用符号逻辑操作和变迁来描述。因此，模型的复杂性、环境的不确定性以及系统软硬件的复杂性，向当代控制工程师们设计和实现有效的集成控制系统提出了挑战。

智能控制能很好地结合传统控制方法与符号逻辑为基础的离散事件动态系统的控制问题，进行制造系统的管、监、控的综合自动化。基于递阶智能控制思想提出的制造系统的智能控制系统结构如图 9-14 所示。

④ 智能交通系统与无人驾驶　自 1980 年以来，智能控制已被应用于交通工程与载运工具

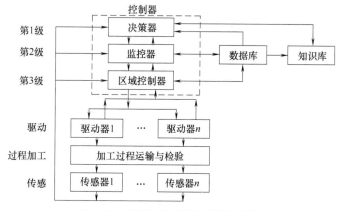

图 9-14　基于加工系统智能控制结构

的驾驶中，如高速公路、铁路与航空运输的管理监控，城市交通信号控制，飞机、轮船与汽车的自动驾驶等，形成智能交通系统与无人驾驶系统等。

所谓智能交通系统，就是把卫星技术、信息技术、通信技术、控制技术和计算机技术结合在一起的运输（交通）自动引导、调度和控制系统，它包括机场、车站客流疏导系统，城市交通智能调度系统，高速公路智能调度系统，运营车辆调度管理系统，机动车自动控制系统等。智能交通系统通过人、车、路的和谐，密切配合提高交通运输效率，缓解交通阻塞，提高路网通过能力，减少交通事故，降低能源消耗，减轻环境污染。

⑤ 智能家电与智能家居　智能家电是指利用智能控制理论与方法控制的家用电器，如市场上已经出现的模糊洗衣机、模糊电饭煲等。未来智能家电将主要朝着多种智能化、自适应优化和网络化三个方向发展。多种智能化是家用电器尽可能在其特有的工作功能中模拟多种人的智能思维或智能活动的功能。自适应优化是家用电器根据自身状态和外界环境自动优化工作方式和过程的能力，这种能力使得家用电器在其生命周期都能处于最佳效率、最节省能源和最优品质状态。网络化是建立家用电器社会的一种形式，网络化的家用电器可以由用户实现远程控制，在家用电器之间也可以实现互操作。

所谓智能家居，就是通过家居智能管理系统的设施来实现家庭安全、舒适、信息交互与通信的能力。家居智能化系统由家庭安全防范、家庭设备自动化和家庭通信三个方面组成。

⑥ 生物医学系统的智能控制　从 20 世纪 70 年代起，以模糊控制、神经网络控制为代表的智能控制技术成功地应用于各种生物医学系统，如以神经信号控制的假肢、基于平均动脉血压（MAP）的麻醉深度模糊控制等。

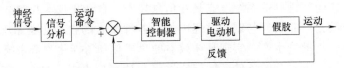

图 9-15　神经信号控制的假肢控制系统

图 9-15 所示为一个基于肌肉神经信号控制的假肢控制系统结构图。系统首先从人肢体残端处的神经，以及与肢体运动有关的胸部、背部等处肌肉群采集人指挥肢体运动时发出的微弱神经信号，经过信号分析解释各肢体及关节运动的指令；然后通过与反馈信号比较，经智能控制器发出各肢体及关节运动驱动器的驱动命令，从而实现以神经信号控制假肢功能。

⑦ 智能故障检测与诊断　智能故障检测与诊断系统的一般任务是根据已观察到的状况、领域知识和经验，推断系统、部件或器官的故障原因，尽可能及时发现和排除故障、控制器的备份系统切换，或进行系统重构，以提高系统或装备的安全可靠性。智能故障检测与诊断系统是一个问题求解的计算机系统，也是一种智能控制系统。它一般由知识库（故障信息库）、诊断推理机构、接口和数据库等组成。典型的智能故障检测与诊断系统有太空站热过程控制系统的故障诊断、火电站锅炉给水过程控制系统的故障检测与诊断和雷达故障诊断专家系统等。

⑧ 智能仪器　随着微电子技术、微机技术、AI 技术和计算机通信技术的迅猛发展，自动化仪器正朝着智能化、系统化、模块化和机电一体化的方向发展，微机或微处理机在仪器中的广泛应用，已成为仪器的核心组成部件之一。这类仪器能够实现信息的记忆、判断、处理、执行，以及测控过程的操作、监视和诊断，被称为"智能仪器"。

比较高级的智能仪器具有多功能、高性能、自动操作、对外接口、"硬件软化"和自动测试与自动诊断等功能。例如，一种由连接器、用户接口、比较器和专家系统组成的系统，与心电图测试仪一起构成的心电图分析咨询系统，就已经获得成功应用。

由于智能控制在许多领域还处于起步与发展之中，上面介绍的具体智能控制方法的集合远未成熟，也未形成一个统一的描述工具和分析、设计的平台。因此，学习者在深入理解和掌握智能控制的概念、原理的基础上，需要多涉足计算机科学与智能科学、生物学、认知科学、心理学等相关学科，放开思路；更需要创造性地学习，创造性地去研究，创造性地去运用。

9.2 电弧炉炼钢过程智能控制

9.2.1 电弧炉炼钢工艺过程及对控制的要求

（1）电弧炉结构

近代电弧炼钢炉由一台特种变压器的三相交流电供电，其结构如图 9-16 所示。三相电流通过三相上下移动的电极直接加热炉内金属，每个电极和金属炉料之间将产生电弧。电流的流动方向为：电极→电弧→炉渣→金属→炉渣→电弧→电极。此外，还有电极夹持器、炉门、炉顶、炉底和出钢槽等。

（2）工艺特点

电弧炉炼钢的主要原料为废钢、生铁、废铁、铁合金、白云石、镁砂、矿石、石灰以及铸造车间和其他车间返回钢等。装炉原料的性质和数量根据所需熔炼钢种和钢的化学成分而定。整个电炉熔炼过程分为三个时期，如图 9-17 所示。由于各个时期所完成的任务不同，因而相应地对冶炼温度和功率的要求也不同。

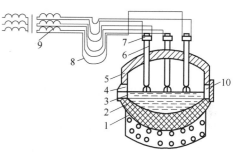

图 9-16 三相电弧炉结构简图

1—炉底；2—钢液；3—渣层；4—出钢槽；
5—炉顶；6—电极；7—电极夹持器；
8—短网；9—电炉变压器；10—炉门

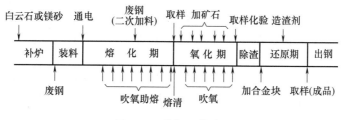

图 9-17 炼钢工艺过程

① 熔化期　在这期间，固体燃料熔成钢液，并加入适当石灰使金属夹杂物，如碳、硅、锰、磷等氧化，这些夹杂物经氧化后形成炉渣。其主要特点是电弧燃烧不平衡，波动大，甚至在半周波内弧长也有明显变化，在电磁力作用下，使料块和熔化金属四处飞溅。点弧瞬间，经常发生断弧和短路现象。熔化期是炼钢过程中的重要时期，它约占冶炼时间的 50%，电能消耗占 2/3 以上。炉料熔化时间与输入功率、炉料质量、炉膛内装填情况和电极自动调节质量有关。熔化期最终把炉料熔化为钢液，并形成炉渣层。

② 氧化期　随着固体料熔化和渣层的形成，冶炼过程进入氧化期，在此期间，加入一定的铁矿石，炉内钢液沸腾进行脱碳反应，具有高度流动性，电弧燃烧趋于平稳。其任务是：从钢液中除去大量气体（主要是氢）和非金属夹杂物，降低钢液中含磷量到 0.015%～0.02%，把钢液加热到稍高于出钢温度，控制氧化期终了钢液中含碳量至规定范围。

③ 还原期（精炼期）　从加入还原剂开始，就进入还原期。在此期间，电弧燃烧更加平

稳，电弧电压已接近正弦波。其任务是：使钢液和炉渣还原，除去钢液中的硫，使其含量达到规定范围；调整钢液中化学成分至出钢所规定成分，加热钢液至出钢规定温度。

（3）对自动控制提出的特殊要求

综上所述，电弧炉炼钢是一个复杂的物理化学反应过程。电炉中固体原料在电能作用下由固态变成液态，同时进行结构元素的不断调整，一方面除去硫和磷等一些非金属元素，另一方面又要使碳、硅和锰等含量控制在一定范围内，整个冶炼过程在缓慢进行，一直到炼出合格的钢种为止。对冶炼过程的主要技术要求是：高生产率、低电耗和高功率因数。为了满足上述技术要求，若采用人工控制是难以奏效的，因此，近代电弧炉炼钢过程都立足于自动控制。为了降低电能消耗和提高电网功率因数，首先要实现电极升降自动控制。其次，为了使在冶炼终点得到合格的钢种，必须对冶炼的全过程进行自动操作指导。

9.2.2 电弧炉炼钢过程电极升降智能复合控制系统

电弧炉炼钢经历了熔化期、氧化期和还原期三个复杂的物理化学过程，由于三个冶炼过程千变万化，干扰不同，功能不同，对电极升降控制性能要求也不相同。因而国内外学者对电极升降自动控制曾做了大量研究工作，以期能实现低能耗和高功率因数的目标。1970 年 Gosiewski 等人提出一种电极动态最优控制，1972 年 Wheeler 等人提出电极动态功率控制，1973 年 Nicholson 提出电极阻抗在线控制，1988 年顾兴源等人提出电极调节系统参数辨识方法，1990 年张殿华等人提出电极调节系统辨识和自校正控制等。上述控制方案都回避了电弧系数 β 的变化问题，而且采用较复杂的数学模型，有的还涉及钢水连续测温的难题。本节根据电弧炉炼钢过程特点，在深入分析其机理的基础上，提出一种基于快速性和灵敏性相结合的智能复合控制方案。

在熔化期，扰动大、弧长变化大和偏差大，希望电极升降控制系统能无超调地快速调整，而对控制精度要求相对降低，所以拟采用快速最优（Bang-Bang）控制方案；氧化期扰动相对减小，弧长变化也较稳定，偏差不太大，希望兼顾快速性和精度，所以拟采用模糊控制方案；在还原期，炉况相对平稳，希望有较高控制精度，因此采用 PID 控制方案。这就是智能复合控制的基本出发点。在线仿真证实，控制效果是令人满意的。智能复合控制结构框图如图 9-18 所示。图中交流力矩电动机为驱动电极升降用，s 为实测电极上下位移量，s_r 为给定电极位移量，L_s 为给定弧长，L_p 为实测弧长。规则集用来判断复合控制算法的转换，给定信号通过比较环节和速度反馈电压比较后获得偏差电压 e，作为复合控制器的输入信号。

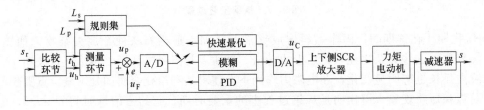

图 9-18 电极升降智能复合控制框图

在图 9-18 中，根据某厂 5t 电弧炉现场实际数据，计算每一环节的传递函数，经过整理后得到电极升降调节系统简化结构图，如图 9-19 所示。以此作为电极升降自动控制和仿真的主要依据。

（1）快速最优（Bang-Bang）控制

电极调节系统是一个位置控制系统，假设在输入功率受限制条件下设计一个控制器，以时

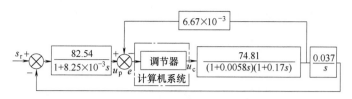

图 9-19　电极升降调节系统简化结构图

间最短为目标，使电极从初始状态转移到目标状态（即平衡状态），达到快速调节的目的。实际电极调节系统的被控对象是交流力矩电动机，可近似为二阶系统，为了快速调节，必须确保控制信号最大值切换，其加速度改变一次，这种控制方式一般称为 Bang-Bang 控制。在电动

机转速受约束情况下，电极上下运动轨迹图和开关线如图 9-20 所示。从图可知，开关线为 NOM，设开关线在 $[R_+]$ 区，初态为 C，则电极运动轨迹为 $CENO$，即开始时电极以加速度 a_M 运行，当它到达最大速度（E 点）后，便以最大恒速继续向平衡点逼近，若它到达开关转换点 N，则以最大减速度制动，使电极实现快速无超调至平衡点 O。同理在 $[R_-]$ 区与此类似。因此，对任一初态，只要判断弧长偏移量 $x_1(t)=e_i=L_s-L_p$ 是否到达 L 或 $-L$，便可以确定开关转移

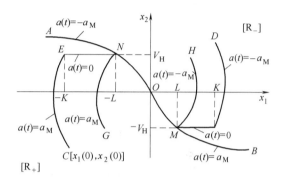

图 9-20　电极升降运动轨迹

时刻是否实现快速控制。设电极平衡位置为零，系统初态 $t=0$ 时弧长偏移量为 $x_1(0)$，电极初速度为 $x_2(0)$，则电极运动方程为

$$\begin{cases} \dot{x}_1(t)=x_2(t) \\ \dot{x}_2(t)=a(t) \end{cases} \tag{9-3}$$

式中　$x_1(t)$——电极位移量，即弧长偏移量；

　　　$x_2(t)$——电极移动速度；

　　　$a(t)$——电极移动加速度。

$$|a(t)| \leqslant a_M \tag{9-4}$$

式（9-4）表示电极运动加速度受限制。由图 9-20 可知：

AO 段轨迹方程为：

$$x_1(t)=-\frac{1}{2a_M}x_2^2(t) \tag{9-5}$$

BO 段轨迹方程为：

$$x_1(t)=\frac{1}{2a_M}x_2^2(t) \tag{9-6}$$

则开关线轨迹方程为：

$$H[x_1(t),x_2(t)]=x_1(t)+\frac{1}{2a_M}x_2(t)|x_2(t)| \tag{9-7}$$

事实上，由于电动机转速受限制，当电动机加速到额定转速（限制速度）的坐标（$-K$，V_H）时即可作出如下方程组：

$$\begin{cases} x_1(t) = \dfrac{1}{2}a_M t^2 + x_2(0)t + x_1(0) \\ x_2(t) = a_M t + x_2(0) \\ x_2(t) = V_H \\ x_1(t) = -K \end{cases} \tag{9-8}$$

由式（9-8）可得：

$$K = -\frac{1}{2a_M}[V_H^2 - x_2^2(0)] - x_1(0) \tag{9-9}$$

同理在 $[R_-]$ 区有

$$K = \frac{1}{2a_M}[x_2^2(0) - V_H^2] + x_1(0) \tag{9-10}$$

则控制律为：

$$a(t) = \begin{cases} a_M & H[x_1(t), x_2(t)] < 0 \\ 0 & L < |x_1(t)| < K \\ -a_M \operatorname{sgn}[x_2] & H[x_1(t)x_2(t)] = 0 \\ -a_M & H[x_1(t)x_2(t)] > 0 \end{cases} \tag{9-11}$$

现在的问题可归结为如何测取 $x_1(t) = L_s - L_p$，即测取 L_p 和确定开关转换点 L。

① L_p 的测取问题　由于电极调节系统存在死区，而控制时要求开关转换点必须准确，因此这里不采用电极位移量，而是利用电弧电流（简称弧流）I_h 与弧长关系在线测取 L_p。设取电弧炉炼钢过程一相电极的等效电路如图 9-21 所示。其中 U_1 为相电压，X_L 为感抗（2.806mΩ），R 为电阻（1.584mΩ），U_h 为电弧电压（简称弧压），则有：

$$U_1 = \sqrt{(U_h + L_h R)^2 + (I_h X_L)^2} \tag{9-12}$$

而弧压与弧长关系为：
$$U_h = \beta L_p + \alpha \tag{9-13}$$

式中　α——阴极和阳极区电压降和，V；

β——电弧系数，即弧柱电压梯度，V/mm。

由式（9-12）和式（9-13）有：

$$L_p = \frac{1}{\beta}\left[\sqrt{U_1^2 - (I_h X_L)^2} - I_h R - \alpha\right] \tag{9-14}$$

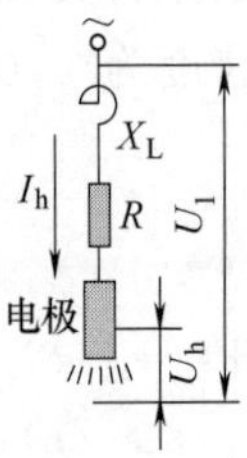

图 9-21　电极
等效电路

由式（9-14）可知，实测弧长 L_p 可以通过采集弧流 I_h 计算出来，且考虑了电弧系数的影响，式（9-14）中 α 与电极材料有关，见表 9-1。本系统研究的电弧炉是碳石墨碱性炉，选 $\alpha = 9$V。β 值与冶炼过程有关，见表 9-2。氧化期和还原期中 β 变化不大，所以氧化期 β 取 3.7V/mm，还原期中 β 取 1.15V/mm。而熔化期中 β 值变化范围大，设熔化期末温度已达到最高点，从熔化初期到末期需熔炼 1h，β 呈指数下降，则这段时间内 β 的减小率接近于 $1.85 \times 10^{-6}/T_0$（T_0 为采样周期，取 $T_0 = 40$ms），则 β 修正公式为：

$$\beta = 12(1 - 1.85 \times 10^{-6}k) \tag{9-15}$$

式中　k——熔化初期开始采样累加数，即采样次数。

表 9-1　α 与材料关系表

电极材料	α/V
碳（石墨）-钢	22
碳（石墨）-碱性炉渣	9
碳（石墨）-酸性炉渣	30

表 9-2　β 值与冶炼关系表

冶炼期	β/（V/mm）
熔化期	10～12
氧化期	3.4～4
还原期	1.1～1.2

② 开关转换点 L 的确定　由式（9-7）有

$$H(L',V_H)=L'-\frac{V_H^2}{2a_M}=0$$

式中　a_M——电极最大制动减速度，通常为 420mm/s^2；

　　　V_H——电极最大升降速度，通常为 2.5m/min。

则有

$$L'=\frac{V_H^2}{2a_M}=2.07\text{mm}$$

若考虑系统时延（接近于一个采样周期），则

$$L=L'+V_H T_0=(2.07+1.67)\text{mm}=3.74\text{mm} \tag{9-16}$$

③ 软件设计中一些参数值设定问题　设定：K_1——制动计数值，本系统取 $K_1=2$；Δ——系统允许的弧长偏移量，取 $\Delta=0.5$；U_M——控制器最大允许输出电压，即交流力矩电动机最大允许速度。

综上所述，利用图 9-20、式（9-14）、式（9-15）和式（9-16）及一些参数设定值，即可作出 Bang-Bang 控制子程序流程图，如图 9-22 所示。

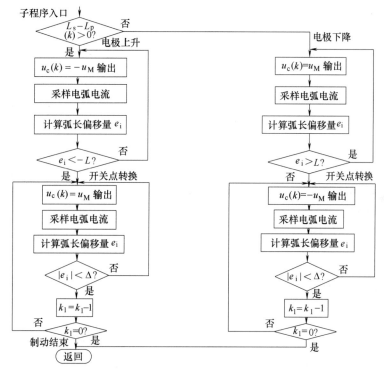

图 9-22　Bang-Bang 控制子程序流程图

（2）模糊控制

根据模糊控制器的设计方法，制作模糊控制表输出变量见表 9-3。当采集到偏差 e，计算偏差变化率 $\dot{e}$ 则有：

$$\begin{cases} E=\text{INT}\left(e\,\dfrac{6}{E_M}\right)+\text{sgn}(e) \\[2mm] \dot{E}=\text{INT}\left(\dot{e}\,\dfrac{6}{E_M}\right)+\text{sgn}(\dot{e}) \end{cases} \tag{9-17}$$

表 9-3　模糊控制表输出变量

偏差	偏差变化率												
	−6	−5	−4	−3	−2	−1	0	1	2	3	4	5	6
−6	6	5	6	5	6	6	6	3	3	1	0	0	0
−5	5	5	5	5	5	5	5	3	3	1	0	0	0
−4	6	5	6	5	6	6	6	3	3	1	0	0	0
−3	6	5	5	5	5	5	5	2	1	−1	−1	−1	−1
−2	3	3	3	4	3	3	3	1	1	1	−1	−1	−1
−1	3	3	3	4	3	3	1	1	1	1	−2	−1	−1
0	3	3	3	4	1	1	1	−1	−1	−1	−3	−3	−3
1	1	1	1	1	1	1	−1	−3	−3	−2	−3	−3	−3
2	1	1	1	1	−1	−2	−3	−3	−3	−2	−3	−3	−3
3	−1	−1	−1	−1	−1	−2	−2	−5	−5	−5	−5	−5	−5
4	−1	−1	−1	−1	−3	−3	−6	−6	−6	−5	−6	−5	−6
5	−1	−1	−1	−1	−3	−3	−5	−5	−5	−5	−5	−5	−5
6	−1	−1	−1	−1	−3	−3	−6	−6	−6	−5	−6	−5	−6

其中偏差变化范围限制在 $(-E_M, +E_M)$，偏差变化率范围限制在 $(-\dot{E}_M, +\dot{E}_M)$。由于控制量 u 分为 13 级，即−6、−5、−4、−3、−2、−1、0、1、2、3、4、5、6。但是控制量变化范围为 $[-2.5, +2.5]$，因此取量化因子 $q=2.5/6=0.42$，则有：

$$u_c = qu \tag{9-18}$$

按照表 9-3、式（9-17）和式（9-18），可编制相应的模糊控制子程序。

（3）PID 控制

PID 控制采用下列方程：

$$u_c(k) = u_c(k-1) + K_p\left\{[e(k)-e(k-1)] + \frac{T_0}{T_i}e(k) + \right.$$

$$\left. \frac{T_d}{T}[e(k)-2e(k-1)+e(k-2)]\right\} \tag{9-19}$$

其中，PID 参数整定为：$K_p=0.25$，$T_i=6.14s$，$T_d=0.009s$，$T_0=0.04s$。则由式（9-19），可编制出相应的 PID 控制子程序。

（4）智能复合控制问题

根据弧长偏移量 e_i 组成简单规则集来实现智能复合控制，主要规则有：

IF　$e_i > 3.1$　THEN $u_c = -u_M$，Bang-Bang 控制，电极快速上升；

IF　$e_i < -3.1$　THEN $u_c = +u_M$，Bang-Bang 控制，电极快速下降；

IF　$0.5 < |e_i| \leqslant 3.1$　THEN $u_c =$ 模糊控制算法输出；

IF　$0.1 < |e_i| \leqslant 0.5$　THEN $u_c =$ PID 控制算法输出；

IF　$|e_i| \leqslant 0.1$　THEN $u_c = 0$。

上述规则集符合二次满映射条件，因此这种规则控制的系统是完全可控的。

（5）电极升降控制系统平衡问题

电弧炉炼钢过程的电极是由三相交流电供电的，即有三个相同电极 A、B、C。若采用一台微机控制，必须使三个电极保持相对平衡，换句话说要求三个电极弧长偏移量 e_{iA}、e_{iB}、e_{iC} 相差在预定范围之内，这就是所谓电极升降控制平衡问题。为此需先计算出三个电极弧长偏移量 e_{iA}、e_{iB}、e_{iC} 的大小，然后从大到小顺序排列，弧长偏移量大的电极优先控制，以达到平衡控制的目的，其程序流程图如图 9-23 所示。

（6）电极升降控制系统实验结果

本系统按图 9-19 进行在线仿真，其运行结果如下：

① 系统在单位阶跃输入条件下智能复合控制和 PID 控制的输出过渡过程波形如图 9-24 所示。

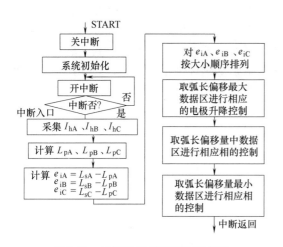

图 9-23　电极升降控制程序流程图

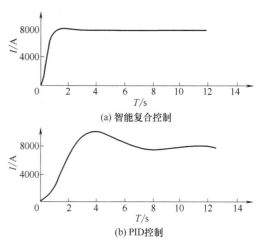

(a) 智能复合控制

(b) PID控制

图 9-24　系统在单位阶跃输入条件下的输出波形

② 智能复合控制系统在方波输入条件下的输出波形如图 9-25 所示。

从实验结果可看出，电弧炉电极升降系统采用智能复合控制，吸取了 Bang-Bang 控制、模糊控制、PID 控制各自长处，克服其不足，在同一条件下，提高了系统的控制精度和跟踪能力。智能复合控制的响应速度比一般 PID 控制快 5 倍，智能复合控制静差为 0.056094mm，

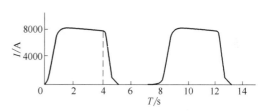

图 9-25　系统在方波输入条件下的输出波形

而 PID 控制静差为 0.170782 mm，这为电弧炉炼钢过程节能提供了一个可行方案。

9.2.3　电弧炉炼钢过程的数学模型及终点自适应预报系统

电弧炉炼钢过程的物理化学反应难以用数学描述，参数耦合关系极其复杂，且是一个时变、非线性和分布参数的多输入多输出系统。目前工艺水平和检测手段，还难以实现对炼钢过程终态的温度、含碳量和含磷量等重要技术指标的实时控制。但是，若对炼钢过程终态主要技术指标进行预报，使操作者随时了解冶炼进程，做到心中有数、合理操作，可以提高炼钢过程生产率。欲进行炼钢终态温度、含碳量和含磷量预报，就必须建立炼钢过程输入输出数学模型。炼钢过程的熔化期、氧化期和还原期，是否都需要建立预报系统？

熔化期是固态料熔化阶段，希望缩短冶炼时间，节约电能，而对终态无要求。氧化期要求降低钢液中含磷量，调整钢液中温度和含碳量，这是炼钢过程的关键阶段，其冶炼直接影响终态目标值。在氧化期内，炉内钢水呈流动性，过程相对比熔化期稳定。因而，在这一阶段建立冶炼过程数学模型和自适应预报系统是可能的。影响这一阶段终态主要指标的因素很多，例如供电量、吹氧量、矿石加入量、石灰投入量、除尘器开度大小、流渣、FeO 厚度和冷却水进出口温度等，主要是供电量、吹氧量和矿石投入量。还原期过程相当平稳，这一阶段在钢液中加入微量元素做进一步调整，为最后出钢做准备。即在这一时期内，根据氧化期终态（取样化验）结果，用经验公式推算出终态结果。因此，炼钢过程氧化期终态预报的准确性实质上决定了还原期终态预报的准确性。

（1）氧化期数学模型的建立与终点预报方程

氧化期的数学模型是表示输入（供电量、吹氧量和矿石投入量）和输出（钢液温度、含碳量和含磷量）之间的关系，可用图 9-26 来表示。不难看出，这是一个三个输入三个输出的多变量系统。三个输出是互相耦合的，例如钢液温度低对脱磷有利，对脱碳不利。然而，就目前电弧炉炼钢理论水平来看，要寻找三者之间的关系实现解耦是十分困难的，因而要进一步对此模型进行简化。设冶炼某钢种，其氧化期的任务是：其一，将钢液中的磷降低到

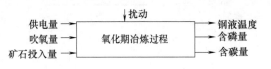

图 9-26　氧化期冶炼过程输入输出关系

0.02％以下；其二，控制氧化末期含碳量在 0.55％～0.64％的范围内；其三，使氧化末期钢液温度达到 1560～1590℃；另外在氧化期内要除去钢液中气体和其他非金属夹杂物等。分析氧化期任务可知，钢液含磷量只有一个上限值，工艺上对脱磷速度无要求，因此可以考虑单独脱磷反应建立静态数学模型。而钢液温度相对简单，测量也较容易，不像含磷和含碳量要经化验才能得到，况且理论上只要求氧化末期温度高于出钢温度 10～20℃就可以了，因此建立温度静态数学模型也是允许的。氧化期脱碳反应至关重要，它贯穿氧化期过程始末，特别是脱碳反应所产生的 CO 气体使熔池受到激励搅动，大量 CO 气体通过渣层产生泡沫渣，上浮的 CO 气体有利于消除钢液中气体和夹杂物，以提高钢的质量。脱碳反应过快会引起大沸腾和喷渣事故，使热量大量损失。而脱碳反应过慢，会造成冶炼时间过长，导致电耗和材料消耗增加，影响出钢质量。因此，脱碳反应是氧化期内主要反应，故考虑建立氧化期脱碳过程的动态数学模型，这样可以把一个三输入三输出的多变量系统简化为一个三输入单输出的系统。

① 氧化期脱磷过程静态数学模型与含磷量预报　设脱磷过程与温度和脱碳反应无关，则脱磷数学模型的近似线性关系为：

$$y = a_0 + a_1 x_1 + a_2 x_2 + \zeta \tag{9-20}$$

式中　　　　y——氧化期冶炼过程含磷量；

x_1——加入矿石重量；

x_2——炉料总重量；

a_0、a_1、a_2——模型系数。

利用从现场采集的 50 组数据 $y(i)$、$x_1(i)$ 和 $x_2(i)$，$i=1, 2, \cdots, N$，$N=50$，即可以列出 N 个方程，写成矩阵形式为：

$$\boldsymbol{Y} = \boldsymbol{\Phi} \boldsymbol{\theta} + \zeta \tag{9-21}$$

$$\boldsymbol{\theta}^{\mathrm{T}} = \begin{bmatrix} a_0 & a_1 & a_2 \end{bmatrix} \tag{9-22}$$

式中，

$$\boldsymbol{Y} = \begin{bmatrix} y(1) \\ y(2) \\ \vdots \\ y(N) \end{bmatrix}$$

$$\boldsymbol{\Phi} = \begin{bmatrix} 1 & x_1(1) & x_2(1) \\ 1 & x_1(2) & x_2(2) \\ \vdots & \vdots & \vdots \\ 1 & x_1(N) & x_2(N) \end{bmatrix}$$

$$\boldsymbol{\xi} = \begin{bmatrix} \xi(1) \\ \xi(2) \\ \vdots \\ \xi(N) \end{bmatrix}$$

利用最小二乘法求出误差 $\boldsymbol{\xi}$ 最小的系数 a_0、a_1、a_2，即

$$\hat{\boldsymbol{\theta}} = (\boldsymbol{\Phi}^{\mathrm{T}}\boldsymbol{\Phi})^{-1}\boldsymbol{\Phi}^{\mathrm{T}}\boldsymbol{Y} \tag{9-23}$$

$a_0 = 14.143$，$a_1 = 0.195$，$a_2 = -2.442$，则所建立的脱磷数学模型为

$$\hat{\boldsymbol{y}} = 14.143 + 0.195x_1 - 2.442x_2 \tag{9-24}$$

式（9-24）实质上就是氧化期脱磷反应预报数学模型。本炉次加料 x_1 和 x_2 一步预报氧化末期钢液中含磷量，表 9-4 是 50 炉次运行结果。

表 9-4　含磷量预报结果

序号	FO/kg	We/t	[P1]	[P2]	[P3]	AE	RE/%
1	84	8.4	30	20	20.01	0.01	0.059
2	135	9	33	15	14.55	0.45	3.028
3	122	7.5	35	15	15.41	0.41	2.763
4	122	8.1	38	20	19.88	0.12	0.602
5	123	8.2	35	17	16.93	0.07	0.417
6	160	9	40	17	16.68	0.32	1.896
7	134	8.9	35	17	16.50	0.50	2.962
8	96	9	28	17	17.14	0.14	0.825
9	73	9.1	25	17	18.80	1.86	10.960
10	118	9.2	37	20	19.90	0.10	0.487
11	100	8.2	30	15	16.41	1.41	9.385
12	140	8.3	35	15	13.86	1.14	7.581
13	135	9	38	20	19.55	0.45	2.271
14	100	8.9	37	25	25.12	0.12	0.468
15	120	9	30	15	14.47	0.53	3.555
16	135	8.9	38	20	19.30	0.70	3.492
17	120	9.3	32	17	17.20	0.20	1.173
18	105	8	35	20	19.95	0.05	0.271
19	120	8.3	37	20	19.76	0.24	1.213
20	134	8.2	40	20	19.79	0.21	1.065
21	83	8.3	32	27	21.96	5.04	18.658
22	135	8.9	35	17	16.30	0.70	4.108
23	110	9.8	32	20	20.37	0.37	1.838
24	105	8.4	31	17	16.92	0.08	0.456
25	122	9.8	31	17	17.03	0.03	0.181
26	110	9.8	32	20	20.37	0.37	1.838
27	55	6.9	28	20	20.00	0.00	0.020
28	140	9.3	35	17	16.30	0.70	4.090
29	135	9	38	20	19.55	0.45	2.271
30	136	9.1	38	20	19.60	0.40	2.023
31	116	9.8	30	17	17.20	0.20	1.172
32	153	9.8	38	17	17.99	0.99	5.849
33	110	8	36	20	19.97	0.03	0.139
34	148	9.5	40	20	20.24	0.24	1.777
35	91	9.1	30	20	20.36	0.36	1.790
36	142	9.1	40	20	20.43	0.43	2.135
37	105	8.4	31	17	16.92	0.08	0.456

序号	FO/kg	We/t	[P1]	[P2]	[P3]	AE	RE/%
38	132	8.1	35	15	14.93	0.07	0.451
39	94	9.4	25	15	15.50	0.50	3.376
40	91	9.1	25	15	15.36	0.36	2.387
41	135	9.8	36	20	19.50	0.50	2.503
42	132	7.8	38	17	17.20	0.20	1.175
43	110	8.4	35	20	19.95	0.05	0.256
44	132	7.8	40	17	19.20	2.20	12.940
45	89	8.4	28	17	17.04	0.04	0.225
46	96	9.6	30	20	20.61	0.61	3.027
47	122	9.3	32	17	16.81	0.19	1.118
48	107	9	30	17	17.00	0.00	0.010
49	110	8.4	35	20	19.95	0.05	0.256
50	132	7.8	40	17	19.20	2.20	12.940

注：　1. 绝对误差平均值 = 0.5296309；相对误差平均值 = 2.866691%。
2. FO：矿石加入量（kg）；
We：炉料加入量（t）；
[P1]：氧化初期钢液含磷化验值，以 0.001% 作为 1 个单位；
[P2]：氧化期终端含磷量实测值；
[P3]：氧化期终端预报值；
AE：绝对误差；
RE：相对误差。

② 氧化期温度静态数学模型与温度预报　钢液中温度主要取决于供电量、吹氧量和矿石投入量。氧气和钢液中的碳结合进行放热反应，提高冶炼温度，以缩短冶炼时间，但脱碳效果差，铁损失大。矿石加入是吸热反应，它使钢液温度降低，延长冶炼时间，提高能耗，但对脱磷有利，铁损小，因而矿石加入量一般由钢液中含磷量决定。脱磷基本完成后为防止高温回磷，在氧化后期还要加入适当矿石。中后期吹氧时间视脱碳多少而定，利用供电量来调节炉内温度，使它达到终点要求温度。设把供电量、吹氧量和矿石投入量作为输入，温度作为输出量，并令升温过程与脱碳、脱磷过程互不影响，则可以建立其输入输出近似线性模型为：

$$y = a_0 + a_1 x_1 + a_2 x_2 + a_3 x_3 + a_4 x_4 + a_5 x_5 + a_6 x_6 + \zeta \tag{9-25}$$

式中　　　　　　y——氧化期过程温度；

x_1、x_2、x_3——矿石投入量、供电量和吹氧量；

x_4、x_5、x_6——炉料重量、含碳量初值和含磷量初值；

a_0、a_1、…、a_6——模型参数，其模型参数辨识与脱磷反应类似。

表 9-5 列出运行结果数据。

表 9-5　温度预报结果

序号	FO/kg	Pe	O₂	We/t	C/%	P/%	[T]f	[T]p	AE	RE/%
1	140	870	180	9.3	0.97	0.035	1560	1564.45	4.45	0.29
2	55	680	117	6.9	0.68	0.028	1530	1533.64	3.64	0.24
3	120	1150	108	9.8	0.71	0.031	1560	1558.27	1.73	0.11
4	150	835	234	9.8	0.9	0.038	1570	1563.50	6.50	0.41
5	115	950	189	9.8	1.02	0.03	1550	1543.91	6.09	0.39
6	90	940	162	9.1	0.78	0.025	1550	1556.45	6.45	0.42
7	110	790	135	8	0.8	0.036	1540	1540.25	0.25	0.02
8	150	980	180	9.5	0.82	0.024	1560	1557.55	2.45	0.16
9	90	755	243	9.1	0.93	0.03	1580	1580.18	0.18	0.01
10	140	650	252	9.1	1.29	0.04	1580	1577.51	2.49	0.16
11	96	920	180	9.6	1.01	0.03	1540	1545.82	5.82	0.38

序号	FO/kg	Pe	O_2	We/t	C/%	P/%	$[T]_f$	$[T]_P$	AE	RE/%
12	110	895	171	9.3	1.01	0.03	1550	1553.27	3.27	0.21
13	100	820	189	9	1.07	0.03	1540	1539.55	0.45	0.03
14	135	990	162	9.8	1.05	0.036	1550	1560.82	10.82	0.70
15	110	560	225	7.8	0.94	0.038	1570	1564.41	5.59	0.36
16	110	790	162	8.4	1.1	0.035	1570	1571.79	1.79	0.11
17	95	900	180	9	0.7	0.028	1570	1568.01	1.99	0.13
18	70	865	198	9.1	0.99	0.025	1560	1562.61	2.61	0.17
19	100	490	271	8.2	1	0.03	1540	1539.71	0.29	0.02
20	135	885	99	8.3	0.79	0.038	1540	1535.27	4.73	0.31
21	140	675	234	9.1	1.29	0.04	1550	1552.35	2.35	0.15
22	115	1050	135	9.8	1.02	0.03	1550	1542.45	7.55	0.49
23	135	990	117	9.1	0.71	0.038	1550	1544.32	5.68	0.37
24	135	810	171	9	1.05	0.038	1540	1541.09	1.09	0.07
25	80	905	108	8.3	0.84	0.032	1570	1568.01	1.99	0.13
26	130	770	153	8.2	0.7	0.04	1530	1539.07	9.07	0.59
27	120	895	99	8.3	0.7	0.037	1520	1524.92	4.92	0.30
28	105	765	135	8	0.95	0.035	1560	1554.62	5.38	0.30
29	120	950	153	9.3	0.88	0.032	1540	1534.10	5.90	0.30
30	135	950	99	8.9	1.01	0.038	1540	1529.90	10.10	0.60
31	120	880	144	9	1.3	0.03	1540	1545.43	5.43	0.30
32	100	990	81	8.9	0.9	0.037	1530	1530.23	0.23	0.00
33	135	950	117	9	0.79	0.038	1560	1556.76	3.24	0.20
34	135	870	153	8.9	0.81	0.035	1540	1550.47	10.47	0.60
35	150	910	189	9.8	0.9	0.038	1540	1537.62	2.38	0.10
36	110	985	162	9.8	0.9	0.032	1540	1548.76	8.76	0.50
37	120	780	144	8.2	1.06	0.035	1560	1557.01	2.99	0.10
38	120	710	162	8.1	0.82	0.038	1560	1557.33	2.67	0.10
39	120	720	180	8.2	0.9	0.037	1580	1573.77	6.23	0.30
40	70	910	144	9	0.99	0.025	1540	1532.63	7.37	0.40
41	150	700	216	9.1	1.29	0.04	1560	1565.87	5.87	0.30
42	150	775	189	9	1.02	0.04	1560	1561.34	1.34	0.00
43	130	660	162	7.8	0.9	0.04	1570	1566.58	3.42	0.20
44	105	945	90	8.4	0.64	0.031	1540	1538.69	1.31	0.00
45	130	870	90	8.1	0.16	0.035	1530	1534.36	4.36	0.20
46	100	895	262	9.3	0.98	0.03	1540	1532.56	7.44	0.40
47	130	980	117	9.1	0.71	0.038	1550	155.38	5.38	0.30
48	110	770	144	8	0.93	0.034	1550	1554.58	4.58	0.30
49	90	915	108	8.4	0.85	0.032	1550	1552.81	2.81	0.10
50	125	790	144	8.3	1.04	0.035	1560	1560.02	0.02	0.00

注: 1. 绝对误差平均值＝4.238316；相对误差平均值＝0.2736198%。

2. Pe：消耗电量；O_2：吹氧量；$[T]_f$：氧化期终点温度实测值；$[T]_P$：氧化期终点温度预报值；C：碳的质量分数；P：磷的质量分数。

所建立温度静态数学模型为：

$$\hat{y} = -3.77 - 1.33x_1 + 0.96x_2 + 2.18x_3 - 142.99x_4 + 81.86x_5 + 4575.24x_6 \qquad (9\text{-}26)$$

式（9-26）就是氧化期温度预报静态模型，只要知道本炉次所加料 $x_1 \sim x_6$，就可一步预报终点温度值。

③ 氧化期脱碳反应的动态数学模型及自适应预报

a. 自适应预报方程。影响脱碳反应的因素主要有供电量、吹氧量和矿石投入量，设脱碳反应与脱磷反应和升温过程互不影响，为了便于采用增量模型，$u_1(k)$ 为 $(k-1, k)$ 时间内输入氧量，$u_2(k)$ 为 $(k-1, k)$ 时间内输入电量，$u_3(k)$ 为 $(k-1, k)$ 时间内输入矿石量，$\zeta(k)$ 为零均值白噪声，$y(k)$ 为终点含碳量，则其输入输出关系可用离散的 CARMA 模型表示为：

$$A(z^{-1})y(k) = \sum_{j=1}^{3} B_j(z^{-1})u_j(k-d_j) + C(z^{-1})\xi(k) \tag{9-27}$$

式中　$A(z^{-1}) = 1 + a_1 z^{-1} + \cdots + a_{n_d} z^{-n_a}$；

$\quad\quad B_j(z^{-1}) = b_{j0} + b_{j1}z^{-1} + \cdots + b_{jn}z^{-n_{bj}}$；

$\quad\quad C(z^{-1}) = 1 + c_1 z^{-1} + \cdots + c_n z^{-n_c}$；

$\quad\quad u_j$——第 j 个输入；

$\quad\quad d_j$——时延；

n_a、n_b、n_c——模型阶次；

$\quad\quad j = 1、2、3$。

设 $A(z^{-1})$、$C(z^{-1})$ 的零点都在单位圆内，则最优预报 $\hat{y}(k+p/k)$ 为 k 时刻前已知信息条件下 $y(k+p)$ 的条件期望，根据有关资料，有递推公式如下：

$$\hat{y}(k+p/k) = -\sum_{i=1}^{n_a} a_i \hat{y}(k+p-i/k) +$$
$$\sum_{j=1}^{3}\sum_{i=0}^{n_{bj}} b_{ji} u_j(k+p-d_j-i) +$$
$$\sum_{i=k}^{n_c} c_i \xi(k+p-i) \tag{9-28}$$

式中　　　　p——预报步长；

$\quad\zeta(k+p-i)$——在 $(k+p-i)$ 时刻预报误差。

当 $p-i \leqslant 0$ 时，$\hat{y}(k+p-i/k) = y(k+p-i)$。这里采用递推增广最小二乘法实时辨识系统参数，令

$$y(k) = \boldsymbol{\Phi}^{\mathrm{T}}(k-1)\boldsymbol{\theta}(k) + \zeta(k) \tag{9-29}$$

式中，

$\boldsymbol{\theta}(k) = [a_1, a_2, \cdots, a_{na}, b_{10}, b_{11}, \cdots, b_{1nb}, b_{20}, b_{21}, \cdots, b_{2nb}, b_{30}, b_{31}, \cdots, b_{3nb}, c_1, c_2, \cdots, c_{nc}]^{\mathrm{T}}$

$\boldsymbol{\Phi}^{\mathrm{T}}(k-1) = [-y(k-1), \cdots, -y(k-n_a), u_1(k-d_1), \cdots, u_1(k-d_1-n_{b1}), u_2(k-d_2), \cdots,$
$\quad\quad u_2(k-d_2-n_{b2}), u_3(k-d_3), \cdots, u_3(k-d_3-n_{b3}), \zeta(k-1), \cdots, \zeta(k-n_c)]$

若式 (9-29) 中用 $\hat{\xi}(k)$ 代替 $\zeta(k)$ 则有：

$$\hat{\boldsymbol{\xi}}(k) = y(k) - \boldsymbol{\Phi}^{\mathrm{T}}(k-1)\hat{\boldsymbol{\theta}}(k+1)$$

式中，

$\boldsymbol{\Phi}^{\mathrm{T}}(k-1) = [-y(k-1), \cdots, -y(k-n_a), u_1(k-d_1), \cdots, u_1(k-d_1-n_{b1}), u_2(k-d_2), \cdots,$
$\quad\quad u_2(k-d_2-n_{b2}), u_3(k-d_3), \cdots, u_3(k-d_3-n_{b3}), \hat{\xi}(k-1), \cdots, \hat{\xi}(k-n_c)]$

$\hat{\boldsymbol{\theta}}(k-1)$ 为参数矢量上一次估计值，则可推出增广最小二乘的递推算法：

$$\begin{cases} \hat{\boldsymbol{\theta}}(k+1) = \hat{\boldsymbol{\theta}}(k) + \boldsymbol{K}(k+1)\hat{\boldsymbol{\xi}}(k+1) \\ \hat{\boldsymbol{\xi}}(k+1) = y(k+1) - \boldsymbol{\Phi}^{\mathrm{T}}(k)\hat{\boldsymbol{\theta}}(k) \\ \boldsymbol{K}(k+1) = \dfrac{\boldsymbol{P}(k)\boldsymbol{\Phi}^{\mathrm{T}}(k)}{\lambda + \boldsymbol{\Phi}^{\mathrm{T}}(k)\boldsymbol{P}(k)\boldsymbol{\Phi}(k)} \\ \boldsymbol{P}(k+1) = \dfrac{1}{\lambda}[\boldsymbol{P}(k) - \boldsymbol{K}(k+1)\boldsymbol{\Phi}^{\mathrm{T}}(k)\boldsymbol{P}(k) \end{cases} \tag{9-30}$$

每当获得一次新的输入输出量测量值，进行参数估计，将新的参数估计值代入式（9-28），递推计算 $\hat{y}(k+1/k)$，$\cdots$，$\hat{y}(k+p/k)$。

令 $U_1(k)=U_1(k)-U_1(k-1)$，$U_2(k)=U_2(k)-U_2(k-1)$，$U_3(k)=U_3(k)-U_3(k-1)$，$Y(k)=Y(k)-Y(k-1)$，其中 $U_1(k)$、$U_2(k)$、$U_3(k)$、$Y(k)$ 分别表示 k 时刻的总吹氧量、供电量、矿石加入量和含碳量，则可以得到输出量绝对值预报公式：

$$\hat{Y}(k+p/k)=Y(k)+\hat{y}(k+p/k) \tag{9-31}$$

b. 模型阶次和时延的确定。由于对含碳量预报模型的经验知识太少，因此这里用实验方法确定其结构。模型结构的好坏标准可用预报命中率 η、预报误差均方值 J_1 和预报相对误差 J_2 作为评价准则，令：

$$
\begin{cases}
\eta=\dfrac{N_h}{N}，N\ 为实验总炉数，N_h\ 为合格炉数；\\[2mm]
N_h=\displaystyle\sum_{i=1}^{N}N_h(i)，N_h(i)=\begin{cases}1 & 当\,|y(i)-\hat{y}(i/i-p)|<0.05\\0 & 其他\end{cases}\\[4mm]
J_1=\dfrac{1}{N}\displaystyle\sum_{i=1}^{N}\{y(i)-\hat{y}[i/(i-p)]\}^2\\[4mm]
J_2=\dfrac{1}{N}\displaystyle\sum_{i=1}^{N}|y(i)-\hat{y}[i/(i-p)]|/y(i)
\end{cases} \tag{9-32}
$$

设备控制变量时延 $d_1=d_2=d_3=0$，炉况稳定，以式（9-32）为标准通过 50 炉次实验得到表 9-6。

表 9-6　模型阶次的确定

控制变量	阶次	η /%	J_1	J_2/ %
u_1,u_2,u_3	1,1,1,1,1	56.0	0.0829	8.22
u_1,u_2,u_3	1,1,1,1,2	58.0	0.0712	7.67
u_1,u_2,u_3	1,1,1,2,2	54.0	0.0751	7.88
u_1,u_2,u_3	1,1,2,2,2	52.0	0.102	9.18
u_1,u_2,u_3	1,2,2,2,2	42.0	0.141	10.79

从表 9-6 可知，$n_a=1$、$n_{b1}=1$、$n_{b2}=1$、$n_{b3}=1$、$n_c=2$ 时命中率高，误差小。若选 $n_a=2$ 做同样实验，结果 $n_a=1$ 比 $n_a=2$ 好。因此阶次组合 1、1、1、1、2 最佳。确定阶次后可进一步确定时延，实验数据见表 9-7。

表 9-7　模型时延的确定

阶次	时延	η /%	J_1	J_2/ %
1,1,1,1,2	0,1,1	62.0	0.0691	7.56
1,1,1,1,2	0,1,2	64.0	0.0660	7.33
1,1,1,1,2	1,1,2	62.0	0.0692	7.75
1,1,1,1,1	1,2,2	60.0	0.0710	7.98

从表 9-7 可知，$d_1=0$、$d_2=1$、$d_3=2$ 最佳，这说明具有碳氧反应速度快，碳与矿石反应速度慢的特点。

c. 氧化期脱碳过程 CARMA 模型及预报。

令 $\hat{\boldsymbol{\theta}}(0)=0$，$\hat{\boldsymbol{P}}(0)=10^6\boldsymbol{I}$，$\hat{\xi}(-1)\hat{\xi}=(-2)=\cdots=\hat{\xi}(-n_c)=0$，待辨识的参数 $\hat{\boldsymbol{\theta}}^{\mathrm{T}}=[a_1,b_{10},b_{11},b_{20},b_{21},b_{30},b_{31},c_1,c_2]$，则按式（9-30）~式（9-33）进行参数在线估计，有：

$$a_1=-4945526\times10^{-2} \qquad b_{10}=1.004562\times10^{-2} \qquad b_{11}=3.66775\times10^{-3}$$

$$b_{20}=-2.460019\times10^{-2} \qquad b_{21}=3.583883\times10^{-2} \qquad b_{30}=3.225709\times10^{-3}$$

$$b_{31} = -1.216693 \times 10^{-2} \qquad c_1 = 2.107119 \times 10^{-2} \qquad c_2 = 6.442392 \times 10^{-3}$$

$$y(k) = -0.495y(k-1) + 1.0 \times 10^{-2} u_1(k) + 3.67 \times 10^{-3} u_1(k-1) - 2.46 \times 10^{-2} u_2(k-1) +$$
$$3.58 \times 10^{-2} u_2(k-2) + 3.23 \times 10^{-3} u_3(k-2) - 1.22 \times 10^{-3} u_3(k-3) + \zeta(k) +$$
$$2.11 \times 10^{-2} \zeta(k-1) + 6.44 \times 10^{-3} \zeta(k-2) \tag{9-33}$$

则脱碳过程预报方程为：

$$\hat{y}[(k+1)/k] = -0.495\hat{y}(k) + 1.0 \times 10^{-2} u_1(k+1) + 3.67 \times 10^{-3} u_1(k) - 2.46 \times 10^{-2} u_2(k) +$$
$$3.58 \times 10^{-2} u_2(k-1) + 3.23 \times 10^{-3} u_3(k-1) - 1.22 \times 10^{-2} u_3(k-2) +$$
$$2.11 \times 10^{-2} \hat{\xi}(k) + 6.44 \times 10^{-3} \hat{\xi}(k-1) \tag{9-34}$$

$$\hat{y}[(k+2)/k] = -0.495\hat{y}[(k+1)/k] + 1.0 \times 10^{-2} u_1(k+2) + 3.67 \times 10^{-3} u_1(k+1) - 2.46 \times$$
$$10^{-2} u_2(k+1) + 3.58 \times 10^{-2} u_2(k) + 3.23 \times 10^{-3} u_3(k) - 1.22 \times$$
$$10^{-2} u_3(k-1) + 6.44 \times 10^{-3} \hat{\xi}(k) \tag{9-35}$$

当 $p \geqslant 3$ 时有：

$$\hat{y}[(k+p)/k] = -0.495\hat{y}[(k+p-1)/k] + 1.0 \times 10^{-2} u_1(k+p) + 3.67 \times 10^{-3} u_1(k+p-1) -$$
$$2.46 \times 10^{-2} u_2(k+p-1) + 3.58 \times 10^{-2} u_2(k+p-2) + 3.23 \times 10^{-3}$$
$$u_3(k+p-2) - 1.22 \times 10^{-3} u_3(k+p-3) \tag{9-36}$$

式（9-34）～式（9-36）是 $(k+p)/k(p=1,2,3\cdots)$ 时刻钢水中碳增量预报方程，利用式（9-31）可立即得到钢水含碳量终点预报值。

（2）氧化期钢液温度、含碳量和含磷量终点预报系统程序流程图

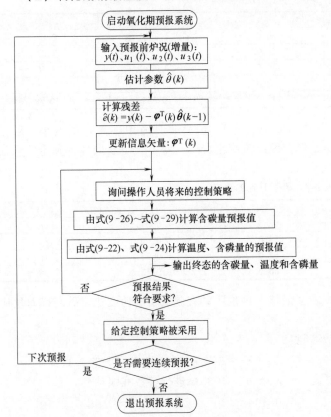

图 9-27 表示终点预报系统程序流程图。从图 9-31 可知，操作人员可以根据预报结果判断操作是否合理。通过人机对话由操作者键入一种操作方式，经过预报系统计算给出三个指标终态结果，若达到了指标要求，则该操作方式合理。若达不到指标要求，操作者更换一种操作方式，再进行预报……操作者必须具有丰富的经验，否则会出现多次测试都达不到指标要求的情况。为弥补这一缺点，后面将要设计一个带有知识库的预测操作指导系统。

（3）氧化期预报系统运行结果

设预报误差基准为：温度 $|\Delta T| \leqslant 20℃$，碳的质量分数 $|\Delta C| \leqslant 0.05$，磷的质量分数 $|\Delta P| \leqslant 0.003$。表 9-8 给出 30 炉预报结果。三个控制指标同时达标的有 19 炉，达标率为 63.3%，单个指标达标率为 86.8%。

图 9-27　终点预报系统程序流程图

表 9-8　电弧炉炼钢过程终点含碳量、含磷量及温度的预报结果与实际结果比较表

炉号	20659	废钢重		8.2t				氧化期 30min	
初态		操作		终态				误差	
碳	1.06	矿石	115		碳	磷	温度	碳	0
磷	0.035	吹氧	26	预报	0.64	0.018	1575	磷	0.001
温度	1440	耗电	1025	实际	0.64	0.017	1570	温度	5
炉号	20491	废钢重		8.4t				氧化期 30min	
初态		操作		终态				误差	
碳	1.13	矿石	85		碳	磷	温度	碳	0.05
磷	0.028	吹氧	23	预报	0.74	0.018	1565	磷	0.001
温度	1450	耗电	1190	实际	0.69	0.017	1550	温度	15
炉号	20554	废钢重		9.5t				氧化期 20min	
初态		操作		终态				误差	
碳	0.82	矿石	100		碳	磷	温度	碳	0.04
磷	0.040	吹氧	15	预报	0.64	0.020	1557	磷	0
温度	1450	耗电	1700	实际	0.60	0.020	1560	温度	3
炉号	20543	废钢重		9.1t				氧化期 20min	
初态		操作		终态				误差	
碳	0.93	矿石	95		碳	磷	温度	碳	0.04
磷	0.030	吹氧	17	预报	0.68	0.020	1569	磷	0
温度	1440	耗电	1620	实际	0.64	0.020	1565	温度	4
炉号	20621	废钢重		7.8t				氧化期 20min	
初态		操作		终态				误差	
碳	0.94	矿石	80		碳	磷	温度	碳	0.03
磷	0.038	吹氧	18	预报	0.70	0.020	1571	磷	0.003
温度	1450	耗电	1175	实际	0.67	0.017	1560	温度	11
炉号	21971	废钢重		8.4t				氧化期 40min	
初态		操作		终态				误差	
碳	1.12	矿石	105		碳	磷	温度	碳	0.08
磷	0.031	吹氧	29	预报	0.59	0.017	1555	磷	0.002
温度	1440	耗电	960	实际	0.67	0.015	1550	温度	5
炉号	21891	废钢重		9.6t				氧化期 30min	
初态		操作		终态				误差	
碳	1.06	矿石	110		碳	磷	温度	碳	0.01
磷	0.030	吹氧	23	预报	0.62	0.018	1552	磷	0.002
温度	1450	耗电	1500	实际	0.63	0.020	1540	温度	12
炉号	21983	废钢重		9t				氧化期 30min	
初态		操作		终态				误差	
碳	1.07	矿石	100		碳	磷	温度	碳	0.03
磷	0.030	吹氧	23	预报	0.68	0.018	1564	磷	0.001
温度	1450	耗电	1340	实际	0.71	0.017	1560	温度	4
炉号	20622	废钢重		8.4t				氧化期 30min	
初态		操作		终态				误差	
碳	1.10	矿石	115		碳	磷	温度	碳	0.01
磷	0.035	吹氧	23	预报	0.73	0.019	1561	磷	0.001
温度	1450	耗电	1135	实际	0.74	0.020	1555	温度	6
炉号	20694	废钢重		7.9t				氧化期 20min	
初态		操作		终态				误差	
碳	0.95	矿石	60		碳	磷	温度	碳	0.08
磷	0.025	吹氧	18	预报	0.69	0.018	1579	磷	0.002
温度	1440	耗电	1320	实际	0.61	0.020	1565	温度	14

炉号	20886	废钢重	8.9t	氧化期 40min					
初态		操作		终态	碳	磷	温度	误差	
碳	1.13	矿石	105					碳	0.11
磷	0.030	吹氧	23	预报	0.62	0.017	1560	磷	0
温度	1450	耗电	1300	实际	0.51	0.017	1550	温度	10

炉号	20768	废钢重	8.8t	氧化期 30min					
初态		操作		终态	碳	磷	温度	误差	
碳	1.04	矿石	150					碳	0.01
磷	0.040	吹氧	25	预报	0.61	0.018	1561	磷	0
温度	1450	耗电	1145	实际	0.60	0.018	1540	温度	21

炉号	20629	废钢重	9.8t	氧化期 30min					
初态		操作		终态	碳	磷	温度	误差	
碳	1.05	矿石	140					碳	0.01
磷	0.036	吹氧	24	预报	0.59	0.019	1569	磷	0.001
温度	1450	耗电	1480	实际	0.58	0.020	1540	温度	29

炉号	21950	废钢重	9.1t	氧化期 30min					
初态		操作		终态	碳	磷	温度	误差	
碳	0.99	矿石	75					碳	0
磷	0.025	吹氧	21	预报	0.55	0.018	1574	磷	0.001
温度	1450	耗电	1500	实际	0.55	0.017	1560	温度	14

炉号	20631	废钢重	9.0t	氧化期 30min					
初态		操作		终态	碳	磷	温度	误差	
碳	1.25	矿石	75					碳	0.14
磷	0.025	吹氧	23	预报	0.74	0.018	1562	磷	0.001
温度	1440	耗电	1360	实际	0.60	0.017	1540	温度	22

炉号	20826	废钢重	9.5t	氧化期 30min					
初态		操作		终态	碳	磷	温度	误差	
碳	1.01	矿石	150					碳	0.03
磷	0.038	吹氧	25	预报	0.55	0.018	1570	磷	0.001
温度	1450	耗电	1360	实际	0.52	0.017	1560	温度	10

炉号	20557	废钢重	8.3t	氧化期 20min					
初态		操作		终态	碳	磷	温度	误差	
碳	0.83	矿石	110					碳	0.03
磷	0.035	吹氧	18	预报	0.54	0.020	1560	磷	0.003
温度	1450	耗电	1320	实际	0.57	0.017	1540	温度	20

炉号	22032	废钢重	9t	氧化期 30min					
初态		操作		终态	碳	磷	温度	误差	
碳	1.05	矿石	115					碳	0.01
磷	0.033	吹氧	23	预报	0.59	0.018	1564	磷	0.003
温度	1440	耗电	1335	实际	0.60	0.015	1550	温度	14

炉号	20732	废钢重	9.8t	氧化期 20min					
初态		操作		终态	碳	磷	温度	误差	
碳	0.85	矿石	105					碳	0.05
磷	0.030	吹氧	14	预报	0.63	0.019	1588	磷	0.001
温度	1450	耗电	1625	实际	0.58	0.020	1550	温度	38

炉号	20715	废钢重	9.4t	氧化期 30min					
初态		操作		终态	碳	磷	温度	误差	
碳	1.12	矿石	75					碳	0.15
磷	0.024	吹氧	27	预报	0.57	0.018	1578	磷	0.001
温度	1450	耗电	1360	实际	0.72	0.017	1570	温度	8

炉号	20566	废钢重	9.0t	氧化期40min					
初态		操作		终态				误差	
碳	1.30	矿石	130		碳	磷	温度	碳	0.11
磷	0.035	吹氧	25	预报	0.56	0.017	1560	磷	0.003
温度	1440	耗电	1225	实际	0.67	0.020	1550	温度	10

炉号	20697	废钢重	8.9t	氧化期30min					
初态		操作		终态				误差	
碳	1.07	矿石	100		碳	磷	温度	碳	0
磷	0.030	吹氧	23	预报	0.62	0.018	1563	磷	0.002
温度	1440	耗电	1230	实际	0.62	0.020	1560	温度	3

炉号	20721	废钢重	8t	氧化期30min					
初态		操作		终态				误差	
碳	1.00	矿石	90		碳	磷	温度	碳	0
磷	0.030	吹氧	23	预报	0.56	0.018	1566	磷	0
温度	1450	耗电	1090	实际	0.56	0.018	1550	温度	16

炉号	20853	废钢重	9.0t	氧化期20min					
初态		操作		终态				误差	
碳	0.92	矿石	95		碳	磷	温度	碳	0.02
磷	0.030	吹氧	17	预报	0.62	0.019	1585	磷	0.002
温度	1450	耗电	1600	实际	0.60	0.017	1590	温度	5

炉号	20878	废钢重	8.9t	氧化期20min					
初态		操作		终态				误差	
碳	0.91	矿石	100		碳	磷	温度	碳	0.05
磷	0.031	吹氧	15	预报	0.65	0.019	1563	磷	0.002
温度	1450	耗电	1610	实际	0.60	0.017	1560	温度	3

炉号	20619	废钢重	9.0t	氧化期20min					
初态		操作		终态				误差	
碳	0.90	矿石	120		碳	磷	温度	碳	0.06
磷	0.035	吹氧	14	预报	0.73	0.019	1567	磷	0.006
温度	1450	耗电	1650	实际	0.67	0.025	1560	温度	7

炉号	20472	废钢重	8.2t	氧化期30min					
初态		操作		终态				误差	
碳	1.00	矿石	90		碳	磷	温度	碳	0.02
磷	0.030	吹氧	23	预报	0.62	0.018	1562	磷	0.003
温度	1450	耗电	1135	实际	0.64	0.015	1550	温度	12

炉号	20585	废钢重	9t	氧化期20min					
初态		操作		终态				误差	
碳	0.93	矿石	70		碳	磷	温度	碳	0.03
磷	0.025	吹氧	16	预报	0.70	0.019	1584	磷	0.001
温度	1450	耗电	1675	实际	0.67	0.018	1540	温度	44

炉号	20483	废钢重	9.8t	氧化期30min					
初态		操作		终态				误差	
碳	0.97	矿石	85		碳	磷	温度	碳	0.03
磷	0.025	吹氧	20	预报	0.61	0.018	1570	磷	0.002
温度	1440	耗电	1730	实际	0.64	0.020	1550	温度	20

炉号	20645	废钢重	8.4t	氧化期40min					
初态		操作		终态				误差	
碳	1.14	矿石	125		碳	磷	温度	碳	0.05
磷	0.035	吹氧	27	预报	0.68	0.017	1540	磷	0
温度	1440	耗电	980	实际	0.63	0.017	1540	温度	0

注：输入量单位：矿石（kg），吹氧（min），耗电（kW·h）。

下面给出一炉较为规范的实际数据的预报结果。设氧化初期温度 $[T]_0 = 1450℃$，碳的质量分数 $[C]_0 = 1.05\%$，磷的质量分数 $[P]_0 = 0.030\%$，过程控制量见表 9-9。

表 9-9 过程控制量输入数据

时间/min	0~3	3~6	6~9	9~12	12~1
吹氧时间/min	2	3	3	3	3
矿石加入量/kg	65	0	0	0	35
电弧电流/kA	4.5	4.5	4.5	4.5	4.5
时间/min	15~18	18~21	21~24	24~27	27~30
吹氧时间/min	3	3	3	0	0
矿石加入量/kg	0	0	0	0	0
电弧电流/kA	5	5.5	5.5	5.5	5.5

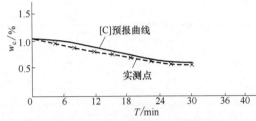

温度：1562℃　　磷的质量分数：0.018%
（最终碳的质量分数：0.60%）

图 9-28 终点碳实测值与预报值比较曲线

氧化末期实测结果：$[T]_f = 1570℃$，$[C]_f = 0.59\%$，$[P]_f = 0.017\%$；终点预报结果：$[\hat{T}]_f = 1562℃$，$[\hat{C}]_f = 0.60\%$，$[\hat{P}]_f = 0.018\%$。终点碳实测值与预报值比较曲线如图 9-28 所示。

（4）还原期操作

还原期的任务是脱氧、脱硫和调整合金成分及钢液温度。一般情况下，只要控制好氧化期终点的钢液温度、含碳量和含磷量达到目标值，则还原期便可按工艺规程进行冶炼，其终点的钢液温度、含碳量和含磷量便可达到目标值。

还原期合金成分调整涉及出钢质量问题，例如对钢种 75CrMo，主要调整碳、铬、锰和钼，应加入的合金有高锰、高碳锰、中碳锰和钼。因此要确定还原期合金加入量，其经验公式为：

$$G = \frac{W(A_1 - A_2)}{\rho}$$

式中，G 为合金加入量；W 为出钢量，它是指出钢时实际钢水重量；A_1 为钢种规格要求的合金成分；A_2 为钢液中残留成分，即氧化末期取样化验时已存在的合金成分；ρ 为合金成分收得率。

合金成分收得率根据加入合金的不同，其值有所不同，它与熔点和密度有关。例如高锰为 $95\%\sim98\%$，碳锰为 $95\%\sim97\%$，钼铁 $>95\%$（均为质量分数）。本系统合金成分收得率近似取 95% 作为指导操作。

9.2.4 电弧炉炼钢过程智能自适应预测操作指导系统的设计

（1）问题的引入

由前节可知，冶炼过程希望在最佳控制策略下使钢水温度、含碳量和含磷量终点预报同时达到目标。但是，由于氧化期冶炼过程炉况千变万化极其复杂，这就要求操作人员具有丰富的经验，否则操作者的控制策略往往带有盲目性，可能会出现反复预报。操作者若没有经验而随意加料，再预报再加料直至达到目标，则导致冶炼时间加长，电耗增加，材料浪费。因而设想总结出有丰富经验操作者的操作方法，建立带有知识库的预测操作指导系统。由氧化初期化验得到温度 $[T]_0$、含碳量 $[C]_0$ 和含磷量 $[P]_0$，给出相应的控制策略，随着时间的推移，不断进行冶炼过程终点自适应预报，得到即时钢液 $[T]$、$[C]$ 和 $[P]$，由知识库中事实和规则进行推理匹配，寻找相应的控制策略，即应加入矿石量、吹氧量和电量。在人机界面上显示当前控制策略，指导工人不断进行量的调整，使钢液终态达到合格的目标值。这种系统也称为智能自适应预测操作指导系统（Intelligent Predictive Operation Guide System），简写为 IPOGS。

（2）IPOGS 总结构流程图及设计

它由综合数据库、控制规则知识库、推理机、预报系统、学习环节和人机界面等组成，如图 9-29 所示。

① 综合数据库　它分为静态数据库和动态数据库。静态数据库存储一些系统进行中不变化的参数，如规范要求、固定标准等。而动态数据库存储系统模型参数、系统推理过程的中间结果，它是一个动态存储器，系统运行中它的信息在变化，不断用新信息取代旧信息。整个数据库是由炼钢过程大量静态数据和动态数据组成，为推理求解提供方便。

② 推理规则知识库　它是由事实和规则构成。事实是可迅速改变的短期信息，即系统咨询过程的信息，如本炉次目前冶炼时间、熔化末期炉内情况、已加入控制量多少等。规则是如何根据已知事实、状态，进而产生未来的事实、状态的长期信息。例如钢液中温度、含碳量和含磷量，若其中一个、两个或全部预报都不合格，则会产生一组事实和状态，迫使氧化期终态都置于合格范围之内。规则是领域专家的专门知识，例如针对什么

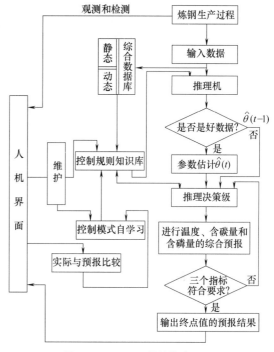

图 9-29　IPOGS 总结构流程图

情况应采取什么措施，采取什么措施又会出现什么问题……，规则内容也可以包括一些公式和定理。本知识库规则，按照三个控制量输入，分成三大类，它是本系统的核心，下面进一步讨论控制规则知识库的建立过程。

在深入了解电弧炉炼钢过程的基础上，求教于现场操作人员、技术人员和专家，通过现场实地考察和交谈，取得许多有价值的经验数据；同时查阅有关电弧炉炼钢资料、教科书的书本知识，并将这些经验知识和书本知识进行归纳、整理和总结，构成知识获取全过程。

a. 氧化期炼钢终点控制知识。设冶炼钢种为 75CrMo，则氧化期冶炼三个终点目标：钢水终点温度 $[T]_f = 1560 \sim 1590℃$，$[C]_f = 0.58\% \sim 0.64\%$，$[P]_f \leqslant 0.02\%$。影响钢液终点目标值因素很多，可用图 9-30 表示。图 9-30 中箭头下方文字表示该箭头起点所发生的变化，箭头上方文字表示该变化对箭头所指终点所发生的效果。影响三个指标的因素互相联系，又互相制约。有经验的操作工，根据熔化末期熔清化验结果，可初步拟定氧化期冶炼控制策略，使钢水终点符合目标值。

b. 氧化期终点操作经验。

• 钢水温度偏低，含碳量和含磷量符合要求，则提高电功率；

• 钢水温度偏低，含碳量偏高，含磷量合格，则优先增加吹氧量，再根据需要提高电功率；

• 钢水温度偏高，含碳量和含磷量均偏高，则增加吹氧量和矿石投入量，再根据具体情况调节电功率；

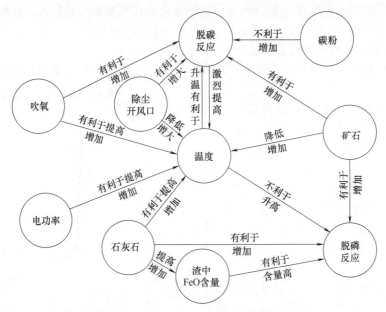

图 9-30　影响钢液终态目标因素关系图

···········

在实际生产中，不符合目标的钢水情况各种各样：温度和含碳量有高、合格和低三种；含磷量有合格与不合格两种；钢水不符合要求总共有 17 种组合，对每一种组合操作都不尽相同。例如，同样是钢水温度偏低，并不能一味追求增加电功率来提高炉温，它还取决于含碳量和含磷量高低及炉内状态，若炉内含碳量过高，剧烈脱碳反应反而使炉内温度升高，钢水终点温度超过规定温度，这时反而应减少电功率。此外，氧化期内各种控制量输入大小有严格的规定，即保证合理脱碳和脱磷速度及矿石氧化正常沸腾，每批矿石加入量不得超过炉料重量的 1.5%，前后加矿石间隔时间≥5min。例如，根据现场数据，若料重 9000kg，中期炉壳在氧化初期的温度为 1450℃，渣重约为料重的 3%，$[P]_0=0.03\%\sim0.04\%$，加入矿石量为 120～135kg；$[P]_0=0.025\%\sim0.03\%$，加入矿石量为 90～120kg；$[P]_0=0.02\%\sim0.025\%$，加入矿石量为 70～90kg；$[P]_0<0.02\%$，加入矿石量为 50kg；也可以用吹氧方式解决。采用控制策略时，还要特别注意氧化期的前期以去磷为主，后期以脱碳为主。若碳高、磷低，则重点考虑脱碳。若碳高、磷高，则氧化期前期集中脱磷，后期重点脱碳。若碳低、磷高，则前期重点脱磷，后期脱碳。以上各种情况可总结为一系列产生式规则：

如 IF（温度偏低，磷低，碳高）THEN（吹氧为主，适当调节电功率和矿石加入量）；

···········

这些操作经验可用图 9-31 所示的流程图来表示。

c. 控制策略的定量分析。在已确定操作经验前提下，各控制量加入的多少、加入的时刻应按工艺要求和操作规程进行合理分配。

•矿石加入问题。加矿石次数，一般视熔清含磷量多少而定。从现场经验知，在正常时，$0.02\%\leqslant[P]_0\leqslant0.025\%$ 加矿石一次；$0.025\%\leqslant[P]_0\leqslant0.03\%$ 加矿石二次；$[P]_0>0.03\%$ 加矿石三次；前后加矿石比例是：二次加矿石为 2/3：1/3，三次加矿石为 2：1.5：1。若前期以脱磷为主，矿石直径应为 10～60mm；若以脱碳为主，矿石直径为 60～150mm。

在程序设计中，要保证推理可在氧化期任一时刻进行，同时要考虑启动预测操作指导系统前后加矿石时间间隔、未来加矿石数量和时刻，氧化末期前 5min 禁止加矿石，因此未来时刻

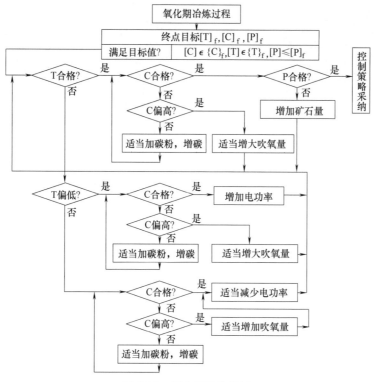

图 9-31　操作经验流程图

加矿石次数和时刻受到各种因素制约，这些在编程时都应给予考虑，所以控制规则集变得十分复杂，将近200条规则。图9-32为加矿石子程序流程图。在图9-36中，W_N 为 N 时刻以前已加入矿石量。N 为氧化期开始时采样次数（$N=0$ 表示氧化期起点，$N=0\sim 3min$，N_f 为氧化期终点采样次数）。$W_{钢}$ 表示加入废钢重量。W_M 表示氧化期最多加矿石量。W_f 表示末批加矿石量。

· 吹氧量输入问题。吹氧量输入大小通过改变吹氧时间来调节。如何确定吹氧时间？根据现场操作经验，由熔清化验结果，在渣量为 2%，料重 9t，Si＋Mn $\leqslant 2\%$ 条件下，有：

C＝0.51%，吹氧时间不定；C＝0.71%，吹氧时间为 7min；C＝0.94%，吹氧时间为 15min；C＝1.29%，吹氧时间为 25min。

当然以上吹氧时间还受加矿石和供电量的影响。究竟如何确定吹氧时间，还需要借助推理决策。

· 电功率输入问题。电功率输入依据实际炉况确定，在推理过程中用来调节钢液温度，控制脱磷脱碳反应时刻。一旦推理决策被操作者采纳，通过协调级输出功率给定值，使电极调节系统按给定弧流调节。

③ 控制模式自学习　所谓自学习，是规则库和环境互相作用中不断使自身得到修改和改善。这里采用统计学习方法，认为某规则以一定概率成立，概率越大，规则越可信。它利用实际操作结果与预测结果相近出现的统计频率来近似规则成立的概率，即：

$$P_j = \frac{R}{R+F} \tag{9-37}$$

式中　P_j ——j 组规则成立的概率；

R、F ——预测系统准确和错误程度，即：

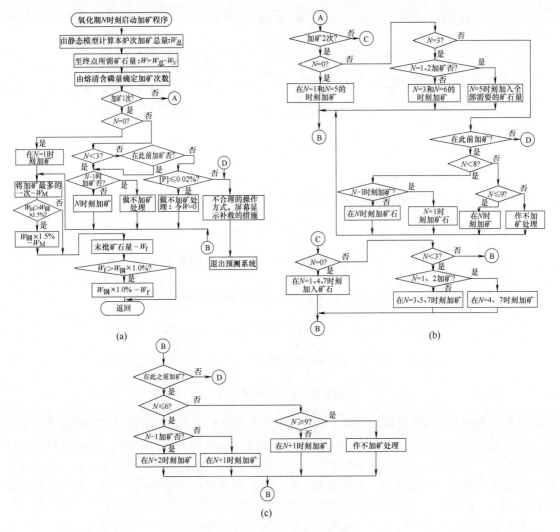

图 9-32　加矿石子程序流程图

$$R = \sum_{i=1}^{n} R_i \quad F = \sum_{i=1}^{n} F_i \tag{9-38}$$

R 和 F 的具体取值是：

若 $|\varepsilon(i)| \leqslant r_1$，$R_i = 2$，$F_i = 0$

若 $r_1 < |\varepsilon(i)| \leqslant r_2$，$R_i = 1$，$F_i = 1$

若 $|\varepsilon(i)| > r_2$，$R_i = 0$，$F_i = 2$

其中，

$$r_1 \text{ 是} \begin{cases} \text{吹氧时间误差} & |\Delta t| \leqslant 3\text{min} \\ \text{矿石加入量误差} & |\Delta W| \leqslant 15\text{kg} \\ \text{供电量误差} & |\Delta Pe| \leqslant 100\text{kW} \cdot \text{h} \end{cases}$$

$$r_2 \text{ 是} \begin{cases} \text{吹氧时间误差} & |\Delta t| \leqslant 5\text{min} \\ \text{矿石加入量误差} & |\Delta W| \leqslant 25\text{kg} \\ \text{供电量误差} & |\Delta Pe| \leqslant 150\text{kW} \cdot \text{h} \end{cases}$$

定义 $P_i < 0.5$ 时对规则进行修正。首先取欲判 20 炉实际操作情况的平均值作为 j 组控制

策略的初始条件，然后对这组控制策略进行终点预报，如果达到目标，便用这组新成立的控制规则取代原有的控制规则。如果终点达不到目标，则应检查一下哪一控制策略有问题。若钢水含磷预报值与实测值之差 ［ΔP］≤0.005％，则认为矿石加入量正确；若大于这个范围，则利用脱磷静态模型得到的所需矿石加入量与初始条件矿石加入量之差作为补偿值。然后根据吹氧和加入电功率不同效果，利用一些规则反复测试，如：

IF（温度低 AND 含碳量正好）THEN（增加电功率）

IF（温度正好 AND 含碳量低 OR 偏高）THEN（改变吹氧量，适当调节电功率）

IF（温度偏高 OR 偏低）AND（含碳量偏高 OR 偏低）THEN（优先改变吹氧量，根据实际情况再调节电功率）

这样，在具体处理时，采用逐步增加或减少控制量的办法，反复进行终点预报，直到满足要求为止，并把最终结果的新规则代替原有的控制规则。

通过控制模式自学习，使规则集内容不断完善更新，使它更接近实际情况，为更好地推理决策创造条件。

④ 状态空间描述的推理和控制决策　本系统推理过程也是求解过程，它是使钢水由不合格初态到合格终态的一种操作。它通过操作经验流程（图 9-31）将控制规则知识库所确定的控制策略与预报系统相结合，进行反复推理测试，不断修改控制量，直到找出一条从初态到目标状态解的途径。其基本思想为：

a. 通过专家经验，从控制规则知识库中给定一个控制策略解；

b. 将这个解进行温度和含磷量一步预报及含碳量多步预报，测试其解是否符合钢水终点目标要求；

c. 若这个解可接受，则结束；否则，根据图 9-35 所提供的方法进行修正专项。

那么如何迅速有效推理出可行解？要求分为两种情况。

• 小偏差界限为：

$$\begin{cases} 钢水温度偏离标准 \pm 20℃; \\ 钢水含碳量偏离标偏 \pm 4 \, 个碳; \\ 钢水含磷量偏离标准 \, 4 \, 个磷。 \end{cases}$$

则推理中电功率增量步长为 20kW，矿石增量步长为 5kg，吹氧时间增量步长为 1min。其中一个碳（磷）含义是以每 0.01％（0.001％）作为一个单位，例如碳含量为 0.6％即为 60 个碳，磷含量为 0.03％即为 30 个磷。

• 大偏差界限为：

$$\begin{cases} 钢水温度偏差大于标准 \pm 20℃; \\ 钢水含碳量偏离标准大于 \pm 4 \, 个碳; \\ 钢水含磷量偏离标准大于 \, 4 \, 个磷。 \end{cases}$$

则电功率增量步长为 45kW，矿石增量步长为 10kg，吹氧时间增量步长为 2min。

由于脱碳过程是动态预报，因此有一个合理控制过程脱碳量问题。根据经验操作估算，一般前期脱碳为 35％，中期为 50％，后期为 15％。有了上述数据就可着手进行推理和决策的软件设计。

a. 未来控制决策的状态空间描述。

• 状态空间的构成。$\Phi = \{\phi_0, \phi_1, \cdots, \phi_N, \phi_{N+1}, \cdots, \phi_f\}$，其中，$\phi_0\{[T]_0, [C]_0, [P]_0\}$ 分别表示熔清钢水温度、含碳量和含磷量实测值，$\{\phi_1, \cdots, \phi_N\}$ 为预测系统启动前炉内过程状态，$\{\phi_{N+1}, \cdots, \phi_f\}$ 为预测系统启动后炉内过渡状态，$\phi_f\{[T]_f, [C]_f, [P]_f\}$ 分别表示通过预测得到的终态时刻的温度、含碳量和含磷量。

• 控制策略状态空间。$P=\{p_1,p_2,\cdots,p_N,p_{N+1},p_i\cdots,p_f\}$。其中 $\{p_1,p_2,\cdots,p_N\}$ 表示预测系统启动前实际控制策略；$\{p_{N+1},p_i\cdots,p_f\}$ 为预测系统启动后未来控制策略，它是本系统要寻找的目标；$p_i=\{u_{1i},u_{2i},u_{3i}\}$ 表示 i 时刻的控制策略，u_{1i}，u_{2i}，u_{3i} 分别表示吹氧量、供电量和矿石投入量。

• 合格的状态空间。$M=\{m_i,m_{i+1},\cdots,m_f\}$。其中 $m_i=\{m_{Ti},m_{ci},m_{pi}\}$ 表示未来 i 时刻的合格状态；$m_f=\{m_{Tf},m_{cf},m_{pf}\}$ 表示合格终态，即钢水温度、含碳量和含磷量均已达到目标值。

• 目标是求取未来控制策略 P。使 ϕ_0 到 ϕ_f 映射，即：

$$\varphi_0 \xrightarrow{P} \varphi_f(=m_f)\text{且满足 }\varphi_{i-1} \xrightarrow{P_i} \varphi_i(=m_i)$$

其中，$i=N+1$，$N+2$，$\cdots$，f。

• 可能出现的状态转移。

A：$\varphi_0 \xrightarrow{P} \varphi_f(=m_f)$ AND $\varphi_{i-1} \xrightarrow{P_i} \varphi_i(=m_i)$

B：$\varphi_0 \xrightarrow{P_1} \varphi_i(\neq m_f)$ OR $\varphi_{i-1} \xrightarrow{P_{i1}} \varphi_i(\neq m_i)$

　$\varphi_0 \xrightarrow{P_2} \varphi_f(\neq m_f)$ OR $\varphi_{i-1} \xrightarrow{P_{i2}} \varphi_i(\neq m_i)$

$$\vdots$$

　$\varphi_0 \xrightarrow{P_i} \varphi_f(=m_f)$ AND $\varphi_{i-1} \xrightarrow{P_ik} \varphi_i(=m_i)$

C：$\varphi_0 \xrightarrow{P_1} \varphi_f(\neq m_f)$ OR $\varphi_{i-1} \xrightarrow{P_{i1}} \varphi_i(\neq m_i)$

　$\varphi_0 \xrightarrow{P_2} \varphi_f(\neq m_f)$ OR $\varphi_{i-1} \xrightarrow{P_{i2}} \varphi_i(\neq m_i)$

$$\vdots$$

　$\varphi_0 \xrightarrow{P_k} \varphi_f(\neq m_f)$ OR $\varphi_{i-1} \xrightarrow{P_ik} k\varphi_i(\neq m_f)$

其中，A 是一次测试成功，B 是反复经过 k 次测试成功，C 通过反复测试均不成功。本系统是 10 次反复测试不成功后，最后输出测试方案，以提供给操作者充分时间采取其他补救措施，如延长或缩短氧化期时间。

b. 正向推理过程程序框图。设 S 表示预报循环次数，则正向推理过程程序框图如图 9-33 所示。

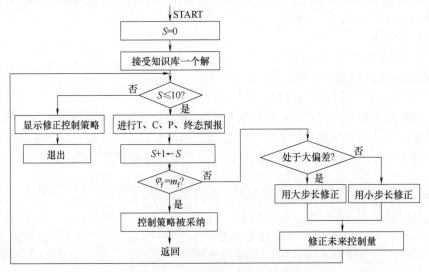

图 9-33 正向推理程序流程图

⑤ 推理机　推理机具有两个功能:

a. 对输入数据进行判断,对不合格数据进行删除,以保证模型精确性。

b. 确定氧化期时间长短。它以现场操作经验和系统数据相结合的方法确定氧化期的时间。在 $T_f=1580℃$、渣量 2%、$Si+Mn \leqslant 0.2\%$ 的条件下:

若 $[C]_0=0.7\%\sim0.75\%$, $[P]_0<0.03\%$, 氧化期时间约 $10\sim15min$, 加矿石重小于料重的 1.5%,脱碳至 0.56%。

若 $[C]_0=0.7\%\sim0.75\%$, $[P]_0\geqslant0.03\%$, 氧化期时间约 20min, 加矿石三批,脱碳至 0.56%。

若 $[C]_0=0.75\%\sim0.95\%$, $[P]_0<0.05\%$, 氧化期时间约 20min, 加矿石次数由脱磷决定,脱碳至 0.56%。

若 $[C]_0=0.95\%\sim1.3\%$, $[P]_0<0.03\%$, 氧化期时间约 30 min, 加矿石两次,脱碳至 0.56%。

若 $[C]_0=1.1\%\sim1.3\%$, $[P]_0\geqslant0.03\%$, 氧化期时间约 40min, 加矿石三次,脱碳至 0.56%。

⑥ 控制规则知识库的维护　根据系统运行情况,对知识库一些不符合要求的规则及数据进行增删和修改,以保证系统正常可靠运行,并使知识库内容不断完善。它通过人机界面完成。

⑦ 人机界面　操作者通过人机界面对系统运行情况进行控制和观察,并向系统输入必要的信息。

(3) 系统运行结果

为了检验 IPOGS 的可行性,选用现场规范数据为样本,将 IPOGS 与人工实际操作相比较,结果见表 9-10。从表 9-10 可知,IPOGS 与实际操作相差很小。众所周知,人工实际操作炼钢是凭借操作工的丰富经验,判断本炉况应加多少矿石、吹多少时间氧气、给多少度(千瓦时)电,确保能使钢水终点达到目标值。而 IPOGS 已把操作工的丰富经验都赋予计算机,计算机经综合推理判断应如何输入控制变量,以确保炼钢终点达到要求。这为电弧炉科学炼钢创造了良好的条件。

表 9-10　IPOGS 与人工操作对照表

初态			操作			终态		
碳	1.06		矿石	吹氧	耗电	碳	磷	温度
磷	0.031	专家	107	24	1390	0.58	0.018	1567
温度	1450	实际	115	23	1335	0.60	0.015	1540
碳	0.95		矿石	吹氧	耗电	碳	磷	温度
磷	0.034	专家	109	18	1360	0.64	0.019	1568
温度	1460	实际	95	17	1350	0.63	0.022	1550
碳	0.75		矿石	吹氧	耗电	碳	磷	温度
磷	0.030	专家	85	9	1650	0.60	0.017	1550
温度	1450	实际	100	11	1680	0.64	0.019	1560
碳	1.15		矿石	吹氧	耗电	碳	磷	温度
磷	0.031	专家	102	27	993	0.59	0.018	1562
温度	1440	实际	105	29	960	0.50	0.019	1560
碳	1.08		矿石	吹氧	耗电	碳	磷	温度
磷	0.030	专家	98	23	1306	0.61	0.018	1560
温度	1440	实际	100	23	1240	0.61	0.20	1560
碳	0.90		矿石	吹氧	耗电	碳	磷	温度
磷	0.030	专家	100	16	1625	0.63	0.019	1588

初态		操作				终态		
温度	1450	实际	95	17	1565	0.60	0.018	1570
碳	1.05		矿石	吹氧	耗电	碳	磷	温度
磷	0.032	专家	110	23	1336	0.60	0.018	1571
温度	1440	实际	115	23	1330	0.60	0.016	1550
碳	0.94		矿石	吹氧	耗电	碳	磷	温度
磷	0.030	专家	94	17	1568	0.64	0.019	1570
温度	1440	实际	100	16	1600	0.60	0.018	1560
碳	1.08		矿石	吹氧	耗电	碳	磷	温度
磷	0.028	专家	100	23	1533	0.61	0.018	1560
温度	1450	实际	100	22	1540	0.62	0.018	1540
碳	0.85		矿石	吹氧	耗电	碳	磷	温度
磷	0.035	专家	115	14	1568	0.60	0.019	1588
温度	1450	实际	100	15	1400	0.56	0.017	1540
碳	1.11		矿石	吹氧	耗电	碳	磷	温度
磷	0.034	专家	109	27	907	0.58	0.017	1573
温度	1440	实际	100	25	1000	0.66	0.020	1560
碳	1.04		矿石	吹氧	耗电	碳	磷	温度
磷	0.030	专家	100	23	1309	0.60	0.018	1560
温度	1450	实际	100	23	1225	0.61	0.020	1540
碳	1.30		矿石	吹氧	耗电	碳	磷	温度
磷	0.031	专家	105	25	1252	0.56	0.017	1565
温度	1440	实际	100	24	1225	0.67	0.020	1550
碳	0.96		矿石	吹氧	耗电	碳	磷	温度
磷	0.028	专家	100	19	1749	0.59	0.018	1570
温度	1440	实际	85	20	1720	0.63	0.021	1550
碳	1.01		矿石	吹氧	耗电	碳	磷	温度
磷	0.030	专家	82	22	1009	0.58	0.018	1566
温度	1440	实际	70	19	1140	0.59	0.016	1560
碳	0.82		矿石	吹氧	耗电	碳	磷	温度
磷	0.040	专家	105	15	1700	0.60	0.019	1565
温度	1450	实际	85	23	1200	0.68	0.017	1540

注： 1. 各输入量单位：矿石（kg）；吹氧（min）；耗电（kW·h）。
2. 专家推理的终态结果为预报值。

9.2.5 电弧炉炼钢过程闭环控制研究

前面讨论了电弧炉炼钢过程电极升降智能复合控制系统、钢水终点自适应预报和智能自适应预测操作指导系统。为了使上述控制方法有机地结合起来，形成一个完整的自动控制系统，必须增加系统的规划、监督、反馈和管理功能，并提供良好的人机界面，使电弧炉炼钢从黑箱走向透明，不仅使操作者从画面上及时了解冶炼过程情况，而且根据 IPOGS 不断预报应采用的控制策略，自动控制吹氧时间、矿石的加入量和电功率，直至钢水终点达到目标值为止。这就是要引入的所谓闭环控制问题，其系统的结构框图如图 9-34 所示。

为了保证系统的可读性和完整性，方便

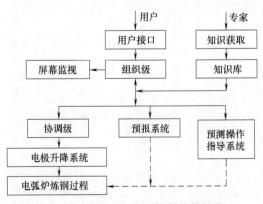

图 9-34 炼钢过程闭环控制结构框图

系统调用，全部采用模块化结构软件。虚线箭头仪表明闭环控制的设想，尚待进一步完善。

（1）组织级

组织级，一方面管理整个系统运行，另一方面接受用户咨询。在程序中设置时间陷阱和功能键陷阱技术，根据冶炼工艺要求，每分钟中断一次，可以在屏幕上显示设定电流和当前工作电流曲线。可以提醒操作人员操作，例如冶炼过程加料、加矿石、加合金、吹氧时刻和三个冶炼期冶炼时间等，每当上述操作时间到，就向操作人员发出信号，并加音响提醒，若操作人员不予理睬，则下一分钟中断再次音响提醒，直到键入信号为止。操作信号提醒采用不清屏方式，放在电流曲线下方。进入氧化期后，启动智能自适应预测操作指导系统，当未来控制策略被采用后，系统就按此控制策略工作，同样在屏幕上显示新的电流曲线；每当需要加矿石或吹氧时，显示加矿石数量和吹氧时间。电弧电流给定由协调级完成。系统设置六个功能键，F1功能键显示主菜单，各功能键的功能如下。

T　　时间、日期设置

P　　预报系统启动

C　　预测操作指导系统启动

I　　设置工作电流曲线

D　　知识库的维护

F1　　显示主菜单

（2）协调级

它对电弧炉生产过程中意外情况进行协调管理。电弧炉生产过程中环境十分恶劣，意外事故时常发生，造成生产不能按工艺要求进行，这就要求对以后操作做相应调整，如确定停机时间、操作顺序后移时间等。此外还接受组织级送来的弧长给定与实际弧长比较，按偏差大小，实现智能复合电极升降控制。

（3）知识库构成

知识库不仅存放模糊控制知识、PID控制知识以及智能自适应预测操作指导系统规则，而且存放整个系统运行过程中所需的输入输出数据和工作参数。为了确保控制系统的实时性和完整性，可通过知识获取模块对知识库内容进行增删。

（4）电弧炉炼钢过程自动控制程序总流程图

其程序流程图如图9-35所示。它由主程序和中断服务程序组成。

电弧炉炼钢工艺复杂，系统采用智能复合电极升降控制系统，提高电极升降快速性、灵敏度和定位精度，可确保电极平稳调节、降低电耗。而采用智能自适应预测操作指导

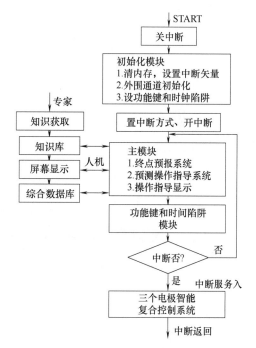

图9-35　电弧炉炼钢过程总流程图

系统，可以实现对不熟练工人的操作指导，使钢水终点达到合格的目标值。若设想将智能自适应预测操作指导系统和输入量 u_1、u_2 和 u_3 的执行器相连，还可以实现电弧炉炼钢过程的闭环控制。

9.3 模糊控制全自动洗衣机控制器设计

9.3.1 模糊控制全自动洗衣机的工作原理

（1）模糊控制技术的概念

模糊控制技术实际上是模拟人的智能——根据实际情况随机应变的一种技术。人通过感觉器官，如眼睛、手等得到关于衣物的信息，由大脑作出判断和决定。模糊控制全自动洗衣机则是利用各种传感器，如脏污程度传感器、衣量传感器、水位传感器、温度传感器等代替人的眼睛和手，取得有关信息，然后传递给中心控制微处理器（CPU）。微处理器中储存有根据模糊计算方法编辑的程序，而这些模糊计算方法又是从以往的洗衣经验中总结归纳出的。微处理器对传感器送来的信息进行处理、筛选出的洗衣参数，达到类似于人工选择的水平，从而实现洗衣机智能化控制。

模糊控制全自动洗衣机的技术关键在于，一是模糊理论应用于实际的有效性，二是传感器的精度。

（2）洗衣机的模糊控制技术

爱妻牌 NA-F55Y6H 型洗衣机是日本松下电气公司的产品，应用了先进的模糊控制理论，自动选择洗涤时间、水位、水流，不但可以节水、节电、省时、省力，而且方便用户。现就以 NA-F55Y6H 型洗衣机为例，介绍模糊控制技术在洗衣机中的应用。

① 面板结构　该机操作面板如图 9-36 所示，微处理器安装在面板上。该机与 NA-710 型全自动洗衣机相比较，增加了以下功能：

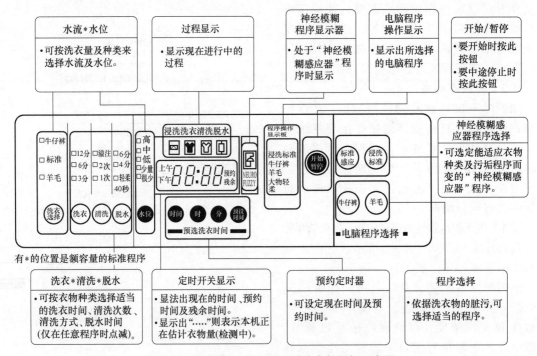

图 9-36　爱妻牌 NA-F55Y6H 型洗衣机面板示意图

a. 根据所洗衣物的种类，由微处理器决定洗衣的水流、水位和洗衣时间，使洗衣过程更加合理；

b. 调节更方便;

c. 可预约洗衣时间。

② 微处理器工作原理　微处理器模糊控制原理如图 9-37 所示。图中表示出微处理器与各种传感器、操作电路、负载电路的连接。微处理器用开关器件检测洗衣机盖的开与关及脱水桶是否平稳运行,并从水位传感器、不平衡传感器、衣量传感器、脏污程度传感器获取信号。

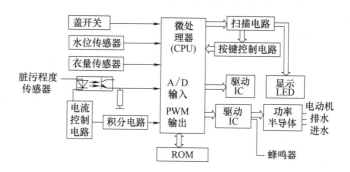

图 9-37　微处理器模糊控制原理

a. 水位传感器。水位传感器是用来控制水位高低的传感元件。水位传感器是一个可变电压的压力传感器,此传感器由一个振荡线圈和铁氧体及压力传感元件组成。洗涤桶中水的压力作用到传感器的铁氧体上,铁氧体根据水压变化,产生上下位移,该位移会导致振荡线圈的电感量发生变化,引起电路振荡周期发生变化。微处理器的计数器对此计数,就可以准确地、高精度地检测出水位高低的变化。

模糊控制洗衣机所采用的水位传感器,必须有能检测 50～400mm 水位压力的精度。

b. 不平衡传感器。不平衡传感器是用来检测脱水过程中,脱水桶是否运行平稳(衣物是否偏向一侧)的传感元件。NA-F55Y6H 型模糊控制洗衣机所采用的不平衡传感器就是全自动洗衣机的安全开关。其控制原理与全自动洗衣机也基本相同。

c. 衣量传感器。衣量传感器是用以检测洗涤桶内被洗衣物多少的传感元件。衣量的检测,是通过检测电动机带动波轮正反转转换过程中、电机断电状态下,洗衣桶每分钟惯性转数的多少来判定的。微处理器依据衣量传感器的数据决定水位的高度和洗涤时间的长短。

d. 脏污程度传感器。脏污程度传感器安装于洗涤桶底部、靠近排水阀进水口的位置。脏污程度传感器是利用红外发光二极管和光敏三极管获取洗涤液对光的通透程度来判定衣物脏污程度的。其原理结构图见图 9-37。发光二极管发出的光透过洗涤液照射到光敏三极管的基极,使光敏三极管基极电流、集电极电流发生变化,再将电流变化转换成电压变化。洗涤液的脏污程度不同,发光二极管透过洗涤液照射到光敏三极管上的强度不同,在光敏三极管上产生电流的强度也不同。微处理器依据接收到的电压信号的强弱,测知液体的浑浊度,推算出衣物的脏污程度,并依据此数据决定水位、水流、洗涤时间等洗衣参数。

NA-F55Y6H 型模糊控制全自动洗衣机所用各传感器的使用范围和目的如表 9-11 所示。

表 9-11　NA-F55Y6H 型洗衣机传感器使用范围及目的表

使用的传感器	备注	使用温度范围	使用目的
不平衡传感器	盖开关	−20～50℃	检测到洗衣机盖是否关闭,以及衣物偏向一边引起的异常振动
水位传感器	可变电压的压力传感器	−20～50℃	检测洗涤槽中的水位,根据衣量的多少决定最适应的水量,并且检测到排水是否完毕

続表

使用的传感器	备注	使用温度范围	使用目的
衣量传感器	检测惯性运动方式	$-20\sim70℃$	通过洗涤刚开始时对衣量的检测，决定洗涤的水量及洗涤的时间
脏污程度传感器	利用光的通透性	$-20\sim50℃$	通过检测洗涤液对光的通透程度，得到衣物的脏污程度

（3）控制电路

NA-F55Y6H 全自动洗衣机程控器电路原理如图 9-38 所示。

MN1588ZWYHZ 是 4 位 8KB 微处理器（CPU），为 62 脚双列塑封结构。它是控制的中心部分，用来处理来自操作键和传感器的信号，输出显示信号和驱动信号。

UPA81C-1 是驱动器件，它与微处理器 MN1588ZWYHZ 的 42 引脚～48 引脚相连，用以驱动显示发光二极管（LED）。

UPA81C-2 也是驱动器件，用以驱动双向晶闸管和蜂鸣器。

HA1361 是水位传感器振荡回路和脏污程度传感器发光控制电路的集成电路。

对照图 9-36 和图 9-38 可见，按键 $SW_1\sim SW$ 对应"水位"选择、"预设时间"选择、"牛仔裤"程序选择、"洗衣"选择、预选洗衣时间的"分"选择、"轻柔洗"程序选择、预选洗衣时间的"时"选择、"羊毛"程序选择、"清洗"时间选择、预选开始洗衣的"时"选择、"标准感应"程序选择等。按钮 $SW_{16}\sim SW_{19}$ 对应为："脱水"时间选择、"开始/暂停"按键、"浸洗标准"程序选择、"大物"程序。

面板上各个显示发光二极管与各按键的工作状态相对应。发光二极管闪亮，表示该按键的功能选择在工作，否则不工作。其中 LED_{35}、LED_{41}、LED_{36} 分别对应于洗衣选择部分的"牛仔裤""标准""羊毛"按键；LED_{32}、LED_{33}、LED_{59} 分别对应于预选洗衣时间"分"选择的"12分"（钟）、"6分"（钟）、"3分"（钟）按键；LED_{39}、LED_{42}、LED_{45} 分别对应于"清洗"时间选择的"溢注""2次""1次"按键；LED_{61}、LED_{62}、LED_{63} 分别对应于脱水时间选择的"6分"（钟）、"4分"（钟）、"轻柔"按键；LED_{31}、LED_{34}、LED_{37}、LED_{40}、LED_{43} 分别对应于"高""中""低""少量""极少"按键；LED_{22}、LED_{23}、LED_{24}、LED_{56} 分别对应于程序过程的"浸洗""洗衣""清洗""脱水"按键；LED_{64} 对应于"开始/暂停"按键；LED_{25}、LED_{26}、LED_{27}、LED_{29}、LED_{50}、LED_{58} 分别对应于程序选择的"浸洗""牛仔裤""大物""标准""羊毛""轻柔"按键；$LED_{002}\sim LED_{027}$ 为集成 LED 显示模块中显示灯管；$LED_{01}\sim LED_{07}$ 和 $LED_{08}\sim LED_{014}$ 分别为显示"分"的个位和"分"的十位数的七段数码显示管；$LED_{015}\sim LED_{021}$ 和 LED_{026}、LED_{027} 分别为显示"时"个位和十位数的七段数码管；$LED_{022}\sim LED_{025}$ 分别为"预约""残余""上午""下午"显示灯。

9.3.2 全自动洗衣机模糊推理

（1）模糊推理

模糊推理中，要考虑推理的前、后件，即推理的输入条件和输出结果。图 9-39 所示为模糊洗衣机的推理框图。从图中可看出，在模糊洗衣机中要考虑的有布质、衣量、水温和浑浊度四个条件，以及由这些条件求取水位、洗涤时间、水流、洗涤方式和脱水时间。

模糊推理分为两个部分：洗涤剂浓度推理、洗衣推理。

① 洗涤剂浓度推理规则 若水的浑浊度低，则洗涤剂放入量少；若水的浑浊度较高，则放入较多的洗涤剂；若水的浑浊度高，则洗涤剂放入量大。

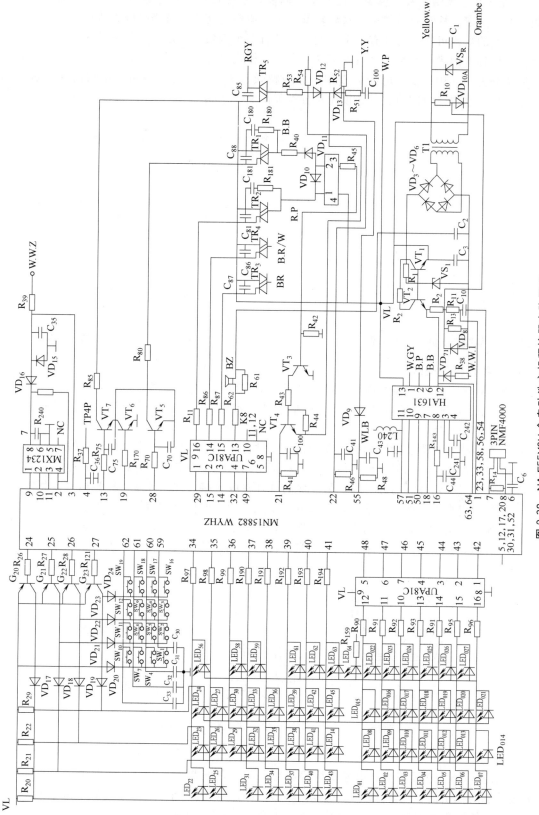

图 9-38 NA-F55Y6H 全自动洗衣机程控器电路原理

② 洗衣推理规则　若衣量少、化纤布质偏多、水温比较高，则水流非常弱、洗涤时间非常短；若衣量多、棉布布质偏多、水温较低，则水流应为特强、洗涤时间为特长。

由上面的规则可知，前件有三个因素，后件有两个因素，所以它们是一种多输入多输出的推理。前件各个因素模糊量定义彼此不同。布质的模糊量分为特强、强、中、弱、特弱；衣量的模糊量分为多、中、少；时间的模糊量分为特长、长、中、短、特短；水温的模糊量分为高、中、低。水温、时间与衣量的模糊量分类如图 9-40 所示。

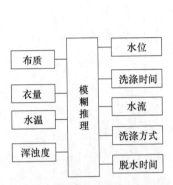

图 9-39　模糊洗衣机的推理框图

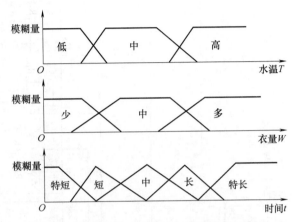

图 9-40　水温、时间与衣量的模糊量分类

（2）物理量的检测

洗衣机在洗衣过程中需要检测的物理量有衣量、布质、水温和浑浊度。

① 浑浊度检测　在模糊控制洗衣机中应用了外传感器，如用红外光传感器进行浑浊度检测，这是它的一个特点。

红外光传感器对浑浊度检测的原理如图 9-41 所示，它是利用红外线在水中的透光与时间的关系，通过模糊推理来得出检测结果，再将这个结果用于控制推理，即洗衣机排水管一侧的红外发射管发射一定强度的红外线，另一侧的红外接收管接收此红外线，根据所接收到的红外线强度，就可以得出水的浑浊度。在洗衣过程中随着污物的脱落和溶解，水的透光度将逐渐下降，并达到一个最低值，当衣物不断地漂洗时，水质逐渐变得干净、清亮，其透光率会逐渐地升高，最后达到初始值。通常来说，当透光率再次达到初始值时，说明衣物已洗涤干净，这时停止漂洗。

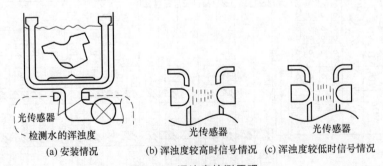

(a) 安装情况　　(b) 浑浊度较高时信号情况　(c) 浑浊度较低时信号情况

图 9-41　浑浊度检测原理

② 水温检测　水温检测是由温度传感器完成的。在电路中，一般采用两个运算放大器对由温度传感的输出信号进行处理，一个运算放大器用于隔离阻抗，另一个运算放大器用于放大信号。一般情况下水温在 4～40℃ 最佳，因为水温太高对衣物有损坏。

③ 布质和衣量的检测　布质与衣量检测时，首先加入一定量的水，然后启动主电动机，接着断电让主电动机以惯性连续旋转；此时主电动机处于发电机状态，随着布阻抗的大小不同，主电动机处于发电机状态的时间长短不同，只要检测出主电动机处于发电机状态的时间长短，就可以反过来推理出布阻抗的大小；当布阻抗得出之后，就可通过模糊推理得出相应的布质及衣量。

9.3.3　全自动洗衣机模糊控制器设计

智能型洗衣机的控制器是一个多输入、多输出的控制系统，它应用了模糊控制技术。输入变量有布质、布量、脏污程度、脏污性质、温度。输出变量有水位、水流、洗涤时间、脱水时间、洗涤剂投放量、漂洗方式和次数。为了既使控制效果好，又使控制简单，采取矛盾分析方法，具体策略是：

① 根据布质、布量确定水位高低和水流强度；

② 根据布质、布量和温度确定初始的洗衣时间；

③ 根据洗涤过程中的浑浊度信息来修正实际的洗涤时间长短和漂洗次数的多少。

（1）水位设定的模糊控制

① 模糊量的定义：布质的模糊子集为 ｛化纤，棉布｝；布量的模糊子集为 ｛少，中，多｝；水位的模糊子集为 ｛少，低，中，高｝。

根据经验和实验数据，各模糊子集的隶属函数采用梯形与三角形隶属函数，模糊变量布质、布量、水位的隶属函数如图 9-42～图 9-44 所示。

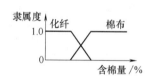

图 9-42　布质的隶属度函数

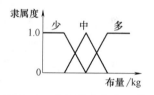

图 9-43　布量的隶属度函数

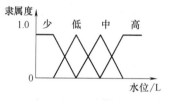

图 9-44　水位的隶属度函数

② 根据实际操作经验可总结出如表 9-12 所示的水位模糊控制规则表。

（2）水流强度的模糊控制

① 水流强度的模糊量可定义为：｛弱，中，强｝。其隶属度函数如图 9-45 所示。

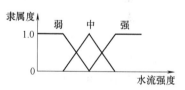

图 9-45　水流强度的隶属度函数

② 根据实际操作经验可总结出如表 9-13 所示的水流强度模糊控制规则表。

表 9-12　水位模糊控制规则表

布量	水位	
	化纤	棉布
少	少	低
中	低	中
多	中	高

表 9-13　水流强度模糊控制规则表

布量	水流强度	
	化纤	棉布
少	弱	中
中	中	强
多	强	强

（3）洗衣设定时间的模糊控制

① 洗衣设定时间和温度的模糊量定义如下：洗衣设定时间的模糊子集为 ｛很短，短，较短，中，较长，长，很长｝，其隶属度函数如图 9-46 所示；温度的模糊子集为 ｛低，中，高｝。

② 根据实际操作经验可总结出如表 9-14 所示的洗衣设定时间模糊控制规则表。

图 9-46　洗衣时间的隶属度函数

表 9-14　洗衣设定时间模糊控制规则表

布量	设定时间					
	化纤			棉布		
	高	中	低	高	中	低
少	很短	短	中	短	短	中
中	较短	较短	较长	较短	中	长
多	较长	长	很长	长	长	很长

注：高、中、低为温度模糊子集。

（4）实际洗涤时间的调整方法

洗衣过程中必须根据实际洗涤衣物的脏污程度和脏污性质的不同，对洗涤时间作适当的修正，以保证洗净度高、洗衣时间又不过长。表 9-15 所示为洗衣修正时间模糊控制规则表。洗衣修正时间的模糊子集为｛负多，负少，零，正少，正多｝，脏污程度的模糊子集为｛轻，中，重｝，脏污性质的模糊子集为｛泥性，中性，油性｝。

（5）控制器硬件系统的结构

智能型洗衣机控制器的硬件系统框图如图 9-47 所示。它采用 MC68HC05B6 单片机作为核心控制部件，处理来自操作键和各检测电路送来的信号，输出相应的显示信号和功率半导体的驱动信号。电源电路由桥式整流电路和稳压集成块 7805 组成，7805 输出的＋5V 电压和交流电源一端相接组成双向晶闸管的直接触发电路。

表 9-15　洗衣修正时间模糊控制规则表

脏污程度	修正时间		
	泥性	中性	油性
轻	负多	负少	零
中	负少	零	正少
重	零	正少	正多

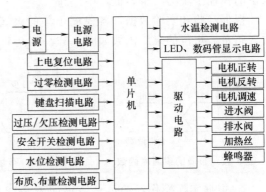

图 9-47　智能型洗衣机控制器硬件系统框图

上电复位电路：在上电时，单片机的第 19 引脚为低电平，单片机处于复位状态；当外接电容充足电时，单片机退出复位状态，进入正常工作状态。

过零检测电路：过零检测电路使单片机控制双向晶闸管的触发输出信号与交流 220V 电源过零信号同步，实现过零触发。

键盘扫描电路：开机后，由 PA0、PA3 输出不同时段的扫描方波，用来检测键盘的输入和控制指示灯、数码管的点亮/熄灭。软件不断检测 PD5、PD6 的输入，当有键按下时，软件便会检测到此按键输入口的高电平。根据扫描方波，可判断按下的是哪一个键，然后进行相应的处理。

过压/欠压检测电路：通过对电网电压进行采样、整流，形成与电网电压同步变化的直流电压，并输入到单片机的第 12 引脚。当电网电压过高时，便产生报警信号并关机；当电网电压过低时，便关闭一切强电负载的输出，并给出相应的提示。

安全开关检测电路：当安全开关的触点闭合时，单片机的第 10 引脚为高电平。CPU 检测到高电平，便知门盖已关好。

水位检测电路：由电位器和相应的机械部件组成，并将水位的变化转换成频率信号。

布质、布量检测电路：在断电后，电机的惯性运转会在电机绕组上产生反电动势。此反电动势经光电耦合器后，形成衰减脉冲。通过限流、整形和滤波，送至单片机的第47引脚，进行脉冲计数。

水温检测电路：利用温度传感器可检测水温的高低。

LED和数码管显示电路：通过LED指示洗衣机的各种工作状态，利用数码管可显示水温和各种定时时间。

驱动电路：主要包括电机正反转驱动电路，电机调速驱动电路，进水阀、排水阀驱动电路，加热丝驱动电路和蜂鸣器报警提示驱动电路。

（6）控制器软件系统的设计

全自动洗衣机模糊控制的软件系统比较复杂，其程序设计采用模块化结构。系统软件由主程序、各种子程序和中断服务程序组成，如图9-48所示。模糊推理在洗涤之前进行，当系统程序判别出洗衣机已经启动，就进行一系列的状态检测和推理工作，在推理工作完成后，就开始进入洗涤方式，在设定时间内对个别因素进行检测并修正程序，因而与人工操作十分接近，达到智能控制的效果。

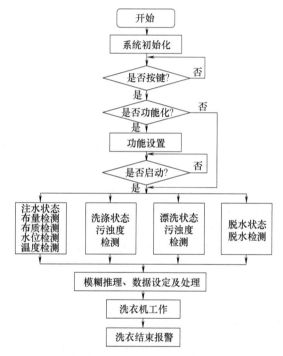

图9-48 控制器软件系统组成框图

第10章 电气控制工程中的CAD技术

10.1 电气 CAD 软件概述

PCschematic Elautomation 是用于电气和电子类设计的专业电气绘图软件。它是基于 Windows 环境平台的 CAD 软件,由丹麦的软件开发小组 DpS CAD-center ApS 历经十多年开发而成。软件程序中使用了 DpS CAD-center ApS 自己的图形文件格式 pro 和 sym。不过它也可以输入其他 CAD 应用程序格式的文件,比如 dwg 和 dxf 格式的文件;也可以把 pro 格式的文件输出为 dwg 或 dxf 格式的文件。它作为一种近代新发展起来的电气 CAD 技术,同样适用于现代电气控制工程的实用设计。

10.1.1 软件特点

本软件非常适合于自动化项目或电气工程的设计绘图。软件有单机版和网络版,可同时满足单个用户或大型用户的不同需求。目前软件有多种语言版本,如中文简体、中文繁体、英文、丹麦文、德文等。

① 面向对象的设计方案 一个设计方案的所有图纸,都以页面的形式包含在一个文件中。点击相应的标签,就可以轻松地在不同的页面间切换。除了电气原理图外,一个设计方案中还包含了元件的外形布置图、零部件和元件清单、其他类型的清单、元件的配线图等。完成电气原理图后,其他的图纸都可以被自动创建出来。

② 设计检查 电气原理图中的绘图错误,都可以使用设计检查功能自动检查出来。

③ 实时更新参考 在设计方案中所有页面上的符号间都有实时更新的参考。比如,布置了一个接触器的线圈符号时,在这个符号旁边会自动创建一个参考十字,这个参考十字中的内容会根据这个接触器的其他电气符号所处的页面位置自动更新。在插入或删除、移动其他符号时,参考十字中的内容都会被自动更新。

④ 参考指示和导线编号 做一个大型的设计方案时,可以使用参考指示功能。可以为一张页面上的所有符号或页面上某一个区域中的符号,分配一个参考指示,指定它们属于设计方案的某一部分。

⑤ 标准设计方案 一个标准设计方案包含扉页、目录表、清单和电气原理图页面等。

⑥ 设计方案信息 关于设计方案的一些信息,比如用户信息、涉及的日期和设计人等,可以保存在设计方案数据选项中,并会自动填充到设计方案的页面模板中。

⑦ 符号和数据库 软件中包含了几千个符合 IEC 标准和 GB 标准的电气符号,包括自动化、建筑安装、流体力学、气体力学、流程图、PLC、传感器、变送器、智能楼宇安装、计算机和通信、报警安装以及平面布置等方面,使用这些符号可以快速地画出电气原理图。数据库以 Access 或 dBASE 格式存在,软件可以使用由 ODBC、MDAC(Microsoft Data Access Components——Windows 2000、Windows ME 以及更新版本标准)和 BDE 支持的数据库。

⑧ 翻译功能 可以把设计方案中的文字翻译为其他国家的文字,比如把中文翻译为英文。

10.1.2 安装和卸载

(1) 安装 PCschematic Elautomation

PCschematic Elautomation 是一个独立开发的电气 CAD 软件，不需要任何其他辅助程序，对硬件的最低要求为 500MHz 主频、128MB 以上内存、SVGA 显示器、操作系统为 Windows 98 以上版本。PCschematic Elautomation 是一个专业绘图软件，其安装方法也比较标准，操作步骤如下。

① 将安装光盘放入计算机的光盘驱动器中，稍等一下就会自动显示安装画面，如图 10-1 所示。

② 点击安装 PCschematic Elautomation，按照提示操作，直至安装完成。

(2) 启动 PCschematic Elautomation

安装完 PCschematic Elautomation 后，如果要运行，就需要先启动它，启动 PCschematic Elautomation 可以采用多种方法。

① 单击开始按钮，从程序中找到 PCschematic Elautomation 的程序组，单击 PCschematic Elautomation 的应用程序图标即可启动，如图 10-2 所示。

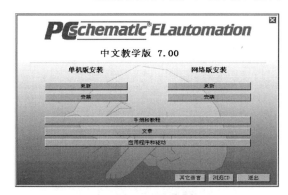

图 10-1　软件安装界面

图 10-2　开始菜单中的 PCschematic 程序组

② 通过运行命令，输入 PCschematic Elautomation 在计算机上安装的路径，来启动 PCschematic Elautomation，如图 10-3 所示。

③ 安装成功后，桌面上会生成一个快捷图标，双击此图标，也可以很方便地运行程序。

(3) 卸载 PCschematic Elautomation

完全删除 PCschematic Elautomation 非常容易，和大多数软件的删除方法一样，只要运行 Windows 中的添加/删除程序命令即可，具体操作步骤（以 Windows 2000 为例）如下。

① 选择开始—设置—控制面板选项，打开控制面板窗口。

② 双击添加/删除程序，打开添加/删除程序对话框，在更改或删除程序选项组中，找到 PCschematic Elautomation 选项，并单击更改/删除按钮。

③ 然后会再次出现安装状态对话框，但这里显示的是软件的卸载进度，如图 10-4 所示。

图 10-3　通过运行程序启动软件

图 10-4　卸载界面

10.2　电气 CAD 工作界面

启动 PCschematic Elautomation 后，便进入了软件的主界面，为了便于介绍软件的功能，打开一个已有的设计方案，工作界面布局如图 10-5 所示。

10.2.1　菜单栏

菜单栏是标准 Windows 应用程序中不可缺少的组成部分，在 PCschematic Elautomation 中也是如此。用户可以从菜单中获得许多不同的命令，下面简要介绍一下 PCschematic Elautomation 中的主要菜单命令及其基本功能，为后面的绘图打下基础。

（1）文件菜单

"文件"菜单中包含最常用的命令，用户对软件的使用一般都是从"文件"菜单开始的，通过使用"文件"菜单中的"新建""打开"和"保存"等命令可以对文件进行管理，文件菜单如图 10-6 所示。

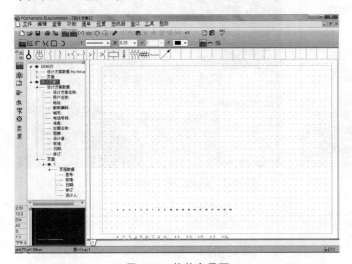

图 10-5　软件主界面　　　　　　　　　　　　图 10-6　文件菜单

其中具体命令如下。

① 新建。创建一个新的绘图文件，即 PRO 文件。

② 打开。打开一个已存在的绘图文件，可以在工作区对此文件进行编辑和修改。

③ 关闭。关闭当前打开的设计方案。

④ 保存。保存当前 PRO 文件，编辑文件名称和路径位置即可保存文件。

⑤ 另存为。可命名一个新的 PRO 文件或者重新命名一个已经存在的文件。

⑥ 全部保存。可以对打开的多个文件进行同时保存。

⑦ 打开部件图。打开单元部件文件，即 STD 文件。

⑧ 保存部件图为。保存当前打开或编辑的部件图文件。

⑨ 打印页面。打印当前所在的文件页面。

⑩ 打印。打开文件属性，可以调整页边距等。

⑪ 打印机设置。设置打印机的型号，和当前计算机相连的打印机应一致。

⑫ 模块。显示程序装载的模块清单。

⑬ 退出。退出 PCschematic Elautomation 程序。

最后显示的是按照时间顺序浏览过的文件及其路径。

（2）编辑菜单

"编辑"菜单中的命令主要用于对文件中的对象进行编辑，例如传统的复制、粘贴、剪切和撤销等标准编辑命令，除此之外还有 PCschematic Elautomation 特有的相关操作，编辑菜单中的具体命令如图 10-7 所示。

① 撤销。取消当前的操作，可以取消一次或者多次操作。

② 绘图。选中后，鼠标进行编辑状态，配合其他的命令，在工作区内绘图。

③ 剪切。剪切选中的对象。

④ 复制。复制选中的对象。

⑤ 粘贴。将剪切或复制的对象粘贴到工作区中。

⑥ 删除。删除选中的对象。

⑦ 移动。移动选中的对象。

⑧ 旋转。旋转选中的对象，每次逆时针方向旋转 90 度。

⑨ 垂直镜像。将选中的对象左右翻转。

⑩ 水平镜像。将选中的对象上下翻转。

⑪ 对齐。使选中的对象处于同一条水平线或垂直线上。

⑫ 间隔。设置选中的对象间的间距。

图 10-7　编辑菜单

⑬ 连接信号。用来在 IC 符号或 PLC 符号上连接信号母线和电气连接点。

⑭ 插入线的端点。对已存在的线插入一个端点。

⑮ 修整线。修整所画线的弯曲程度。

⑯ 全选。可以选中当前页面上的所有对象和图层上的所有对象两种方式。

⑰ 查找。在当前文件中搜索符合文本类型的对象。

⑱ 替换。在搜索的同时替换符合条件的对象。

⑲ 复制到工具栏。将选中的对象复制到工具栏中。

⑳ 从工具栏中复制。在工具栏中选择需要的对象并复制。

㉑ 数据。显示所选对象的属性。

㉒ 下一个。从选中的对象开始，按自上而下、从左到右的顺序显示下一个对象。

㉓ 前一个。从选中的对象开始，按自下而上、从右到左的顺序显示下一个对象。

㉔ 清除页面。清除当前页面中的所有对象。

㉕ 清除设计方案。清除当前设计方案中的所有对象。

（3）查看菜单

"查看"菜单主要用于页面间的切换及更新显示等，查看菜单下的具体命令如图 10-8 所示。

① 缩放。对选中的区域或对象进行放大或缩小。

② 放大。以光标所在位置为中心对工作区域进行放大。

③ 缩小。以光标所在位置为中心对工作区域进行缩小。

④ 缩放全部。将工作区缩放到最适合当前屏幕显示状态。

⑤ 设定用户初始查看。设定用户初始查看的属性。

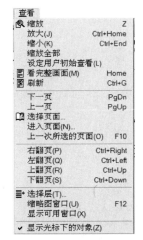

图 10-8　查看菜单

⑥ 看完整画面。显示当前工作区内的所有内容。

⑦ 刷新。更新工作区内的内容。

⑧ 下一页。以当前页为基准向后翻一页。

⑨ 上一页。以当前页为基准向前翻一页。

⑩ 选择页面。选中并进入所需要的页面。

⑪ 进入页面。输入页码进入所需要的页面。

⑫ 上一次所选的页面。返回到最近一次所选的页面上。

⑬ 右、左、上、下翻页。以当前页为基准进行翻页。

⑭ 选择层。选择当前文件所显示的层。

⑮ 缩略图窗口。显示或关闭缩略图窗口。

⑯ 显示可用窗口。显示当前窗口中对象的名称、项目、类型和功能等。

⑰ 显示光标下的对象。选中后当光标经过工作区上的对象时显示相关信息。

图 10-9　功能菜单

（4）功能菜单

"功能"菜单是一个非常重要的组成部分，其中包含了许多 PC-schematic Elautomation 软件所独有的功能，功能菜单下的具体命令如图 10-9 所示。

① 普通捕捉。对象可以在屏幕上每次移动的距离，分 2.50mm 和 0.50mm 两种，其中 2.50mm 是电气图中标准的普通捕捉尺寸。

② 坐标。显示鼠标最后一点的 X 和 Y 位置，共有绝对坐标、相对坐标和极坐标三种显示方法。

③ 数据库。打开当前选中的数据库文件。

④ 线。用于绘制电源线和电气符号间的连接导线。

⑤ 符号。用于布置电气符号。

⑥ 文本。编辑在设计方案中显示的自由文本、符号所代表的元件信息及其连接点自身的文本等。

⑦ 弧。在创建符号中用于绘制电气符号。

⑧ 区域。选中当前页面中的一个区域，选中后可以进行复制、删除等操作。

⑨ 自动改变功能。针对线、符号、文本等不同对象，在查看及编辑过程中可以自动改变功能。

⑩ 直线。选中后所画的线为直线。

⑪ 斜线。选中后所画的线为斜线。

⑫ 直角线。选中后所画的线为直角折线。

⑬ 曲线。选中后所画的线为曲线。

⑭ 矩形。选中后所画的图形为矩形。

⑮ 弧形线。选中后所画的线为弧形。

⑯ 延长线。在画线时被自动选中用来实现动作的连续性。

⑰ 填充区域。在画出的圆形、矩形和椭圆中填充颜色。

⑱ 导线。选中后表示为导线。

⑲ 跳转连接。电气连接点之间选择跳转，不交叉相连。

⑳ 插入电势、附图、数据区域、图片和对象。主要针对外部数据的导入，在后面作详细讲解。

㉑ 符号菜单。选中后打开电气符号库文件，便于从中选择需要的符号。

㉒ 对象列表。显示符号、信号、文本等信息。

㉓ 查看项目数据。选中后导线呈红色,电气符号呈绿色,易于观察和比较。

㉔ 查看导线。检查导线的连接情况,主要观察有无断线、连接错误等问题。

㉕ 导线编号。对主电路和控制电路导线进行编号。

㉖ 布置可用符号。布置一个元件所有没有布置的符号。

㉗ 设计检查。可以帮助检查自己的设计,如出现问题会出现警告信息。

㉘ 更新参考。在设置中更改参考十字后选择这个命令,整个设计方案都以新参考更新。

㉙ 测量。标注电气图中任意两点之间的距离,单位为 mm。

㉚ 特殊功能。可以改变页面功能、电路号、项目号,为符号添加前缀等,建议初学者暂不接触。

（5）清单菜单

"清单"菜单中的许多命令主要针对设计方案中的清单更新,如图 10-10 所示。根据需要,在文件中有的清单是不需要的,因此在每个设计方案中不一定包含所有的清单。

图 10-10　清单菜单

① 更新目录表。在目录参数更改后更新目录中的内容。

② 更新零部件清单。当电气图中的零部件数据发生更改时更新清单内容。

③ 更新元件清单。变更元件参数和类型等数据时更新历史数据。

④ 更新接线端子清单。变更接线端子参数时更新清单数据。

⑤ 更新电缆清单。变更电缆参数时更新清单数据。

⑥ 更新 PLC 清单。变更 PLC 数据时更新清单数据。

⑦ 更新所有清单。对上述的所有清单同时更新。

⑧ 零部件清单文件、元件清单文件、接线端子清单文件、电缆清单文件、连接清单文件和导线编号文件。

⑨ PLC 清单文件。为设计方案创建 PLC 输入/输出文件,可用于 PLC 程序中。

⑩ 读 PLC I/O 清单。从一个 PLC 工具读取 PLC 输入/输出文件时,在每个对话框内只能确定一种 PLC 类型,这是为了防止出错。

⑪ 读取元件清单。可从外部文件（如 *.xls）或外观图界面读取元件数据信息。

⑫ 读取零部件清单。从文件生成的 XLS 文件读取零部件数据信息。

（6）设置菜单

"设置"菜单包含页面数据、页面设置、数据库设置等信息,主要完成设计方案中的外环境编辑,便于操作和打印,如图 10-11 所示。

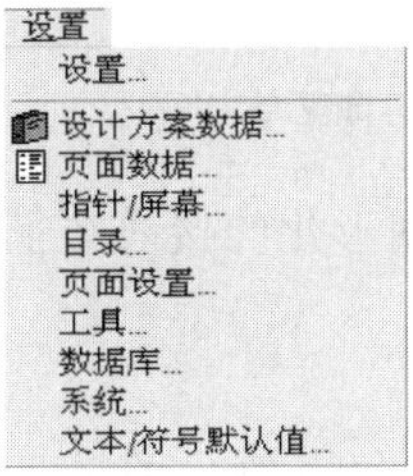

图 10-11　设置菜单

① 设置。这是一个总目录,以横线相隔,下放的是每个具体的子菜单。

② 设计方案数据。用来更改当前设计方案的名称、设计日期、设计者及添加参考指示等,详细情况介绍见后面详细讲解。

③ 页面数据。打开当前页的详细信息,包括页面标题、图纸模板等。

④ 指针/屏幕。在这里可以定义设计页面上栅格的显示情况、测量单位及一些可调整的选项,主要用于设计页面的调整、修改等,建议初学者对于这个菜单中的命令暂不做修改。

⑤ 目录。显示当前设计方案的符号、清单、单元部件等所采用的模板及数据库的类型。

⑥ 页面设置。设定设计方案页面的大小、页面类型、页面功能等数据信息，注意，此项数据关系到设计方案中模板的选择及打印情况，可暂不做修改。

⑦ 工具。显示当前程序的菜单名及程序名的完整路径，主要用于帮助初学者学习如何使用该软件。

⑧ 数据库。这是数据库的更改菜单，在设计方案打开时，一般系统会以自带的数据库作

为默认的数据库，如需要更改，可通过选择数据库文件按钮来进行操作，如图 10-12 所示。

⑨ 系统。显示当前系统的基本信息，如公司名称、用户名称等。此外，还可以通过选择一些复选框的形式决定系统存储文件的间隔时间、程序在下次启动时是否打开上一次的设计方案等信息。

⑩ 文本/符号默认值。设定文本及符号的显示方法，其中文本的默认值为自由的文本，符号的默认值为图纸模板，还可以设定水平及垂直电缆的排列方向。

图 10-12　数据库设置对话框

（7）窗口菜单

窗口命令主要用于排列多个设计方案在一个设计窗口中展示的方式，如图 10-13 所示。

① 层叠。当打开多个设计方案时，采用层叠的形式展示在一个窗口中，方案间存在重叠现象。

② 并排排列。当打开多个设计方案时，以并排的形式展示在一个窗口中。

③ 上下排列。当打开多个设计方案时，以上下的形式展示在一个窗口中，方案间不重叠。

④ 重排图标。选中命令后，对打开的多个设计方案进行重新排列。

⑤ 全部关闭。关闭当前打开的所有设计方案。

（8）工具菜单

"工具"菜单包含了许多的帮助文件，如图 10-14 所示。

图 10-13　窗口菜单

图 10-14　工具菜单

① 工具手册。提供了如何将文件转换为 AutoCAD 文件、符号文件、图形化的接线端子布置图、图形化的电缆布置图、翻译功能等帮助文件，供自学使用。

② 数据库。打开当前默认的数据库文件，查找需要的文件类型。

③ 符号文件。显示当前所使用的符号路径及调整符号间的最小间距、每页符号的最大数目等参数的设置。

④ 图形化的接线端子布置。在设计方案中存在接线端子时，使用此命令可以将接线端子进行图形化表示，更加形象直观。

⑤ 图形化的电缆布置。在设计方案中存在电缆时，使用此命令可以将电缆布置进行图形

化表示。

⑥ 元件连接图。采用方框图的形式，将设计方案中存在的电气符号分隔，在每个电气连接点上标明相连的器件名称。

⑦ 元件配线图手册。介绍了如何创建、修改、删除和保存元件配线图。

⑧ 翻译。可根据程序自带的字典文件对程序中的设计标题、符号功能文本、自由文本等进行翻译。

⑨ DWG/DXF 转换设置。与 AutoCAD 图纸之间的导入与导出的关系，可以设定导入导出的线型、颜色等参数。

⑩ 在（子）图纸中创建变量清单。在设计方案中不存在变量清单时，此命令可以添加一个新的变量菜单。一般而言，在一个设计方案中默认会存在变量清单。

⑪ 设计方案生成器。可以从设计方案说明文件中生成新设计方案，或更新当前设计方案，主要从程序自带的设计方案说明书中进行修改和确认。

⑫ 鼠标跟踪系统。软件特别设计了鼠标跟踪系统，可以帮助在工作中学习使用软件的快捷键，减小重复性的疲劳伤害。

（9）帮助菜单

帮助菜单中主要提供了如何学习和掌握软件的教程及相关的软件网址，打开手册的快捷方式为 F1，如图 10-15 所示。

图 10-15　帮助菜单

10.2.2　程序工具栏

程序工具栏中包含了一组常用菜单命令的快捷方式，使用它可以快速开始一个新的项目，其中包括"新建""打开""保存""打印""剪切""复制""粘贴"和其他几个常用的操作。除此之外，还有几个软件特有的工具，例如"线""符号""文本""弧""区域"和"绘图笔"等按钮，有了它们可以进行更加快捷的操作，程序工具栏如图 10-16 所示。

图 10-16　程序工具栏

10.2.3　命令工具栏

命令工具栏会根据在程序工具栏中所选的对象类型有不同的显示，包含了针对不同绘图对象——线、符号、文本、弧和区域的功能和编辑工具，下面依次介绍不同绘图对象时的效果。

（1）程序工具栏中选中对象类型为线时，命令工具栏如图 10-17 所示。

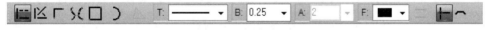

图 10-17　线工具栏

在软件中可以画两种类型的线：导线和自由线。下面分别介绍一下各个按钮的功能。

直线：画直线时，会自动地画出直角线或折线，关闭导线按钮，激活直线按钮，在线的起始位置点击。在每次要改变线的方向时点击一下鼠标，双击停止画线。如果关闭绘图笔按钮，可以点击或拖动线的顶点或线的端点改变线的形状。如果要插入一个线的端点，可以在线上点击鼠标右键，选择插入线的端点。

斜线：画斜线时，可以人为决定线的角度，点击斜线按钮，画出的线还和系统设定的

捕捉有关系。如果关闭绘图笔按钮，可以点击或拖动线的顶点来改变线的形状。

┌ 直角线：画直角线时，只需指定线的起点和终点，程序会自动创建一条直角连接线，若要让线反向弯折，按空格键即可。

SC 曲线：这个命令可以画出曲线，在曲线转折的地方点击鼠标即可。在关闭绘图笔状态后，可以点击和拖动"＋"标记的地方来改变曲线的形状。注意，曲线只能被用于画实线。

⊃ 半圆线：这个命令可以绘制出连贯的半圆线，以用于一些特殊的图形。半圆线是半个圆，逆时针方向画出。同样，半圆线只可以用于绘制实线。

◣ 填充区域：如果绘图前已经激活填充区域按钮，那么可以在画出的矩形、圆和椭圆中填充颜色，如果不能选中填充区域，此按钮是暗色的。

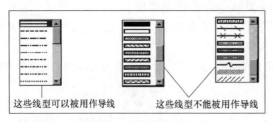

这些线型可以被用作线   这些线型不能被用作导线

图 10-18　线的类型

线的类型：在指定线的类型的区域内点击，选择要在绘图时使用的线的类型，如图 10-18 所示。

a. 线宽 B：在这里可以决定画线时使用的线宽，线宽就是线的两个边界之间的宽度。

b. 线距 A：对有些线的类型，比如阴影线，必须指定两条线之间的距离，这叫作线距；它的计算，是从一条线的中心到另一条线的中心。

c. 线的颜色 F：选择线的颜色时，可以选择 14 种不同的颜色，颜色可以在屏幕上显示，但不可以被打印。

（2）程序工具栏中选中对象类型为符号时，命令工具栏如图 10-19 所示。

图 10-19　符号工具栏

卌 符号菜单：在这里可以打开符号所在的途径对话框，寻找需要的电气符号，快捷方式为 F8。注意，此时选择的电气符号是没有数据库链接的，需要自行添加。

N: -FR ✓ 符号名称：显示当前选中符号的名称，后面所加的一个对号按钮是用来在放置符号时进行自动命名。

S: 1.00 符号大小：定义当前符号的尺寸大小，此时的定义应当在符号放置前进行，放置后再定义大小是无效的。符号的尺寸从 0.1 到 10 大小不等，应根据需要自行选择。

0 符号旋转：在符号被选中的情况下，对符号进行逆时针旋转，每一次旋转 90°。

（3）程序工具栏中选中对象类型为文本时，命令工具栏如图 10-20 所示。

图 10-20　文本工具栏

A 文本属性：按下此按钮后，打开文本属性对话框，对编辑的文本进行大小、颜色、字体等设置。注意，一般软件默认的输入字体为 Pcschmatic，这种字体在显示汉字时会出现乱码，建议更改为 Times New Roman 字体。在文本属性的后面是输入文本窗口。

全部▼ 显示属性：在下拉菜单中可以选择需要显示的属性，可以显示自由文本、数据区域、符号名、符号类型等，按照需要进行选择即可，一般默认为自由文本。

⚠0▼ 文本旋转：在文本被选中后，对文本进行逆时针旋转，每一次旋转 90°。

（4）程序工具栏中选中对象类型为弧/圆周时，命令工具栏如图 10-21 所示。

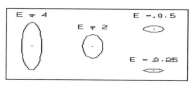

图 10-21　弧/圆周工具栏

其中 R 是圆或圆弧的半径，V1 是圆弧的起始角度，V2 是圆弧的终止角度，B 是线的宽度，F 是线的颜色，E 是椭圆因素。如果椭圆因素被设为 1，画出的是一个普通的圆；如果不是 1，则为各种形状的椭圆，如图 10-22 所示。

图 10-22　各种椭圆因素绘制的图形

10.2.4　符号选取栏

在这里可以布置一些最常用的符号，可以随时使用并布置到图纸中，如图 10-23 所示。可以根据自己的习惯将选取栏中的符号进行添加或删除，方法为：选中要删除的符号，在右键菜单中进行删除即可；要添加一个新的符号，在选取栏的空白处点击鼠标右键，选择布置符号命令，布置需要的符号。

图 10-23　符号选取栏

10.2.5　编辑栏

编辑栏包含一些页面功能和缩放功能，还包含了页面设置方面的信息，如图 10-24 所示。

🔲 捕捉：可以在普通捕捉 2.50mm 和精确捕捉 0.50mm 间切换。如果使用精确捕捉，则编辑栏下放的捕捉按钮会有红色的背景。

图 10-24　编辑栏

🔲 页面切换：以当前页面为基准，向前一页或向后一页，快捷方式为 PageUp 和 PageDown。

📖 页面菜单：显示当前设计方案中存在的内容，可以通过相关命令进行添加或删除相关页面，并且可以对页面的页码、参考指示、名称等进行修改。

📋 层：设置工作层和指定哪些层需要在屏幕上进行显示，具体内容后续有详细讲解。

🔍 缩放：对设计方案页面上的局部进行放大，点击此按钮后，按住鼠标左键，选中需要放大的区域，即可对页面进行局部放大。

🔆 放大或缩小：以当前页面为中心对图纸进行放大或缩小，缩小的快捷方式为 Ctrl＋End，放大的快捷方式为 Ctrl＋Home。

✖ 滑动：滑动按钮可以使窗口按照箭头的方向移动；按下 Ctrl 键，也可以使用箭头键移动窗口；放大一个区域后，也可以使用屏幕右侧和下边的滑动条来移动窗口，并把它拖动到另一个位置，则显示的窗口就会相应地移动。

📄 缩放到页面：记忆当前页面所处的状态，在这种状态改变后，按下此按钮或快捷键 Home 可以回到原来的这个状态。

图 刷新：要刷新屏幕上的图像，可以点击刷新按钮，或用快捷方式 Ctrl＋G 进行，这样来更新屏幕上的图像以及缩略图窗口。

10.3 应用电气 CAD 进行典型电路绘制

10.3.1 标准方案的建立

（1）捷径

PCschematic Elautomation 程序是一个面向设计方案的程序。这就意味着设计方案中的所有信息都集中在一个文件夹中。因此，不需要转换到其他应用程序中去创建零部件清单或部件图。一个标准的设计方案除了包括扉页、目录表、原理图页面以及不同类型清单的页面外，也包含了所用元件的外观符号布置页面。由于程序中并没有给予一个适当的标准方案模板，因此我们首先需要建立一个标准方案。为了方便起见，我们以软件中存在的一个例子为基础，对其进行修改，从而完成标准方案的建立。

在软件安装完毕后，我们打开已存在的方案 DEMO4.PRO，如图 10-25 所示。在这个存在的设计方案中已经存在了扉页、目录表、原理图页面、清单页面和装配图页面等。在此基础上，删除掉方案中的页码为 1、2、3 中的内容，然后进行清单→更新全部清单命令，消除原方案中存在的一些信息，最后进行保存，例如命令为"模板.PRO"，即可得到一个标准方案。

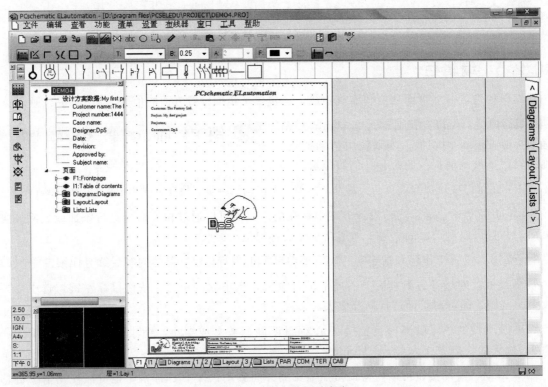

图 10-25　已存在的设计方案

（2）基本实现方法

上述讲解的方案建立是一个捷径，比较容易实现。此外，也可以按照程序命令自己来制作完成一个标准方案。

① 进入文件→新建，进入新建菜单命令，见图 10-26，选择其中的 DEMOSTART 设计方案进行编辑。

② 进入之后，首先需要对"设置"属性进行编辑，如图 10-27 所示，按照相关项目内容进行填写即可；如现在不需要填写，可以点击"取消"命令，暂不编辑。

图 10-26　新建菜单对话框　　　　　　　　　　图 10-27　设置对话框

③ 打开的设计方案中已经存在了一些页面，如扉页、目录页、原理图页面等，但其中还缺少一些页面，而且页面中的设置属性也需要修改。下面来分项单独介绍一下修改的步骤。

第一步：页面的添加。一个标准的设计方案应该包含两个原理图页面和一个装配图页面，从上图中可以看到其中缺少了一个原理图页面和一个装配图页面，需要进行添加，如图 10-28 所示。打开页面属性对话框，选中页码为 Layout 的页面，点击命令"插入新的"，选择其中的页面功能为"一般"。在一般页面中选择"DPSA4H"，点击"确认"，如图 10-29 所示。

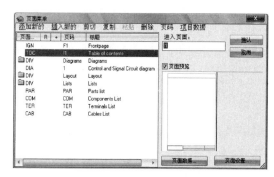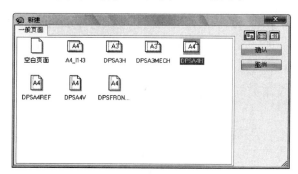

图 10-28　页面设置对话框　　　　　　　　　　图 10-29　新建对话框

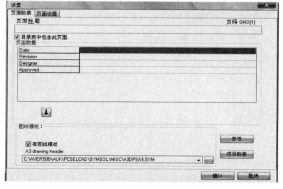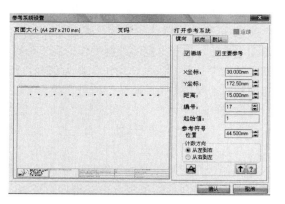

图 10-30　页面数据对话框　　　　　　　　　　图 10-31　参考系统对话框

按照上面所讲的相似步骤，添加一个装配图页面，只是在一般页面中选择的是"DPSA3MECH"。由于方案中所采用的都是 A4 图纸，因此要对装配图的页面大小进行重新设置。进入装配图页面的页面数据，将图纸模板选择为"A4VDPS"即可，如图 10-30 所示。

第二步：参考的修改。在两个原理图页面中需要对其存在的参考进行修改，选择页码为 1 的原理图页面，进入页面属性，点击"参考"按钮，修改其中的坐标参数，如图 10-31 所示。然后进入第二张原理图页面，步骤类似，不再赘述。

第三步：页面菜单数据的修改。为了便于以后的页面识别，有必要对页面菜单中的数据进行修改，刚才我们编辑完的页面菜单如图 10-32 所示。

如前所讲，可以对每个页面的页码和标题进行编辑，以便识别。具体方法是选中需要修改的页面，选中页码功能进行编辑；对标题的修改可以打开对应的页面数据对话框进行修改，如图 10-33 所示。最后保存这个设计方案即可。

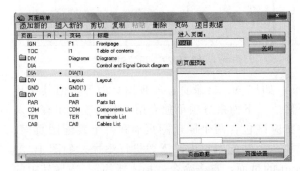

图 10-32　页面菜单数据

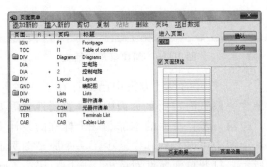

图 10-33　修改的页面菜单

10. 3. 2　点动、连续控制电路的绘制

点动、连续控制电路是最基础也是最典型的控制电路，主要用于机床刀架、横梁、立柱的快速移动，机床的调整对刀等。在这里我们以这个典型的控制电路为例，学习如何绘制电路以及相关清单的生成。

（1）设计方案信息的添加

在上面讲解了如何进行标准方案的建立，在这里可以打开上面编辑好的设计方案，选中设置命令，对其中的基本信息进行填写，如图 10-34 所示。

（2）主电路的绘制

在基本信息添加完成之后，下面进行主电路的绘制工作。按照前一节中所讲的内容，我们打开页码为 1 的页面进行主电路的绘制。

① 电源和元器件的放置　在开始时我们首先应该把电源线绘制上，选中快捷方式中的线和绘图笔按钮，进行电源的绘制工作。在工作页面的左上角点击一下鼠标左键，弹出一个对话框。其中的参考文本为 page，动作选择为信号，信号名称为 L1，在结束点时取消绘图笔状态，弹出相同的对话框，点击"确认"即可。接着可以依次绘制 L2 和 L3，绘制完成后如图 10-35 所示。

② 符号的添加　为了和后面的清单数据进行统一，避免错误的产生，关于符号的添加，一般选择直接从数据库中进行添加。首先打开数据库，按下键盘上的 D 即可，打开界面如图 10-36 所示。

从数据库中选择型号为 CJX1-9/22 的交流接触器，如图 10-37 所示。其中包含了一个常规的交流接触器所具有的电气符号：一个主触头、四个辅助触头和一个线圈。选中主触头的电气符号，在页面合适的位置点击左键即可放置，在弹出的对话框中填写好这个交流接触器的名称即可，如图 10-38 所示。

图 10-34　添加设置信息

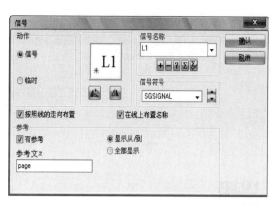

图 10-35　信号设置对话框

图 10-36　数据库对话框

图 10-37　交流接触器电气符号

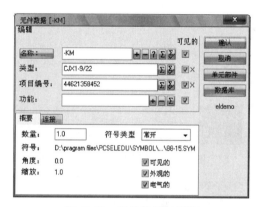

图 10-38　元件数据对话框

其他的元器件放置依此类推,在此不再赘述,最后完成的主电路元器件放置情况如图 10-39 所示。

③ 线的连接　在电气符号放置完毕后,进行符号间的线路连接。选中线和绘图笔按钮后,在电气符号的电气连接点上点击一下鼠标左键,然后在结束点上点击一下鼠标左键,此时线自动完成连接,完成后的主电路如图 10-40 所示。

(3) 控制电路的绘制

在主电路绘制完成后,可以进行控制电路的绘制工作。在控制电路中同样需要绘制电源线,方法和步骤如前所讲。

① 电气符号的放置　在主电路绘制完成后,控制电路中相关的电气符号放置就比较简单了。例如交流接触器 KM 的相关触头,此时就可以选中主电路中的电气符号,在右键菜单中选择"显示可用的",即可看到这个交流接触器还有哪些可以使用的电气符号。选择其中的线圈后,放置在控制电路图上即可,热继电器的辅助触头放置方法类似。按钮符号的放置方法同样是从数据库中进行选择,型号为 XB2BA42 和 XB2BA21,如图 10-41 所示。

② 线的连接　在符号放置完成后就可以进行符号间的连接,方法同上,如图 10-42 所示。

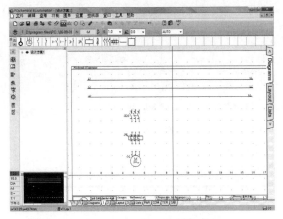

图 10-39　主电路元器件放置图

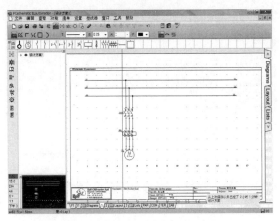

图 10-40　绘制完成的主电路

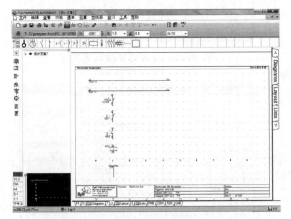

图 10-41　控制电路元器件布置图

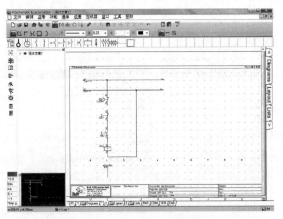

图 10-42　绘制完成的控制电路

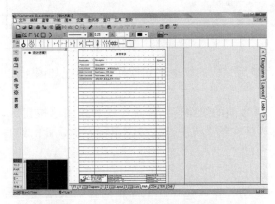

图 10-43　与数据库相连的清单

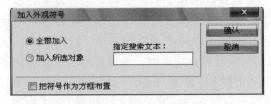

图 10-44　布置元件对话框

（4）各类清单的更新和装配图的生成

① 各类清单的更新　在完成主电路和控制电路的绘制工作后，选择清单→更新全部清单，和数据库相连的清单就都得到了更新，如图 10-43 所示。

② 装配图的生成　首先需要对完成的主电路和控制电路进行布线，选择功能→导线编号，对主电路和控制电路进行编号。然后进入装配图页面，选择功能→布置元件，弹出的对话框如图 10-44 所示。点击全部加入后，鼠标左键在页面的中心处点击，将主电路和控制电路中对应的外观符号导入到页面中，只不过此时所有的外观符号是重叠在一起的。将这些外观符号选中后，在右键菜单中选择间距命令，将外观符号依次平铺开来，如图 10-45 所示。上述所讲为点动控制电路的绘制步骤，在此图上稍做修改，加入交流接触器的一个辅助触头

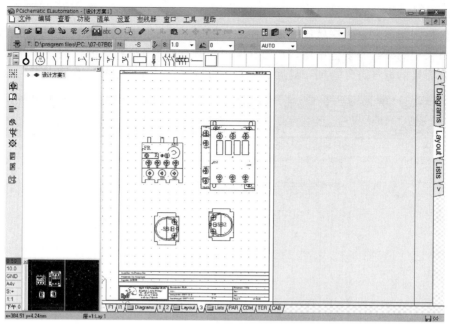

图 10-45　控制电路装配图

即可形成连续控制。

10.3.3　正反转控制电路的绘制

在完成点动、连续控制电路的绘制之后，来学习正反转电路的绘制工作，其方法和步骤与上一个例子类似，下面来介绍一下绘图步骤。

（1）主电路的绘制

与点动、连续控制主电路的绘制方法类似，在完成数据库添加时要加入两个交流接触器的符号，依次命名为 KM1 和 KM2，如图 10-46 所示。

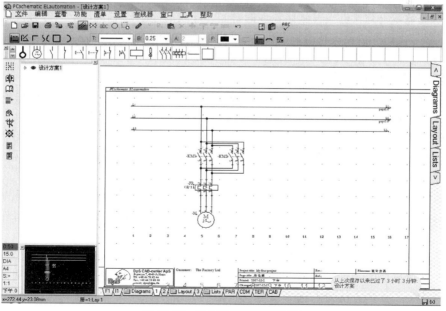

图 10-46　正反转控制的主电路

（2）控制电路的绘制

正反转控制用到的电气符号比较多，在放置时应注意所摆放的位置，合理布局。需要注意的是此时所采用的按钮是复合按钮，从数据库中选择类型为 HYP12 的数据，放置时采用的方法类似。将需要的电气符号合理布局后，接着就可以进行导线的连接，如图 10-47 所示。

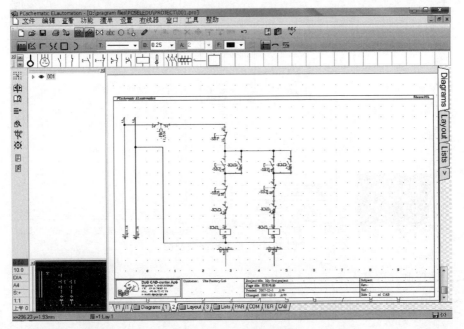

图 10-47 正反转控制电路

需要注意的地方有：

① 在控制电路中同样需要画入电源线，主要目的是和主电路中的电源线相对应；

② 在选择电气符号的时候应尽量从数据库中进行选择添加，同一个电气元器件的多个部件可以通过上述办法进行选择使用，直至所有的部件都使用完；

③ 在线路比较复杂、电气符号比较多的时候，导线的连接应尽量从电气符号上的电气连接点（即电气符号上的红色菱形）出发进行导线的连接，在交叉相连的地方会自动出现一个黑点；

④ 在编辑过程中如出现工作界面显示不清楚，可以通过快捷方式 Ctrl＋G 进行工作界面更新。

（3）各类清单和装配图的生成

① 由于在绘制主电路和控制电路时已将相关数据信息填入符号中，此时利用数据库和清单间的内部数据联系，可快速地更新清单中的数据信息，选择清单→更新全部清单，如图 10-48 所示。清单生成后，我们可以根据清单来检查数据填写得正确与否，当在清单中出现了重名、无名、数据混乱等现象时，需要对前面所填入的数据库信息进行修改，然后再更新清单，直至无错误出现。

② 采用和前一个例子相似的操作步骤，首先需要对导线进行编号。进入页码为 3 的装配图页面，选择设置→布置元件命令，在弹出的对话框中选择"全部加入"命令，将外观符号布置在图中，如图 10-49 所示。

此时可以注意到，当线路较复杂时装配图中外观符号就比较多，显得工作页面难以将所有的符号都布置在页面中，这时我们可以通过修改系统参数实现外观符号的缩放，从而能够布置更多的外观符号，具体方法为：选择设置→页面设置命令，将其中的缩放比例由默认的 1∶1 调整为 1∶2 或 1∶5 等，如图 10-50 所示。

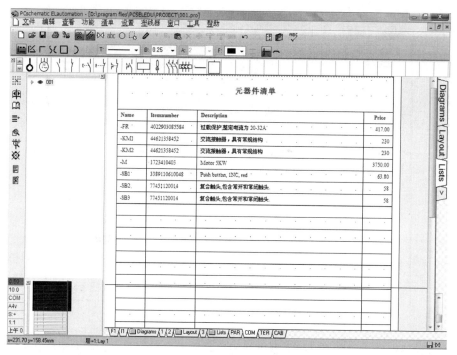

图 10-48　元器件清单

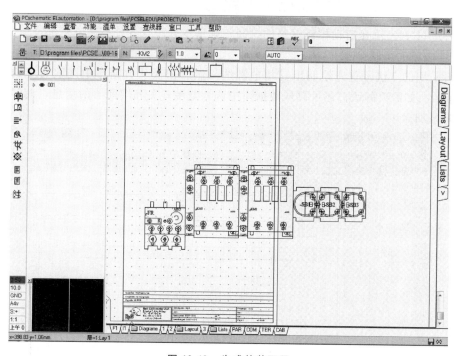

图 10-49　生成的装配图

（4）拓展部分

上面所讲的是一个典型的正反转控制电路，在实际工作中有着比较广泛的应用，例如自动往复行程控制电路，将上面的控制电路部分稍做修改，加入两个行程开关即可，具体的绘图过程不再赘述。行程开关的类型为 JXL1-22，注意这里所讲的电气符号类型都是根据实际工作中所用到

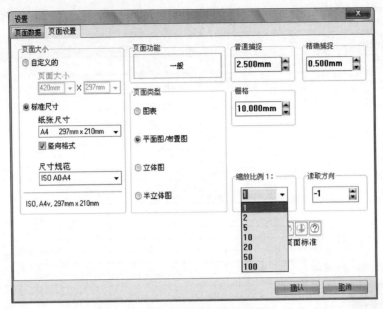

图 10-50 设置缩放比例对话框

的一些器件进行编辑的，如有不同的类型以及规格，需要自行编写，具体方法将在后面讲解。

10.3.4 Y/△降压启动控制电路的绘制

下面将进行 Y/△降压启动控制电路的绘制，其基本方法与各种控制电路都类似。

（1）主电路的绘制

如前所采用的方法，首先绘制出三相电源线，然后依次从数据库中调取需要的器件，如图 10-51 所示。如需要的话，还可以从数据库中调入电源开关和熔断器的信息，此时只作演示作用，故未添加。

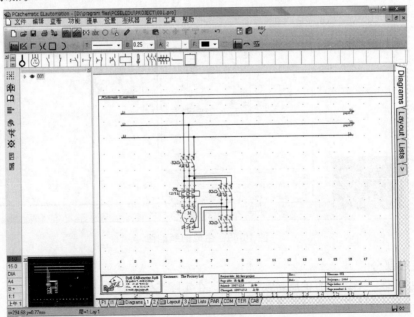

图 10-51 绘制的主电路

（2）控制电路的绘制

在主电路绘制完成的基础上，可以很方便地调用已经存在的数据库信息，首先绘制电源线，然后按照控制电路电气符号的布局关系，将电气符号布置在工作页面上。其中需要注意的是，我们在这里用到了时间继电器，类型为 JS7-2A，使用的方法和其他电气符号类似，绘制完成的控制电路如图 10-52 所示。

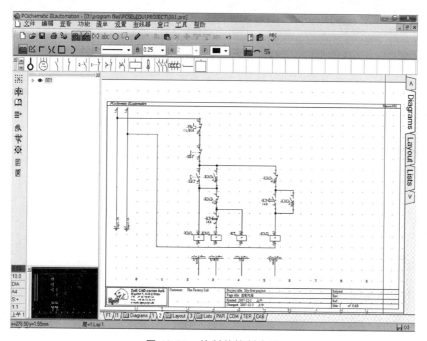

图 10-52 绘制的控制电路

（3）各类清单和装配图的生成

选择清单→更新全部清单，将设计方案中的各类清单更新成最新修改过的数据，如图 10-53

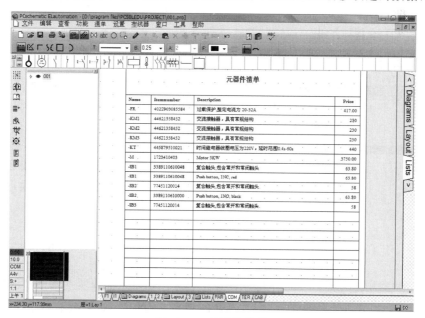

图 10-53 元器件清单

所示；当清单生成后，可以对照清单来查找设计方案中电气符号有可能存在的重名、无名等问题。进入页码为 3 的装配图页面，选择设置→布置元件命令，将元器件的外观符号布置到页面上，如图 10-54 所示，为了使页面更美观，可以利用绘图笔和文本输入功能对装配图加入边框和问题说明等。

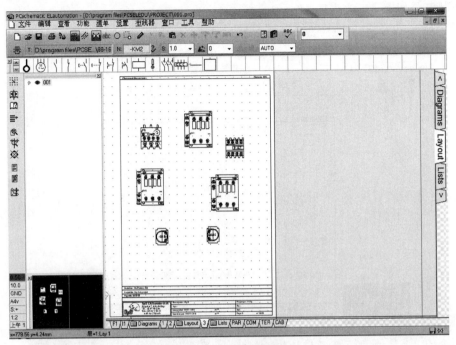

图 10-54　生成的布置图

10.4　电气 CAD 的高级绘图功能

10.4.1　高级绘图功能

（1）层、高度

图 10-55　层的属性对话框

在绘图时，如果想查看开关柜的柜面布局和柜内布置，则可以把柜面布局和柜内布置分别放在不同的层上。通过显示或关闭相应的层，可以查看需要的内容，可以在层间复制或移动对象，也可以决定要打印哪些层中的对象。当前工作的界面总是可见的，也可以指定哪些层需要在屏幕上显示，在设计方案中的每一个页面，都可以设置最多 255 层。

要查看和改变层设置，首先必须进入层菜单，点击左边工具栏中的层按钮，如图 10-55 所示。图中的铅笔表明层 1 是激活层，当一个层激活时，就意味着可以在这个层上绘图和操作对象，但是不能在未激活的层上做任何改动。

在不同的高度上绘图。如果要在平面图上布置对象时，用不同的高度表示相应的对象，则会出现高度窗口，可以使用不同的高度。注意，只有工作在平面图页面时，才会出现高度窗口，使你可以使用不同的高度。程序会记忆最近的五个高度值，可以点击窗口中的下拉箭头进行选择。

（2）参考指示

参考指示可以被自由定义，因此不拘泥于一定的标准，这样就既可以符合设计者内部标准，又可以符合国际标准，如果需要用参考标准更改标准，这会是一个选择。参考指示是一些文本，可以被添加到符号名，表明符号是哪个部件的一部分，或者符号所处的位置。

要在设计方案中创建参考指示，可以进入设置→设计方案数据，在其中定义参考指示。注意，只有在这个窗口中才能创建参考指示，不过创建完毕后，可以在设置→页面数据中选择参考指示，如图 10-56 所示。

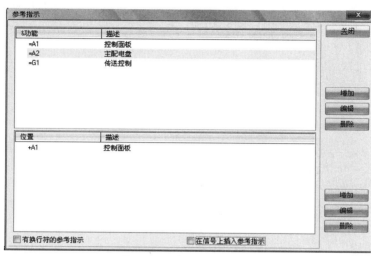

图 10-56　参考指示对话框

在设计方案数据对话框中激活参考指示后，就可以在设计方案中布置符号时使用参考指示，如图 10-57 所示。如果对话框中的参考指示部分不存在，是因为没有在设计方案数据对话框中定义参考指示。

（3）单线图

可以在三个地方指定一条线或一个符号代表多条线或多个符号，这就是信号名、连接点名和符号名。这些线和符号可以自动在设计方案中的清单中作为完整的元件列出来，这样产生的清单和用普通的绘图产生的清单是一样的。

在普通绘图中一般这样来绘制信号 L1、L2 和 L3，如图 10-58 所示，只需为信号分配信号名 L1、L2 和 L3，在符号 K1 中，接触器左边的连接点名为 1，表明它连接到 L1，接触器中间

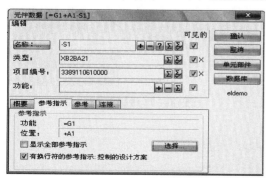

图 10-57　元器件的参考指示

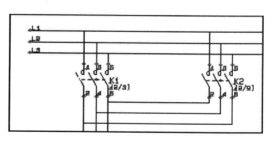

图 10-58　普通绘图法的画法

的连接点名为 3，表明它连接到 L2，相应地连接点名为 5，被连接到 L3。

采用单线法后，将原来的三根电源线、符号 K1 和 K2 分别被一个符号代替，只显示一根线和一对触点。但是，K1 的三对连接点名表明，符号代表了有三对触点的元件。某 35kV 变电所一次主接线如图 10-59 所示。

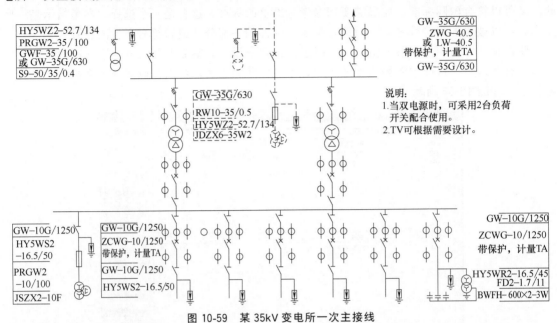

图 10-59　某 35kV 变电所一次主接线

（4）插入图片

如果想在设计方案的页面上插入一幅图片，选择功能→插入图片，在设计方案中随时可以使用此功能，如图 10-60 所示。在插入图片时，可以选择源文件插入或只是链接到该文件，可以输入扩展名为 .bmp、.emf、.wmf 格式的文件。

在设计方案页面上，如果要选中一个图片，点击区域按钮，再点击图片的参考点，在选中的图片上点击鼠标右键，出现一个菜单，如图 10-61 所示。在这里可以决定移动、复制或删除该图片，注意，图片不能被旋转。

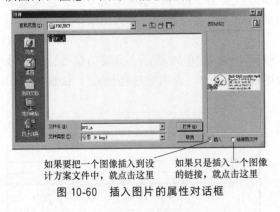

图 10-60　插入图片的属性对话框

图 10-61　编辑图片

10.4.2　布置接线端子和电缆符号

（1）布置接线端子符号

接线端子是连接控制线路板和电动机的一个重要组成部分，因此在绘制主电路的时候需要加入接线端子的电气符号，并形成相关的清单数据。此时我们选取一个前面讲过的主电路，按下 Z 键，拖动鼠标左键放大热继电器和电动机之间的区域，如图 10-62 所示。

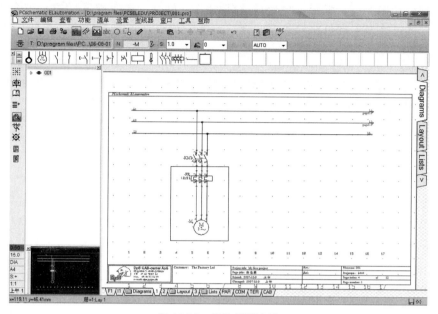

图 10-62　缩放局部电路

在符号选取栏中点击接线端子符号（选取栏中的第一个符号），把符号布置在最左边的线上，在符号项目数据对话框中，点击数据库，在数据库菜单中，选中 EAN 号为 3389110586435，点击"确认"。在符号项目数据对话框中，输入符号名为"－X1：1U2"，把符号命名为－X1，连接点名（连接端子名）设为 1U2。布置其余两个接线端子，分别输入符号名为"－X1：1V2"和"－X1：1W2"，如图 10-63 所示。

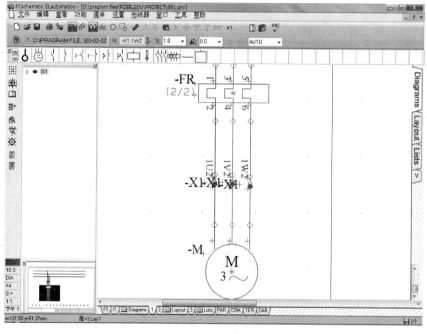

图 10-63　接线端子画法

接线端子周围的文本使图看上去有点杂乱,需要进行一定的修改,选中连接名为 1V2 和 1W2 的两个接线端子,在右键菜单中选择元件数据选项,将名称中的可见性取消,使页面显示得更为清楚,如图 10-64 所示。当生成接线端子清单时,接线端子的方向必须是正确的,接线端子下部的连接点用红色全涂表示出来,那是它的外部连接,生成的接线端子清单如图 10-65 所示。

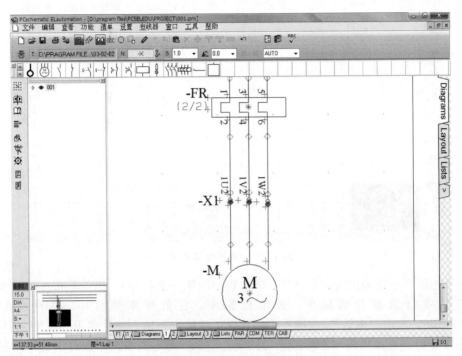

图 10-64　修改后的接线端子

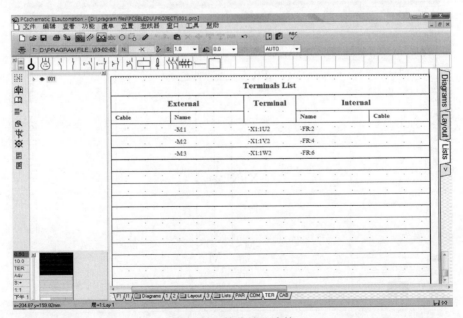

图 10-65　接线端子清单

（2）布置电缆

将热继电器和电动机之间的区域进行局部放大后，按下 Ctrl 键，点击符号选区栏中的电缆符号，进入数据库菜单，选中 EAN 号为 5702950410537 的电缆，点击确认。现在仍有电缆被选中，表明导线是电缆的一部分，点击左边的线，进入连接数据对话框，输入名称为"棕色"，把其余两条线命名为"黑色"和"蓝色"，如图 10-66 所示。请注意，电缆符号中的箭头表明了电缆的方向，当产生电缆清单时，方向性是非常重要的，表明电缆是从接线端子输出到电机。如果电缆方向和图中所示的不一样，那么选中电缆符号，然后点击横向镜像符号按钮，也可以在电缆符号上点击鼠标右键，选改变方向，生成的电缆清单如图 10-67 所示。

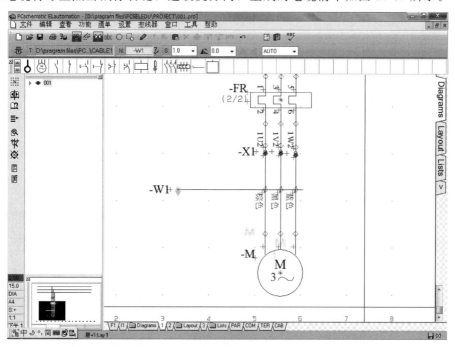

图 10-66　绘制电缆

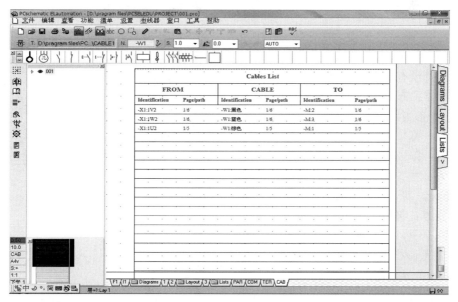

图 10-67　电缆清单

图 10-68　文本属性对话框

（3）布置文本

要在图表中布置自由文本，按 T 键或点击文本按钮，输入文本，点击文本数据按钮，指定文本的显示，如图 10-68 所示。为了使设计方案图纸更清晰明了，可以设定文本以何种方式显示在图纸上，以及以适当的方式布置显示的文本。

10.4.3　创建符号

在数据库中已经存在了许多厂家所编辑的数据，但我们在实际的设计工作中还是会遇到很多新的电气符号，下面以创建一个普通类型的交流接触器为例，讲解如何创建自己所需要的电器符号。

（1）线圈的画法

要在符号的周围画出矩形框，可以点击矩形按钮。首先在参考点的左边 10mm、下边 10mm，指定矩形的左-下对角点。然后在参考点的右边 10mm、上边 10mm 处点击，指定矩形的右-上对角点。现在已经在参考点周围画出了一个 20mm×20mm 的矩形。

要使符号具有电气特性，符号上必须要有一些点，可以连接电气线。点击符号按钮、连接点按钮和铅笔按钮，绘制完成的线圈如图 10-69 所示。

其中布置连接点时，需要填写他们的连接数据，如图 10-70 所示。

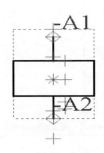

图 10-69　线圈

图 10-70　连接数据对话框

最后点击"确认"按钮，在标题一栏中填入说明，符号类型为继电器，如图 10-71 所示。其中符号类型及其作用为：

① 一般：没有特殊状态的符号。

② 继电器：布置在一个原理图页面上时，符号下有一个参考十字。

③ 常开：符号表示一个常开触头。

④ 常闭：符号表示一个常闭触头。

⑤ 开关符号：符号表示一个开关，作为元件的一部分，符号的位置会在参考十字中。

⑥ 主参考：符号具有所有其他同一个符号名的参考。

⑦ 有参考：指向一个有主参考的符号，或者指向同一个元件的上一个或下一个符号。

⑧ 参考：参考十字符号。

图 10-71　符号类型对话框

⑨ 信号：符号作为从一个电气点到另一个电气点的信号参考。

⑩ 多信号：用于标记到信号母线的多个符号。

⑪ 接线端子：表示接线端子符号。

⑫ PLC：PLC 符号。

⑬ 数据：用于向布置到原理图中的元件添加信息，这些信息会显示在清单中。

⑭ 非传导：符号表示为非导线。

此时，我们把这个编辑好的符号保存文件名为 88-01.sym，如图 10-72 所示。

保存后可以看到所编辑的符号所在的位置，如图 10-73 所示。

图 10-72　保存符号对话框

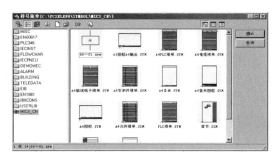

图 10-73　编辑符号所在位置

（2）主触头的画法

与前采用相同的方法进入编辑符号窗口，画出如图 10-74 所示的符号。

保存时，将标题命名为主触头，符号类型为常开，如图 10-75 所示。

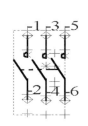

图 10-74　主触头画法

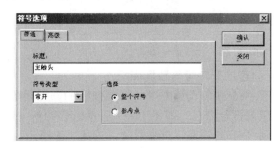

图 10-75　符号属性对话框

同样的方法，将这个符号保存在和上一个符号相同的文件夹内，命名为 88-02.sym，如图 10-76 所示。

如图 10-77 所示，我们可以看到编辑后的符号所在的位置，这是默认的路径。当然也可以自己设定一些保存路径，以方便为宜。

图 10-76　保存符号对话框

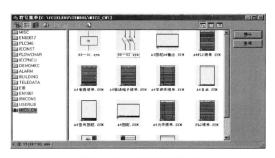

图 10-77　符号所在位置

（3）辅助常开触头和辅助常闭触头的画法

采用同样的办法，可以画出辅助常开触头和辅助常闭触头，如图 10-78 所示。
保存时，将标题命名为辅助常开触头，符号类型为常开，如图 10-79 所示。

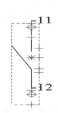

图 10-78　常开触头

图 10-79　符号选项

与前相同，将所画的符号保存在同一个路径下，命名为 88-03.sym，如图 10-80 所示。

依此类推，我们可以再画出其他的辅助常开和辅助常闭触头。此时应注意：电气连接点的名称要做更改，否则后续的符号整合会出现重名的现象。当我们把需要创建的符号都做好以后，将鼠标放在任意一个符号上，可以看到前面所写的标题和类型，如图 10-81 所示。

图 10-80　符号保存路径

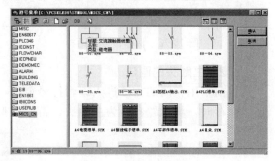

图 10-81　绘制完成的电气符号

（4）创建的新符号与数据库相连

① 进入一个新的设计方案，将所创建的新符号都放进去，并且将所放入的符号都采用同样一个名字来进行命名。如图 10-82 所示。

② 选中全部的符号，点击右键，进入"选择元件"命令，如图 10-83 所示。

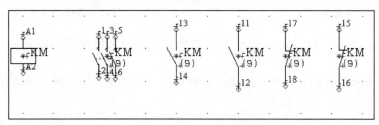

图 10-82　同一命名的新符号

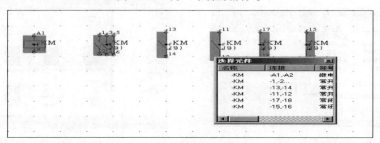

图 10-83　选择元件对话框

点击对象数据按钮，进入符号数据填写，如图 10-84 所示。其中的类型为实验室铭牌数据上的数据，项目编号为厂家提供的参数，输入完成后点击确认。

③ 同时按住 Ctrl 键和 Shift 键，点击对象数据按钮。进入编辑记录窗口，如图 10-85 所示。

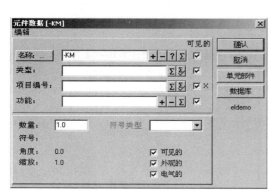

图 10-84 电气符号数据录入对话框

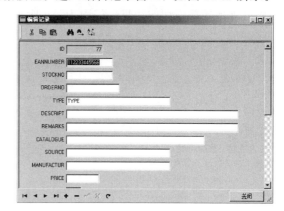

图 10-85 编辑对话框

可以对其中相关内容进行填写。对外观符号要求不高的时候，可以在 MECTYPE 一栏中输入"♯X20mmY20mmR8L8"，即外观符号为宽 20mm 长 20mm，左边有 8 个电气连接点，右边有 8 个电气连接点。点击确认，关闭窗口。

④ 在数据库中的体现。按下快捷键 D，进入数据库窗口可以看到所编辑过的数据，如图 10-86 所示。

选中后，就可以使用我们所编辑的这个电气符号了，如图 10-87 所示。

图 10-86 更新的数据库内容

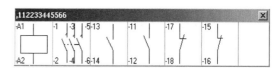

图 10-87 创建的电气符号

10.4.4 PLC 功能

（1）自动 PLC 功能

在设计方案中布置 PLC 符号时，系统可以自动填写 PLC 的 I/O 地址，选择符号项目输入，进入相应的对话框，点击标签 I/O 地址，在其中指定如何填写 I/O 地址，如图 10-88 所示。

（2）读取 PLC I/O 清单

可以从 PLC 程序工具读取 PLC I/O 清单，相应的改动会自动传送到设计方案中。读取的过程是一步一步地，这样只能在每一个对话框中作出一个决定，这是为了避免出现错误，因为读取时产生的错误影响会非常严重。

① 选择格式文件。要开始读取一个 PLC I/O 清单，选择清单→读 PLC I/O 清单，在第一个对话框中选择读取 PLC I/O 清单时要使用的文件格式。这个格式文件包含了 PLC I/O 文件的内容如何转换方面的信息，如图 10-89 所示。

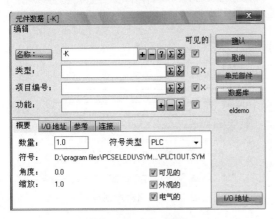

图 10-88　I/O 地址

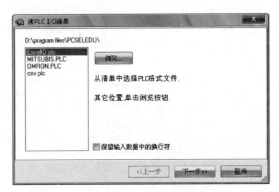

图 10-89　I/O 导入窗口

② 然后要求指定 PLC I/O 文件名，为了清楚起见，可以使文件和设计方案同名，如果需要查找下一个文件，可以点击"浏览"，如图 10-90 所示。

③ 这时会看到要读取的文件内容，检查一下是否选择了正确的文件，文件的内容会显示在列中，拖动对话框中的滑动条可以查看文件的全部内容，如图 10-91 所示。

④ 显示出 PLC 程序和设计方案中的信息相比，有哪些改动。如果符号"^"被用作换行符，程序会计算相应的列宽，如图 10-92 所示。全部完成后点击"执行"，程序读取 PLC I/O 清单。

图 10-90　I/O 清单数据

图 10-91　读入的 I/O 数据

图 10-92　导入结果显示

参 考 文 献

[1] 高安邦，胡乃文. 电气控制综合实例：PLC、变频器、触摸屏、组态软件 [M]. 北京：化学工业出版社，2019.

[2] 高安邦，胡乃文. 松下 PLC 技术完全攻略 [M]. 北京：化学工业出版社，2019.

[3] 高安邦，胡乃文，马欣. 通用变频器应用技术完全攻略 [M]. 北京：化学工业出版社，2017.

[4] 高安邦，高素美. 例说 PLC（欧姆龙系列）[M]. 北京：中国电力出版社，2017.

[5] 薛易. 一种精密程控恒流源设计 [J]. 自动化仪表. 2009，30（04）：63-65.

[6] 薛易，叶瑰昀. 基于 DSP 的无速度传感器交流异步电机矢量控制系统设计 [J]. 自动化技术与应用. 2010，29（02）：76-78.

[7] 薛易，任垚. 一种新型小电流接地系统单相接地故障检测装置的设计 [J]. 现代科学仪器. 2010，（04）：38-41.

[8] 薛易，李伟力，王立坤. 转子导磁导电槽楔材料对汽轮发电机参数和转子表面损耗影响的研究 [J]. 中国电机工程学报. 2015，35（07）：1768-1774.

[9] 薛易，王立坤，韩继超，等. 具有磁性和非磁性槽楔的汽轮发电机转子槽分度的计算与分析 [J]. 电机与控制学报. 2016，20（02）：70-75.

[10] 朱伯欣. 德国电气技术 [M]. 上海：上海科学技术文献出版社，1992.

[11] 朱立义. 冷冲压工艺与模具设计 [M]. 重庆：重庆大学出版社，2006.

[12] 张立勋. 电气传动与调速系统 [M]. 北京：中央广播电视大学科学出版社，2005.

[13] 齐占庆，王振臣. 电气控制技术 [M]. 北京：机械工业出版社，2006.

[14] 张建民. 机电一体化系统设计 [M]. 3 版. 北京：高等教育出版社，2007.

[15] 《现代机械设备设计手册》编委会. 现代机械设备设计手册 [M]. 北京：机械工业出版社，1996.

[16] 高学山. 光机电一体化系统典型实例 [M]. 北京：机械工业出版社，2007.

[17] 顾德英，罗云林，马淑华. 计算机控制技术 [M]. 2 版. 北京：北京邮电大学出版社，2007.

[18] 周小群. 简明电工实用手册（修订版）[M]. 2 版. 合肥：安徽科学技术出版社，2012.

[19] 沈任元，吴勇. 常用电子元器件简明手册 [M]. 北京：机械工业出版社，2000.

[20] 宋家成，张春雷. 机床电气维修技术高手读本 [M]. 济南：山东科学技术出版社，2002.

[21] 肖前蔚，李建华，吴天林. 机电设备安装维修工实用技术手册 [M]. 南京：江苏科学技术出版社，2007.

[22] 贺哲荣. 实用机床电气控制线路故障维修 [M]. 北京：电子工业出版社，2003.

[23] 王炳实，王兰军. 机床电气控制 [M]. 4 版. 北京：机械工业出版社，2010.

[24] 史宜巧，孙业明，景绍学. PLC 技术及应用项目教程 [M]. 北京：机械工业出版社，2009.

[25] 宋家成，王艳，朱昱. 直流调速系统应用与维修 [M]. 北京：中国电力出版社，2007.

[26] 陈红康，王兆晶. 设备电气控制与 PLC 技术 [M]. 济南：山东大学出版社，2005.

[27] 潘孟春，张玘，陈长明. 电力电子与电气传动 [M]. 北京：国防科技大学出版社，2006.

[28] 郑凤翼，金沙. 图解西门子 S7-200 系列 PLC 应用 88 例 [M]. 北京：电子工业出版社，2010.

[29] 温照方. SIMATIC S7-200 可编程控制器教程 [M]. 北京：北京理工大学出版社，2010.

[30] 朱文杰. S7-200 PLC 编程设计与案例 [M]. 北京：机械工业出版社，2010.

[31] 汤晓华，郭小进，冯邦军. 可编程控制器应用技术 [M]. 武汉：湖北科学技术出版社，2008.

[32] 王炳实，王兰军. 机床电气控制 [M]. 北京：机械工业出版社，2008.

[33] 殷洪义，吴建华. PLC 原理与实践 [M]. 北京：清华大学出版社，2008.

[34] 高南，周乐挺. PLC 控制系统编程与实现任务解析 [M]. 北京：北京邮电大学出版社，2008.

[35] 杨后川. SIMATIC S7-200 可编程控制器原理与应用 [M]. 北京：北京航空航天大学出版社，2008.

[36] 韦瑞录，麦艳红. 可编程控制器原理与应用 [M]. 广州：华南理工大学出版社，2007.

[37] 张运刚，宋小春. PLC 职业技能培训及视频精讲. 西门子 S7-200 系列 [M]. 北京：人民邮电出版社，2010.

[38] 宋君烈. 可编程控制器实验教程 [M]. 沈阳：东北大学出版社，2003.

[39] 胡成龙，何琼. PLC 应用技术（三菱 FX2N 系列）[M]. 武汉：湖北科学技术出版社，2008.

[40] 廖常初. 可编程序控制器应用技术 [M]. 5 版. 重庆：重庆大学出版社，2007.

[41] 郁汉琪. 电气控制与可编程序控制器应用技术 [M]. 南京：东南大学出版社，2003.

[42] 邹金慧，黄宋魏，杨晓洪. 可编程序控制器（PLC）原理及应用 [M]. 昆明：云南科学技术出版社，2001.

[43] 龚仲华，史建成，孙毅. 三菱 FX/Q 系列 PLC 应用技术 [M]. 北京：人民邮电出版社，2006.

[44] 郑凤冀，郑丹丹，赵春江. 图解 PLC 控制系统梯形图和语句表 [M]. 北京：人民邮电出版社，2006.

[45] 高钦和. PLC 应用开发案例精选 [M]. 2 版. 北京：人民邮电出版社，2008.

[46] 刘光起，周亚夫. PLC 技术及应用 [M]. 北京：化学工业出版社，2008.

[47] 周建清. 机床电气控制（项目式教学）[M]. 北京：机械工业出版社，2008.

[48] 王芹，滕今朝. 可编程控制器技术及应用：西门子 S7-200 系列 [M]. 天津：天津大学出版社，2008.

[49] 廖常初. PLC 编程及应用 [M]. 3 版. 北京：机械工业出版社，2008.

[50] 严盈富，罗海平，吴海勤. 监控组态软件与 PLC 入门 [M]. 北京：人民邮电出版社，2006.

[51] 求是科技. PLC 应用开发技术与工程实践 [M]. 北京：人民邮电出版社，2005.